imaginist

想象另一种可能

理
想
国
imaginist

我们
何以不同

人格
心理学
40
讲

王 芳

——
著

北京日报出版社

图书在版编目 (CIP) 数据

我们何以不同：人格心理学 40 讲 / 王芳著 . -- 北
京：北京日报出版社，2023.7
ISBN 978-7-5477-4621-9

Ⅰ . ①我… Ⅱ . ①王… Ⅲ . ①人格心理学－通俗读物
Ⅳ . ① B848-49

中国国家版本馆 CIP 数据核字 (2023) 第 098792 号

责任编辑：姜程程
特约编辑：孔胜楠
封面设计：NOON Graphic Studio
内文制作：陈基胜

出版发行：北京日报出版社
地　　址：北京市东城区东单三条 8-16 号东方广场东配楼四层
邮　　编：100005
电　　话：发行部：(010) 65255876
　　　　　总编室：(010) 65252135
印　　刷：山东临沂新华印刷物流集团有限责任公司
经　　销：各地新华书店
版　　次：2023 年 7 月第 1 版
　　　　　2023 年 7 月第 1 次印刷
开　　本：1270 毫米 ×960 毫米　1/16
印　　张：31.5
字　　数：378 千字
定　　价：82.00 元

如发现印装质量问题，影响阅读，请与印刷厂联系调换：0539-2925659

自 序

人格是关于我们如何有别于宇宙其他部分的知识。

——法国作家　欧内斯特·迪姆内特（Ernest Dimnet）

在本书行将完稿的同时，我追完了一部名为《重启人生》的日本剧集。看到主人公在一轮又一轮重新活过的人生中为珍爱的人和事坚持不懈付出的微小努力，我也不禁问自己，如果可以再来一次，有没有什么想要修复的遗憾？或许很多，但其中一定不会包括误打误撞学了心理学这件事。二十多年前，在幸运地获得北京师范大学保送机会后，我使用"排除大法"在化学与心理学之间选择了一无所知的后者，就此开启了一段在当时并不知道将会有多么美好的旅程。

在这段旅程中，我常被人问及"心理学是干什么的""心理学有什么用"之类的问题。虽然我强烈觉得以"有用""没用"来评价一个学科实在是降维得厉害，也大概能揣度出提问者期待听到心理学与洞悉人心等神乎其技之间的关联，但还是必须实事求是地声

明学习心理学与发家致富、人情练达、大彻大悟等或遥远或不必然
的联系。不过，如果被问到"学心理学有什么收获"，我则会毫不
犹豫地回答：认识到人与人的不同，进而接纳、包容并尊重这些个
体差异，是心理学带给我最大的心得，也是这段旅程中最富兴味之处。

正如每一朵花都有自己的香气，每个人类个体从来到这个世界
那一刻起便获得了一项谁也拿不走的属性——独一无二。我们拥有
独立的精神世界，能够进行复杂的思考、能够生发丰富的情感、能
够完成变化无穷的行动，而且这一切可以富有逻辑地出现在一个人
身上，让我们清楚地知道这就是你、就是我、就是他。这种得以清
晰地标定一个人，将一个人与另一个人区分开，使得我们之所以是
我们的所有东西，便是本书的主题——人格，或称个性或性格。

在英文里，人格"personality"一词源于拉丁文"persona"，
意指演员在舞台上表演时所戴的面具。根据戏剧论的说法，人生就
是舞台，所有人都是演员，我们在舞台上生活，也在生活中表演。
我们未必拿到了剧本，但都戴着"人格"这一面具，它引导我们做
出在舞台上的言行，也是借助于它，观众和我们的对手演员得以大
致了解我们是怎样的一个人，进而也可以对我们未来的行为做出些
许预测。说得更学理一点，人格是个体在认知、情感和行为上独特
与稳定的模式。

世界上没有两个人是完全相同的，这构成了人格最大的特
点——独特性。我是个怎样的人？我和别人有哪些不同？这些不同
对于我及我的人生来说意味着什么？每个普通人或许都会想知道答
案。而人格心理学就是探究这些问题的科学研究，它感兴趣于人类
身上无处不在的个体差异，以及这些差异到底从何而来。

人们对人格的探索，乃至整个西方心理学的起源，可以追溯

到古希腊德尔菲神庙上的那句铭言："人啊，认识你自己。"它继而又发展具体化为三个终极问题：我是谁？我从哪里来？我要往哪里去？从人类走过漫长道路终于进化出自我意识之后，这些问题就在无数个暗夜中被苦苦追问，人们终其一生想要追寻它们的答案。在现代心理科学特别是人格心理学诞生之后，我们或许获得了一个视角，得以在某种程度上理解这三个问题。由此可见人格心理学关心的问题与哲学近似，在庞大的心理学学科体系中，它的主要特征是将人性作为核心，关注整体的人。正因如此，人格心理学也成为心理学学科体系中最为繁杂的一支：大到解释人性本质，小到具体的行为细节，无所不及。不过，相较哲学层面宏大、厚重、终极的思考，人格心理学探讨这些问题的视角更为实证与微观，它选择从揭示个体差异及其背后的心理力量开始，帮助人们慢慢寻找并迫近属于自己的人生答案。本书亦围绕这一使命展开，尝试以该领域的经典理论与现代研究对充满意趣的"人性三问"做出些许回应。

我是谁？人与人不同，这些不同体现在哪些方面，又该如何标定与描述这些不同？本书的第一部将以"人格特质"为核心，关注人们的心理与行为模式中可被观察到的相对持久的部分，进而揭示稳定一致的个体差异。

我从哪里来？是什么力量造就了我们，令我们成了今天的我们？第二部将以"人格成因"为主题，沿着理解人性的两大路径——生物学路径和社会学路径，关注形塑人格的各种因素，进而了解个体差异的复杂来源。

我要到哪里去？当下的我们会在哪些力量的推动下不断去往新的自己？第三部将以"人格动力"为脉络，网罗人格心理学领域的代表性人物及其理论，关注与个体人生目标和价值取向密切相关的动力特征，进而赋予个体差异以意义。

从人格的静态结构，到人格的形成机理，再到人格的动力机制；从人格的"所有"（having），到人格的"所成"（becoming），再到人格的"所为"（doing）；从用普遍意义上的人格特质描画个体，到加入时空坐标系以特有的先天后天环境与生活经历认识个体，再到用需要、动机、目标等具有动力性的生活方式解释个体……我希望这会是一个对人格的理解逐渐从宽泛到具体、从变量到个人、从静态到发展、从平面到立体、从表浅到深入的过程。

在此过程中承担起串联"骨架"任务的，是大量的理论与研究。虽然"人格"看不见也摸不着，但它会表现在人们的日常想法、情绪与行动中，通过研判这些能够直接观察到的信息，心理学家得以对人格相关的特性进行定义与描述，甚至进行系统性的测量。心理学家还擅长通过实验来解释行为背后的原因，他们对实验结果提出假设，然后经由精确的测量和有控制的观察对假设的真实性进行检验，并将结果总结为理论去预测未来的观察，同时又根据所收集的资料不断修正已有的理论。在研究过程中，心理学家会借助很多工具，例如各种心理测验，还会使用特定的仪器，例如能够记录大脑活动的各种设备，这类方法在认知神经科学兴起之后得到了广泛的应用，也令我们得以在某种程度上窥探到人格"黑箱"的生理基础。除了以上这些各有特色的方法，人格心理学还有着丰富的思想来源，它吸取了来自哲学、人类学、社会学、生物学等学科的知识与经验，本书也将尝试呈现这些多元知识是如何应用于对个体心理的认识的。

哈姆雷特说："即便身困果壳，仍自诩无限宇宙之王。"对人类个体而言，大脑即似果壳，幻化出精神宇宙，而自我即为个中之王。我们是自然宇宙中微乎其微的存在，却是精神宇宙中毋庸置疑的主宰。在这一枚枚"果壳"里生发出的心理世界浩渺无边，而其中极具个人风格与色彩的人格便可视作精神宇宙中幻化无穷的星云一般。星云弥散、混沌、多姿多态，正如每个"我"独一无二，时而理智时而蒙昧，更无处不在。跟随人格心理学去探索自我的过程正如宇宙探险、星云探秘，用现有的知识去思考广大的未知。虽然很多人开始认识心理学是通过心理咨询等心理学实践，将其视为解决问题的工具，但事实上，作为理论与研究的心理学同样与生活密不可分，它可以也应该成为一种普遍的思维方式和生活方式，成为一种看问题的角度，成为我们认识和思考自己及世界的一个选项。

诚然，对于宇宙来说，个体渺小至极，对于历史来说，个人也不过微尘一粒，然而，对于仅此一次的人生来说，我们无可复制。或许这就是生命的奇迹——它很普通，但它是奇迹。在这个奇迹之中，围绕着每一个个体"我"所展开的一系列疑问，构成了人格心理学的一个个研究主题。在这本书里可能无法触及所有，也未必都能给出完满的答案，但我很期待借此呈现心理学这个还很年轻的学科中一个侧面的样貌，并与读者分享在我看来心理学这个学科最为温暖和浪漫的地方，那便是她看到每个人，她饶有兴致地去理解平凡人的悲欢喜乐、爱与哀愁，她关爱、尊重每个普通却独特的生命。

距离我与心理学不期而遇已经过去了二十多年，她从我的专业变成了我的职业与志业，而更重要的是，她还在当下的每一天里持续给予我滋养，说一句"心理学是我精神世界的底"也不为过。有时候我会想，在另一个平行世界里有一个当时选择了化学的王芳，她或许过着比我现在更精彩的生活，但我好像已然无法想象以一颗从未被心理学影响过的头脑看世界是什么样子的了。既然人生无法重启，不妨就沿着当下的路继续"独特"下去吧，而那些在这条路上持续滋养我的心理学的力量，我希望能通过这本书传递给你。

这本书的核心内容改编自"看理想"App 的音频节目《致独特的你：人格心理学 40 讲》，感谢"看理想"的编辑 dy、夏夏、小蒲以及节目的所有听众，是各位温暖的帮助与鼓励给了我把节目做成书的勇气。

再往前追溯，这本书的诸多内容源自我在北师大给心理学部二年级本科生开设的"人格心理学"课程的讲义，正是在和一届届学生的互动中，这些内容被不断打磨与完善。感谢在我有限的教师生涯中有幸接触过的所有学生，是他们慷慨地允许我走进他们的宇宙，让我得以领略超越任何理论所能描画的一幅幅无与伦比的心灵图景。

最后，谨以此书致敬我的恩师许燕教授，是她温柔坚定的教诲领我踏足人格心理学这方天地，也是她非凡的人格魅力让我笃定地爱上这方天地并流连至今。

王芳

2023 年 3 月于终于春暖花开的北京

目　录

第三部　人格动力：我要到哪里去?

第一部

人格特质：我是谁？

01. 星座科学吗？人格类型与人格特质

在以斯蒂芬·霍金（Stephen W. Hawking）为原型的电影《万物理论》（*The Theory of Everything*）拍摄之前，即将扮演霍金的演员埃迪·雷德梅尼（Eddie Redmayne）专程去拜访了这位大科学家。第一次见面难免紧张，为了活跃气氛，埃迪搜肠刮肚寻找话题，终于想到可以从星座开始寒暄，他兴奋地告诉霍金："我们是同一个星座，都是摩羯座！"然而，未承想，他说完之后空气突然一下变安静了，过了好一会儿，霍金回复道："对不起，我是宇宙学者，不是占星术士。"

作为一个心理学研究者，我完全能理解霍金当时的感受，在生活中我也常常被问及星座与人类心理之间的关系。在星座文化里最广为流行的便是它和性格之间的联结，例如摩羯座的人纠结、双鱼座的人浪漫、射手座的人乐观，等等，那么，同属一个星座的人在性格上究竟有没有共通性？将星座和性格联系在一起只是一种难以考证的刻板印象还是真的存在事实依据？人们又真的会依据星座所关联的性格特征而对某些人滋生偏见甚至歧视他们吗？2020 年发表在《人格与社会心理学杂志》（*Journal of Personality and Social Psychology*）上的一个研究即分别以中国人和美国人为对象对这些问题提供了科学而系统的答案（Lu et al., 2020）。

　　研究者先初步调查了中国人对星座的熟悉程度和观念，发现在受调查者中有 72.6% 的人表示对星座熟悉，64.6% 的人同意星座对人的性格存在影响，64.8% 的人表示星座可以帮助自己更好地了解一个人；而当被问及"你觉得在社会中最不受欢迎的星座是哪一个"时，有超过三成的人选择了处女座，原因是处女座的人苛刻、有洁癖、不好相处。研究者又以同样的问题在星座文化起源的西方国家（美国）进行了调查，结果发现美国的受调查者报告的对于星座的熟悉程度和认同程度居然均显著低于中国的受调查者；而当被问到"哪个星座最不受欢迎"时，将近六成的美国受调查者表示不确定，被提名相对更多的也非处女座（2.6% 的受调查者选择），而是巨蟹座（7.7% 的受调查者选择）。

　　两国数据结果的对比值得玩味：一方面，作为一个"舶来品"，星座文化在中国的流行程度竟然比在美国更高（至少从被调查样本来看）；另一方面，星座在"舶来"的过程中似乎经历了一些本土性演变，否则如果是什么星座就有什么性格，那为什么同样是处女座，在美国没有招来差评，在中国却不受欢迎呢？研究者推测，背后的原因可能非常简单——都是命名惹的祸。在英文里，巨蟹座（Cancer）的发音与"癌症"同音，由此可能激起某些负面联想，而在中文语境里，巨蟹座的人被认为热爱家庭，可能是因为螃蟹总是待在壳里。相反，"处女"在中文语境中莫名联结起了挑剔、完美主义等特征（如"老处女"），而这一联结在英文里并不存在。研究者对此推测进行了检验，结果发现，只要把"处女座"转而翻译成"室女座"，人们对于这个星座人的负面评价就会明显减弱。再比如，金牛座（Taurus）的英文在英语里并不带有"金"的含义，而当它传到中国恰好被翻译成了"金牛"，于是在中国，金牛座的人不仅被认为勤恳固执（对应于"牛"），还被认为爱财、吝啬、物质（对应于"金"）。也就是说，在西方的十二星座传入之前，中国尚不存在这样的人群分类，而当每一个星座的名称被翻译成中文，人们受到中文命名的强烈暗示，便开始对其进行演绎和解读，最后每个星座名称的中文含义就被对应到了相应星座的人群上，认为能够代表他们的性格特点。

研究者在调查中还发现，有超过四成的中国受调查者表示，他们会在交友和选择恋爱对象时回避不喜欢的星座的人。为了看人们只是说说而已还是真的会将星座作为日常生活的指导或参考，研究者在国内某交友网站上注册了三个账号，其中照片及其他个人信息完全一样，唯一的不同点就是星座，分别标注为处女座、狮子座和天秤座。九天之后，研究者发现，这三个理应无甚差异的账号获得的青睐度却大不一样：天秤座账号得到了最多的46个"赞"，狮子座也不遑多让得到了41个"赞"，唯有处女座账号只得到了可怜的15个"赞"，在统计意义上显著少于其他两个。如果点"赞"可以在一定程度上代表旁观者对于账号主人的好感度，那么"处女座"这一星座标签显然大大拖了后腿。

当然，或许人们在交友时就是更在意可能暗示对方性格特点的各种线索，那么在求职招聘这种更为严肃且注重能力的场景中就不应该将星座作为参考了吧？为了检验这一点，研究者招募了一批专业的人力资源专家作为参与者，请他们浏览虚拟的求职者简历。简历主人的性别随机分配，其他信息还是除星座外完全相同，这一次区分了两组，一组是处女座，另一组是狮子座，进而询问这些人力资源专家对于求职者的雇用意愿。结果颇令人震惊，在同等条件下，相比狮子座的求职者，人力资源专家们更不愿意雇用处女座的求职者，原因同样是认为他们可能会不好相处。

最后，研究者还基于两个大样本数据库的数据直接检验了星座与科学的人格测验测得的结果（n=173,790）以及星座与工作绩效（n=32,878）之间的关系，得到的结论是，星座与一个人的性格及工作表现均不存在有意义的关联。[1]

这一系列研究提供了令人信服的证据，系统性地证明了星座只是一种刻板印象，并不存在现实依据。当然，在很多人看来，星座只是娱乐而已，的确，仅用来消遣或作为谈资或许无伤大雅，但是一旦将这种刻板印象当作了解自己、认识他人甚至指导各种生活选择的工具就可能存在风险。一方面，它不准确，换言之，它是一把无效的量尺，并不能让我们认识自己和他人甚至还会产生误导；另一方面，从这个研究里可以看到，即便只是作为娱乐也会在无形中令某些群体（如处女座的人）甚为无辜地被施加了污名。

星座不科学，那么其他一些和星座一样致力于将人区分为各种类型的心理测验科学吗？常常使用社交媒体的人应该见过各式各样的"心理小测验"，不少人出于好奇或觉得有趣会去测一测，而且不管它们在形式上多么五花八门，最终得到的结果却如出一辙——大概率会告诉你这个世界上的人一共可以分成多少种类型，你是其

1　有关星座与人格及其他心理特征关联的更多证伪性研究证据可参见：Dean, G. A., Mather, A., Nias, D. K.B., Smit, R.H. (2016). *Tests of astrology: A critical review of hundreds of studies*. AinO Publications.

中哪一型，进而生成一张精致的图片方便你愉快地一键分享到朋友圈。有趣是有趣，然而将人"分类"，认为千姿百态的人格可以依据有限的类别进行划分，这种方式虽容易理解却不符合事实。一方面，人如此多样，绝不可能只用少少的几个或者十几个类别就涵盖殆尽；另一方面，人与人的差异多为程度上的而非本质上的，人们之间的相似性远大于差异性，即便存在差异也没有那么壁垒分明。因此，现代人格心理学家并不赞同将人的性格分成几类且各类之间彼此独立的说法。[1]

可是，以类别来划分人格的方式又缘何如此受欢迎？这在一定程度上与人类的类别化认知加工天性有关（Seger & Miller, 2010）。对于人类来说，世界纷繁复杂而认知资源有限，故而大脑对有序的需求很高，便倾向于以一种化繁为简的思维方式对万事万物进行分门别类的加工，借此节省认知资源并快速做出判断。这种自动化的认知过程对于应对繁杂的世界非常适用，例如，人们可以通过将物体类别化快速了解某个未知的东西，好比如果某一事物被归类为水果，那么即便从未见过它也能判断它是可以吃的。经由这样的类别化过程，我们所面对的世界就能简洁明晰很多。然而，一旦知觉对象从物变成人，这一过程就过于简单且粗糙了。例如，当赋予一群人同一个类别标签时，人们便会倾向于认为此类人全都一样，同时和另一类人非常不同，这显然夸大了类别间的差异而低估了类别内的差异。事实上，任何一个类别内部均存在着显著的个体差异，这种个体差异甚至可能大于类别之间的差异，于是，简单的类别化将无益于捕捉人与人

---

1 事实上，将人格划分为若干相分离的"类型"的思想在生物学意义上也是不合理的，相关论述请参考：Nettle, D. (2006). The evolution of personality variation in humans and other animals. *American Psychologist, 61*(6), 622-631.

之间细微的差别，也无疑将消减人们对于精细人性的感受力。

除了认知倾向上的基础，人们爱好分类的另一个原因或许在于，在将彼此进行分类的过程中能够获得某种社会认同。例如，将自己归进了某个星座或心理类型，就可以很方便地进到共享同一标签的群体中去，在那里找到同好并进行交流，进而获得归属需要的满足以及社会身份感。与此同时，人们还可以基于分类区隔出"我们"和"他们"，如果这个"我们"还在某些方面优于"他们"那就更好了（请注意，这可能只是一种没有根据的良好感觉），而这种"集体优越感"反过来又会进一步促进个体对于"我们"这个群体的认同。

于是，分类既是一种多快好省的认知方式，又能满足人们的归属与认同需要，人们因此而喜欢它。但是，这种用类别来知觉自己的方式存在着潜在风险，最有害的风险之一即"自我标签化"——当我们将自己归到某一类别之中并对此深信不疑时，这个本来期待有助于自我了解和探索的框架就可能变成了自我设限的牢笼。一个人去探索自己是怎样的人，更重要的意义在于去理解它与自身感受、行为及经历之间的关系并基于此寻求自我成长，但是如果稳稳贴上了某个标签，更重要的事情就变成了不断去验证这个标签的正确性，这显然不利于成长，甚至反过来可能令自我僵化，乃至用"我就是这样的人"来解释所有经验并将其当作一切遭遇的理由。此外，自我标签化还会促使人们不断去搜寻支持标签的证据而无视相反的证据，此时如果那些所谓的"证据"是没有科学依据的，就将误导判断甚至带来对自己或他人的错误看法。从这个意义上说，即便是经过科学检验的心理测验也只是一个辅助手段，它或许可以帮助我们管窥当下的自己，但人格是发展变化的，可将其作为参考但大可不必以此当作自身的行动准则乃至让它们变成成长的枷锁。

　　既然对人格进行简单分类不科学且有害，那么还有什么办法可以帮助我们更好地认识自己和他人？为了体现出差异，难道要把地球上 80 亿人每个人的人格都专门描述一遍？这显然做不到也没必要。为了解决这个问题，人格心理学家们借助了基本的元素论观点。比如最具代表性的红黄蓝三原色，千变万化的色彩都可以经由这三种颜色混合调制出来；再如化学元素，千姿百态的物质都可以经由一些基本化学元素的相互作用而生成。那么，人格也可以通过一些基本且有限的元素来描述吗？如果可以，每个人都具有一些程度不一的人格元素，组合起来就是千千万万不一样的人格。"特质"（trait）便是这样的人格元素。相比把人分成有限的几类，通过特质来描摹人格要精细很多。

　　首先，特质有别于类型。不同的人格类型像一个个非此即彼的抽屉（例如"焦虑"型和"不焦虑"型），类别之间全无交集，而人格特质是由两个对立端点组成的连续体（例如从"不知焦虑为何物"到"天天焦虑得要命"），个体之间的差异即体现在程度上。换言之，特质是连续而非离散的，且所有人在特质连续体上呈正态分布，极端焦虑和极端不焦虑的人均为少数，绝大多数人处于连续体中间的某一点上，这样就能体现出个体间的细微差别。

　　其次，每个人均具有一些核心基本的人格特质，但具有的程度和将它们组合起来的方式有所不同，个体差异由此产生。就像一个包含多种颜色的调色盘，每个人都同时在用这些颜色画画，只不过所用的深浅浓淡不一，最后得到自己独一无二的画作；又或者像一台包含多道音轨的调音器，有的人这几个音轨的声量调得大一些，有的人则另外几个音轨的声量调得大一些，最后每个人都获得一段有别于他人的专属旋律。换言之，特质的整体架构并不因人而异，因人而异的是每个人在各个特质上的水平（内特尔，2020），就好像每个人都有身高体重，只不过高矮胖瘦不同，最终形态各异。

最后，特质和特质之间还可能像化学元素一样发生相互作用，某些特定程度及特定特质的组合将呈现出独特的心理与行为风格，这就令有限的人格特质得以描摹出千百万个形色不一的人。总之，即便我们拥有相同的特质，也会因为拥有的程度不同或将这些特质组合起来的方式不同而成为不同的人，这种不同恰是人类心理的复杂、丰富和有趣之处。

特质对于理解一个人的人格具有什么独特的功能？对此，提出特质这一概念的著名心理学家戈登·奥尔波特（Gordon Allport）曾说："同样的火候令黄油融化，却让鸡蛋变硬。"（The same heat that melts the butter hardens the egg.）这句话的意思是，虽然面临相同的情境，但由于黄油和鸡蛋的特质存在差异，最终导致了迥异的结果。基于此，对一个人的特质有了了解就有可能在一定程度上预测其行为，因为特质推动着人们在面对一系列事件时的选择、反应和行为表现，令一个人表现出稳定的"行为模式"（behavioral pattern）。例如，一个人在和他人交往时经常恃强凌弱，在游戏比赛中总是争强好胜，在亲密关系里多强势主导，在担任领导时常辱虐下属，这种在特定情境中反复出现的行为反应倾向就是一种行为模式，可能指向背后的高攻击性特质。

此外，稳定出现的行为模式还可能构成一个人反复经历的人生主题。例如，有些人总是三分钟热度，面对新鲜刺激时很快就爱上并全身心投入，无视其中可能的风险，然而过不了多久，这种感觉就会消退，进而心生厌倦半途而废，直到下一个刺激的出现——这种一次又一次的"激情—退却—再激情—再退却"的对象可以是一个人、一份工作或者一个创业计划；而另一些人则总是充满敌意，各种人和事都可能激怒他们，不管是有点吵闹的邻居，还是不小心冒犯到他们的路人，抑或合作有些不愉快的同事，他们很容易因此而感到受挫并对他人心怀怨恨——这种"挫败—攻击—再挫败—再攻击"也是一种模式。总之，时间不同、对象不同、情境不同，行为反应却类似，这种大同小异又反复出现的模式不仅可以描画出一个人不同于他人的独特心理特征，同时也定义着一个人鲜明而突出的人生主题。这些像背景音乐一样循环播放的人生主旋律即是人格特质的功能，搞清楚了一个人的核心人格特质就可以在一定程度上推断出这个人惯常的行为模式甚至预测其人生主题。

不过，鉴于特质是内在的心理特征，不像身高体重一样看得见、摸得着，因此如何找到清晰的标尺对其进行测量就成了人格心理学领域的一大难题。在很长一段时间里，心理学家们孜孜不倦地想要找到完美的人格"显示器"，却一次次无功而返，直到20世纪八九十年代，一个名为"大五人格"（Big Five）的描述和测定人格特质的模型为此前纷乱的局面带来了一些秩序，这一模型从大量实证研究中脱颖而出，被证实可以解释观察到的大部分人格差异，进而一举成为当下最为活跃的人格研究主题之一，并被认为是目前对于个体基本特质最全面、最可靠和最有效的描述。

大五人格模型主张存在五个基本的人格特质：外向性、神经质、宜人性、尽责性和开放性（Digman, 1990; McCrae & John, 1992）。在详细了解这五个特质之前，如果你有兴趣，不妨尝试一下相应的测验（见本书附录），当然，结果仅供参考。

02. 内向者不合群？大五人格之外向性

当谈到一个人性格的时候，不管是自己的还是别人的，第一时间跳进人们脑海中的词恐怕就是"内向"或"外向"了，这几乎成了用以描述和理解人格的第一特质。我们也可以马上说出外向的人是活泼开朗、爱交朋友的，而内向的人是安静羞涩、不爱说话的，这些普通人的直觉正确吗？答案是，有一部分是对的，然而并不能代表外向或内向的全部。

对于大五人格模型中第一个出场的特质，"内向"或"外向"的形容实在太过深入人心，先来看看它们的起源。1921 年，著名心理学家卡尔·荣格（Carl Jung）在其代表著作《心理类型》（*Psychological Type*）一书中首次提出并定义了内向（introversion）与外向（extraversion）。此处，荣格沿袭了前辈弗洛伊德的假设，即心理系统和物理系统一样是能量系统，不管是进行还是维持心理活动都需要能量，[1] 那么，心理能量从哪里来又被用到哪里去就构成

1　荣格与弗洛伊德的理论详见本书第三部。

了每个人适应社会活动的基本心理模式。

具体来说，表现在心理能量投注和获取方向上的差异决定了人们是内向者还是外向者。例如，典型外向者的心理能量主要投注于外部世界（他人或事物），他们习惯于呼朋引伴，世界就是他们的游乐场；而一个典型内向的人则主要将心理能量投注于内心世界的感受和体验上，他们习惯于独处，一个人安静地阅读或思考对他们来说是最舒服的状态。在经历了能量消耗如一整天高强度的工作之后，两类人补充能量的方式也有所不同，典型外向的人可能还可以继续呼朋引伴参加聚会，而典型内向的人则更想自己一个人待着不被任何人打扰。也就是说，同样是为了"充电"，有些人开个派对就能满血复活，而有些人则需要自己静静来恢复元气。于是，在荣格看来，那些倾向于从外部世界和他人获取能量并释放于外部世界和他人的就是外向的人，而那些倾向于从精神世界和自己内心获取能量并也将能量投放于此的就是内向的人。

到这里，我们必须感谢荣格定义了这么一对概念，现代人已然难以想象，如果不是"内向""外向"，还能用其他什么词方可如此准确地描述人们的基本性格，而且有关能量方向的说法也相当生动，有助于理解内外向差异的本质及来源。但是，随着研究和理论的发展，如今，作为大五人格模型一员的外向性特质与荣格理论中的内向—外向划分已经不尽相同。一方面，内向和外向不再被当作两种截然相反的类型，在大五人格模型中，它们是一个特质即"外向性"的两端，极端外向和极端内向构成了一个连续体，[1] 每个人均处于连

---

1 在后文中，为了方便表述，着重介绍特质连续体高低两端（即典型高分者和典型低分者）的代表性特征，但实际上多数人的表现不会这么极端，而是处于连续体中间的某一点上。

续体的某一点上，于是完全可以有人表现得既外向又内向也就是中等的外向性。另一方面，现在所理解的外向性的特征内涵比之荣格说的更加丰富，例如高社交性、多积极情绪、活跃、健谈等均是高外向性的表现。

以"社交性"为例，在外向性上典型的高分者（也就是明显偏于外向的人）喜好热闹、热爱社交，在他们看来，社交活动是一种享受，他们喜欢成为目光的焦点和派对的灵魂，因而对此充满渴望；而在外向性上得分较低的人（也就是明显偏于内向的人）则偏好独处，他们倒不会刻意回避社交，只是不像高外向者那样对社交活动如此热衷，社交对他们来说更像是一种必要的生存技能，可以参与但没那么爱，他们也不会像高外向者那样从社交中得到很多乐趣，太多的社交活动对他们来说甚至还是某种程度的负担和消耗，如果可以选，他们更愿意做一些允许独自完成的活动。

需要提醒的是，这并不意味着偏于内向的人"社恐"。典型的内向者完全可以拥有良好的社交技能，他们只是不太想社交而已，而"社交恐惧症"（更准确的说法是"社交焦虑障碍"）患者则可能在社交技能上有所欠缺并对社交这件事情感到不必要的过度焦虑。此外，不热衷社交并不会导致内向的人没朋友，反过来，典型高外向的人虽然爱交朋友，但并不代表他们就一定能交到朋友或者总能维持良好的人际关系，因为即便他们经常出现在社交场合，其他人愿不愿意跟他们做朋友却不完全取决于他们外向性的高低，而更多与大五人格模型中的另一个特质"宜人性"有关。对于偏内向的人来说也是一样，如果他们的宜人性高，即便社交性不强也一样可以交到好朋友，只不过会稍微慢热一点。也就是说，外向性里的"社交性"只代表人们对社交活动的喜好度和参与度，而与社交的结果及质量不存在直接的关联。

除"社交性"以外，高外向性的人一般还会表现得自信健谈，常给人以精力充沛、活力满满的感觉，他们也更偏好忙碌和刺激的生活，可能喜欢运动、冒险和每天都有新鲜事。此外，高外向性的人更容易感到开心，他们体验到的积极情绪更加强烈和频繁（Watson & Clark, 1997）。但是，这并不意味着反过来低外向性也就是偏内向的人一定会经验大量的消极情绪（经常处于消极情绪之中是另一个特质即高"神经质"的典型表现）。事实上，偏内向的人并不会缺乏快感，只不过他们常经历的是一些唤醒度没那么高的情绪，例如满足和平静，这些相对宁和的感受依然是积极的。换言之，偏内向的人并非一群很"丧"或很"down"（低落）的人，他们只是在老是处于"开心模式"的高外向者的衬托下显得没那么开心而已。

就像不是只有所谓"嗨""燃""炸"才是积极的，从心理意义上说，外向性的高低也无所谓好坏。类似于每个人都有自己的习惯用手，世界上右利手的人多一些，他们做什么都习惯用右手，但其实他们也可以用左手写字，只不过会写得费劲一点、难看一点，需要花费专门的意志努力去进行监控，而用右手写则非常自动化，无须额外占用心理资源。人格也是一样，每个人都有自己偏好的行为方式，不管是想做艳光四射的万人迷还是安静的美男 / 女子都没有问题。然而，就像左撇子总是被逼着改成右撇子一样，很多偏于内向的人也在被迫变为"伪外向者"，而这可能令他们需要额外耗费心理资源去"扮演"另一个人，进而感觉到自我"不真实"（Bossom & Zelenski, 2022）。

究其原因，在现代社会中似乎存在着一种"外向崇拜"。例如，人们总是觉得所谓"好"的性格就应该是"阳光的、活泼的、爱交朋友的"，于是那些"沉默的、安静的、喜好独处的"人就会被冠以"不合群"之名甚至因此受到排斥。生活里经常能听到大人们感慨某个偏于内向的小朋友"哎呀，这孩子不爱说话可不好……"，言下之意，这是个了不得的缺点，反过来却很少听到有人嫌弃偏外向的人太爱说话或太吵了。在社交媒体上也不时出现"内向算不算是一种性格缺陷"一类的话题讨论，而在工作场所中，此类现象更是常见：人们在求职简历上总是自我评价为"性格开朗"；企业习惯用"无领导小组讨论"来招考员工；写字楼里遍布开放式办公室；一需要出方案就先来一波头脑风暴……这些全是对高外向者友好的方式，而在此过程中，那些看上去与"热闹"格格不入的安静的内向者就被忽略或贴上了负面标签，他们中的部分人在这样的社会压力下也会经常苦恼于自己是不是性格不好并想要变得外向一些。

事实上，将内向作为一种性格缺陷是极其不科学的说法，大量研究表明，内向有内向的优势。例如，内向是很多伟大思想和创意的摇篮，内向者喜好独立工作，而独处可能是创新的催化剂（综述见 Lee, Min, & Kim, 2020）；内向的管理者也更善于倾听员工的创新性建议（Grant, Gino, & Hofmann, 2011）。在《安静：内向性格的竞争力》（*Quiet: The Power of Introverts in a World That Can't Stop Talking*）这本书中，作者苏珊·凯恩（Susan Cain）更是现身说法，通过自己作为一个典型的内向者从小被逼迫成为一个"伪外向者"的经历以及对于"外向崇拜"这种社会文化的观察，外加大量心理学研究结果，提示了人们安静内向有其独特的力量，它不应该背上不该有的污名。

对一个社会来说，如此这般"去污名化"的过程亦相当重要。

后续章节将提及，包括外向性在内的人格特质皆存在强大的生理和进化基础，人类在各个特质表现上的多样性受到进化选择进而在不同情境下具有各自的适应性，一些看起来不那么受当下社会赞许的特征可能在其他情境下具有独特的优势，而一些受赞许的特征则可能在另一些情境下成为劣势。换言之，不同特质或者同一特质的不同程度表现各擅胜场、各有千秋，只不过在当下的社会形态和文化环境中，一些特质的优势被放大，而另一些的劣势被放大了。

从这个意义上说，这个世界上并不存在所谓"正确"的性格，个体差异是一件自然而然的事情，然而社会文化的导向令内向者莫名背负了心理压力，有人甚至因为性格内向而自我怀疑乃至自我否定，其实他们没有做错任何事情。似乎内向的人总是能理解那些活泼外向的人，反过来也希望外向的人能对安静内向的人多一些理解。对于任何一个人格特质及其特征表现，我们更需要做的是去知悉它的意义，了解它在哪些方面让我们做出何种反应，同时也理解一个和我们不一样的人为什么会做出不一样的反应。说到底，让大家都可以"用自己的声音歌唱"（内特尔，2020：220），自由地做自己。

03. 过于灵敏的"威胁探测器"：
大五人格之神经质

他人还在 50 米开外，携带的焦虑已然蔓延于周身的空气。他坐下喝了一大口水，然后开始忧心忡忡地诉说三天前老板对他说的一番话。在我听来这似乎是职场中司空见惯的工作反馈，然而他却认定这是老板在表达对他的不满，而且这种"不满"在他这几天的反复咀嚼下变得愈发强烈并意味深长，即便事实上他是公司的明星级高绩效员工。他无法遏制地对此感到担忧，就像他担忧生活中的其他小事一样，从孩子上礼拜小测验成绩不佳到下个月出差还没做行程计划。

"这种感觉太糟糕了！"他给我打了个比方，"你玩过那种气球挑战吗？就是头顶上吊着个气球，它越来越大越来越大，你却不知道它到底什么时候会爆炸。我就感觉自己一直一直站在那样一个气球底下。"

上文中的"他"是我的一位朋友，他从未做过大五人格测验，但我敢百分百确定他会在"神经质"（neuroticism）这一特质上拿到绝对高分。如果说"积极情绪"是外向性的核心特征之一，那么"消极情绪"就是神经质最醒目的标签，一个典型的高神经质者很容易受到日常琐事的打扰并对此感到烦恼。其实，每个人都会时不时遇到一些不开心的事情，但是相比低或者中等神经质的人，高神经质的人对于这些事情的感觉阈限明显更低，因而将更加频繁并强烈地体会负面情绪，如焦虑、悲伤、担忧、敌意，等等。

以其中最为典型的焦虑来说，这已然成为一些现代人的日常情绪。焦虑通常由一些压力性事件触发，比如，一周后有个关系到前途的大考试，或者明天要去参加一个心仪但无太大把握的工作面试，再或者种种迹象表明爱人想要离开自己……在类似这些时候，多数人都会感到焦虑，但是，高神经质的人会比其他人更早就开始并且体验到程度更高的焦虑。此外，在一些别人看来没必要焦虑的事情上，高神经质的人也会非常焦虑，比如，两个礼拜以后要坐飞机，他们可能从现在就开始担忧万一错过了航班怎么办，并会在当天至少提前四个小时到达机场。可以看到，作为一种人格特质，高神经质者的焦虑是弥散性的，是一种稳定且持久的行为模式，他们并不是因为什么事情而突然变得很焦虑，而是日常就容易感到焦虑。

如何理解这种"看似不必要的焦虑"？按照最早从心理学角度系统论述焦虑的心理学家弗洛伊德的说法，焦虑来自自我对于本我、超我和现实威胁的无能为力；[1]而根据现代心理学的观点，从本质上说，高神经质的核心是对存在于环境中的潜在威胁线索十分敏感并做出夸大反应。这里的敏感意味着一旦周遭出现消极信号，高神经质的人将很快觉知到并做出响应，此时，神经质很低的人可能

1　弗洛伊德关于焦虑的理论详见本书第 24 章。

压根没注意到有威胁来过，或者即便注意到了也不觉得那是威胁；
而夸大则在于他们的反应与环境中真实存在的威胁程度并不相称
（McCrae & Costa, 2003）。借用我那位朋友的"气球挑战"比喻，
对高神经质的人来说，生活中的一点点风吹草动都像是在他们的头
顶挂上了一个气球，且即便那个气球还很小，他们也可能感受到如
世界末日来临一般的紧张和担忧；此外，等到这个气球的威胁被解
除，他们也很难马上恢复到原有的状态，而是会继续反复回想、咀
嚼、反刍那些威胁，这就像是一根很容易紧绷却不容易松弛的皮筋，
这种持续性的忧虑倾向将让他们难以充分地享受生活。

　　但是，高神经质者对威胁的这种高度敏感性并非全无意义。请
想象一个烟雾探测器，它一检测到烟雾就会报警，它的目的是预警
火灾，但它其实没办法直接探测到火灾，而只能探测与烟雾有关的
空气粒子，也就是说，它监测的其实是一些线索。烟雾探测器一般
都会设计得相当灵敏，在家吃个火锅或者牛排烤煳了都可能让它报
警，而之所以要设计成这样是因为漏报要比误报的代价大得多，虚
惊一场总比火烧眉毛了还没反应来得好。高神经质者就类似于这样
一个过于灵敏的探测器（Nesse, 2005），他们习惯性地搜寻环境中
的"安全隐患"，然后在脑内发送一排排弹幕："前方高能预警！"
考虑到人类在漫长生存史的绝大部分时间里均生活于危机四伏的环
境里，这样的过程显然具有重要的进化意义，它可以提醒人们及早
采取行动以应对可能出现的威胁，比如，在野兽现身之前，要么赶
紧跑，要么躺地上装死，反正得干点什么。就算在相对安全的现代
社会里，有时候也需要高神经质者的这种"悲观现实主义"来对冲
一下随处可见的狂热与盲目乐观。

从这个角度来说，高神经质并非全然的坏事，就像烟雾探测器可以在关键时刻救命一样，高神经质者的悲观和忧虑对他们来说也有其积极的生存价值。同时，也正是因为老在担忧发生一些不好的事情，他们也会更常反思与审视自己，进而可能会比其他人更具改变的动力，以此来避免让那些担心的事情从"想象的现实"变成"真正的现实"。换言之，高神经质会让人有动力去应对威胁和解决问题，不过是否能真正转化为有条理和有效的行动则取决于人们的"尽责性"程度，这是大五人格模型中的又一个特质。如果尽责性是高的，那么高神经质可能推动他们改变自己甚至改变世界；如果尽责性是低的，空有担忧却难以转化为行动，就可能令他们持续处于焦虑之中甚至陷入更大的痛苦。也就是说，如果能够恰当地响应与处理相关的负面情绪，高神经质者可以从高神经质中获益，如取得良好的工作表现（特别是在需要大量思考的专业性工作中；元分析见Barrick & Mount, 1991），成为最审慎和善于复盘的员工，或者能够比别人更快预见风险、不冒进且值得信赖的投资人或操盘手。

当然，有时候保护亦是诅咒。灵敏的另一面意味着消耗，什么都不担心是灾难的根源，而什么都过于担心也可能带来瘫痪和崩溃。例如，在身体方面，由于总是处于高度警惕和战备状态，高神经质者的免疫系统可能受到影响（e.g., Lahey, 2009; Widiger & Oltmanns, 2017）。在心理方面，高神经质者的高度敏感性令他们很容易被探测到的威胁打扰从而出现明显的情绪波动，导致经常性的情绪不稳定（McCrae & Costa, 2003）；他们也常常将对于世界的负面看法迁移到自己身上，引发自我怀疑和自我批评（Watson, Clark, & Harkness, 1994），进而伤害幸福感和心理健康（e.g., Williams et al., 2021）。此外，由于经常处于负面情绪之中，高神经质还可能引发某些人际代价，如更多的人际冲突（e.g., Borghuis et al., 2020）和更低的亲密关系质量（e.g., Kelly & Conley, 1987）。

因此，虽然从进化长河的视角来看高神经质自有其优势，但对于生活在相对平稳富足的现代社会中的个体来说，还像机警的远古祖先一样时时刻刻保持警惕无异于枕戈待旦，那些担忧的事情可能从未并永远都不会发生，此时过于灵敏的代价将被放大，不但造成不必要的消耗，还会令高神经质的人自苦于消极情绪之中，而为了缓解消极情绪，他们又要进一步调动本已不充沛的心理能量去进行处理，就非常容易感到筋疲力尽。于是毫不意外，众多民间调查的结果相当一致，在大五人格的五个特质中，人们最希望改变的便是高神经质。不过，由于人格特质的形成发展具有强大的生理基础，想要彻底改变高神经质者先天的威胁敏感性并不容易，但是可以调整他们对于消极情绪的反应以让日常生活不那么受其烦扰。以下有一些经过实证研究证明有效且可操作的方法，其中多数便与如何更积极地应对高神经质者频繁体验到的消极情绪有关。

方法一，把焦虑或其他负面情绪写下来。研究发现，在焦虑或抑郁时花些时间将这些与情绪相关的事件以及情绪带给自己的感受写下来，仅仅是写下来，就能在一定程度上令负面情绪有所缓解（e.g., Gortner, Rude, & Pennebaker, 2006; Lepore et al., 2002），甚至提高后续的任务表现（e.g., Ramirez & Beilock, 2011）。这一称作"表达性写作"（expressive writing）的过程除了可以对情感进行一定纾解外，将事情连续地写下来还能帮助人们理清思路进而更加理性地思考问题。此外，也可以尝试变换不同的人称来写。高神经质者习惯于陷入痛苦情绪之中，而"我"总是处于痛苦旋涡的中心，所以在他们的表达中可以看到大量第一人称代词加上诸多与消极情绪有关的动词及形容词（Pennebaker & King, 1999），此时如果对于同样的事件改用第三人称"他／她"来表述，随着视角的改变，写作时的心理距离也会被拉远（e.g., Kross & Ayduk, 2011），进而可能帮助人们跳脱出来以更加客观的方式看待自己及遇到的事情，同时也可能领会到一些在此前被忽略了的方面。

　　方法二，进行"认知重评"（cognitive reappraisal）。很多时候，困扰来自人们自动化的思考方式，如高神经质的人总是倾向于从消极的方面想问题，习惯给每件事都披上痛苦的外衣，不管是某人不接自己电话还是上司说了一句什么，而一旦做出消极评价就会更加凸显和强调那些让他们感到焦虑或悲伤的事情。此时如果反过来，对事件进行重新的积极评价则有可能减弱这些不利影响（Gross & John, 2003）。例如，当遇到很有压力的事情时，试试使用"至少……"开头的句子来进行思考："虽然今天的工作不顺利，但至少和昨天相比我坚持下来了。"类似这样的方式可以帮助人们找出被忽略的积极方面，并给予自己适时的肯定。

　　方法三，记录下当天发生的印象深刻的"好"事情。比如，在每晚睡前回顾一下今天一整天，然后把那些觉得开心（哪怕是小小的欣喜也可以）、有收获、有成长的事情用手机简单写下来，可以是帮助过自己的某个人，或者听到、看到的有触动的一句话，再或者某个感觉美好的小瞬间。与方法二类似，它可以让高神经质者在本能的消极关注所创建的一片灰色天空之上看到星星点点的光亮，这样坚持一段时间之后，习惯性的负面思维偏向也可以获得一些纠正（e.g.,Wong et al., 2018）。

　　方法四，尝试正念训练，如"正念冥想"（mindfulness meditation）。这是一种专注当下体验的练习，它鼓励人们将注意力全部集中在此时此刻自己的身体、感觉或呼吸上，并且不加评判地去接纳这些体验（例如，在吃东西的时候去关注咀嚼的动作，感受食物的香气、质地和味道）。类似这种方法可以帮助高神经质者平静下来并从无益的想法或消极的感受中抽离出来，让他们一方面能够观察和注意到这些想法和感受但另一方面又不会过度卷入其中，同时对于体验的接纳也可以帮助他们更加松弛地去享受生活的过程。正念相关训练已被大量研究证明有助于减轻压力和降低神经质性反应（e.g., Drake, Morris, & Davis, 2017; Ford et al., 2018）。

　　方法五，加强与他人的联系。高神经质者有时难与他人建立和维持亲密关系，然而关系对每个人来说又如此重要，快乐、满足、幸福这些积极结果几乎不可能在关系缺失的情况下获得，于是加强一些人际互动的技巧就很有必要。例如，在沟通时，即便心烦意乱也要想清楚自己想说的话，而不是满脑子都是希望对方如何回应，同时也努力去尝试关注和倾听对方有什么感受、需求和愿望并对此做出回应。此外，高神经质的人习惯对他人的意图、感受或想法做出假设，而这样做只会预支焦虑，因为这些预判可能只是自己的想象而对方根本没有此意，所以如果真的想知道对方的想法，不妨坦诚地加以询问，这样也能让他们有机会表达，进而实现双方真正的沟通，以此来增进关系质量。

　　以上这些方法均被证明有效，但无论哪一种，更重要的都是持之以恒，无法期待一次两次便起效。如果觉得坚持下来有困难或者情况持续恶化直至干扰到了正常的生活、学习与工作，建议寻求专业的心理咨询帮助。事实上，神经质是大五人格各特质中可以经由心理咨询获得最有效改变的一个（元分析见 Roberts et al., 2017），也就是说，过于灵敏的探测器在有意识地"校准"之下完全有可能变得更具弹性。

04. 高责任心的人更长寿？大五人格之尽责性

1970—1972 年，心理学家沃尔特·米歇尔（Walter Mischel）及其同事发表了一系列在后来极负盛名的研究，其中用到了一个重要的道具——对孩子们来说充满吸引力的棉花糖，于是这一系列研究又被称作"棉花糖实验"。

在其中一个代表性实验里，一些学龄前孩子被单独带到一个房间，研究人员向他们展示两种食物，一种是棉花糖，另一种是饼干。孩子们要先选择自己更想吃哪一种，然后研究人员会跟他们说："我要离开一会儿，如果你能等到我回来，就可以吃你更爱吃的那一种；如果你等不及我回来，也可以吃，但只能吃另一种你没选的（相对不爱吃的）食物。"这个设计实际上是让孩子们在即时但更小的奖励和延迟但更大的奖励之间做出选择。结果发现，其中一些孩子能够比其他孩子等待更长的时间，而且他们多数是通过分散自己对诱惑的注意力来完成自我控制的过程的（Mischel & Ebbesen, 1970; Mischel, Ebbesen, & Raskoff Zeiss, 1972）。

更有意义的事情发生在十几年后，当年参与"棉花糖实验"的孩子们已然成年，对他们的追踪研究发现，孩童时期延迟满足的能力与多年后的诸多积极结果相关，包括更高的学业成绩、更强的压力应对能力以及更积极的自我评价（Ayduk et al., 2000; Mischel, Shoda, & Rodriguez, 1989; Shoda, Mischel, & Peake, 1990）。当然，"棉花糖实验"的样本有着明显的偏差，那些小朋友绝大多数来自斯坦福大学旁边的一所幼儿园，即基本生长于美国知识分子中产家庭，于是这个研究的结果应谨慎推论到其他群体。不过，后续也有基于更大且更具代表性样本的研究证明，在考虑了社会经济地位的影响之后，儿童期更高的自我控制水平依然能够带来更积极的成年期收益，例如更慢的身体老化与大脑衰退速度（Richmond-Rakerd et al., 2021）。

这类研究暗示着延迟满足和自我控制能力的长远益处。那么，如果一个人在人格层面上就是善于延迟满足和自我控制的——例如，那些累了一整天还能坚持去健身房举铁的人、那些在馋死人的美食面前总能忍住不大快朵颐的人——即可预期他们在大五人格模型的"尽责性"（conscientiousness）特质上将获得高分。尽责性与推迟立即奖励、遵循计划并达成目标的行为模式有关。典型高尽责性的人是自律且专注的，他们对秩序的要求较高，做事富于条理；他们会设立目标并制订计划，在计划执行过程中善于控制冲动以坚定不移地追求目标；他们勤奋自制，不喜欢浪费时间无所事事；他们小心谨慎，会三思而后行。相反，低尽责性的人相对懒散、粗心、意志薄弱和随心所欲，他们常常心血来潮，不太可能制订并遵守时间表，也无意于进行长远的规划；他们往往优先考虑当下的乐趣，可能难以控制自己而去做那些很有吸引力却未必有长久益处的事情，也更容易染上赌博、酗酒等成瘾性问题。

很显然，在现代社会中，高尽责性具有明显的优势。大量研究表明（综述见 Ozer & Benet-Martínez, 2006），在人际关系领域，高尽责性者的可靠、责任感和自制力将转化为诚实和信守承诺，令他们享有更高的关系质量和更低的离婚可能性；在教育领域，高尽责性与更优秀的学业表现有关；在工作领域，尽责性更是全面预测一个人职业成功最可靠的人格指标（元分析见 Barrick & Mount, 1991），在其他条件类似的情况下，一个尽责性越高的人越可能在职场上取得成功，这种成功可以薪资、职位、晋升速度等进行衡量。而且，越是在需要员工发挥自主性的岗位上，尽责性的绩效优势就越明显，因为此时员工必须自己设定目标、制订计划和执行计划，这正是高尽责性的人擅长的事情（Barrick & Mount, 1993; Barrick, Mount, & Strauss, 1993）。

在另一个重要的领域里，尽责性也发挥着或许令人意想不到的作用，来看一个长达 70 年的追踪研究（Friedman et al., 1993; Friedman et al., 1995）。1921 年，一千多名还是孩子（平均年龄 11 岁）的受试者接受了初次测试，部分内容与他们的人格有关，由他们的父母和老师进行评估。之后，研究者对这些孩子进行了持续追踪，直到 70 年后，他们中的一些已然去世，另一些则进入人生的暮年。这个研究关心的问题是，儿时的人格特点会和成长后的某些生活结果——如寿命有多长——有关吗？在经历了艰苦的数据收集和复杂的数据分析工作后，研究者得到了一个震撼性的发现：在其他影响因素被控制的情况下，初测时得到的各种人格因素中有一个与寿命之间存在着显著的正相关性，这个因素就是尽责性。受试者儿童青少年时期的尽责性水平能够（在统计意义上）正向预测长寿，且其效应与公认的健康相关指标（如胆固醇水平）相当。也就是说，那些当年被评价为谨慎、可靠、有责任心的孩子未来的平均寿命明显较长，而且相比于女孩，这个效应在男孩身上还要更大。

　　这是为什么？一种解释是，高尽责性的人会尽可能地避免让自己身处危险。的确，该研究发现，低尽责性的受试者（尤其是男孩）长大后死于暴力事件的概率更大，不过与此同时也发现，尽责性还能降低人们因心血管疾病和癌症而早亡的风险，也就是说，它的作用不限于保护个体免于受伤。另一种解释是，低尽责性的人健康习惯不佳进而提升了死亡风险。该研究中的低尽责性受试者确实更多地抽烟喝酒，不过在控制了如酗酒和烟草摄入这些因素之后，尽责性的作用依然显著存在。于是，研究者认为尽责性的影响似乎难以归结于某个单一方面而更是一种综合效应，即高尽责性的人格特质设定了一整套的行为模式，如避免危险、更好的健康习惯、更积极的压力应对方式等，是这套行为模式带来了更长的寿命（Bogg & Roberts, 2004; Kern & Friedman, 2008）。神经心理学研究亦为此提供了证据，如高尽责性与阿尔兹海默病的患病风险降低有关（e.g.,Wilson et al., 2007）。

　　简而言之，从平均水平来看，高尽责性的人身体更健康、人际关系更好、事业也更成功。于是不奇怪，在"大五人格"中，继降低神经质之后，人们最希望提升尽责性。在五个特质里，尽责性与一些具体行为之间的关联最为紧密，因此也就最有可能通过长期实践来进行调整，以下同样是一些经检验可行的建议。

　　第一，最好限定一个具体的领域。"变得更尽责"这个目标略微广大和空泛了一些,想要一下子在所有方面都做到尽责不大现实也没必要,因此不妨先确定某个自己特别希望能表现得更尽责的生活方面,从那里开始,再尝试慢慢扩展到其他领域中去。接下来,不管选定的是哪个领域,去主动承担其中的一个责任。低尽责性的行为模式常常来自从未有机会对什么事情负责或者总有其他人来替自己负责,而唯有实际承担更多的责任才有可能学会承担责任。可以先从为一件小事负责开始,比如照顾一盆花或者一只宠物。尤其是后者,照顾小猫小狗一类的宠物可以大大训练人们有条理做事的能力,毕竟它们会按时按点地叫你起床,需要你为它们铲屎和洗澡,如果忘了给它们喂食或带它们出门散步,它们也会用自己的方式提醒你。这看起来是另一个生命在依赖我们,但其实它也在训练我们成为一个更有耐心、有计划、负责任和值得依赖的人。

第二,"有序"和"专注"是尽责性的核心,杂乱和没有头绪就很容易造成分心和拖延,于是可以通过使用时间管理工具等来为生活创造更多秩序并减少不确定性。此时让周围环境变得整洁一些也很重要,包括书桌和办公桌,同时建议删掉手机里不用的 App,整理电脑上的文件夹,将各类文件归档并备份数据。这些事情看起来很小但可以让头脑清醒,进而帮助我们在一个清爽的环境里更专心地做其他事情。

第三,对于尽责性水平没那么高的人来说,想要一次性完成多件事情较为困难,于是最好一次只做一件事情,此时做计划就至关重要。不过,并不是把每天要做的事情罗列下来就结束了,建议再多做一步,即把准备在何时、何地以及如何做也写下来,简单即可,这样会让大脑对后续行动有所预期,执行起来就会更加顺畅。另外,计划里建议还包含各种预案,这是为我们经常碰到的那些障碍准备的。在执行计划的过程中很可能遭遇失败且不止一次，而我们自己一定知道那些"绊脚石"会是什么，这时候就不妨提前备好对策："如果出现Y，我就做X"。例如，如果计划是晚饭后出门散步一小时，但最近天气不太好，那么就要制订一个备用计划："如果下雨，就在室内做有氧运动一小时"。否则一旦碰到下雨，大概率就会躺在沙发上刷手机一小时了。在执行过程中肯定也常会碰到坚持不下去的情况，这时候交个高尽责性的朋友也会大有帮助，比如，加入一个运动打卡群，这意味着我们的行动除了自我控制之外还部分委派给了外部监督力量——当自己懒得出门的时候，小伙伴们就可以发挥他们的力量想办法让我们出门。

以上这些改变在一开始可能会觉得很难，但一旦养成习惯之后就会简单多了。习惯就像大脑的自动巡航系统，可以不消耗自控资源和心理能量来指导我们的行动。比如，如果每天都在大概同一时间起床、同一时间锻炼、同一时间看书，一旦成为日常设定，就不必每天都去纠结是否要吃一顿健康的早餐、是否要锻炼和是否要看书了，它们就是一天的一部分，可以无须施加太多意志努力自动去完成。等到习惯养成，再尝试以这些习惯作为锚点添加其他事情，逐渐扩展到其他领域的行动上去。

第四，在整个过程中都别忘了奖励自己。人们在改变的尝试中总是半途放弃的原因之一在于，我们觉得这种改变是基于牺牲的，而我们不想牺牲，于是，时不时地庆祝一下沿途的小胜利就格外重要。在任何时候，只要发现了积极的进步就奖励自己，如暂时不限制地去做一些喜欢的事情，这样将所做的努力和积极的反馈联结在一起，就能够增加坚持下去的可能性。如果还能进一步把长期目标和我们的核心价值观联系起来就更有帮助了，比如，"我想变得更尽责，因为我在乎家人的幸福"。

这些方法仅供参考。需要提醒的是，不管是尽责性还是神经质，由于它们是相对稳定的人格特质，改变起来的速度可能较为缓慢，而且我们无法期待所谓的"反转"，低尽责性的人也许永远不会像施魔法一样神奇地变为那个最有目标、最专注、最负责的人，但他们可以通过哪怕小小的改变获得对生活更多的掌控感。

讲到这里还有最后一个问题，在截至目前的讨论中似乎默认高尽责性带来的全是好处，然而如果仅有高尽责性是积极的，为什么还会有那么多低分者？在过去几个世纪里，高度工业化的社会造就了越来越精细的分工和越来越明晰的规则，这令我们可以待在一个地方持续长久地做一件事情，进而赚到生存所需的金钱并获得社会的认可。显而易见，在类似这种高度有序、可控并可预测的环境中，自律的高尽责性无疑好处多多。但是，世界并不从来或总是如此。试想一下，如果一个环境变化非常快且不存在明确的规则，计划根本赶不上变化，连明天将发生什么都难以预测，那显然，在这样的环境里，那些不拘泥于既定的行为模式、不依赖规划好的时间表、能够对突发状况做出随机应变反应的人才更具适应性。以"棉花糖范式"所做的后续研究也发现，如果当下环境是不可靠的，孩子们会更多选择现在就吃掉那个哪怕不是最爱的食物，而不是延迟满足（Kidd, Palmeri, & Aslin, 2013），这说明在一个环境中适用的行为不见得适用于其他环境。

从这个意义上说，高尽责性虽然是现代职业成功的最佳预测指标，但主要是在高度有序的社会生态环境中具有适应性，而在变幻莫测的社会环境（包括一些职业环境）中，高尽责性者倚赖的常规将被打破，既定的计划不得不中断或遭到频繁改变，这些可能令他们苦恼不已甚至无所适从，此时，低尽责性者的"无组织、无纪律"和即兴发挥反而更能解决问题。由此，再一次，并不存在绝对意义上的"好"人格或者所谓的"最优"人格，更重要的，或许是寻找到与自身惯常行为方式相适配的环境并发挥自身人格优势。

05. "好人有好报"还是"人善被人欺"？ 大五人格之宜人性

从关爱留守儿童到救助流浪动物，从捐款捐物到志愿服务，无论是贡献时间、精力还是金钱，都展现出人性中光辉美好的一面，而这些传递善意的亲社会行为背后存在一个共同的心理前提——宜人性特质（Wilmot & Ones, 2022）。大五人格模型中的"宜人性"（agreeableness）与人们表现出来的关怀、爱心、温柔、礼貌和善良的高低程度有关，反映了个体与他人良好相处的能力以及对社会和谐的关注。

在英文里，人们常说一个人很"nice"，在中文里则是很"随和"或"善解人意"，这大概就是在说高宜人性的人。典型的高宜人性者体贴、周到、富有同情心；他们对人性持乐观态度，认为大多数人都是正派和值得信赖的，于是愿意相信和帮助他人；他们待人友好、宽容、有耐心，很少不顾他人感受而行事，在做决定的时候也会为别人考虑。这倒并非软弱或一味讨好，而是他们习惯以友善的态度与人交往而不仅仅关注自己的利益。

建立与维系和谐的人际关系对于高宜人性的人来说非常重要，

他们享受喜欢别人也被别人喜欢，而获得这些的方法是表现得坦率与真诚，他们不觉得有必要通过操纵别人来获得自己想要的东西，也很少想要出风头或者自我吹嘘。在一个群体中，他们通常会扮演"黏合剂"与"和平使者"的角色，倾向于与他人合作而不是竞争，他们不希望发生冲突，哪怕是隐而未发的冲突也会令他们感到不安，他们希望用调停协商而非争执对抗的方式来解决冲突。很显然，以上这些异常显著的"关系导向"特征令高宜人性者很容易交到朋友，而且也会被朋友们评价为"绝对是个好朋友"，这就是为什么第 2章会说"爱交朋友的高外向者未必交得到好朋友"，因为此时比外向性更重要的是他们的宜人性程度。

或许正是因为对他人和关系的重视，高宜人性者特别能够理解他人的心理状态及情绪感受（Nettle, 2007; Nettle & Liddle, 2008），他们会有意识地关注别人是怎么想的，也总是能看到别人的需求，并在自己做选择时将它们考虑进去。这种共情力及对他人的关心很自然地让高宜人性的人做出更多的利他行为——他们同情并愿意帮助处境不利的人。在生活中也可以观察到，很多志愿者、心理咨询师或为非营利性公益组织工作的人常常是高宜人性的人，他们从服务与照顾他人中获得巨大的快乐，而且更重要的是，他们不认为这是一种自我牺牲，因为助人本身就能让他们获得愉悦与满足，相比自我获利，做些什么来改善他人的生活或让世界变得更好令他们觉得更有价值。

反过来，典型低宜人性的人则可能让人感觉不好相处。他们不太在意他人的心理状态（他们似乎对人就不怎么感兴趣；见 Nettle & Liddle, 2008），也不信任别人，甚至倾向于用恶意揣测他人并以敌意对待他人；他们更看重自身利益而非他人利益；他们的行事风格我行我素，不甚关心他人会怎么想，所以即便明知可能伤害对方也会不加掩饰地说出自己的想法，于是常给人留下冷漠、尖刻甚至好斗的印象。鉴于这些特点，低宜人性的人不大可能成为人群中最受欢迎的那一位，不过他们对此倒也不甚在意。

　　相比低宜人性者，高宜人性者在整体上拥有更加愉快的人际关系（综述见 Ozer & Benet-Martínez, 2006）是一件毫无悬念的事情，然而在其他方面呢？一个有趣的问题是，高宜人性者听起来很像人们常说的"老好人"，那么对于这些"nice guy"来说，究竟是"好人有好报"还是"人善被人欺"？基于日常经验，高宜人性的人既然如此注重人际和谐，好相处是好相处，但会不会因为太好说话和太轻信他人而更容易受人欺负或者被人占便宜呢？这听上去可能性很大，不过研究结果却给出了不同的答案。例如，与低宜人性的青少年相比，高宜人性的青少年在学校遭遇霸凌的概率更小（Jensen-Campbell et al., 2002），原因在于，良好的人际关系可以成为重要的社会支持资源，帮助高宜人性的孩子更好地适应与应对学校生活。对于成人来说，高宜人性者的积极情绪更多、生活满意度更高（e.g.,Wilmot & Ones, 2022），他们身上有一种"随遇而安"的气质，倾向于接纳自己、周遭环境及生活经历，再加上关系本身对他们已然是种奖励，因此即便自己的投入没有获得期待的回报，他们也会将注意力更多放在过程而非结果上。

　　不过，到了工作领域，情况就复杂了起来。在极度结果导向、强调产出和绩效的职场里，高宜人性看上去不怎么合时宜。例如，高宜人性者可能为了维系良好的人际关系而牺牲自己的工作效率，或者在应该据理力争的地方回避冲突、一团和气，再或者因为太好说话而承担了一些本不属于自己的工作责任，然后还任劳任怨、鞠躬尽瘁……这些似乎都与人们在一般意义上认为的如坚定、果敢、进取、无情、"六亲不认"等"成功必备特质"相去甚远。

真的是这样吗？如果把"成功"就定义成名利双收如高职位和高收入的话，那么从表面上看是这样的。研究发现，尽管在学生样本中，高宜人性的领导是受欢迎的，但在商业、政府或军事环境中，高宜人性特征并不被认为是领导者的理想品质（Mount, Barrick, & Stewart, 1998），或许是因为和蔼可亲在一定程度上削弱了他们的权威感。在收入方面，平均水平上，高宜人性者比低宜人性者挣得更少，且这一效应在男性身上尤为明显（Judge, Livingston, & Hurst, 2012）——这体现出性别刻板印象的影响，温和、体贴、有爱心这些高宜人性特征通常被认为不符合传统的男性性别角色。后续大样本研究也发现，高宜人性者不但平均收入更低、存款更少，连债务也更多，而且在本就是低收入的人群中这一效应还要更强（Matz & Gladstone, 2020）。这么看来，现代职场上似乎的确存在着所谓的"好人惩罚"。

不过令人意外的是，研究者们并不认同是前面提到的那些原因带来了这一结果，而认为更主要的原因在于，相对于其他人，高宜人性者根本就没有那么重视地位和金钱。在他们的价值排序上，对于金钱和成功的追求并不居于首位，与人为善、帮助他人的快乐对他们来说胜过出人头地的快乐（Wilmot & Ones, 2022）。因此，他们可能只是没有分配那么多时间和精力去获取金钱，而不是不具备相应的能力（Matz & Gladstone, 2020）。如果以人际和谐与道德愉悦作为成功的指标，那么高宜人性者绝对是人生赢家。

另一方面，高宜人性也并不总是对工作绩效没有帮助。上一章提到，高尽责性对于获得亮眼的绩效必不可少，但是当工作任务需要与客户等他人发生频繁互动的时候，仅有高尽责性可能是无效的，此时高宜人性将成为重要的助力因素（Witt et al., 2002）。此外，高宜人性的员工特别适合在团队中工作，作为团队一分子的他们简直无可挑剔：他们善于协作，总是把团队利益放在第一位；他们诚实可信并遵守规则，很少做出偏离生产的行为；他们友善且勤于沟通，是团队整合与凝聚的主力军；他们重视同事的需求，愿意帮助他人一起完成任务，而且常常主动做出不计回报的组织公民行为……于是，高宜人性虽然不是个人绩效的保证，却是团队绩效的最强人格预测因素之一（Bradley et al., 2013）。

当然，一味友善在职场环境中并非没有弊端。例如，为了避免冲突，他们可能难以坚持自己的愿望和需求；为了帮助他人取得成功，他们可能会疏于规划自己的发展；为了考虑他人的感受，他们可能牺牲自己的时间和健康，把自己弄得疲惫甚至倦怠；为了维系和睦的同事或上下级关系，他们可能不必要地放弃了自己的机会……此时，低宜人性者那种对于个人利益的坚持、对事不对人以及结果导向的行事风格反而亦有可取之处。

总结而言，高宜人性者无疑在人际关系和道德上是受赞许的，共情与友善令他们走到哪里都会是受欢迎的人，但是这样的风格似乎也让他们距离世俗意义上的"成功"远了那么一点点；反观低宜人性者，多数情况下，尤其在人际关系上，他们较难获益，但是在某些情况下，他们又有自身的优势所在。于是，我们再次看到一个人格特质在发挥功能时的利弊两面。

06. 创造力的人格基础：大五人格之开放性

当今时代以科技创新为第一生产力，发挥个体的创造力对于社会发展的重要性不言而喻。然而，在各类创造力培训（此类培训常将创造力作为一种单纯的技能）异常红火的同时，可能很少有人知道，它也有着特定的人格基础。在大五人格模型中，有一个特质被证明与创造力存在着明确且稳固的关联性，这个特质叫作"开放性"（openness），它反映了人们关注和处理新奇复杂刺激的能力与兴趣的高低，是"大五人格"中与人类认知关联最为紧密的一个。

在日常生活中，我们很容易发现不同的人在知识水准上存在差异。日常观念一般认为，这种差异主要源于人们不同的先天认知能力和后天受教育机会，但"成人智力的投资理论"（Investment Theory of Adult Intelligence）却指出，除了这些以外，还有一个因素也至关重要，那就是人们在自身智识方面投资（包括时间、精力与金钱）的倾向，投资倾向越强，能力得到锻炼和发展的可能性就越大，进而越有机会在现有能力均等的情况下取得更高的智力水平（Ackerman, 1996）。那么这种投资倾向又由什么决定呢？答案就是开放性。典型高开放性的人拥有一颗对于新知识与新体验相当"饥渴"的心灵，他们会主动寻求和持续参与到需要一定认知努力的活动中去并享受其中（von Stumm, Chamorro-Premuzic, & Ackerman, 2011）。更具体一点说，高开放性者抱有"对知识的热爱"和"对经验的开放"。

一方面，出于对知识的热爱或者说智能上的好奇，高开放性者会在遇到挑战自身信念和认知框架的信息时主动寻求新知识以解决认知冲突或填补知识空缺，他们在闲暇时光里也会倾向于从事一些较复杂的、需要一定智识投入的活动（Kraaykamp & Eijck, 2005），例如阅读、去美术馆和剧院等（看肥皂剧和言情小说就不在其列了）。而这些活动反过来又会为高开放性者创造一个刺激更为丰富的环境，令他们获得更多的学习机会，进而促进智力的培养与发展（Trapp, Blömeke, & Ziegler, 2019），甚至有助于延缓老年期的智力衰退（Ziegler et al., 2015）。

另一方面，对经验的开放意味着他们时刻期待获得感知、幻想、美学和情感等方面的新体验，这种认知准备会促使他们进行广泛而无特定目标也没有奖励的日常学习（von Stumm, 2018）。可想而知，高开放性的人身上这种探索的动机和发现新知的倾向最终可能产生创新性的想法，而这是创造力的关键。已有大量研究证实，开放性与创造力的各种衡量指标均显著相关，包括创造性思维、创造性成就、创造性职业、创造性爱好等（综述见 Oleynick et al., 2017）。

相比于科学领域，开放性尤其与艺术领域的创造性成就紧密关联（e.g., Kaufman et al., 2016），这得益于高开放性者的审美、想象力和艺术情趣。相信不会有人对诗人和艺术家是开放性最高的一群人这件事情感到惊讶，在欣赏他们作品时就能强烈感受到这一点，比如，那些在看似毫不相干的事物中建立的独特联系、敏锐且天马行空的意象与表达方式、不受约束的冒险性实践，以及直率生动的灵性与超自然体验（Burch et al., 2006）。当然，并不是所有高开放性的人都能成为艺术家，但对于普通人来说，高开放性同样让他们对世界充满好奇，相比于低开放性者，他们兴趣广泛、爱好思考、有着更加复杂的看待世界的方式和更为细腻的感受事物的方式；他们渴望尝试新事物，因此当面临环境和境遇变化时，他们能够更从容地接受与适应。另外，由于追求新鲜感，高开放性的人不拘于常规，也不循规蹈矩，于是可能难以忍受每天做重复单调的事情或者被困在固有结构与内容中的工作，他们更可能做出多样化的职业尝试。

高开放性者对新事物的接纳、对新体验的偏好和对新想法的追求还可能在一定程度上成为社会进步的动力。研究发现，相比于低开放性者，高开放性者对于不同的文化和生活方式更加包容（e.g., Lall-Trail, Salter, & Xu, 2023），他们支持社会多样性并较少持有刻板印象和偏见（e.g., Flynn, 2005），种族中心主义和右翼威权主义的程度也较低（Hotchin & West, 2018）。在西方政治意识形态语境下，开放性与自由主义的政治取向正相关（e.g., van Hiel, Kossowska, & Mervielde, 2000），但是需要提醒的是，政治取向的形成受到多重复杂因素的共同作用，不可能是单一人格因素的产物。另外，虽然高开放性在多数情况下被视为积极的，但同样并非没有劣势。对于新鲜感的寻求可能令高开放性者常常分心，兴趣虽广却难以专注在某个活动上并长久坚持下来，他们也可能从事一些挑战社会规范的行为，例如，高开放性者更容易陷入物质滥用如酗酒和吸毒的风险中，因为酒精和药物所带来的非常规体验对他们来说亦具有新奇的吸引力（e.g., Connor-Smith & Flachsbart, 2007）。

反观典型低开放性的人，他们对待新鲜刺激的态度相当谨慎，对他们来说，常规、传统和熟悉的东西意味着安全。由于不喜欢新异与变化，他们可能放弃尝试新事物的机会，相比搬到一个新的城市换个环境生活或者离开现有行业去寻找一份更有价值的工作，他们更愿意留在旧有并熟悉的地方，哪怕因此而蒙受潜在损失。由于兴趣相对狭窄并安于例行公事，低开放性的人常给人留下传统、保守、常规和封闭的印象，可以说他们没多少生活情趣，但不可否认这样的生活也是实际、安稳和平淡的。

* * *

到这里，大五人格模型中的五个特质已悉数登场，它们分别是（仅以高分端特征为表述）：以社交性和积极情绪为核心表现的外向性，以消极情绪和情绪不稳定为核心表现的神经质，以自我控制和计划秩序为核心表现的尽责性，以善于共情和关系导向为核心表现的宜人性，以及以智能上的好奇和经验上的开放为核心表现的开放性（如表6.1所示）。它们构成了基本的人格特质群，可以预测涵盖生理、情绪、职业成就、人际关系、智力创造等广泛领域的生活结果，不同的人在各个特质光谱上处于独特的位置，进而形成了稳定而持久的个体差异。

表 6.1　大五人格各特质的代表性特征

典型高分者特征	特质	典型低分者特征
好社交、活跃、健谈、快乐、热情	外向性	好独处、安静、寡言、内省、冷淡
焦虑、紧张、担忧、不安全、情绪不稳定	神经质	平静、放松、安全、情绪稳定
有条理、可靠、勤奋、自律、守时	尽责性	懒散、粗心、冲动、不可靠、意志薄弱
友善、共情、心软、信任、助人	宜人性	苛刻、挑剔、多疑、不合作
好奇、兴趣广泛、富于想象、具艺术敏感性	开放性	兴趣狭窄、传统、保守、务实

值得提醒的是，在此前的阐释过程中，五个特质一个个独立出现，然而在现实生活中，它们总是同时表现在一个个体身上，因此，在预测行为模式方面，相比单一的特质，多个特质的组合更有意义。例如，一个高外向性同时低神经质的人可能过度乐观，无视周遭的风险信号而做出冒进的决定；一个宜人性很高的人特别在意他人感受，就可能接受一些也许是过分的请求，而如果同时尽责性也很高，就会言出必行，进而耗费大量心力完成本不属于自己的责任。此外，高神经质是其他人格特质的放大器，如果一个高责任心的人同时非常神经质，就可能越发谨慎、认真甚至追求完美到了强迫的地步；如果一个低宜人性的人同时非常神经质，其敌对性就将进一步加强；如果一个人同时具有很低的开放性、很高的尽责性以及很高的神经质，那么可能格外地保守和古板，成为那种高举"三观"大棒、看什么都会教坏小孩子的人。

有意思的是，大五人格模型不仅适用于描述人类的基本人格特征，也可以在一定程度上用于描述其他物种，如"狗格""猫格""兔格"等。例如，家里养着宠物的人可以轻易说出自家的小猫小狗是外向的还是内向的、情绪够不够稳定、亲不亲人、靠不靠谱、有没有好奇心等。甚至还可以以此进行物种间的比较，比如，和狗相比，猫明显更为内向敏感、神经质更高、宜人性更低、尽责性更低，但好奇心完胜。

　　于是，这么一个基础且宽泛的人格特质模型不但可以最大限度地捕捉人类在基本性格特征上的个体差异，甚至还能迁移应用到我们的动物邻居身上，不得不说有很强的实用性。但是，行文至此，还不清楚的是，大五人格模型是怎么来的？相比其他描述人格的模型，研究者们为什么认为它比较科学？下一章就将讨论大五人格模型的起源及其延伸应用。

07. "大五人格"是怎么来的？
词汇学假设与因素分析

前文一再提及"大五人格"是目前心理学界公认最为理想的人格描述模型，那么它究竟从何而来，科学性又体现在何处？为了回答这个问题，需要从奠定大五人格模型方法论基础的"词汇学假设"（lexical hypothesis）说起。

对于人类来说，词汇、语言、文字的意义非凡。如路德维希·维特根斯坦（Ludwig Wittgenstein）所言，人类活在语词织就的大网之下，并非人类控制着语词而是语词控制着人类，从思想到行为。的确，假若某个事物在我们所掌握的语言中找不到合适的表述，我们可能永远想不出它的样子，它在我们的世界里甚至都不存在，于是，一个人使用的语言即在某种程度上划定了其认识世界的边界（从这个意义上说，学外语可以拓宽世界的边界）。语言还会影响到思维，例如，研究发现，相比于母语，做决策时用外语思考将更加审慎（e.g., Circi et al., 2021），原因或在于，母语使用起来经常"不过大脑"故而太"丝滑"了，而操起不太熟练的语言去思考时则需斟字酌句，进而可能启用有意识的加工并做出更为理性的决定。

更有趣的是，我们所用的语言似乎也与人格的表达存在某种关联。人们常说"不一样的人说不一样的话"，反过来或许也成立，"说不一样的话可能成为不一样的人"。例如，在生活中常有这样的感觉，当一个人使用的语言从一种切换到另一种时，其性格好像也会随之改变，好比说起吴侬软语给人感觉很"软糯"，而一切换到东北话，整个人就"社会"起来了。文化心理学研究的确发现，语言会启动相应的"文化人格"，比如，让精通英日双语的人用英语思考和表达时，他们表现得更为个体主义，而用日语思考和表达时则更为集体主义（e.g., Oyserman & Lee, 2008）。

语言不仅能启动相应的人格表达，还能记录和编码特定社会中存在的人格差异。一般来说，某一社会文化中说、写和用的语言应该能够包含描述这一社会文化中任何一个个体所需的概念，且某个特征越重要，它在相应语言中的代表性就会越高。因此只要某个特质在某个社会中是真实存在的，它就一定会体现在这个社会的日常语言中，被特定的词所描述。这一"词汇学假设"大大推动了人格特质研究的发展，因为既然语言可以编码个体差异，那么就可以通过分析某一语言中描述个体差异的词汇进而去推测到底存在哪些人格特质。此外，人们惯于使用形容词来描述人，于是词汇特别是形容词就成了探究人格特质的可靠媒介。

1936年，人格词汇学研究的奠基人、美国心理学家戈登·奥尔波特与他的研究生亨利·奥德博特（Henry S. Odbert）以1925年版《韦氏新国际英语词典》为素材，从中挑拣出了"能够把一个人的行为与其他人区分开的所有词汇"共计17,953个，占到该词典总词汇量的4.5%，且绝大多数为形容词。后经去除同义词等工作缩减到了包含 4504 个词的"奥尔波特–奥德博特词表"（Allport-Odbert List; Allport & Odbert, 1936），该词表即成为后续研究者探究人格特质进而形成大五人格模型的基础。

　　但是，即便经过了缩减，4000 多个词依然太多了。进一步的简化提取工作得益于一个统计方法——"因素分析"（factor analysis）的发展。因素分析的大致原理是：如果一些形容词描绘的是同一个特质，那么让人们就这些词描述自己的恰当程度打分，得分之间就将出现高相关，进而得以发现它们背后共同的内蕴特质。例如，现在有"健谈的、活泼的、有条理的、谨慎的、精力充沛的、整洁的、自信的、开心的、自律的、负责的"十个词，找一些人按照这些词符合自己的程度在 1~5 的量尺上逐一评分（1= 一点都不符合，5= 完全符合），然后进行因素分析，结果大概率会发现，认为"健谈的、活泼的、精力充沛的"很符合自己的人也会在"自信的、开心的"上打高分，但却不一定会在"有条理的、谨慎的"上打高分；而觉得自己很"有条理和谨慎"的人则大有可能同时也认为自己是"整洁的、自律的、负责的"。于是，原有的十个词将在得分上分成两类（"健谈的、活泼的、精力充沛的、自信的、开心的"和"有条理的、谨慎的、整洁的、自律的、负责的"），它们各自内部相关性很高，但和另外五个相关性很低。由此，十个词背后隐含的两个特质就清晰可知了——前五个词代表着"外向性"，后五个词代表着"尽责性"。

　　就这样，经由因素分析的处理，那些彼此紧密联结但与其他词关系不大的人格形容词构成了"因素"，也就是"特质"，这一方法最大的好处是减少乃至消除了冗余的人格描述信息。也是经由这样一套流程，"奥尔波特–奥德博特词表"里的 4504 个人格形容词提取出了大五人格模型的五个基本特质。当然，大五人格模型并不是通过某个单一研究或一次性尝试获得的，而是囊括了大量研究和海量数据（包括来自不同文化和语言的数据）的结果，进而被重复证明是有效的（综述见 McCrae & John, 1992）。在整个过程中，人格心理学家的工作方式有点类似于化学家，他们像化学家检验化学元素的存在一样并未先入为主地去假定存在哪些特质，而是自下而上地采用多样方法针对多样人群采集大量数据，再对数据进行因素分析，最后屡屡发现总是能提炼出这五个特质且它们可以涵盖大多数其他已知的人格因素（Bainbridge, Ludeke, & Smillie, 2022）。于是，人格研究者们慢慢形成了共识并将"大五人格"作为了最基本的人格特质描述量尺。

进一步地，既然可以经由语言词汇发现普遍的人格特质，而不同人格的人又会用不同的语言词汇表达自己进而形成独特的个人风格，那么可否通过分析一个人的日常语言从而推论出其人格特点？答案是可以。如今技术已然发展到无须填答问卷，只要分析一个人的日记、电子邮件或在社交媒体上的活动信息（这些均能或多或少反映出一个人的人格特点），就能知道这是一个怎样的人，这一技术称为"基于机器学习的人格测量"（machine learning-based personality assessment; 综述见 Bleidorn & Hopwood, 2019）。它的原理并不复杂，以"大五人格"为例，先让一些人完成已经很成熟的大五人格问卷测验，获得关于他们人格的可靠得分，然后匹配他们的自然语言数据（如在某个社交媒体上的发言）或其他行为数据（如对特定内容的点"赞"），分析其中哪些可以与已经测得的人格结果关联起来。例如，已有研究发现，高外向性的人在社交媒体发言中更常用到"聚会""周末"一类的词，而低外向性的人则更多使用"阅读""思考"之类的词（Schwartz et al., 2013）。一旦将特定的人格特征与特定的数字印记联系起来，便可建立一个预测模型，此后更多的人不再需要做人格测验，基于预测模型分析他们在给定平台上的言行即可远距离并无侵扰地推断出其人格特点。

在一个经典研究里，研究者便经由此流程构建起了一个精度相当高的预测模型，该模型可仅凭某一用户在某社交媒体上对他人发布内容点"赞"的数据计算出其大五人格，且当收集到的点"赞"数据达到 260 个时，由模型估计出的该用户大五人格的准确度即超过其配偶评估的准确度（Youyou, Kosinski, & Stillwell, 2015）。换言之，只要 260 个"赞"，计算机就能比人们最亲近的伴侣还要了解他们，这不得不说是一件"细思极恐"的事情。

2018 年，国际知名社交媒体平台"脸书"（Facebook）爆出重大丑闻，平台上超过 5000 万的用户数据遭到泄露，导致其市值一夜之间缩水上百亿美元，史称"Facebook 泄密门"事件。后续经媒体披露，遭到泄露的海量用户数据疑似被用作了政治用途，其中包括干预 2016 年美国总统竞选，这一消息引起全美乃至全球舆论一片哗然。除 Facebook 外，这一事件的主角还有一家名为"剑桥分析"（Cambridge Analytica，简称 CA）的英国公司。这家其实和剑桥大学毫无关系的公司的主要业务是提供信息精准投放的策略咨询，依托的便是时下流行的大数据挖掘和基于机器学习的人格测量等技术手段。在"泄密门"事件被曝光后，这家公司的所作所为亦浮出水面，其中最爆炸的是受雇于唐纳德·特朗普（Donald Trump）的竞选团队，在 2016 年美国总统竞选过程中以 Facebook 为平台结合心理分析和线上营销意图操纵美国选民的投票行为。

　　这一事件非同小可，那么究竟是如何泄的密？追根溯源是一个人格测验惹的祸。当时约有 32 万 Facebook 用户被付费招募完成一个由 CA 公司主导的人格测验，内容正是大五人格。受测者在完成测验时授权测验方可以读取他们在 Facebook 上的数据（发帖、评论、点"赞"等），然而，实际上，最后不仅他们自己的信息被分析，他们关联的所有好友（这些人并未授权）在 Facebook 上的使用信息也全部被 CA 公司掌握并用于进一步分析，这显然是违法的。之后，CA 公司使用上文提及的方法，首先根据 32 万完成测验的人建立起了以 Facebook 行为数据预测大五人格的计算机模型，然后再用这个模型推测出信息被泄露的那 5000 万用户的大五人格，进而根据他们的人格特征对他们精准投放竞选广告，以试图微妙地影响他们的投票行为。

　　如何影响？举个例子来说，当时特朗普和竞争对手希拉里·克林顿（Hillary Clinton）辩论的焦点之一围绕美国宪法第二修正案即持枪权展开，希拉里代表的民主党支持控枪而特朗普代表的共和党反对控枪。CA 公司为特朗普一方服务，他们根据模型分析出来的用户人格向他们定向推送经过特别设计的广告。例如，对于那些神经质较高同时尽责性很强的人，给他们看一张盗窃者破窗而入的图片更能吸引他们去点击，因为高神经质关注潜在的风险（有人破窗而入怎么办），而高尽责性致力于解决问题，这张海报暗示的解决办法即为"需要有枪来对抗入侵者"；但是对于性格偏于内向且宜人性很高的人来说，这种方法就不再奏效，于是转而给他们看一张夕阳下一位父亲身背猎枪手牵孩子守望家园的图片，这对他们更具说服力，因为他们更温和也更关心家庭。

　　从这里可以看出 CA 公司的策略，它并没有尝试通过广告来改变什么，而是根据不同的人格特质及其组合所重视的价值观去强调和凸显他们本来就认同和关心的东西，进而激励他们去给特朗普投票。说实话，这一通操作最后到底在竞选中发挥了多大作用不得而知也无法评估，但特朗普团队对于新媒体战术的使用普遍被认为是其最终胜选的重要助力之一（e.g., Winston, 2016）。"泄密门"事件实质上是心理学与计算科学技术在政治领域的一次不当应用，它令人们震惊于居然可以如此进行人格测量和所谓的"心理操控"。

如今，像这样基于社交媒体及其他开放数据预测人格的技术已然相当成熟，类似的应用也常见于商业营销领域。例如，商家可以为高、低外向性的个体定制他们在社交媒体上看到的广告，同一个商品，高外向性的人看到的场景可能是一个热闹的派对，而低外向性的人看到的则可能是独自在家（e.g., Matz et al., 2017）。此外，除了人格，运用类似的方法还可以相当精准地预测用户的性别、肤色、社会阶层，甚至性取向和政治取向（e.g., Kosinski, 2021; Wang & Kosinski, 2018）。

如此看来，大数据时代的隐私担忧绝非危言耸听，时下的智能手机就相当于一个巨大的问卷，人们每一次打开、浏览和点击都好似在答题，源源不断地向后台输送数据，这些数据可能在我们不知道的地方被分析，最后再反过来用以影响我们的行为。当然，同样的技术也可以用于善举，例如通过个性化定制广告来激发捐赠等亲社会行为，或者通过自然语言分析识别自杀危机用户并向他们发送心理援助的资源信息（田玮，朱廷劭，2018）。在未来，不管是大众还是学术界，有关技术伦理、技术与人的关系、技术将膨胀至何种边界等话题还将被持续关注与讨论。

08. 五个足够吗？大五人格模型的局限性

前几章详述了大五人格模型如何以其简明清晰的结构和对于人类共同特质的宽广捕捉成为当下描述人格特质最为通用风靡的模型，以及它具有的广泛应用性。不过，这样一个模型也并非完美无缺。

首先，大五人格不是一个完整的人格理论，它只是把人们身上普遍存在的性格特质进行了描述而并未触及深层的人性，因此也很难对个体的行为进行更深层次的解释。本书第三部将介绍一众人格理论如精神分析、人本主义等，它们擅长从人类动机的角度解释行为为什么会发生，而大五人格模型做不到这一点，它更擅长的是简单地描述，一旦尝试做解释就可能陷入尴尬的循环论证。例如，一位小学老师观察到一个小朋友老是挖苦别的小朋友，就想知道这是为什么。对此，特质心理学家给出的答案可能是因为这个小朋友的宜人性很低。如果老师接着追问，如何得知这个小朋友的宜人性很低？只能回答，因为他老是挖苦别的小朋友。换言之，行为是特质的表现，人们又通过行为来推断特质，于是用特质来解释行为只会流于表面。

其次，也正因为注重描述，大五人格模型能够捕捉的只是行为的普遍规律而非动力与发展，特质可以反映出人们在思考、感受和行动上有别于他人的一般模式，但无法回答为什么这个人会形成和表现出这样的模式以及它未来还将怎样发展和变化。

最后，大五人格模型常被批评过于宽泛，这点可以说"成也败也"，正因为宽泛，大五人格模型才具有超强的概括性并易于使用，然而太过宽泛则好像什么都说了又什么都没说。从这个意义上说，大五人格模型似乎更适合作为"陌生人的心理学"（McAdams，1994）用以观察一个第一次碰到的人，即它可以帮助人们快速并大略地了解一个人的行为风格，但是其他较为私密和深层次的人格特征（如需要、动机和价值观）则很难捕捉到（此时需要用到一些更具解释力的人格理论，将在第三部中介绍）。

* * *

另一个值得探讨的问题是，五个就够了吗？区区五个特质就足以把握普遍的人格差异吗？一些研究者对此持保留意见，他们致力于去探索和发现在这五个之外还有没有什么重要但未被包含进来的人格特质。相关的努力主要依循两条路径：一是去探索大五人格模型可能遗漏的文化特异性特质，二则是去挖掘大五人格模型相对忽略的道德性特质。

先来看第一条路径。有一些特质是在全人类共同进化的过程中形成并为各文化下个体所共有的，大五人格模型即很好地描绘出了这种人格上的文化共通性，但是与此同时，人格中还有相当一部分可能受到特定社会文化环境的塑造。上一章谈到"词汇学假设"时曾提及，如若某个个体差异特征很重要，那么它在相应语言中的代表性就会很高，这就可以体现出不同文化下人格表现的特殊性。例如，在汉语里，表述亲属关系的词极多，在英语里则不是这样。在英语里，称呼父亲的兄弟姐妹和母亲的兄弟姐妹是同一个词（uncle或 aunt），但在中文里就完全不同，是父亲这边的还是母亲这边的，是兄还是弟、姐还是妹，都有各自的专属词汇，绝对不能混用。盖因关系对于中国人来说太重要了，在传统儒家文化下，每个人的生存发展均发生于错综复杂的社会关系中，甚至人们对于"我是谁"的定义都无法脱离这些牵绊的关系来独立谈论，于是中文中大量与关系有关的词汇即是此种社会文化特征的自然体现。

那么这样一个异常凸显的文化背景会不会在中国人的人格表现上留下痕迹？经由对汉语人格形容词以及中国人性格的分析，研究者在"大五"之外发现了一个文化特异性特质称作"关系导向"或"人际关系性"（e.g., 王登峰，崔红，2001; Cheung, Cheung, & Fan, 2013）。在这一特质上的典型高分者讲究人情面子、看重人际和谐、对人际关系的敏感性很高，与此同时也讲求坚持传统、崇尚俭朴、遵规守纪，体现出"外圆内方"的文化特异性内涵（周明洁等，2023）。请注意这里的讲求关系与大五人格模型中的"宜人性"有所不同，虽然二者都和人际关系紧密相关，但"宜人性"更多在说一个人的行为模式是否受他人欢迎，而"关系导向／人际关系性"更多在说一个人是否主动寻求与他人建立或维系关系。更通俗一点表达，宜人性更聚焦于如何"做好人"，而关系导向／人际关系性更聚焦于在某个特定文化情境中如何"做人"，"做人"最终是为了建立和维持和谐的社会关系（张建新，周明洁，2006），因此这是一个根植于传统儒家文化背景的人格特质。

依然沿着"五个不一定够"的思路，另一条路径则是去思考人格的道德性，补充一些描述道德层面人格特征的特质。大五人格模型包含的五个特质整体较为中性，得分高低仅代表不同的行为风格但较少涉及道德评价。然而，鉴于我们了解一个人很大程度上是想知道这个人的品性德行如何并决定是否与其交往，道德性人格特质的作用不可或缺（焦丽颖等，2022）。有研究者基于对 12 国语言的词汇学分析提出了人格特质的六维模型（HEXACO Model, Ashton et al., 2004; Lee & Ashton, 2004），其中没有被大五人格模型包含的"诚实－谦逊"（Honesty-Humility）特质引人注目，在这一特质上典型的高分者真诚、忠实、谦虚、公正，而典型低分者则狡诈、贪婪、自负、虚伪，这显然存在明显的道德评价意义，那些高分者也被大量研究证明具有道德上的积极性，在面对社会困境时更可能牺牲个人利益而保全社会利益（元分析见 Zettler et al., 2020）。

此外，还有一个独立于大五人格的模型专门被用来描述人格中不被社会赞许、相对黑色与阴暗的一面。以一位名人为例，他的人格鲜明到令许多人格心理学家惊叹，并带动了一波以他作为案例的人格研究热潮（e.g., McAdams, 2020）。这个人特立独行的行事风格让全世界在过去一段时间深受影响，也让所有人看到人格的重要性，即一个人的人格特别是一个大国元首的人格将给社会乃至历史走向带来什么作用，他就是美国前总统特朗普。在他履职之前，多数权威人士预测其人格倾向尤其是被认为相对消极的那些倾向将在总统这个强大的职位和角色要求下受到抑制，然而其后的事实表明，特朗普的人格并未对其所担任的总统角色做出丝毫让步，相反他让角色、机构和身边的人服从于自己的人格。如果以大五人格模型来分析，特朗普有着"冲天高"的外向性、"低穿地心"的宜人性、非常明显的神经质、中等偏下的尽责性以及较低的开放性（Nai,Coma, & Maier, 2019）。但是，除此之外，心理学家们还捕捉到了他身上其他一些极为凸显却不能完全被大五人格模型描述的特征，例如强烈的自我中心、无视规则、不可预测等。

然而，这些显然带有一定道德消极属性的特征带给特朗普的却并不完全是批评和厌恶，研究者们同时发现，类似他这样自命不凡的人在当代流行文化中随处可见，甚至赢得了大量的掌声、欢呼和崇拜。2010 年，美国心理学家彼得·乔纳森（Peter Jonason）和同事发表了一篇题为《谁是詹姆斯·邦德？作为支配性社会风格的暗黑人格特质》（"Who is James Bond? The Dark Triad as an Agentic Social Style"）的文章，以大热的特工题材系列电影《007》的主人公詹姆斯·邦德为例，描述了时下一类非典型英雄形象的人格特征。如电影中的邦德，在努力与黑暗势力做斗争以拯救世界之外，他只做两件事情：秀豪车（还有名表），以及换女友。作为一名优秀的特工，邦德毫无疑问非常聪明，而从人格上来看，他有很强的人际交往能力，在任何场合都能泰然自若，然而却无法维持长久的关系；他只追逐短期的性关系，拒绝向任何人吐露心声，也从不和别人谈论自己；他坚定地活在当下，绝不多愁善感，任何人与情感都无法成为他的羁绊；他精于算计、善于操纵，刻薄嘲讽和武力威吓对他来说是家常便饭；他渴望一直处于冒险带来的刺激和兴奋中，在没有任务可做的休息期里，只会感到无聊；他对自己的能力与魅力拥有非凡自信甚至到了傲慢自大的程度，这一点也屡屡令他身处险境……

如果去除其身上的正义主角光环，总结一下邦德人格中最突出的几点，大概就是超越常人的良好自我感觉、擅长控制和利用他人的心机以及冷酷无情的铁石心肠，而这些似乎也成为一众非传统意义英雄人物的共同特征。他们既不"高大全"也不"伟光正"，他们亦正亦邪，同时具有令人喜爱和厌恶的特征，这却反而让他们更受人追捧。研究者把他们称为"反英雄"（antihero；见 Jonason et al., 2012），并将那些掩蔽于英雄光环之下的人格共同点归纳为所谓的"暗黑人格"。

如果说大五人格展现的是相对健康和适应社会的普通人格特质，那么暗黑人格就处于健康人格与病态人格之间的灰色地带，代表着在某种程度上受到社会厌恶但仍在正常功能范围内的人格特质。但是这些看似"阴暗"的特质又可以在特定的社会情境下发挥优势，令这些称不上绝对"好人"的人名利双收。下一章就将具体说说"高暗黑人格"的人是些什么样的人。

09. 人性的阴暗面：暗黑人格

上一章以特朗普和詹姆斯·邦德为例说明有一些人格特质难以被大五人格模型涵盖，这些表面上不那么受社会赞许的特征构成了另一个人格特质模型，称作"暗黑人格"（Dark Triad; Paulhus & Williams, 2002）。具体来说，它包含三个各自独立又相互交织的特质，分别是自恋（narcissism）、马基雅维利主义（Machiavellianism）以及精神病态（psychopathy）。

* * *

从日常认知度最高的自恋说起。罗马诗人奥维德（Ovid）在其史诗著作《变形记》（*Metamorphoses*）中最早描述了一个带着淡淡忧伤的自恋故事：年轻英俊的那喀索斯（Narcissus）受到诅咒爱上了自己在水中的倒影，痴迷至落水变成一朵水仙花。这个古老故事中的自恋意味着过度的自爱。

在心理学意义上，自恋的核心特征是渴望保持一种宏大的自我意识。高度自恋者相信自己是非常特别的人并期待其他所有人都认识到这一点。希望别人喜欢自己是绝大多数人的愿望，但对于高度自恋者来说，喜欢还不够，他们想要别人认识、欣赏并崇拜自己的伟大。当然，这种"伟大"很可能没有切实的证据或可见的成就作为支撑，但并不影响他们抱持这样一种膨胀的自我信念。在此信念驱使下，高自恋的人倾向于认为自己应该享有特权，即受到有别于一般人的格外优待甚至他人的顶礼膜拜，他们渴望永远站在聚光灯下成为所有目光的焦点，"求表扬"这件事对他们来说很重要，他们需要持续的赞美、无穷无尽的赞美并会不知疲倦地去搜寻赞美，以此来彰显自认为的卓越和成功，获得他们觉得自己应得的尊重和崇拜（McAdams, 2020）。

此处有一点值得特别说明，有时候"自恋"会和"自尊"发生混淆，事实上二者存在本质差别。自尊（self-esteem）是对个人价值的评价和感受，即一个人是否认为自己是重要和有价值的。高自尊的人倾向于接纳和喜欢自己，而且这种评价无关于他人，换言之，不管相对于他人表现如何，他们都相信自己是值得被爱和被尊重的。但是高自恋者就不同了，他们也认为自己重要和有价值，但前提是优于其他人。也就是说，高自尊的人相信"我本身就是有价值的"，而高自恋的人则是"我比你好，所以我是有价值的"。很显然，后者这种爆棚的优越感其实建立在与他人比较的基础之上，一旦感到落于下风，例如遭到批评、否认或经历挫败，他们就可能暴怒并表现出很强的攻击性。

也就是说，这种"易燃易爆炸"、一戳就跳脚的反应并非真正的自尊、自信，高自恋者极高的自我评价在很多时候脆弱得不堪一击。不过，在一般性的交往中，人们未必能发现这一点，许多自恋者具有良好的社交能力，他们擅长的自我表现和自我肯定令他们显得魅力十足，故而在初次见面时往往能给人留下积极印象，高自恋者也善于通过这一点从他人那里得到想要的东西。但是这种印象可能随着长期交往而大打折扣，他们自我中心和好斗的行事风格会在长期交往中引发频繁的人际问题，不过导致困扰的却常常不是他们自己，而是不得不与他们打交道的其他人，出于高涨的自我优越信念，高自恋者的生活满意度甚至要比一般人更高（e.g., Rose & Campbell, 2004）。

暗黑人格的第二个特质叫"马基雅维利主义"——显然它得名于意大利政治家、哲学家尼可罗·马基雅维利（Niccolò Machiavelli）。在代表作《君主论》（*The Prince*）中，马基雅维利以人性本恶假设为出发点否定道德伦理对于政治统治的重要性，大谈如何操弄权术并视权力及权力控制为政治的全部基础。作为人格特质的马基雅维利主义便是对这样一套信念的认可、信奉与实践。

在高马基雅维利主义者眼里，人生就是一场游戏，有赢家有输家，玩游戏就是为了赢，其他都不重要，于是如果有人输得一败涂地，那也是游戏的自然规律，可以自认倒霉但同情大可不必。且既然是游戏，就需要计算和讲策略，既然是为了赢，那么结果就可以为手段辩护，为了达成目的也可以不择手段。在他们的价值观系统中，金钱重于爱和关系，地位重于道德，权力重于除自己以外的所有其他人，他们不信任他人，他人存在的唯一价值只是可否为己所用，于是他们时刻在评估他人对自己是否有好处。他们当然也会因为喜欢一个人而跟其交往，但更重要的是对方于己而言是否具有工具性价值，如果有，即便心生厌烦，也可以不动声色地潜心经营和对方的良好关系。

　　既然他人都是工具，那么通过操纵和利用他人来获得自己想要的东西当然合情合理。至于伦理与道德，在他们看来都是为弱者服务的，有权势或者想要获得成功的人完全可以不受其约束，所以为了达到目的，他们可以随意地说谎、欺骗和背叛并对此感到心安理得。诚然，每个人在某些情况下都可能说谎，但马基雅维利主义者则是以谎言作为控制和操纵他人的手段，目的是自我获益。可以看出，高马基雅维利主义者在自然的生存法则和社会的普遍道德之间坚定地选择了前者，弱肉强食、成王败寇是他们的信条，与此同时，他们又小心翼翼地不让别人发现。他们狡猾且擅长伪装，经常表里不一，为了达成目标，他们可能不会像高自恋者那样总想占据中心位大出风头，而是可以策略性地躲在暗处，悄悄策划下一步行动。如果此时他们还拥有足够的智商能够真的控制住局面，就很可能给人留下沉稳和足智多谋的印象。

　　高马基雅维利主义者的这些特征很容易让人联想到一个本土的概念即所谓的“厚黑学”：脸皮要厚而无形，心要黑而无色。这种对于权术和操控的强调与马基雅维利主义异曲同工，而当它们形成一种稳定的行为风格时就成了个人人格的一部分（汤舒俊，郭永玉，2015）。可以想见，历史上那些腹黑的政治家、巧舌如簧的诈骗犯以及一个个“庞氏骗局”的制造者们，其中很多都是典型的马基雅维利主义者。

　　暗黑人格的第三个也是最后一个特质是“精神病态”。这个听起来有点惊悚的特质在流行文化中常跟变态杀手、连环杀人狂一类的人物联系在一起，但是如前文所述，特质是一个连续体，非常极端的只是极少数，于是在绝大多数一辈子从未动过"杀人"念头的正常人中，也会有不同程度的精神病态表现。不是每个高精神病态者都是汉尼拔[1]，他们可能就在我们身边过着日常的生活。

依然以典型的高分者为例，精神病态者最大的特征是缺乏共情。"共情"（empathy）是一种宝贵的能力，这种能力令我们能够站在他人的角度理解他人的想法和感受，感其伤、痛其哀，并用恰当的情绪来回应这些想法和感受。但是对于精神病态者来说，共情这扇门是关闭的或至少是虚掩的。共情有两个方面——"认知共情"（cognitive empathy）和"情感共情"（emotional empathy），即一方面识别出他人的情绪，另一方面感同身受。那么精神病态者的低共情究竟在于他们根本就无法识别他人情绪还是可以识别但产生不了情感共鸣呢？研究发现，他们的认知共情基本正常，如他们可以准确判断出电脑上出现的面孔的表情，但是仅此而已，别人的情绪并不能带动他们相应的情绪波动（Wai & Tiliopoulos, 2012），也就是说，能理解但不在乎。如果他们伤害了谁或令别人感到痛苦，他们是知道的，他们也知道这是不对的，但是很遗憾，这可能就是他们乐趣的一部分。

在缺乏共情之外，精神病态的第二个核心特征是感觉寻求，也就是对于刺激的追逐。同时和好几个人保持性关系是一种刺激，在股市上杀跌追高也是一种刺激，欺骗撒谎寻衅滋事还是一种刺激，这些多变的、复杂的、令人心跳的体验对高精神病态者来说是一种奖励，他们愿意为此承担风险。自恋者和马基雅维利主义者有时候也会追求刺激，但不一样的是，自恋者是为了自我表现，马基雅维

1　电影《沉默的羔羊》中的角色，后成为变态杀人狂的代名词。

利主义者是为了自我获利，而精神病态者可能纯粹就是喜欢刺激，即便这并不会带给他们实质性的回报甚至还有可能令他们遭受惩罚，他们依然乐此不疲。也就是说，不需要达成什么目标，诸如此类的奖励对他们来说就有很强的吸引力，甚至压倒了对可能因此而受到惩罚的担忧，这令他们无视后果、行为冲动。

　　高精神病态者还有一个特点，他们比一般人更不容易焦虑。前文曾提及高神经质的人常为过剩的焦虑所困扰，而精神病态者正相反，很少有事情让他们感到焦虑，当别人坐立难安或万般羞耻的时候，他们可以完全不为所动。这样看起来挺不错，但是别忘了焦虑是有意义的，它能阻止人们去做一些可能带来危险的事情。于是，不焦虑也就意味着很少有东西能够约束住他们的行为，包括他人的评价和感受在内。因此，高精神病态者常常过着不稳定的生活，他们致力于追逐当下的满足，既缺乏长期目标也不想负责任，甚至想尽办法找各种借口来逃避应该承担的责任，包括工作的和家庭的，或者一股脑地将责任推到别人身上。

* * *

　　自命不凡的自恋、腹黑算计的马基雅维利主义、冲动冷酷的精神病态，暗黑人格的这三个特质各有各的黑，那么它们的共同点是什么，存不存在所谓的"暗黑核心"（dark core）？答案是肯定的。

　　如果提取一下，三者的共同特点或许就是"自我中心 + 擅长操纵 + 冷酷无情"。首先，三者都以自我利益为中心，将自身的虚荣、成功、刺激追求凌驾于他人及社会利益之上。其次，三者都擅长操纵，倾向于利用他人来获得自我利益，但他们惯常使用的策略可能不太一样。自恋者相对温和，如使用炫耀或者利益引诱的方式令对方崇拜或臣服于自己；而精神病态者则更强硬狠辣，也更简单粗暴，如以武力威胁或仗势欺人；最"厉害"的是马基雅维利主义者，他们的操纵策略可以相当之迂回和灵活，甚至为想要操纵的对象精心设计、投其所好。最后，三者都表现出对他人感受的低共情，但稍有区别的是，自恋者不共情是因为优越感，胜过他人才让他们感觉良好；马基雅维利主义者则想通过剥削他人达成目的，自然不关心他人感受；而精神病态者则本身情感就比较肤浅（Jonason & Krause, 2013）。

总结而言，三者都信奉"人不为己天诛地灭"的自利价值观和不讲规则、没有底线、欺软怕硬、不择手段的"流氓"精神，但是从"黑"的浓度上来看略有差别。相比另外两类，高自恋者更需要来自社会的认可，因此会相对更少地表现出反社会行为，他们甚至还可能做出一些受社会赞许的好事，当然前提是做好事可以帮助他们获得名声和赞赏，做好事不留名不是他们的风格，但如果能颁个大奖杯给他们并获得人们的交口称赞，他们还是很愿意慷慨一下的。虽然这样的行为并非发自内心，而只是为了获得积极的社会评价装装样子而已，但已然称得上是暗黑人格中的一缕微光了，虽然微弱，好歹是亮的（Zuo et al., 2016）。

更具体一点，暗黑人格的这些特点会让他们在日常生活中做出哪些行为？换言之，究竟"黑"在哪？

首先，在道德与价值观层面，暗黑人格者信奉所谓的"黑暗价值体系"（Kajonius, Persson, & Jonason, 2015），相比于享乐、成就与权力，他们对于他人福祉和社会责任的关注有限。他们甚

至漠视道德，并表现出明显的道德功利主义倾向（Jonason et al.,
2015）。以经典的"电车难题"为例——一辆电车驶来，即将轧死
被绑在前方轨道上的五个人，而你刚巧看到这一幕并有机会让电车
改为驶向另一条轨道，但是好巧不巧，那条轨道上也绑着一个人，
此时你将陷入一个两难情境：是救五个但牺牲一个还是什么都不
做？在这种两难情境下，人们将非常纠结，而如果此时换一种情况，
还是电车即将碾压前方轨道上的五个人，而你刚好站在上方的一座
桥上，桥上有一个胖子，如果在千钧一发之际你用力把这个胖子推
下桥，就可以刚好利用他的身躯阻挡住行进的电车并让它停下来，
那五个人即可得救，你会怎么做？相比于第一种情况，这种情况更
让人难以抉择，因为它意味着要亲手终结一个人的生命，它强烈冲
击着我们的情感，让人很难做决定。然而，研究发现，相比一般
人，高暗黑人格的人可以更加干脆利落地做出将胖子推下去的选择
（Djeriouat & Trémolière, 2014），且他们还可能声称那个胖子将名
垂千史、功德无量。这是一个明显的功利主义道德判断，这个逻辑
也是很多大野心家鼓吹的"牺牲或清除少数以拯救多数"的逻辑。

　　其次，在工作领域，高暗黑人格者常常是"难搞"的下属和"狡
猾"的领导。作为员工，他们可能做出诸多反生产行为，如霸凌同事、
无故旷工、滥用职权等；如果他们处于管理层，则可能成为辱虐型
领导，对下属充满敌意（O'Boyle et al., 2012）。但是，这些阴暗面
在应聘的时候可能显露不出来，例如，自恋者善于在初次交往时表
现得幽默诙谐、富有激情，他们对外表的重视和自我吹嘘也会给面
试官留下良好的第一印象，所以他们反而更容易被招聘进来，但可
惜这并不能预示日后良好的工作表现。另外，经验发现，在某些营
利性组织中，高马基雅维利主义者似乎能获得更高的绩效，因为他

们擅长操纵他人，那么这是否意味着企业可以专门雇用一些高马基雅维利主义者来获利呢？并非如此。研究者发现，他们的高绩效是有条件的，关键性的一点是要有与他人面对面直接交往的机会，换言之，他们无法在人际交互缺失的情况下施展操控大法；此外还需要组织或工作任务中的规则和限制较少，允许他们即兴发挥，也就是说，他们有决策和行为的自由才有机会钻空子；最后，完成工作最好不需要情绪卷入，这样才能给他们的冷血无情以用武之地（综述见汤舒俊，郭永玉，2010）。简言之，在结构松散、规则不明的组织中，高暗黑人格的员工比较有空间和机会玩弄手段，在这样的组织里，他们更可能获得成功。

在人际交往上，高暗黑人格者是"麻烦"的朋友和"善变"的恋人。他们是所谓的"社会猎手"（social hunters），在他们眼中，其他人都是猎物，他们可以真挚地骗人、真挚地道歉、真挚地胡说八道、真挚地利用他人，最后再声泪俱下地忏悔"我也是迫不得已"（Jones & Paulhus, 2017）。特别在亲密关系里，高暗黑人格的人善于自我推销、炫耀成功的一面，很容易让人神魂颠倒，然而，在花言巧语之下，他们的情感实质上非常肤浅。同时，他们是处理短期亲密关系的"好手"，特别善于通过各种方式规避承诺，一方面避免短期关系升级为长期关系，另一方面又能维持性关系（e.g., Jonason et al., 2009），尤其高精神病态者，更是与更高的性侵、出轨及家暴可能性有关。

在虚拟的网络社会中，高暗黑人格者也没闲着，他们更可能成为网络"喷子"和霸凌者。网络的匿名环境本就促进了越轨行为的表达，对于高暗黑人格者来说更是如鱼得水。而且，他们不仅会选择那些相对弱势的人作为受害者（这些人在他们看来较易操控），还会对一些高社会地位或受欢迎的个体感兴趣，因为他们可以从贬低和攻击他人之中获得快感（e.g., Lopes & Yu, 2017）。

* * *

对于如此具有反社会性的人格特质群，大众和研究者均很关心究竟是哪些因素造成了暗黑人格。目前研究表明，暗黑人格的三个特质均有基因基础，遗传率在 0.3~0.7 之间（三者中，精神病态的遗传率相对最高，马基雅维利主义相对最低），但与此同时，暗黑人格也可从家庭、学校、社会及特殊经验中养成和习得（综述见 Furnham, Richards, & Paulhus, 2013）。例如，有研究发现，如果父母是高马基雅维利主义者，其子女也更善于在游戏中欺骗他人（e.g., Ojha, 2007），但也可能相反，父母的马基雅维利主义水平很低但子女却很高（e.g., Christie, Geis, & Berger, 1970）。这里就有两种情况：一是孩子通过遗传继承或经由学习模仿了父母的高马基雅维利主义，二是如果父母过于良善且总是无底线地退让妥协，在亲子关系中就可能处于被操纵的地位，此时孩子反而养成了善于操纵他人的马基雅维利主义倾向。

自恋同样深受教养的影响。现代教育非常强调培养孩子的高自尊，于是很多父母直觉地去夸奖孩子，如告诉孩子"你是最棒的""你是全天下最美最特别的孩子"，以期增强孩子的自尊。然而，夸奖并不总是代表着爱。要让孩子觉得自己有价值，需要的是发自内心的关怀、支持和尊重，单纯的夸奖甚至空洞、不切实际的赞美只是一种膨胀式的评估和信念，一旦孩子内化这些信念，最后提高的就是自恋而不是自尊。人们常说"要先爱自己才能爱别人"，这当然没错，但如果爱自己已经爱到极度疯狂、爱到不可自拔，显然就不会再分一丁点爱给别人了。除此之外，社会文化对自恋的塑造也极其明显。例如，媒体提供了很多有关自恋的榜样——那些明星、主角总是光鲜亮丽的，同时也是自恋的。示范之余，大众文化还鼓励普通人将自己视同明星。比如，在当下的短视频时代，很多人将自己暴露于聚光灯下以时刻引起他人注意为己任，在习惯了这样的生活之后，就可能越来越难以接受平淡的日常以及自己"只是凡夫俗子一个"的事实。在此过程中，时下流行的算法推荐也在加码助力，算法分析我们的使用记录，判断我们的喜好并奉上我们最感兴趣的内容，久而久之，如同活在一个信息气泡里，一切不感兴趣的东西都被挡在了外面，世界变得越来越小，也越来越自我中心。

近年来，暗黑人格在全社会似乎整体呈现出疯狂蔓延的趋势。以美国为例，美国大学生的自恋水平从 1980 年到 2000 年短短 20 年间上升了 30%（Twenge et al, 2008），与此同时，共情水平下降了 40%（Konrath, O'Brien, & Hsing, 2011）。对于 1980 年至 2007 年美国最流行歌曲的言语分析表明，随着时间的推移，与自我关注和反社会行为相关的词汇的使用增加了，而与他人关注、社交互动和积极情绪相关的词汇却减少了（DeWall et al., 2011）。这背后，成王败寇、结果导向、急功近利的社会文化及评价方式似在推波助澜：孩子们从小就被教育要"力争上游"，而不是平和地和其他人一起努力；时下流行的宫斗剧也在不停宣扬权谋和操控他人并让这种行为合理化。如果主流价值观即在崇尚竞争、物质和自我形象，那么暗黑人格就是其符合逻辑发展的极端表现，从这个意义上说，在孕育和鼓励暗黑人格这件事情上，全社会难辞其咎。

* * *

回到个体层面，如果身边就有一个典型的暗黑人格者，要如何与其相处？我的建议是：不要相处。其实，不做正式评估很难确切认定一个人是不是暗黑人格者，但是那些反复说谎、明显缺乏共情或者为了达到目的而频繁利用他人的人很可能或多或少具有一些暗黑特性。如果已经直觉感受到跟某人在一起时很不舒服，但可能又找不到对方身上明显做错的地方，这时候不妨相信自己的直觉，该结束就结束。但是，此时对方可能会暗示是你的感觉和判断出了问题，进而让你觉得自己错怪了对方并感到内疚，这时候一定要相信自己的感受并坚持自己的判断，然后在做好决定后快速行动。请注意，不要试图去改变或威胁对方，他们可能没那么容易改变且他们才是威胁的高手。

如果不得不保持一定程度的交往，则必须设置好边界和底线，对于超出边界、突破底线的事情，不管对方用什么借口，也不管对方给出的理由多么充分，不能接受就是不能接受，因为高暗黑人格的人特别擅长找理由来合理化自己的行为。总之，最重要的是保持清醒和独立判断，努力掌控自己的生活，切勿将控制权随意交于他人，这不仅针对暗黑人格者，也是在任何人际关系中都应坚守的准则。

* * *

截至目前，我们已经说了很多暗黑人格的"黑"，但是也有人认为，给暗黑人格简单贴上"黑"的标签略显武断，当把那些讨人厌的特征变换下说法，就会发现情况完全不同了。比如，那些"反英雄"们，可以说他们暗黑，也可以说他们理性、冷静、自信、果敢、坚毅、无所畏惧、活在当下……这些特征其实特别适合从事某些职业，如消防员、特工、拆弹专家等。同理，再看看那些"黑"背后的东西——精明、坚定、强势、掌控一切、游走于道德和法律边缘、充分利用周围的人和环境来获得最大收益——这在小说和影视剧里完全是霸道总裁的标配！的确，商业高管和政治领袖的暗黑人格水平高于其他人，他们的无畏、攻击性和不近人情可以让他们在群体中占据支配地位（如果恰巧他们的智力水平也较高的话）。

那么，这是不是意味着暗黑人格所展现出的心理和行为特征并非一黑到底？确然如此，他们身上的有些特征颇受社会赞许。例如，第一次见到高自恋的人时，我们可能会觉得他们的自信和侃侃而谈很有魅力，如果没有经过长期交往，他们的谎言和自我关注也不会被拆穿，适度的自恋甚至被证明有益于心理健康（Sedikides et al., 2004）；我们也可能觉得马基雅维利主义者很有风度，因为他们很会奉承迎合，说一些他们知道我们很想听的话，进而留下良好印象；我们还可能觉得精神病态者很酷，因为他们敢于冒险，那种我行我素、挑战传统、拒绝被规训的行为风格尤其在讲求低调、中庸、克己复礼的大环境里可以起到一定的心理补偿作用——我们从小就被教育一定要考虑别人的感受，此时，这些完全不在意别人看法、为了达到目标可以不顾一切的人看上去就格外特别，他们甚至仅仅依靠展示不稳定的情绪和戏剧化的人格就能收获一批拥趸，与此同时，如果他们身上还伴随着盛大的成功光环，人们就会更爱他们，对他们的暗黑一面相当包容。

换言之，有时候即使最黑暗的人格也会"闪光"，如果用对了地方的话（Holtzman, 2011）。于是，这依然是一直在强调的——

任何特质都有两面性。谈论黑暗也并非为了咒骂黑暗，而是试图去了解和辨识它，乃至去洞悉我们自己身上的黑暗，进而更深入地理解人性的复杂性与多样性。

10. 性格决定命运？人格的稳定性和功能性

　　前文通过对于两个人格特质模型（大五人格及暗黑人格）的介绍展示了现代人格心理学是如何描述人与人的不同的。描述人格是为了认识自己和了解他人，并期待在某种程度上基于人格预测未来行为甚至揣摩人生走向。对此，民间有一句十分流行的话叫"性格决定命运"，可能源自古希腊哲学家赫拉克利特（Heraclitus）所说的"性格即命运"。这一说法成立吗？要回答它，先要搞清楚两个问题：其一，人格在多大程度上是稳定的；其二，人格能够在多大程度上预测行为。

　　人格稳定吗？在很多人看来当然如此，毕竟"三岁看大，七岁看老""江山易改，禀性难移"等说法深入人心。曾有研究对152个人格追踪研究的结果进行了元分析，这些研究最短追踪了一年，最长追踪了五十多年，方法均为让同一个人在不同年龄完成同一份人格测验，于是可以得到人格在不同年龄段跨时间的相关系数（Roberts & DelVecchio, 2000）。结果发现（如图10.1所示），平均而言，随着年龄增长，人格的稳定性有所增加：从3—21岁的平均

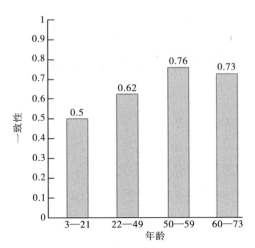

图 10.1　人生全程各年龄段人格特质的重测一致性

（数据来源：Roberts & DelVecchio, 2000）

相关系数 0.5，到 22—49 岁的 0.62，再到 50—59 岁的 0.76 和 60—73 岁的 0.73。

也就是说，整体来看，人格在我们的生命全程中是相对稳定的（任意两次测量的平均相关系数均大于 0.5，这是一个中等程度的相关，当然这同时也意味着人格在人生任一阶段都可能发生变化）。在各个年龄段中，人格在 50 岁以后最稳定。这可以理解，从发展的角度来看，儿童还处于人格的形成期，而从生活事件来看，青年期是最为密集的，鉴于很多生活事件都会引发人格的小幅变化，中年之后人格的稳定性最高就不足为奇了。

在日常生活中，人格的频繁且非寻常波动常被视为心理与行为异常的指标，一般来说，精神疾病患者和暴力罪犯比普通人的人格稳定性更低。对于个体而言，也需要保有一种自己的人格是稳定连续的感觉，也就是说，我们需要知道，即便长大成人或者经历了生命中的诸多改变，我们始终是同一个人，我们也需要感受到今天的我是昨天的我的延续，明天的我是今天的我的延续，这样才会愿意为了"明天会更好"而在今天付出努力。如果发生了什么事情破坏了这种连续感，让人们对自我的感受断裂了，则很可能带来伤害性的后果。好比突如其来的灾难或严重的创伤，经历这类事件将打破自我连续感，导致人们对于生命、世界和自己的看法乃至行为模式发生改变，进而表现为人格上的变化。例如，研究发现，家庭暴力的受害者在经历施暴后宜人性和尽责性显著降低、神经质显著升高，而且即便经过一段时间也很难回复到原有水平（Li et al., 2021）。从这个意义上说，相对稳定的环境（包括人际关系和工作）将有助于维持相对稳定的人格。

突变看起来的确不那么健康，但平缓地变化或者因为一些生活事件而发生变化则很常见，因此，在强调人格稳定性的同时不应排斥变化性。有很多生活事件都会改变人格，比如结婚、成为父母或失去工作，这些生活中的重大变化很可能改变人格中的某些方面，比如让一个人更有责任心了或情绪更不稳定了。一些更小的生活经历也可以，例如，承担了一个领导者的工作，外向性可能随之升高；有计划地在学业或工作中投入更多，尽责性可能会增加；主动寻求多样性的信息输入和接收不同的观点，开放性会越来越高。

这就提示我们，一方面，生活经历确实可以推动人们以独特的方式发展，当生活发生变化，我们的人格也会或多或少地有所改变；另一方面，我们完全可以通过创设自己的生活经历而在某种程度上改变自己的人格（如果自觉有必要的话）。例如，做一些依照原本的人格倾向并不想做的事情，再慢慢把它变成习惯。当然，如果觉得自己完成起来太困难，也可以通过在外力帮助下调整行为和情绪反应来改变人格，这一想法便是心理咨询与治疗的核心，它能让人格发生系统性但同时很缓慢的变化。研究表明，由心理治疗促成的人格改变平均可以达到半个标准差（元分析见 Roberts et al.，2017），但一般要进行 6~8 次以上才会发生。因此不要期待接受一次心理咨询就能解决问题，它需要时间，也需要我们自己朝向改变的坚持与投入。不过好消息是，一旦发生了改变，就将是持久的，可以在咨询结束后保持下去。当然，心理咨询的目的不是也不大可能将一个人彻底变成另一个人，在适当调整人们的认知与行为方式之外，更重要的是让我们深刻地理解自己的人格以及它与我们的思维、情感、行动之间的关系，进而利用这些信息在未来去做出更加明智的生活选择。

此外，在生命全程中，不同人格特质的变化趋势可能有所不同（综述见 Costa, McCrae, & Löckenhoff, 2019）。以大五人格为例，随着年龄的增长，外向性和神经质的程度会有所下降，宜人性和尽责性的程度则有所上升，也就是说，随着时间流逝，人们整体变得更内向、更随和、更有责任心，情绪也更稳定；只有开放性在青春期将经历明显升高，之后持续平稳，直到老年期有所回落，即人们会在晚年回归保守。总之，时间让人们变平和了，那些曾经愤怒嘶吼着的青年们有一天也会成为手捧保温杯的养生中年人。不过需要提醒的是，这里说的变化是群体均数水平上的变化。对于某个个体而言，即便人格随着年龄会发生一定的自然改变，但在某一年龄段人群中的相对位置基本稳定，那个曾经在同龄人里最调皮捣蛋的小孩到老了也大概率是同龄人里最没正形的老头或老太太。

到这里已经回答了第一个问题，即人格是相对稳定的存在，那么下一个问题则是：只要了解了一个人的人格就可以随时随地地预测其行为吗？一般来说，具有某些人格特质的人既然拥有稳定的行为模式，人们就会期待这些行为模式是跨情境一致的，例如，一个靠谱的人当然总是靠谱、各种靠谱。然而事实好像并非如此：当从一个情境转换到另一个情境中时，人们的行为经常发生变化——上一秒面对爱人还温柔如水的人，下一秒面对下属就可能疾言厉色——哪一个才是真实的他？可能二者都是。心理学家沃尔特·米歇尔（即"棉花糖实验"的研究者）通过研究发现，大部分人格特质与不同情境中行为的平均相关只有 0.3 左右（Mischel, 1968），也就是说，人格特质只能解释不到 10% 的行为变异——这显然远低于预期，意味着人格对于行为的预测力似乎相当有限。

　　这一结果乍听之下难以接受，仔细一想又好像的确如此——即便知道了一个人的人格，我们也无法对其在所有时间的行为进行预测。原因在于，前几章提到的各个特质的典型特征仅仅说明了具有这种特质的人以特定方式行事的平均或习惯化倾向，但并不意味着这个人每时每刻都会表现为这样。因此，人格心理学家们其实并不擅长预测某个特定个体在某个特定情境下的特定行为。例如，尽管我们知道那些尽责性高的人更加自律与守时，但是即使获得了办公室里每一个人的尽责性分数，也难以预测其中某一个人明天上班会不会迟到，能预测的仅仅是他比别人迟到的可能性更高或者更低，而决定这个人在明天会不会迟到的更多是情境力量，例如，闹钟有没有按时响起或者上班的路上堵不堵车。[1]

1　不过，虽然人格难以预测特定情境下的单次行为，但如果累计多次情境下的行为，还是可以看到人格的作用。例如，虽然难以准确预测明天某人会不会迟到，但如果集合一整年的情况，低尽责性就意味着平均每个月可能多出几次迟到，一年则多出几十次，这就离被开除不远了。

有些时候人们面对的情境力量很强，此时多数人的行动将趋于统一。比如，不管尽责性高低，所有堵在这条路上的人今天都可能迟到；一个外向性再高的人也不会选择在葬礼上谈笑风生。此时人们所在的情境起到压倒性作用，个体人格的作用则受到抑制。相反，另一些时候情境的力量较弱，做出何种行为就将主要由人格接管。例如某个周末，是悠闲地躺一天还是有计划地跑步、游泳、健身一整天，尽责性高的人和尽责性低的人可能会做出不同的选择。

由此可以带出一个与人格心理学关系紧密的心理学分支——社会心理学，它所关心的便多是那些强有力的情境力量，它们会削弱人格的作用并带来较为一致的行为；而人格心理学则更关心一般情况下人们惯常的行为模式，即当情境力量较弱时人们将如何表现。如果将两个分支学科关注的视角结合起来，就呼应了著名心理学家库尔特·勒温（Kurt Lewin）所说："一个人的行为是其人格与其所处情境的函数。"人身上既有稳定、连续、不变的方面，又在持续不断地对外界输入的刺激经验做出响应，最终的行为不仅取决于我们的人格，也取决于我们当时所处的情境、面对的对象以及所在群体的规范。于是，有着相似人格的两个人可能在不同情境或文化下表现得非常不同，相反，两个不同人格的人也可能在同一情境下表现得十分类似。总之，人既不是在风雨击打下飘摇不定的船，也不是在海浪翻涌中纹丝不动的水泥码头，理解外在环境力量与内在人格力量的复杂交互影响是理解人性极其重要的基础。虽然人格心理学很自然地更感兴趣于人的部分，但也请不要忽略情境的作用。

* * *

至此，两个前提问题已经有了答案：人格相对稳定，并能够（在情境力量较弱时）预测行为。那么，性格决定命运吗？简单来看似乎可以。在前文中，我们已然看到外向性之于社交、神经质之于情绪、尽责性之于工作绩效、宜人性之于人际关系、开放性之于创造力的重要性，诸如此类人格特质与生活结果之间的关联已被证实可与人们熟知的智力与社会经济地位之间的关联相提并论（元分析见 Beck & Jackson, 2022; Strickhouser, Zell, & Krizan, 2017; 综述见 Friedman & Kern, 2014）。的确，人格可以通过引导一个人的行为模式进而影响一个人的生活方式（如高尽责性的人更可能过上一种自律和稳定的生活从而促进健康），可以说，它在一定程度上关联着命运。

然而，在这里，我一方面希望大家看到人格的重要性，另一方面又不希望过度放大单一人格因素的作用或者人格因素单独的作用。在现实生活中，当人们说起"性格决定命运"时往往伴随着"哀其不幸，怒其不争"或者"可怜之人必有可恨之处"，这些话的重点常常并不在于"可怜"和"哀其不幸"，而在于"可恨"和"怒其不争"。此时，人们夸大了个体的能动性而忽略了限制个体能动性发挥的那些或具体或宏大的环境因素，这令无数的受害者背上了有罪的污名。请时刻牢记人是个体与环境复杂交互作用的产物，看到人格的重要性是为了重视形塑人格的各种因素进而更好地培养健康人格，而不是将人格视作一切行为与生活经历的根源，与此同时亦相信个体对于自身人格的改造作用以及积极成长的自我力量。

* * *

本书第一部到此完结。我是谁？这个世界上有那么多人，每个人都如此独特，人格即是对这种个体差异的描摹，而特质是其基本的测定单位。如何测定？大五人格和暗黑人格作为代表性的人格描述模型可为我们提供参考，它们在每个人身上描画出不同的色彩并引导出不同的行为风格及生活结果。人格具有一定的稳定性和连续性，保持这种稳定性和连续性有助于心理健康，但这并不表示人格一定能准确地预测行为，因为它会和情境发生复杂的交互作用。另外，人格并非铁板一块，即便人生过半，人格仍然具有一定的灵活性，它会随着年龄的增长和人生体验的增加，随着遇到的人、经历的事、读过的书、走过的路而发生或多或少的改变。这一过程如若是建设性的，是我们在不断探索、体验和反省的，那么它将比仅在某个瞬间拷问和回答"我是谁"对于人生来说更有帮助，也更有意义。

人格成因：我从哪里来？

11. 人格与生俱来吗？大脑功能与人格的关系

第一部通过人格特质及其代表性模型致力于描述人们有别于他人的独特行为风格，第二部则要聚焦于下一个问题：这些独特性主要经由哪些因素形塑而来。

关于人格从何而来，在人类思想史及科学史上存在一对旷日持久且战况激烈的争议——"天性"还是"教养"（nature vs nurture）。这一由英国天才博学家弗朗西斯·高尔顿（Francis Galton）创造出的绝妙对偶时至今日依然难分高下：一边，在各类以"如何养育出一个优秀的孩子"为主题的自助畅销书里，专家们苦口婆心地给出各种忠告，令"家庭教养决定孩子人格乃至成就"的观念深入人心；另一边，进入21世纪后，全球用于治疗心理障碍以及情绪困扰的药物摄入量大幅上升，当药物作用于我们的大脑和神经系统，调整了我们的情绪状态、思考方式和行为反应，是不是也意味着我们的人格在发生着些许的改变？如果是这样，我们该如何理解人格的形塑因素？生物学的还是社会学的？

对此，我显然无意站队，因为不管是极端的先天决定论还是极端的后天决定论，都已有大量科学证据证明它们过于偏颇。人既不是一块来到这个世界上等待被环境书写的白板，也不是生来就已完全规划好路线只要坐等一步步展开的蓝图。比在先天论和后天论之间争论不休更有意义的，是去客观地理解生物性因素、社会性因素以及二者的合力对于人格的作用。因此，在第二部里，将循着两条线索窥探个体独特性的来处：一条是生物学的路径，首先是最近端的生理构造，然后构造可能是遗传的，再然后遗传又是漫长进化的继承；另一条是社会学的路径，讲讲家庭、文化以及社会生态环境对人格形成及变化的影响。请注意，这两条路径不对立也不分离，依次展开仅为了方便表述，是这些力量聚合在一起并经由错综复杂的作用令我们成为今天的我们。

＊　＊　＊

从我们与生俱来的身体构造开始。生物性是人的基本属性，作为心理属性的人格需要依托于一系列的生理结构方能发挥其功能。感谢现代生理学、神经学特别是认知神经科学所做的卓越努力，如今我们已然清楚地知道人的心理本质上是大脑的功能。人类能够历经自然界无数艰难险阻成功绵延至今并傲然于世，居功至伟的就是身体之上顶着的这颗大头。典型的成人大脑约一个柚子那么大，重约 3 斤，看起来有点像豆腐，是一些看起来湿答答、皱巴巴、黏糊糊的褶皱状组织。从外表上看它绝称不上美，然而这些平平无奇的组织尤其那些沟沟回回却是一切智慧、情感、美德的发源地，它创造了自然界不曾诞生过的绚烂的科技、艺术与文明。它也是世界上现存最复杂的装置之一，复杂到我们对它的认知还相当有限。

拜大脑所赐，每个人得以带着某些遗传倾向开始自己的人生。刚出生的婴儿即显现出明显的气质差异——有些宝宝安静、很好哄，大部分时间在甜甜地睡觉，对父母来说他们是天使宝宝；而另一些则可能格外活跃或特别爱哭闹，怎么哄都哄不好，经常把父母折腾得手忙脚乱。这些"纯天然"的"出厂设置"反映了神经系统的活跃度、灵活性、反应强度等特征，从这个意义上说，某些"独特"生而有之。那么比之再复杂一点的特征呢？例如，第一部里讲到的大五人格特质有没有生理基础？一些研究发现或可提供答案。

先说外向性。为什么和低外向性（也就是相对内向）的人相比，高外向性的人更善于交际、总是精力充沛并乐此不疲地追求刺激？坚定的生物学取向人格心理学家英国人汉斯·艾森克（Hans Eysenck）认为，这是因为他们存在大脑功能上的差异。艾森克假设，外向性的生理基础在于脑干部位的一个结构，名为"上行网状激活系统"（ascending reticular activating system, 简称 ARAS），它的功能是控制大脑皮层的唤醒与警觉程度。艾森克提出，偏内向的人上行网状激活系统的功能更加亢进，一旦有外界刺激输入，他们的反应会更激烈；而偏外向的人则正相反，他们的上行网状激活系统功能较弱，故而对于刺激的反应没有那么强烈。

1967 年，艾森克发表了一个有趣的实验试图证明这个假设（Eysenck & Eysenck, 1967），这个实验和"棉花糖实验"一样以其中用到的重要道具而流传下来，被称作"柠檬汁实验"。看到这里的读者如果有兴趣不妨自己试试看，它要用到的道具包括：新鲜的柠檬一枚，如果没有，可用浓缩柠檬汁代替（请注意要原汁，不能加糖加水）；再来是一根双头棉签。好了实验开始，要做的第一件事情是吞咽三次，然后用棉签的一头在舌头上沾一下；接着在舌头上滴上四滴柠檬汁，再吞咽三次，用棉签的另一头在舌头上沾一下；之后用一根线吊住棉签的中点，看其两端是不是平衡。显然，棉签所记录的一头是基线水平的唾液分泌量，另一头则是在感受到柠檬汁酸味之后唾液的分泌量。如果说分泌唾液可以看作对于外界刺激所做出的反应，根据艾森克的假设，既然偏内向的人上行网状激活系统的功能较为亢进，那么他们就会在同等刺激下做出更加强烈的反应，也就是在酸味刺激下分泌更多的唾液。这个实验的结果与这一假设一致：那些越外向的人的棉签会相对保持平衡，而那些越内向的人的棉签则较不平衡且偏向于滴过柠檬汁之后沾过的那一端。

进一步地，艾森克还假设每个个体都存在一个最佳的大脑唤醒水平。为了努力保持这个最佳值，偏于内向和偏于外向的人就会做出不同的行为。具体来说，当环境比较平稳安静的时候，偏于内向的人已经达到了那个最佳唤醒水平，所以他们会倾向于回避外部刺激；而对于典型的外向者来说，什么都不干无法达到他们的最佳唤醒水平，于是会倾向于主动寻求外部刺激（Eysenck & Eysenck, 1985）。从这个意义上说，那些极端外向的人只是在努力避免无聊，以满足他们对刺激的需要；而典型内向的人正相反，他们会被嘈杂喧闹的环境搞得晕头转向，于是渴望独处与宁静。

但是，后续研究发现，艾森克的假设可能只有一半是对的：在平静的情境下，典型外向者和典型内向者大脑的基线唤醒程度并没有太大差别，但当那些吵闹和令人兴奋的刺激出现时，典型内向者的确要比典型外向者的反应更加强烈（e.g., Zuckerman, 1998），可能正是这一倾向让他们回避人群，看上去与高外向者有所不同。因此，从这个角度来看，偏于内向的人并不是不喜欢他人，他们只是对周围环境更加敏感，故而更愿意自己待着。这也在提醒我们，有时候对于外向者来说刚刚好的刺激在内向者的感受上可能过头了。例如，和别人一起学习或者一边听音乐一边学习对于外向者来说相当舒适，但是把内向者放到同样的环境中去则会限制他们的发挥，因此，需要根据人格特点分别给予适当的刺激，才能让不同的人发挥出他们各自的最佳水平。

至于外向性的另一个标签"多积极情绪"，研究者发现，相比典型的低外向者，高外向者大脑的奖赏回路更加活跃（Depue & Collins, 1999; Depue & Morrone-Strupinsky, 2005）。鼎鼎大名的多巴胺（dopamine）就是触发奖赏回路的主要神经递质，它经常被误解为所谓的"快乐分子"，其实不然，多巴胺并不会直接带来开心快乐，它带来的是欲望和对奖励的期待，且一旦得到满足就会想要更多。高外向者的奖赏回路更为活跃，这令他们对于外界环境中存在的奖励信号更加敏感，此时积极情绪的功能便是标定那些奖励即将出现在哪里，进而唤醒想要得到它们的欲望，促使人们做出行动去追逐它们。例如，获得他人瞩目是一种奖赏，如果环境中出现与之有关的信号（如一个派对正在举行），高外向性者的大脑将做出更强烈的响应，如表现得更加兴奋、期待、跃跃欲试，此时这些积极情绪之于他们就像一个导航工具，告诉他们接下来将在什么地方获得奖励，进而激励他们朝向那里做出行动。而相反，低外向性的人对奖励不甚敏感，能够鼓舞高外向者的那些信号对他们来说不具有同等的吸引力，也就不值得他们冒风险去追求，于是积极情绪的"导航"功能就没那么重要。因此，或许可以说，面对人生繁华，外向者斗志昂扬，而内向者则没有那么大兴趣，他们对于这个世界提供的奖赏表现得更为淡然（内特尔，2020）。于是再一次，要求内向的人变得外向大可不必，尊重一个人独特的人格在某种程度上来说也是在尊重其人生选择。

　　再来看神经质。如果说高外向性的人致力于追逐奖励，那么高神经质的人就是在努力地识别威胁然后避免被惩罚。现有研究较为一致地发现，神经质的这种倾向与大脑中更为强烈的杏仁核活动有关（综述见 Servaas et al., 2013）。杏仁核位于大脑底部，长得形似杏仁，这个小小的组织威力巨大，它是大脑的情绪"控制塔"，尤其如焦虑、恐惧等负面情绪更是与它关联密切。在看到令人恐惧的画面时，血液会流向杏仁核，令它在功能性磁共振成像（fMRI）设备的记录下呈现出光斑。此时，如果一个人的杏仁核存在功能性障碍就将无法识别出可怕之处，即便观看一般人吓到腿软的超级恐怖片，他的杏仁核也会毫无波澜，即一点都不感到恐惧。无所畏惧听起来相当不错，然而如果在日常生活中不知害怕为何物，这本身就是一件很可怕的事情，因为它会让人触碰烧得通红的水壶、随便拿起一条毒蛇把玩，或者扑向不知名的危险，再或者由于不害怕被惩罚而犯下大错。

　　那么相反呢？如果杏仁核的功能较为亢进，就会比其他人更早、更快速、更频繁地检测和辨识出环境中的威胁，进而感到焦虑和担忧——这就是高神经质者的日常，在看到带有负面情绪的面孔图片时，他们杏仁核区域的反应明显较一般人活跃（Cremers et al., 2010）。正是这种高度警觉性带来了更多的消极情绪以及情绪波动。

　　接下来是尽责性。来看一个名叫菲尼亚斯·盖奇（Phineas

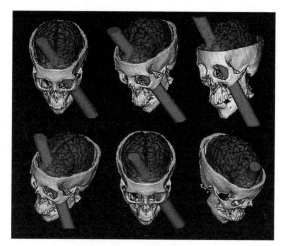

图 11.1　用神经成像技术模拟的事故中盖奇的头骨

（资料来源：Damasio et al., 1994）

Gage）的美国人的故事。这个人超级倒霉，他遇上了一场灾难性事故，同时他又很幸运，因为他大难不死，而后来发生的事情写进了几乎每一本心理学通识教科书里，借由他的故事，人们第一次直观地看到了大脑功能与人格表现之间的关联。

　　盖奇生于 1823 年，事故发生时，他正在从事铁路建造工作。1848 年 9 月 13 日，他和往常一样在铁路上作业，那天他的任务是要从坚硬的岩石中间炸开一条路。他先在地上钻了一个洞填入炸药粉，然后嵌入一根铁杆，再然后点火。然而没想到的是，这个曾经进行过无数次的操作在这一次出了差错——炸药提前爆炸了。他来不及躲避，那根长约 1 米、直径约 3 厘米的铁杆在巨大的冲力下径直冲向了他的左脸颊，从左眼后穿透左脑从头骨处穿出，落在了地上（如图 11.1 所示）。盖奇立马陷入了昏厥。神奇的是，几分钟后，他自行苏醒了过来并且还能说话和走路，这让他得以及时求救从而赢得了生机。经过近一个月的治疗，盖奇奇迹般地复原，他的身体恢复了健康，智力也没有受损，他能想起事故发生时所有的细节并可与人正常无虞地交流。

故事继续，这一事件中最为著名的转折出现了——"盖奇再也不是原来的盖奇了"——他的医生记录道："他的脾气、他的喜好与厌恶、他的梦想和渴望完完全全改变了。是的，他的身体还活着而且健康，但那里面现在住着一个全新的灵魂。"（Damasio et al., 1994:7）在旁观者看来，事故之前的盖奇精明能干、勤勉有加，他做事情很有条理，执行力也很强（请注意，这些都是高尽责性人格的表现）；然而经历过事故之后，盖奇变得不再勤奋，也不再负责任，他的行为反复无常，经常不计后果地冲动行事。鉴于此，他的雇主拒绝继续雇用他，他搬离了原来的地方并在事故发生的 12 年后因为反复癫痫发作而去世。

在盖奇死去 7 年后，经家属同意，他的头骨被挖出，与那根刺进他脑部的铁杆一起陈列在哈佛大学的医学博物馆里。1994 年，科学家们使用神经成像技术还原了盖奇受伤的头骨并判定那根铁杆破坏了他大脑左侧前额叶区域的部分组织（Damasio et al., 1994）。现在我们知道，前额叶皮层（prefrontal cortex）与理解他人情绪、控制自身冲动、调节行为及执行计划等高级认知功能有关（e.g., Wood & Grafman, 2003）。由此，尽责性这一特质被认为与大脑前额叶皮层（尤其是背外侧前额叶皮层；Asahi et al., 2004）功能紧密关联。从这个意义上说，如果说高外向性是大脑的"油门"，推动人们追逐奖赏，那么高尽责性就是大脑的"刹车"，抑制人们不要过于冲动，并能够在适当的时候停下来。

对于大五人格余下的两个特质，现代研究发现，宜人性与处理他人意图和心理状态信息的大脑区域的体积与活动性有关（Nettle & Liddle, 2008），开放性与背侧前额叶皮层的功能有关（DeYoung, Peterson, & Higgins, 2005）。[1]当然，这些关联并非一一对应，任何一种特质发挥功能都有赖于多个脑区的协同工作。与此同时，这一切也不意味着人格就是由大脑的某些区域所定义的。原因在于，之所以出现这些可被观察的大脑与人格之间的联结，存在两种可能：其一，可能是大脑体积或功能上的遗传差异导致人们表现出相应的人格倾向；其二，反过来，可能是人们反复做出的某些行为及其连带的经验刺激了与这些行为有关的大脑区域的发展。事实上，这两种情况很可能同时存在。

* * *

　　这听上去是个喜忧参半的消息。一方面，这逼迫我们意识到并不得不承认我们身上的确存在某些不以意志为转移的方面，也由此认识到每个人"硬件"上的独特性如何带来了情绪感受和行为模式上的独特性。对于这些或许难以改变的部分，我们不妨加以接纳与理解。另一方面，这也在提示我们，可以通过训练大脑来改善某些情绪与行为。例如，已有研究发现，长期的冥想训练可以减弱杏仁核的活跃度进而降低神经质程度（e.g., Leung et al., 2018; Kral et al., 2018）。

　　此外，如果主动给大脑"输入"一些积极的想法，是不是也可

1　相对其他特质，有关开放性大脑皮层基础的证据尚没有那么一致和稳定（DeYoung et al., 2010）。

以有效"引导"出一些更为健康的身体反应呢？很幸运，大脑的确具有这样的可塑性。例如，压力长期以来被视为完全的消极事件，人们一提到压力就如遇洪水猛兽般意欲除之而后快，然而，有些压力就是避无可避，那要怎么办？研究告诉我们，改变对于压力的认识可以在一定程度上改变身体对压力的反应（Jamieson, Nock, & Mendes, 2012）：受试者分为三组，在创设一个压力情境后分别接受不同的指导——一组有意回避压力，即不去想它；第二组将压力反应评估为"这是身体在帮助我应对挑战"；最后一组则什么也不做。结果发现，相对于其他两组，把压力反应评估为"身体在帮助我应对挑战"的受试者在后续表现出了更健康和更具适应性的心血管应激反应。

　　这一发现完全可以应用于生活，当压力来临时难免产生一些不受控制的生理反应，如心跳加速、夜不能寐等，通常情况下我们会将这些反应视为"难以承受的威胁"，然而，如果重塑对于压力的看法，转而将其解读为"身体的这些反应是在调动资源为接下来的行动做准备"，就将在一定程度上阻断压力感与消极生理反应之间的联结，令我们对压力的反应更加健康。这应和了先驱心理学家威廉·詹姆斯（William James）的观点，"对抗压力的最好武器是我们选择一种思想而非另一种思想的能力"，也是当下流行的"认知行为疗法"（Cognitive Behavioral Therapy，简称 CBT）的核心思想之一，即改变人们对于经验的认知可以有效改善其身心状态。

　　鉴于此，本章的中心思想虽然是人格具有生理基础，但更加重要的提示或许在于"身心一体"——身体可以影响心理，反过来，心理也可以影响身体。我们承认我们的确来自身体，但也可以在某种程度上超越身体。

12. 进化的力量：自然选择与人格多样性

上一章说到人格是大脑的功能，近年来，认知神经科学的研究已然找到不少与之对应的生理基础，那么问题来了：大脑功能又为什么被设计成这样？回答这一问题，必须请出人类思想发展史上伟大的里程碑之一——查尔斯·达尔文（Charles Darwin）的生物进化论。

自生物进化论提出之后，自然选择就成了解释生物机制终极成因的基本法则。在某个给定的环境下，具有某些生物特征的有机体要比不具有这些特征的有机体更容易存活下来并繁殖后代，如此经历了若干代之后，整个种群就主要由具有这些生物特征的个体所组成，于是这种适应性生物机制就得到了进化，这就是生物进化论的核心观点。那么，生物机制是这样，心理功能也是如此吗？近几十年来，"进化心理学"（evolutionary psychology）的视角在心理学界风生水起，在引发巨大关注的同时也激起了强烈的争议。本章即聚焦于进化心理学是如何看待人与人性，又是如何解释人类行为和个体差异的。

＊　＊　＊

　　进化心理学有一些基本原则，首先也最为核心的一条是"现存基本的心理机制均为进化选择的结果"。意思是，现存的心理机制之所以存在并保持，是因为它们有助于远古人类祖先获得生存和繁衍的优势。换言之，人类当前具有的心理与行为模式是数百万年来这一物种为了应对生存和繁衍问题进化来的解决方案。请注意，这里所说的人类要应对的生存和繁衍问题并不是存在于当下环境中的，而是存在于远古环境中的。自然选择设计人脑的过程极其漫长，可以将其想象为在"用被风吹起的一些沙子去雕刻一块石头"（郭永玉等，2021：175），想要发生哪怕微小的一点点改变都必须耗费极长的时间。回头望去，人类绝大部分时间在狩猎和采集社会中度过，像现在这样文明富足的状态所持续的时间对整个人类进化史来说不过沧海一粟，现代环境对于大脑的设计还没来得及完全显现，因此进化心理学家们常说"我们生活在 21 世纪，却顶着一颗石器时代的大脑"（Kenrick & Lundberg-Kenrick, 2022）。这就可能招致一些麻烦，例如，某些对于祖先生活环境具有适应性的大脑功能对于现代生活就没有那么适应了。

　　一个典型的例子：在现代人的减重六字诀"管住嘴，迈开腿"中，做到其中哪一个更难？或许很多人会选"管住嘴"。从进化角度来看，我们的祖先长期过着颠沛流离的生活，经常需要长途奔袭去寻找食物或躲避天敌，善于"迈开腿"无疑具有一定适应优势，然而善于"管住嘴"则完全看不出有什么好处。在常常吃了上顿没下顿的情况下，最重要的任务当然是努力做个"吃货"。鉴于人类全面衣食无忧也就是近几百年的事情，在漫长的人类进化史上，大脑很少有机会因为我们"太胖"而感到烦恼，相反它时刻忧心的是我们"一不小心饿死了怎么办"。于是在大脑的统治下，人类很难坚持饿成个瘦子，想要饿死自己更是一件技术含量极高的事情。许多本能反应还停留在石器时代的大脑并不知道，食物对于现代人来说不仅是生存物资更是享乐来源，它也不知道，曾经金贵无比的脂肪和糖类居然随处可见，对它们的过度摄入甚至成了危害健康的罪魁祸首。从这个角度来说，不建议使用忍饥挨饿的方式来控制体重，因为这有悖大脑的工作方式。

　　进化心理学的第二条原则是，获得进化的心理机制之所以被自然选择，是因为它们能够帮助人类解决适应性问题，以获取生存和繁衍的成功。这一点在生理上很好理解，比如我们会感到饥饿，这是用来解决"为有机体提供营养"的问题；我们会出汗和发抖，这是用来解决"人类是恒温动物，需要让身体保持在一定温度"的问题；我们有非常复杂的免疫系统，这是用来解决"对抗寄生虫和病毒入侵"的问题……那么转换到心理上，同理，各种心理机制也是由于在解决类似生存和繁衍问题过程中具有适应性而慢慢稳定下来的。

　　例如，人类非常擅长"看脸"，即便是无意义的线条组合都可能被知觉成一张脸，甚至我们的大脑还专门分化出了一个区域——梭形面部区域（Fusiform Face Area，简称FFA）——用来识别面孔。对此进化心理学的解释是，作为群居动物的人类格外需要分清谁是朋友、谁是敌人，相比于熟悉的人，人们通常不喜欢陌生人并对他们充满警觉，因为陌生意味着潜在的危险，于是快速分辨出遇到的这个人是谁、是熟人还是陌生人并离后者远一点将有助于他们更好地活下去。这一机制也是人类总是将人们区分为"我们"与"他们"即内外群体的进化基础之一。再如，在遇到威胁刺激时，人类会产生恐惧、愤怒等消极情绪，这些情绪同样具有进化意义，因为它们能够促使身体做出"战或逃"（fight or flight）的反应，打得过就打，打不过就跑，以此来应对捕食者和竞争者。总之，在进化过程中具有这些心理机制的人比没有这些机制的人更容易存活下来，如此逐渐演化为现存稳定的心理机制。

第三条原则是，进化而来的心理机制是领域特异性的，也就是说，并不存在一套通用普适的解决方案，而是具体问题具体解决，每个特定的适应性问题对应于特定的解决方案。这就像是一套瑞士军刀，其中每一把都有专属的功能。从这个意义上说，大脑并不是一个单一的器官，而是一个器官系统，它由各个特定部分构成，仿若一个装满了各种装备的工具箱。那么要充分理解人的心理，就必须知道人们拥有哪些装备以及这些装备被设计用在什么情境下发挥何种作用。

有研究者归纳了与人类生存繁衍最为相关的七个领域，分别是自我保护、避免疾病、建立友谊、赢得尊重、吸引伴侣、留住配偶以及养育后代，再形象地将解决相应领域问题的策略集比喻成大脑内的七个小人，即所谓的"次级自我"，这些次级自我会分别在相应的领域目标被激活的环境中启动，从而让人们在不同情境下做出不同的决策，需要解决哪个领域的问题，相对应的心理机制就会占上风（Kenrick & Griskevicius, 2013）。例如，我们不会在被一个陌生人吓得瑟瑟发抖时冲上去跟对方调情，但却有可能为了吸引梦中情人青眼一顾而以身涉险。这是因为在不同情境下凸显的次级自我不一样，前者是"自我保护"，而后者是"吸引伴侣"，特定的行为就是这些次级自我内部斗争的结果，用以解决在当下情境下需要解决的特定问题。这一点相当重要，它意味着所有进化而来的人类心理机制并不是固定不变的，而具有相当的灵活性，可以满足各种适应性需求。

* * *

　　基于以上基本原则，进化心理学观点常被用以解释诸多人类行为的来源，其中最受关注的问题之一是择偶偏好上的性别差异（巴斯，2020）。进化心理学认为，男女两性在进化过程中面临着不同的适应问题。对于女性来说，她们繁衍的成本及代价相当大——女性在一生中可受孕（排卵）的时间段有限，且每次怀孕还会占用本就有限的可繁殖时间，于是相对男性，他们只能将基因传递给更少的后代（一个男人如果有 20 个妻子可能生下 200 个孩子，然而女人有 20 个丈夫可生不出这么多孩子），因此伴侣数量对女性繁殖力的影响不大，她们更在意质量，故而在择偶时会更加慎重并注重养育的过程且在养育中投入更多，以确保每一笔投资都是成功的。同时，她们需要男性来帮助自己完成怀孕和照料孩子的工作，因此会更加青睐那些拥有资源和保护潜力的男性，如富有、高地位、身体强壮的男性，也更希望和他们建立长期稳定的配偶关系。

　　反观男性，只要和女性发生性关系生成受精卵，理论上的繁衍任务就完成了，只要这个后代存活，自己的基因就能留存下来，这个成本代价相较女性显然小很多。于是相比于女性，男性无须关心养育的过程，而只要关心如何能繁衍更多的后代。因此，男性会比女性更倾向于使用短期择偶策略，也就是追求偶发单次的性关系，并更注重女性基因的质量，表现为偏好年轻貌美的女性。此外，一旦进入到长期配偶关系（如一夫一妻制婚姻），男性还会面临一个独特的适应性问题——父子关系的不确定性。英国有句谚语说："Mommy's baby, Daddy's maybe."（"妈一定是妈,但爸未必是爸。"）在 DNA 检测技术发明之前,男性无法确认正在投资的亲子关系是不是真的为自己完成了基因留存的任务,于是会对潜在的同性竞争者更为警惕并对伴侣的忠诚更加重视。这一点在实证研究中表现为男性对于伴侣的身体出轨表现出更大痛苦,而女性则对于伴侣的情感出轨（这意味着投资于后代身上的资源可能被撤走）表现出更大的痛苦（Buss et al., 1992）。

上述推论无疑有趣地捕捉到了男女两性在择偶偏好及婚恋行为上的某些差异,不过需要提醒的是,不应将此类整体趋势简单粗暴地套用于任一个体身上。如前所述,现代社会的形态已与祖先环境大相径庭,社会性与伦理道德的发展亦在很大程度上重塑了人们对于恋爱婚姻的观念及行为实践。此外,近年来也有一些实证研究结果挑战着这些进化观点。研究者提出,进化心理学主张的这些差异实质反映的是男女两性在既定社会结构中的地位差异,最典型的便是男性充当资源提供者而女性担任家庭照料者这类劳动分工异常明显的社会。在这样一个性别不平等的社会里,女性当然更看重男性的资源,而男性也当然更重视女性的生育相关特性,然而随着性别平等进程的发展,这种被进化视角认为完全由生物性所塑造的择偶偏好上的性别差异已被发现正在减弱甚至消失（e.g., Wood & Eagly, 2002）。

进一步地,进化心理学如何解释人格上的个体差异？如果有一种人格可以在任何情况下都有助于人们生存,自然选择应该令所有人都拥有这种人格,然而并没有,人们各不相同、千姿百态。这是为什么？原因在于，并不存在适用于任何情境的人格"最优解"，适应于一种情境的特质可能在另一种情境中是致命的，反之亦然，于是在不同情境下各有优劣势的特征均被自然选择，进而塑造出了人格的多样性。拿情绪的多样性进行类比，虽然开心快乐人人爱，但人们深恶痛绝的消极情绪同样不可或缺，悲伤、忧虑、厌恶、愧疚、愤怒等就好像人体的微量元素——多了有毒，少了有病。适度的消极情绪可以让我们警惕周围的危险，躲避潜在的伤害，体会他人的感受，从错误中学习经验教训，它们就像身心的保护系统，标定出那些曾经令我们的祖先立于不利处境的因素。甚至，如若没了它们相伴，快乐都将沦为空洞肤浅的存在，悲欣交集方为人生。

　　人格也是一样。正如进化心理学家丹尼尔·内特尔（Daniel Nettle）所说："一些进化而来的特征并不是为了让你拥有愉快人生而设计的，而是为了让你的祖先活下去设计的。"以大五人格为例，高度的神经质的确会带来安全情境下不必要的身心消耗，然而在危机四伏的远古时代，我们的祖先正是因为对无处不在的威胁保持警惕才得以在强敌环伺的险境中生存下来。当然，现代社会不再有那么多捕食者，不过一旦真的发生危险，高神经质的人依然可以依靠灵敏的威胁监测和响应系统而获得更高的生存概率，只是这种益处较难被检测出来。一个间接的证据是，研究发现，某些承担极端风险的群体（如极限登山运动员）通常神经质非常低（Egan & Stelmack, 2003），考虑到这类活动的死亡率很高，似乎可以在一定程度上说明高神经质起到了人身安全保护的作用。类似地，其他特质同样利弊相随：宜人性者让人大受欢迎，然而最喜欢他们的可能是骗子，因为高宜人性的人过度信任他人；高外向性的人对于新鲜奖励的追求可以让他们的生活有声有色，但同时也可能导致他们忽视自己已经拥有的东西；高尽责性的人追求长期收益，同时也可能损失一些短期当下的适应性好处；高开放性的人偏好新异体验，但也可能让他们暴露于未知的风险之中。

　　也就是说，每个特质都可视为在不同情境下成本与收益权衡的结果，而这种权衡并不存在唯一的最佳值，也不存在哪个特质具有普遍且完美的适应性，于是个体差异就被保留在了种群中。从这个意义上说，人格上的多样性和丰富性是漫长进化史馈赠给人们的礼物。

＊　＊　＊

　　在过去几十年里，作为最成功也最具争议的思想运动之一，进化心理学身上贴满了各色标签，有人觉得它非常有趣，有人觉得它相当"掉节操"，而更为严重的指控批判它抹杀了人类高尚的情操。事实上，与其他人格理论或取向一样，进化心理学只是解释人类行为的一个视角，它可以帮助我们从某一角度认识自身，但大可不必将其奉为圭臬。

　　值得特别注意的是，生物进化论和进化心理学的某些观点或研究结论时常被滥用甚至误用，例如"社会达尔文主义"（Social Darwinism）。社会达尔文主义将自然选择和适者生存的生物学理念粗糙地应用于社会领域，认为不同的群体、社会及文化也在为了生存而相互竞争，于是某些群体入侵、征服和统治其他群体就具有生物和道德上的合理性。毫无疑问，这种观点将助长对于其他文化群体的歧视甚至成为杀戮的通行证（Friedman & Schustack, 2016）。事实上，这类理念是对生物学意义上的"适者生存"的曲解，进化论中并不包含类似于"这是一个弱肉强食、人人为己的世界"的假设，因此这是一则严重的误用。生物学或心理学意义上的适应不应与物理意义上的强大甚至攻击性混为一谈，对于人类这一物种来说，最大的进化优势反而是非凡的友善，正是这种能够与他人沟通协作的高超能力令人类成为人类（黑尔，伍兹，2022）。

　　总之，诚然我们从悠远的蛮荒岁月走来，骨子里仍然带着一些远古气息，但正因为筚路蓝缕才走出丛林，便更不应在心理与行为上返回丛林。一些进化而来的心理机制固然是自然选择的产物，但却非当下而是千百万年前的环境所选择的，沧海桑田，部分适应祖先生态系统的心理机制在现代已不具适应性甚至不再健康。自然并不等于神圣，实然也不等于应然，我们探索本质的目的是以更好的方式影响它，文明的意义或在于此。

13. 一起向狮子扔石头？合作的进化

　　在上一章的最后，我们明确反对将生物进化论及进化心理学的观点粗糙错误地运用于社会，即所谓的"社会达尔文主义"。社会达尔文主义者推崇随时随地的竞争，然而人类是一种高度社会化的物种，经常做出对他人有利却可能对自己来说代价高昂的行为，如无私慷慨地帮助陌生人甚至为他人牺牲。在进化心理学看来，这些恰恰是自然选择的结果。

　　数百万年前，气候的变化让我们的祖先类人猿的栖息地从树冠变成了稀树草原。草原没处躲没处藏，面对巨型捕食者，类人猿孱弱的身体和缓慢的奔跑速度简直毫无活路。当天敌就要扑到面前，躲也躲不了跑也跑不掉的时候，该怎么办？类人猿的选择是：联合起来，共同防御。例如，一起向狮子扔石头（即"投石假说"），这样足以抵御比单个个体力量强很多的捕食者的攻击（冯·希伯，2021）。如果一个群体可以像这样相互协作而不是致力于内斗或"自扫门前雪"，生存机会肯定更大，而且不仅对于群体，对于群体中的每个个体来说都是这样。换言之，合作、相互依赖、守望相助增加了个体和群体的生存概率，于是得到了进化选择。也是在合作的过程中，人类的"社会脑"得以飞速发展，社会性也经由自然选择烙在了我们的骨血里。

合作显然利人利己，那么帮助他人呢？这看起来有些违背进化准则，因为从生物性的角度来看，为他人提供帮助固然可以增加他们的繁殖成功率，然而对助人者来说，奋不顾身地帮助他人可能让自己深陷危险或蒙受其他损失，如繁殖成功率下降。如果帮助的是和自己有血缘关系的人，那没问题，因为帮助他们就相当于帮助了自己的基因留存，但是人们也经常帮助那些没有血缘关系甚至素不相识的人，这好像就不太符合进化的原理了。确实，这一度成为进化生物学／心理学领域难以解释的所谓"利他主义难题"（problem of altruism）。后来，研究者提出了一个称为"互惠式利他"（reciprocal altruism; Trivers, 1971）的理论成功解决了这一难题。

想象一下，在远古时期，有两个猎人比邻而居。他俩每天都出去打猎，但能不能有所收获是一件不确定的事。有一天，其中一个猎人 A 满载而归，另一个猎人 B 却两手空空。这时，A 有两种选择：一是将猎到的食物全部留下自己吃，但实际上是吃不完的，那时候又没有冰箱，那么剩余的食物就会腐烂然后被丢弃；另一种选择则是拿出一部分分给邻居 B，这样他自己的损失其实很小，但对于 B 及其全家来说可能是救命的一餐。而到了下个礼拜，情况可能颠倒过来，B 满载而归而 A 一无所获，那么 B 也会将剩余的食物分给 A。就这样，双方均以较小的代价获得了较大的收益，这种"双赢"（win-win）的结果为"互惠式利他"行为的进化创造了有利条件，做出互惠式利他行为的个体通常比那些自私的个体拥有更高的繁殖

成功率。这也提示人们，友善待人将带来更多的机会。不过，双赢
固然好，在合作的过程中还是有可能出现一些问题，其中最麻烦的
就是参与合作的个体经不起个人获益的诱惑而背叛合作。

2000 年，恐怖小说大师斯蒂芬·金（Stephen King）干了这
么一件事——他把新写的一本小说的一部分上传至个人网站供读者
下载阅读，同时设置了一个规则，来访的读者们将看到两个选项：
（1）免费下载，（2）花 1 美元下载。如果一段时间以后，在所有
下载了小说的人里，有超过 75% 的人选择选项（2），即支付了 1
美元，金就承诺继续上传新的部分，但如果支付的人不到 75%，
他就断更。

金创造的是一个典型的"社会困境"（social dilemma），类似
于生态学家加勒特·哈丁（Garrett Hardin）提出的经典的"公地
悲剧"（tragedy of the commons）：在这个情境里，如果多数人采
取对个人最有利的行为方案，最终结果就将对所有人不利。对某个
具体的读者而言，自己不付钱而让别人去付钱是最有利的，但是如
果大家都这样做，最后所有人都没得看。是的，那本小说断更了，
金到现在都没有"填坑"。从这里可以看出，看似对个人来说的理
性选择（不付钱），最终导致了集体的非理性结果（无书可看）。说
到底，人口膨胀的问题、环境污染的问题、职场"内卷"乃至"鸡娃"
现象，均可看作某种程度上的此类社会困境。

在各种社会困境中，"囚徒困境"（prisoner's dilemma）是最
具代表性也最为知名的一个。两个同案的犯罪嫌疑人一起被警察抓
获并接受单独审讯，他们可以选择合作（保持沉默）或者背叛（出
卖另一个人）。如果两人合作，双方将共同获益（均被判一年）；如

果一个人选择合作而另一个人选择背叛，那么那个背叛的人将获益（戴罪立功被立即释放），而选择合作即沉默不招供的人将蒙受损失（被判十年）；如果两个人都选择背叛，则双方一同损失（各关五年）。假若你陷入此困境之中，将会如何选择？

很显然，如果只看结果，每个人当然都想要个人利益最大化，那首选就是背叛；然而要命的是，对方也会这么想，即同样选择背叛，最后就将导致双输。于是和金的例子一样，对于个人利益的理性计算反而将引向集体灾难，此时合作才是双赢的唯一解。但是所谓困境就在于此，每个人都明白会从合作中受益，但同时又可能受不了诱惑。个中关键在于对对方的不信任，这个对方可能是第一次碰到的陌生人，也可能是伴侣、客户，甚至另一个国家。当无法确定对方怎么选的时候就预期对方可能选择背叛自己，于是自己先选择背叛对方，最后两方双输。

这是不是很像日常生活中的诸多冲突？例如，很多家长常在一起抱怨过多的课外辅导班剥夺了孩子的童年并花费了过多的金钱，进而一致同意应终止报班行为，然而，回到家一番思前想后，还是偷偷给孩子又多报了两个班，因为"万一就我家孩子不上了别家孩子还上，那最后我家孩子就要吃大亏"；再如，国家之间搞军备竞赛，也许双方均已不堪重负，但谁都不想承担削减军备带来的代价，即如果己方合作而对方偷偷背叛则己方将处于劣势地位，于是双方都继续疯狂投入，但谁也无法占得优势。诸如此类信任的缺乏将导致一系列竞争性行动的升级，所有人均被绑架到那个集体利益受损最大的选项上，最终没有人会赢。

* * *

如何破除困境？如果是由某个既定系统导致的困境，那么需要改变的是系统本身。如果困境持续存在，有没有什么有效的策略可以在维护个体利益的同时引导对方走向互惠合作？假设存在明确的互动对象，如两个个体或群体之间进行长期博弈，也就是一轮又一轮的选择，那么有一个策略经研究检验可达到以上目的。

四十余年前，有研究者组织了一场别开生面的"囚徒困境锦标赛"，参赛选手不是人而是计算机程序，即由计算机模拟各种可能策略再将它们放到一起比拼。这些策略有的极度自私，如每一轮都选择背叛；有的极度良善，如不管对方怎么做永远选择合作。这两种策略就相当于生活中的"大恶人"和"大善人"，那么"好人"和"坏人"最后谁能统治世界？结果发现，一开始是"坏人"，纯良"好人"很快就被剥削殆尽，但等过了一段时间，"好人"绝迹，剩下的全是"坏人"，他们之间就会互相伤害直至同归于尽（Maynard-Smith, 1982）。也就是说，纯粹的暴力和纯粹的妥协都将以失败告终。

在各种策略之中，有一个傲视群雄笑到了最后，它的名字叫"tit for tat"（Axelrod, 1984），翻译成中文或许可以称作"以牙还牙，同时投桃报李"或者"有恩报恩，有仇报仇"。这一策略操作起来很简单，就三个原则：第一，永远先选择合作；第二，在对方背叛后同样选择背叛；第三，如果对方愿意重新合作，那就予以宽恕并回到之前的合作模式。这一策略百战不殆的秘密概括起来就是"先以你希望对方对待你的方式去对待对方，然后以对方实际对待你的方式去对待对方"（Trivers, 1985）。也就是说，总是先选择付出合作的善意，如果对方也选择合作那就一直合作，在对方没有背叛之前绝不先背叛对方，但是，一旦对方选择背叛就马上选择背叛，而如果对方悔过则给予原谅并回到合作。这个策略的第一步是关键，即一定要先合作。换言之，总是先假设对方是值得信任的，这是最终达成互惠合作的前提，也证明了孔子所说"己所不欲，勿施于人"的正确性。但与此同时也意识到，要付出善意又不能无底线地退让，先以信任开启，然后灵活以对，方能促成并维系双方的合作。

不过，这种"以牙还牙"策略也不是没有阴暗面。假设双方都是这种策略的执行者，可能一直愉快地合作下去，但也有可能其中哪一方不小心"擦枪走火"或因偶然的无心之失而背叛了对方，那么就将开启一系列永无止境的报复、还击、再还击的过程，导致"冤冤相报何时了"的悲剧，正如历史上曾经多次发生于某些群体之间无休无止的争斗与复仇一样。于是这一策略也非万能灵药，对此，研究者提出了一种变体，称为"宽容的以牙还牙"策略（Axelrod，1984），也就是偶尔原谅对方单次的失误，如随机对 1/3 的背叛行为宽宏大量既往不咎，通过这种宽容来打破以暴制暴的循环，同时又不至于被背叛者利用。

回到现实生活，那可要比这种高度抽象且规则明晰的游戏复杂多了。在社会层面上，人类进化出了道德，后在国家出现后又创造了法律，这些都可以用来约束那些肆意背叛的人。在个人层面上，我们与很多人互动，但肯定不会不加分辨地盲目合作，而是会精心挑选自己的伙伴，如那些已知在过去一直比较合作的人。不过这也存在其他前提，一方面，互动必须是长久而非一过性的，如果"囚徒困境"游戏只玩一次，最佳选择无疑就是背叛，骗一个是一个；另一方面，大家互相认识或处于共享的关系网络中，即可以通过"名声"这样的监控机制将那些不值得信任的人排除在外。

　　然而，剧烈的社会变迁带来的结果之一就是从熟人社会走向了生人社会，我们不得不越来越频繁地与不认识或不熟悉的人打交道，而且互动的轮次也在缩短，很多人只是短期交往甚至只打过一次交道便江湖不见了。于是名声网络变得不再那么有效，互动双方可能难有共同的熟人，导致监控机制失灵，即便欺骗也可逃避惩罚，后果就是各种导向私利的背叛行为比原来的乡土社会更多了。在这样的情况下，社会急需建立另一些机制，如个人征信系统、社会契约等，来弥补传统声誉监控机制的缺失。从这个意义上说，那些提供购物评价、就餐评价、酒店评价的平台都是在起到声誉监控和口碑传播的功能，可以在一定程度上降低人们被剥削和欺骗的风险。

　　社交媒体也是如此。如果有人干了过分的事，在社交媒体上一曝光，直接"社会性死亡"。但是这也带来了弊端，进化而来的声誉监控机制同样是那个"宁可错杀不可放过"的反应过于灵敏的警报器，它很可能"用力过猛"而引发过度反应，致使一些轻微失当的行为令当事人付出与之不对等甚至不可承受的代价。特别是在虚拟世界中，这样的事情更是极易发生，毕竟对于网络"执裁者"来说，对着一个陌生人轻飘飘地打出一些诋毁的话成本太低了。如何在良性的社会监督与个人隐私及权益保护之间找到平衡，值得法律、社会及个人持续思考。

14. 都是基因惹的祸？人格的遗传基础

1993 年，遗传学家对荷兰一个家族的男子进行了研究，这个家族盛产暴力分子，从纵火犯到强奸犯再到谋杀犯不一而足。研究者发现，这个家族男性的 X 染色体上全都含有一种低活性的单胺氧化酶 A 基因（Brunner et al., 1993）。单胺氧化酶 A（MAO-A）是一种酶，可分解大脑中的多巴胺、去甲肾上腺素和血清素等神经递质，而这种酶受到单胺氧化酶 A 基因的调控。可以想见，如果有些人这个基因的活性较低，产生的能够降解那些神经递质的酶就较少，于是那些神经递质在体内的含量就较高，而已知那些神经递质的高浓度与愤怒、攻击性的表达以及反社会行为具有一定关联。由此，MAO-A 基因被冠上了"暴力 / 战士 / 武士基因"（warrior gene）之名。

2006 年 10 月 16 日，美国田纳西州一名男子以极其残忍的方式砍伤了其妻子并枪杀了妻子的朋友。检方指控他犯一级谋杀罪，他的律师却辩称其携带有 MAO-A 基因，一个人无法选择自己的基因构成，也无法控制自己的基因表达，因此对于犯下的罪行不该负全责，至少罪不至死。如果你是这个案件的法官或者陪审团成员，面对这样的"基因辩护"将做出怎样的裁决？

如果一个人没法对自身携带的基因负责，而他们的基因令他们比其他人更容易做出暴力行为，他们是否还需要为自己的行为付出相应的代价？再进一步，如果有些人天生就携带某些危险基因，是否应该对他们进行检测，进而实施某种程度的管控？对于这些问题的理解不仅关系到我们对人类行为来源的认识，还关系到诸多与之关联的法律及社会政策的制定与实施。更重要的是，这不仅适用于暴力犯罪，还适用于智力、人格、性取向、性别差异等领域的议题，例如，男性和女性的行为差异有多少来自生物因素又有多少由文化带来。由此可以理解为什么有关"天性—教养"的争论会如此激烈且持久，一开始可能只是试图认识行为差异的原因，而到了最后往往会演变成为有关社会公平、正义和权利的论辩。

从我们自父母那里继承的东西说起。我们拥有 23 对染色体，染色体上含有数万个基因，指导着有机体的生长发育。对于基因带来的影响，有一些可以很明显地观察到，比如，这个人傲人的发量遗传自母亲，那个人小麦色的皮肤遗传自父亲，然而，一个人追求刺激的性格和对歌唱的热爱是从哪里来的呢？是从父母那里学习来的还是由基因决定的？身体特征显然是遗传的，但当涉及行为、智力和人格时，遗传的作用就变得不那么好把握了。如果一个人取得了巨大的学业成功，是因为他就是具备能成功的遗传倾向，还是自小丰富的环境刺激的结果？如果一个人虐待妻子和孩子，是因为他生来就有暴力倾向还是通过观察父母行为学习来的？这就是"天性—教养"之争的核心，即我们是什么样的人在多大程度上由遗传因素决定又在多大程度上由环境因素决定。其中，"天性"是指先天的生物因素（即遗传），"教养"则泛指所有环境变量，包括童年经历、父母教养、成长历程、社会关系以及周围的文化。

* * *

为厘清"天性－教养"之争做出巨大贡献的学科被称为"行为遗传学"（Behavioral Genetics）。行为遗传学家的工作就是动用各种手段来估计因遗传因素而导致的心理特征的差异程度。虽然他们的本意只是致力于搞清楚先天遗传因素的作用有多大，但是很自然地，顺便也可以量化出后天环境因素对于特定心理特征的相对贡献。

"家族研究"（family study）是最早的行为遗传学研究方法，为创造出"天性－教养"这对术语的弗朗西斯·高尔顿首创。他在其代表作《遗传的天才》（Hereditary Genius）一书中提出，天才可以在一个家族内传承。高尔顿热情洋溢地援引了众多著名人物的家谱，包括政治家、科学家、文学家、音乐家等，然后发现大多成就杰出的人同时也拥有成就杰出的亲属，如此多的例子足以证明天才是遗传的。的确，看看高尔顿自己的家谱——他生长于一个声名显赫的家族，他的外祖父伊拉斯谟·达尔文（Erasmus Darwin）是一位知名医生、哲学家、诗人和发明家，他还有一位即将名垂青史的表哥名叫查尔斯·达尔文。撇去这些不谈，高尔顿本人也是才华横溢，堪称天才，因此他会有这样的想法一点都不奇怪。

但是，对于高尔顿的发现，我们可以轻易地予以反驳：那些上流家族里的杰出人士不仅继承了相似的也许是天才的基因，还共享了那个时代里一般家庭难以企及的最优质的教育资源。先天遗传和后天培养的作用显然被混淆在了一起。

那么有什么方法可以将二者的影响分离开？引人注目的"双生子研究"（twins study）出现了。人类双胞胎提供了美妙的自然实验素材，可以由此解析先天和后天各自的贡献。双生子又有两种，一种是同卵双生子，他们由同一个受精卵分裂而成，遗传信息完全相同，共享 100% 的基因，于是他们之间的任何系统性差异都应该归结于环境影响；另一种是异卵双生子，他们由两个受精卵发育而成，遗传相似性和一般兄弟姐妹没什么区别，均为共享 50% 的基因。如此，通过比较在某个特征上同卵双生子之间相似性和异卵双生子之间相似性的差异，就能推测出遗传和环境分别起到的作用。例如，如果发现某个特征在同卵双生子和异卵双生子之间没有多大不同，那就只好承认基因在行为塑造中起的作用很小；但如果发现某个特征在同卵双生子之间的相关要显著高于异卵双生子，那就说明基因在起作用，这个特征是可遗传的。

2008 年，研究者对于过去 50 年中有关人格特质的双生子研究结果进行了元分析，结果发现，大五人格在同卵双生子身上的平均相关系数为 0.45，而在异卵双生子身上的平均相关系数为 0.21（Johnson, Vernon, & Feiler, 2008），显著更低。也就是说，都是双生子，同卵的要比异卵的在性格上更为相像。但是，这就能完全说明基因的作用比较大吗？不一定。一个潜在的混淆是，同卵双生子一般在长相上更为相似，人们会不会因此也用更为相似的方式对待他们进而导致他们的性格更像呢？比如，父母也许会给他们穿完全一样的衣服，理完全一样的发型，再送去同一所学校甚至同一个班级就读，这些将让他们经历的环境非常类似。如果是这样，同卵双生子更像就不能说都是由基因引起的，环境亦有贡献。

为了解决这个问题, 另一类研究对象出现了, 那就是被分开抚养的双生子。因为某些原因, 一些双生子在很小的时候甚至刚出生不久即被送到不同的家庭中抚养, 而且彼此之间没有联系, 收养家庭的状况也各不相同, 这样就构成了一个天然的研究设计, 即通过那些分开抚养的双生子之间的比较可以看到相同的基因在不同环境下的发展状况, 从而将基因与环境的作用剥离开来。如果预计环境的作用比较大, 那么在不同家庭中成长的同卵双生子即便共享相同的基因, 长大以后也不会有多像 ; 而如果基因的作用比较大, 那么即便有了不同的父母、家庭和成长环境, 该像还是像。

到底是生物学占了上风还是环境经历胜出? 大量研究得出了一致的结论——即便在不同环境中成长, 生物因素对人格的影响仍然持续存在。在各种人格特质上, 分开抚养的同卵双生子之间的相关系数稳定在 0.45~0.5, 这与一同长大的同卵双生子之间的相关系数非常接近 (Bouchard et al., 1990)。也就是说, 在不同的家庭中生活和被养育并不会削弱同卵双生子在人格上的相似性, 而反过来, 在同一家庭中生活和被养育也不会让他们变得更像。此外, 生活在同一个家庭中的非双生兄弟姐妹之间的人格相关性大概是 0.2~0.3 ; 而在同一个家庭中长大但没有血缘关系的兄弟姐妹之间的人格相关性则非常低, 只有不到 0.1, 可以说完全不像。

然而到这里, 我们好像还是不知道基因的影响到底有多大。行为遗传学家们常通过一个叫作"遗传率"(heritability)的数值来进行说明。在双生子研究中, 这个值即为某个特征在同卵双生子上的平均相关系数减去在异卵双生子上的平均相关系数所得到的差值再乘以 2。遗传率的分值范围从 0 到 1, 代表着观察到的变异中可由遗传因素所解释的比例。近年来, 多项元分析的结果得到了一个较为统一的结论：大约 40%~50% 的人格特质上的个体差异可以归因于遗传差异（e.g., Johnson, Vernon, & Feiler, 2008; Polderman et al., 2015; Vukasović & Bratko, 2015），而这个值在体重上可以达到 60%，在智力上达到 50%，在宗教信仰上达到 16%，甚至在"看电视"这个行为上都有 20%。事实上，对于已经研究过的 1,7804 个人类特征，存在于它们之上的个体差异平均有一半可以归因于遗传差异（Polderman et al., 2015）。这样的结果即对应于行为遗传学的第一定律：几乎所有的人类行为特征都是可遗传的（Turkheimer, 2000）。

那么，由此是不是就可以说一个人的人格大概四成来自遗传，六成来自环境了？非也！遗传率这个概念太容易造成误解了，在此做简单解释。首先最重要的一点，遗传率是与群体相关的估计，它被用来解释特定群体中存在的个体差异，因此对于任何单一个体来说并无意义。例如，当说身高的遗传率是 0.7 的时候，并不是说一个人长现在这么高 70% 归结于基因，剩下的 30% 归功于喝牛奶或锻炼，而是说在特定人群中有人较高有人较矮，这种存在于该群体中身高上的变异性有 70% 可以由基因来进行解释。换言之，遗传率是一个用以说明个体差异的估值，不能用来说明个体本身。这就好像一个已经做好的蛋糕，去分辨对它来说究竟是糖比较重要还是水比较重要还是面粉比较重要，答案是都很重要，缺了哪一个都不是现在这个蛋糕，即对于个体来说区分各个因素的贡献率没有意义，但是如果现在同时有 100 个蛋糕，它们的口味各不相同，此时去厘清这些不同究竟是由糖、水还是面粉造成的才有意义。

第二个要点，既然遗传率是解释个体差异的，那么如果某个特征在个体间没什么差异，遗传率就将很小。例如，绝大多数人生来就有两只手，如果有人不是这样，通常是因为碰到了什么事故，因此手臂数目的个体差异几乎完全由环境因素决定，此时它的遗传率就会接近于零。但这听上去有些奇怪，因为很显然人们都有两只手这件事是由遗传设定的。这就像是一个悖论：人身上那些遗传率最小的特征其实最受基因的决定。总之，遗传率是用来解释个体差异的，即人和人的不同有多少是因为遗传的不同而带来的，它不能运用于个人；此外，如果某个特征根本就不存在个体差异，遗传率就将为 0。

* * *

说回来，既然人格上的个体差异 40%~50% 由遗传解释，那么也就意味着还有 50%~60% 由环境解释（请注意其中还包含有一定的测量误差）。是些什么样的环境？行为遗传学研究区分了两类环境，一类为"共享环境"（shared environment），如同一个家庭中有好几个孩子，他们就会处于相似的环境里，共享相同的父母、住房、社区、家庭社会经济地位等。按常理来想，抛开基因不谈，拥有同样的父母应该会让一个家里的孩子变得更像，而来自不同家庭的孩子当然会有所不同，这样家庭教养才有意义。然而令人惊讶的是，研究发现，共享环境对于个体差异的贡献很小，以大五人格为例，共享环境只能解释不到 10% 的变异（Johnson, Vernon, & Feiler, 2008）。回忆一下前文提及的研究结果：分开抚养和一起抚养的同卵双生子人格相关差不多，而一起长大但没有血缘关系的兄弟姐妹人格相关性极低。也就是说，不同的家庭环境并没有让基因完全相同的两个人变得更不像，反过来，住在同一个屋檐下也不会让没有血缘关系的人变得更像，即便生活在同一家庭中的亲生兄弟姐妹也会非常不同。

　　这就让人们开始怀疑，一直宣扬的家庭教养的作用真的有那么大吗？这正是美国心理学家朱迪斯·哈里斯（Judith Harris）在她那本引发巨大争议的著作《教养的迷思》（The Nurture Assumption: Why Children Turn Out the Way They Do）以及后续作品《独一无二》（No Two Alike: Human Nature and Human Individuality）中所持的观点，她认为，这些行为遗传学的研究结果说明了教养的局限性，父母对孩子人格的影响比想象中小得多。哈里斯同时主张，相比父母，更重要的是同伴影响，孩子是在群体而非家庭之中完成了社会化的过程。这些观点极大挑战了心理学传统以及大众认知中已然深入人心的"家庭教养决定孩子成长和发展"的理念，不过，更多研究者还是倾向于认为其略显武断。大量研究证明，父母在更广泛和复杂的方面影响着孩子，包括一些遗传率较低的非生物性特征，如儿童会倾向于采纳父母的宗教信仰、社交风格、政治态度、生活习惯等（Friedman & Schustack, 2016）。同时，共享环境的作用小也不意味着家庭教养不重要，只是可能体现在另一类环境即"非共享环境"（nonshared environment）上。

　　非共享环境指的是孩子们即便在同一个家庭里被抚养但并不共同享有的环境特征，这些特征可以解释大五人格上约 45% 的个体差异（Johnson, Vernon, & Feiler, 2008）。的确，虽然父母们总是信誓旦旦地声称自己一视同仁地对待所有的孩子，然而孩子们的切身感受却经常并非如此。也就是说，父母很可能不自觉地采用了不同的方式对待不同的孩子，这同样属于家庭教养的范畴，但要归结到非共享环境之中（其作用将在下一章详细展开）。另外，随着孩子的成长，他们将获得各自的生活体验，如交不同的朋友、做不同的活动，他们也将开始自己选择特定的生活环境，这些非共享环境的差异同样在塑造着个体差异。由此可以说，在遗传之外，是独特的生活经历令人们如此不同。

最后，或许你还记得本章开头提到的那个"基因辩护"的案子，最后的判决如何？经过 11 小时的审议，陪审团判定嫌疑人犯有故意杀人罪（而不是检方指控的一级谋杀罪），处以 32 年监禁——"基因辩护"起效了。这个结果出乎你的意料吗？基因应该让杀人犯脱罪吗？如果在基因之外还得知这个杀手在儿时曾遭遇过严重的虐待，又会让你做出不一样的判断吗？

思考这些问题之余，再来看看现已登场的带来人格差异的各路人马：40%~50% 的遗传因素，不到 10% 的共享环境，约 45% 的非共享环境，再加上一点测量误差。这就是关于"天性-教养"的全部故事了吗？并不，在下一章，我们将继续讨论除此之外还有什么。

15. DNA 即命运？遗传与环境的交互作用

"您已经指定了淡褐色的眼睛、乌黑的头发和白皙的皮肤，我再冒昧地消除了其他所有潜在风险，比如秃顶、近视、酗酒、肥胖和暴力倾向。"这是电影《千钧一发》（Gattaca）中一位基因科学家对一对夫妻所说的话。在电影故事设定的那个"美丽新世界"一般的未来里，人们可以在孩子出生前提出各种要求以对胚胎进行筛选和修改，从而"定制"出一个基因绝对优秀的完美宝宝。如果可能，你会想要这项服务吗？又或者，如果有机会"回炉再造"，你会想要"修剪"一下自己的基因以改变自己身上的某些特征吗？类似这样的问题还可以无限问下去：如果你的爱人苦恼于自己太过感情用事，你是否同意他／她去"修补"一下基因以成为一个更理性的人？如果没有人携带暴力基因，这个世界是不是会变得更好？为什么不消除校园霸凌者的遗传倾向呢，让那些讨人厌的人打包消失怎么样？……

在人类基因组计划（Human Genome Project）开启以来，通过"改造"基因来"改造"人类甚至世界的想法越来越有吸引力，前几年国内发生的"基因编辑婴儿"事件也引发了巨大的伦理争议。一些评论家认为，只要将相关技术用于人类就势必会走向基因改造工程，也就必然将涉及对所谓的"优良基因"进行人工选择。那么，由谁来决定哪些特征是优良的和应该被选择的？以及，这种人工的干预一定会比自然选择的进程做得更好吗？相关的技术又会不会被滥用？一旦这个"潘多拉魔盒"被打开，会不会带来不可逆转的可怕后果？

事实上，回顾历史，以"增加优质人口、提高遗传品质"为目的的所谓"优生运动"曾经极有市场。在纳粹统治期间，犹太人被视为"劣等人"被大规模屠杀，而日耳曼民族则被认为是地球上最为高贵和优越的"雅利安人种"；20世纪60年代的美国，大量智力缺陷或患有精神疾病的人被强制绝育，理由是他们的智力和精神缺陷是由基因决定的，因此很可能会遗传给后代，而这些人绝大多数来自贫困阶层或少数族裔。即便到了当代，这种生物决定论依然很有诱惑力，甚至一些受过良好教育的人也会被它吸引，认同那些所谓"遗传劣等"的种族或群体不值得拥有自由、成功甚至生命（Friedman & Schustack, 2016）。这些无疑相当可怕。那么如果只是在个体身上小小"编辑"一下呢？只是为了获得更健康的身体、更理想的人格和行为方式，这没什么问题吧？要对此进行回答，需要先澄清几个误解，然后在上一章基础上继续了解基因、环境以及它们与行为和人格的关系。

* * *

首先一个常见的误解是，认为某个基因与某个行为或心理特征之间存在一一对应的关系。事实上，基因并不直接掌控行为，并不存在什么"神经质基因""宜人性基因"，也没有"易离婚基因"或"一天到晚只想躺平基因"。而且，复杂的人类态度和行为乃至大多数疾病都不是由单个基因决定的。行为遗传学研究已经证明，多个基因（通常是数千个）共同促成了特定行为而非单个基因的存在与否决定了某个心理特征。也就是说，心理特征遵循多基因遗传模式，抑郁症就是一个很好的例子，它被认为受到大约 1000 个基因的影响（Plomin, 2018）。于是，如果要"编辑"，该"编辑"哪一个？

　　第二个常见的误解是，认为基因有所谓的"好"或"坏"。而实际情况是，某个行为受多基因影响，反过来一个基因也影响多个行为，也许在这个背景下它所影响的行为是"坏"的，而到了另一个背景下又成了"好"的。比如，DRD4-7R 基因会增加个体吸毒的风险，这肯定是坏的，但是与此同时，这个基因可以促使个体从事智力探索等创造性活动，这又是好的（Plomin & Caspi, 1999）。所以如何保证通过"基因编辑"改变这个行为但同时不改变另一个并不想改变的行为？你的爱人可能是变得比以前更理性了，但是会不会因此他/她身上其他某些令你深爱的方面也悄悄发生了变化？

　　第三个常见的误解是，某个特征只要是可遗传的，那么就是不可改变的，所以不应该将稀缺的社会资源投入到那些遗传有缺陷的人身上。大错特错！即便某个特征遗传率很高，环境经验一样可以改变它。例如，身高在很大程度上是由基因决定的，但如果从小就吃了上顿没下顿，再优异的打篮球苗子也会面黄肌瘦、身高打折扣；体重也在相当程度上受基因影响，但你的体重一定也会因为你的饮食习惯而发生显著变化；近视具有高度的遗传性，然而现代社会的近视率比古代可高太多了，因为现代环境中有太多诱发近视的因素，因此导致近视的基因实际上只是让人们对于可能引发近视的环境较为敏感，而如果没有合适的环境配合，它并不会表现出来。

　　人格也一样。上一章阐述了遗传和环境因素对于解释人格差异分别起多大作用，然而一个被忽略的地方是，我们把遗传和环境视为独立的力量，认为是它们的加和决定了我们的人格，这太过简单了。现在，行为遗传学家们已经不再致力于追问遗传或环境对特定特征的影响有多大，而是对于二者的协同作用感兴趣。一方面，遗传与环境根本不可分割，它们之间高度相关；另一方面，环境会激发或者抑制基因的表达。

　　先来看第一个方面。遗传和环境的作用经常交缠在一起。比如，有些环境看起来是后天的，其实也和父母或孩子的基因有关（Scarr & McCartney, 1983）。好比有音乐天赋的父母会在家里摆放乐器、经常播放音乐并鼓励孩子接触与参与和音乐有关的活动，从而营造出一个很有音乐气氛的家庭环境，而孩子也可能遗传了父母的音乐天赋进而特别偏好这样的环境，一听到音乐就开心得手舞足蹈，这样就更鼓励父母坚持营造富有音乐性的环境。再如，上一章提到，父母对待不同孩子的方式经常是不同的，这种不同也可能源于孩子们有差异的遗传倾向——一个安静的孩子和一个爱哭闹的孩子引发的父母行为也许很不一样：安静的孩子偶尔去哄一哄就好了，而爱哭闹的孩子则可能需要父母持续进行安抚，进而就会形成迥异的亲子互动模式，这也是一种非共享环境。换言之，遗传倾向影响到别人对我们的反应，这种反应又影响到我们所处的环境：如果婴儿让父母感到受挫和恼怒，他就将生活在这种充满挫折和恼怒的环境中。这在家庭之外也经常发生，比如，外表吸引力高的人可能会受到更多的关注和更积极的社会评价，致使他们的环境与其貌不扬的人有所不同。

还有一种情况是，具有不同遗传倾向的个体也会主动选择和创造自己的环境。例如，一个在基因倾向上偏好刺激和热闹的孩子热衷于邀请小伙伴们到家里来玩，而一个在基因倾向上偏好安静和独处的孩子则会回避这类社交聚会，更愿意选择一个人的活动。他们都在创设适合自己的环境，而这些环境反过来又会加强他们的人格特质即高低外向性的稳定性。

在以上几种情况中，遗传和环境的影响紧紧交织缠绕在一起，个人既是环境作用的接受者也是创造者。看到这里，你可能会产生疑问：这难道不是在说，一些看似是环境的影响实际上也是基因在起作用，所以归根结底还是基因在决定环境吗？并没有那么简单。的确，有着不同基因型的人可能激起他人不同的反应并倾向选择适于自己的小环境，但是，他们会引起什么样的反应以及可以选择什么样的小环境又在很大程度上依赖于他们遇到的特定对象以及所处的大环境。例如，一个孩子在基因倾向上是偏好刺激和热闹的，但是如果他住在一个渺无人烟的深山老林里，这种先天倾向也难以实现。换言之，环境提供了各种各样的发展机会，而在这些机会中一个人将如何发展则取决于其遗传层面对于不同环境影响的敏感性。

另外，环境因素可以在不改变 DNA 序列的情况下打开或关闭基因表达，这被称为"表观遗传影响"（epigenetic influence）。用通俗的话来说就是，"坏"的环境会激活遗传风险，而"好"的环境会抑制遗传风险。例如，对于高神经质的女性来说，频繁经历重大的消极生活事件将更大程度诱发她们抑郁的可能性（Kandler & Ostendorf, 2016）。与之类似，边缘性人格障碍等精神疾病的易感基因可能在某些环境条件下更易表达，例如遭遇身体或性虐待（Bulbena-Cabre, Nia, & Perez-Rodriguez, 2018）。两个同样天生具有高冲动性倾向但生活在不同社会经济环境里的孩子，长大后从事反社会行为的可能性将有所不同：如果生活在贫困地区，冲动性高者将比冲动性低者更可能做出犯罪行为；而如果生活在较为富裕的环境里，冲动性高低的青少年在犯罪行为上就变得没有差异了（Lynam et al., 2000）。原因在于，在贫穷的地区，天生冲动性较高的青少年可能会碰到更多激发他们问题行为的情境，他们也更少有机会去从事亲社会行为以及发展自我控制能力；相反，生活在富裕的环境里，即使一个孩子天生冲动，他们也更少有机会去犯罪，并且还会获得包括心理支持在内的更多的社会资源，这些资源将缓冲冲动所带来的消极影响。这提示着改善人们的生活环境对于人格发展的重要意义。

* * *

还记得上一章提到的那个与暴力行为有关的 MAO-A 基因吗？一个在出生时即携带有低活性 MAO-A 基因的人是不是就相当于拿到了一张"天生犯罪人"的判决书？来看一位脑科学家的故事，他的名字叫詹姆斯·法隆（James Fallon），这位美国加州大学尔湾分校的教授就曾坚信这一点。经过多年研究，他发现，变态杀人狂通常具有明显的基因和生理特征，例如，在看到残忍至极的暴力场面时，一般人会产生的大脑额叶、颞叶以及眶额皮层反应在这些人身上是缺失的，同时他们基本都携带有低活性的 MAO-A 基因。于是法隆认为，通过脑成像和基因检测就能准确识别出"天生杀人狂"。

　　然而，在一次家族聚会中，法隆惊讶地获悉，他父亲所属的家族在历史上曾出过好几位臭名昭著的变态杀手。于是他给亲戚们进行了一次筛查——扫描他们的大脑，检测他们的基因——结果发现，其中有一个人的表现完全符合他关于变态杀人狂的鉴定标准，而这个人正是他自己。还有什么比一个研究"变态"的科学家发现自己就是个"变态"更戏剧、更刺激、更讽刺的呢？而且这一结果狠狠打了他自己的脸，因为此前他认定可以通过生理上的特征来判断变态杀人者，然而他自己就是一个活生生的反例：他长了颗杀手的大脑却没有做出杀手的行为。他的大脑机能有障碍，也携带有"暴力基因"，然而就在这样的"强强联手"之下，他居然没有成为杀人犯。为什么？他将此归功于自己良好的童年和家人无微不至的爱，他在自我剖白的著作《天生变态狂》（*The Psychopath Inside: A Neuroscientist's Personal Journey into the Dark Side of the Brain*）中写道："真正优良的教育可以战胜先天不足的基因。"他还提出一个所谓的"三角凳理论"，认为对于制造变态杀人狂这件事情来说，基因、大脑和童年经历缺一不可。

　　的确，和法隆的观点一致，低活性 MAO-A 基因的携带者在人群中并不少有，但极端暴力者却相当罕见。一些研究证据表明，环境会极大调节基因的表达，那些在青春期前经历过巨大精神创伤（如被虐待）的低活性 MAO-A 基因持有者才更容易表达它，他们在青少年和成人时期做出暴力反社会行为的可能性大增（e.g., Bernet et al., 2007）。这或许可以解释为什么变态杀手们总有悲惨的童年：一些儿童具有生物易感性，他们更容易受到麻烦和不正常的家庭环境状况的影响。总之，基因遗传因素和极端行为之间并不能画等号，拥有某个基因不代表它一定会表达出来，就算表达，环境对其如何表达也会起着很大的作用。这清楚地表明，"一个'坏'的基因型不是一个判决，它还需要一个'坏'的环境，同样，一个'坏'的环境也不是一个判决，它也需要一个'坏'的基因型才能成事"（Ridley, 2003）。

　　回到基因选择的争议上，人们常说的"可遗传"并不等于"已遗传"，即便在出生时拥有了所谓的"优质"基因也不能保证高枕无忧，因为基因对于我们生活的世界具有高度敏感性，它们会随着所处环境的变化而展开并发挥作用（Gottlieb, 2000）。对此，在《先天后天》（*Nature via Nurture: Genes, Experience, and What Makes Us Human*）这本书里，作者马特·里德利（Matt Ridley）打了一个比方。他说，基因像是一个从环境中不断汲取信息的设备，比如以基因与智力的关系来看，如果在成长环境中没有食物、没有父母的养育、没有教育和书本，即便是个天资聪颖的"基因优胜者"，也不可能获得高智商。从这个角度来说，遗传提供的只是一个发展的基线和上下限范围，而在这个范围内究竟能发展到何种程度则受后天环境影响。换言之，遗传提供可能性，环境锁定现实性。

　　里德利还在书中提到一个值得思考的观点，大意是，当下我们的社会越来越平等，这从遗传与环境作用关系的角度来看本质上是在将环境因素造成的差异努力降到最小，但同时也在不知不觉中将遗传的作用提到最大。这似乎又是一个悖论：社会越是平等，基因的作用就越凸显，包括教育在内所做的一切后天努力仿似在将环境因素拉平，进而将战场交给基因去厮杀。当然，我们现在的社会距离完全平等还有很大差距，这反过来又提示着，在环境因素强烈不对等的情况下去谈论甚至对比不同群体的某些特征在遗传上孰优孰劣并不公平且无意义。不过，这或许可以在一定程度上回应哈里斯在《教养的迷思》中的观点，即父母教养的作用之所以看起来不大，可能是因为当代大多数家庭都能够提供同等且足够支持和丰富的环境，当大多数养育环境都在正常范围内时，其对于人格差异的影响就显现不出来了。但这并不能说明父母的教养不重要，我们在下一章将讨论这个问题。

* * *

通过这两章可以看出，任何极端的先天论和极端的后天论都是错误的。正如进化生物学家斯蒂芬·杰伊·古尔德（Stephen Jay Gould）所说："在所有阻碍我们理解世界复杂性的有害二分法中，'天性—教养'必须排在前列。"（Gould, 1996: 33-34）基因既是遗传的，又是对环境敏感的。我们生而带着一套独特的遗传密码，但它不是一个内嵌的生物钟，以某种预先编好的程序在特定的时间打开，大多数基因并没有为每个人形成一套刻板的模板，而是与环境形成了一个终生的协作过程。

于是，我们的独特性是由遗传和环境影响之间的相互作用精心策划的，并不是"DNA 即命运"，也不是"后天逆袭一切"。因此，更重要的是去探明哪些基因会对哪些环境因素有反应，而哪些环境又会改写基因本来规划好的蓝图。以这一眼光重新审视所谓的"天性—教养"之争即会发现，原来放在二者之间的连接词"versus"已然不合时宜，"or"或"and"也不准确，"×"号恰逢其时。鉴于"在生命的舞蹈中，基因和环境是绝对无法分离的舞伴"，用"基因 × 环境的交互作用"（Gene × Environment interaction）来理解它们之间的关系再恰当不过。这种说法或许听起来有点老土，但最符合逻辑。诸多遗传禀赋只是我们来到这个世界时获得的馈赠，它们决定着起点，起点低未必沦为囚徒，起点高也别想着一劳永逸，往后会怎样走还取决于很多其他的因素，比如从下一章开始将要探讨的那些。

16."内心的一罐金子"：依恋风格

你一定听过列夫·托尔斯泰（Leo Tolstoy）的名言："幸福的家庭都是一样的，不幸的家庭各有各的不幸。"（Happy families are all alike; every unhappy family is unhappy in its own way.）对此你同意吗？先别着急回答，再听听下一句，同样来自一位文学巨匠——弗拉基米尔·纳博科夫（Vladimir Nabokov），他有一句乍听之下和托尔斯泰那句很像但意思刚好相反的话："幸福的家庭多少会有不同，而不幸的家庭却总是类似的。"（All happy families are more or less dissimilar; all unhappy ones are more or less alike.）想一想，你更认同哪一句？我猜，如果拿这个问题去问家庭治疗师们，他们大概率会倾向于纳博科夫说的那句，因为在现实生活中一再发现，不幸的家庭共享着某些通用模式，且它们常出现在最为亲密的人们的关系之中。

对于人类来说，关系无疑是生活最重要的方面之一，人们在关系中卷入了最多情绪、投入了最多在意，并将其视为大多数欢乐和痛苦的来源。于是，要了解一个人的本质，就不能不了解这个人与其他人（尤其是对他们来说至关重要的其他人）的关系。这正是非同凡响的"依恋理论"（Attachment Theory; Bowlby, 1969）所关心的主题，该理论试图理解人们在生活中与重要的人（通常是父母和伴侣）建立的亲密情感纽带，并探讨这些纽带如何在生命历程中塑造人们的自我及情绪体验。依恋理论的关键假设是，在生命的早年，人类需要依赖他们的主要照料者并本能地趋近一个象征温暖和安全的对象，而在这些早期关系中发生的事情将影响着这个人未来与他人的关系。具体来说，安全的关系可以为日后的心理健康提供基础，而当关系不稳定或充满麻烦时则会导致一系列消极结果，包括在未来可能难以成为一个有效的父母或伴侣。

和其他动物相比，人类的幼崽在很长一段时间里无法独立生存，必须有赖照料者的照顾才能活下来。于是，婴儿从很早（大约 7 ～ 9 个月）就开始和养育者建立起特殊的情感联结，这种联结就叫作"依恋"（attachment）。但是，虽然几乎每个宝宝都会和主要照料者（通常是父母）形成依恋，依恋的质量却有所不同。

如果家里有 3 岁以上的孩子，你可能永远忘不了第一次送他上幼儿园时的情景，当他哭得撕心裂肺仿佛世界末日就要来临时，你却狠心地扭头就走，那一刻你心里一定充满了罪恶感，然而在揪心之余你可能又会忧心：这孩子这么离不开父母可怎么好！而在他更小的时候，你可能也还记得，某位朋友来家里做客，向第一次见面的宝宝友好地打招呼，在听到呼唤后，原本正在地板上欢快爬行的小家伙可能会先盯着这位不速之客看一会儿，然后小嘴一瘪甚至"哇"的一声哭出来，进而转身向你爬去并伸出双手，要求安抚他那颗受惊吓的小心灵。这时候你可能又忧心上了：这孩子这么怕生可怎么好！有趣的是，这种因为和所爱的人分开而感到痛苦的"分离焦虑"以及对陌生人充满戒心的"陌生人焦虑"却恰恰说明宝宝和你建立起了安全的依恋关系。

依恋理论认为，婴儿会将他们的主要照料者视为一个"安全基地"（secure base）并从这个基地出发大胆探索世界（Ainsworth，1979）。比如，一个宝宝和妈妈去到一个陌生的地方，只要偶尔确认一下妈妈还在，他就可以自由自在地玩耍，但如果妈妈突然不见了，宝宝就会停止玩耍并开始焦虑，因为妈妈是那个安全基地，婴儿必须感到安全方能自信地独立行动。然而，不是每个婴儿都能和照料者建立起安全的依恋关系，为了检验依恋质量及其个体差异，研究者创设了一种被称为"陌生情境"（strange situation）的测验方法（Ainsworth et al., 1978）。具体做法是，让 1 ～ 2 岁的婴儿和其主要照料者进到一个陌生的屋子里，接着模拟一系列情境：先观察婴儿和照料者之间的互动，一般会在屋子里放上玩具，看婴儿能否将照料者当作安全基地去探索周围环境；然后让照料者离开房间换一个陌生人进来，这时候观察婴儿是否会感到焦虑；最后照料者返回房间，再观察婴儿对重聚有什么反应，如会不会去照料者那里寻求安慰，之后再重新开始玩耍。经由这些观察和分析，研究者区分出了四类依恋风格。

第一类是安全型依恋。就像前面提到的那样，照料者在身边，这类宝宝就安心玩耍，照料者离开，他们会表现出明显不安，而当照料者返回，他们会很开心，主动寻求安抚并很快平静下来。这类孩子在研究样本中占到 65% 左右。除这类之外的其他所有孩子均被标记为不安全的依恋，其中大约 10% 的孩子在照料者在的时候会紧紧贴着他们而很少去探索周围环境，在照料者离开时他们看上去很痛苦，但是在重逢时他们的表现又很矛盾，一方面很想去寻求安慰，另一方面又好像还在为对方刚才的离开而生气，从而表现出对照料者安抚行为的抗拒甚至愤怒，这一类被称为矛盾－焦虑型或者抗拒型依恋。第三类约 20% 的孩子被标记为回避型，他们对分离和重聚都表现冷淡，照料者离开，他们没什么反应，照料者回来，他们依然冷漠以对，对方主动吸引他们的注意，他们也会有意忽视并避免和对方发生身体接触。最后还有极少数（大约 5%）孩子难以归到任何一类里，他们有点混合了抗拒型和回避型，称为混乱型依恋，可能是最不安全的一类。

　　是什么导致了依恋风格的差异？"抚养方式假说"（caregiving hypothesis）认为，婴儿与主要照料者的依恋质量在很大程度上由照料者的抚养方式决定（Ainsworth, 1979）。那些和婴儿形成了安全依恋的父母大概是这样的父母：他们可以敏锐地捕捉到婴儿发出的信号（如饿、渴、不舒服、求安慰）并且能够及时准确地予以回应，他们对婴儿表现出积极的爱和关心，可以为他们提供很多愉快的刺激和情感支持（de Wolff & van IJzendoorn, 1997），于是婴儿就能从互动中感受到舒适和愉悦进而形成安全依恋。

　　然而，如果父母经常提供的是不一致的养育，如心情好时就亲亲抱抱举高高，心情不好时则对孩子的需要不闻不问，换言之，父母的行为是捉摸不定、难以预测的，那么孩子的反应也会很矛盾：一边用哭闹纠缠来获取安慰，另一边，当努力不奏效时，他们就会感到愤怒甚至怨恨，也就是表现为矛盾－焦虑型依恋。矛盾的背后其实还是在竭力寻求情感支持，相比之下，回避型孩子似乎已然放弃。许多回避型孩子的父母对照料这件事情非常缺乏耐心，他们对于婴儿是拒绝的，因此常常对他们发出的信号没有反应。面对这样一个总是令自己失望的照料者，婴儿也学会了死心，进而做出回避他们的反应。最后，对于混乱型依恋是如何形成的还没有定论，但是这种类型似乎在那些曾经遭受过虐待的孩子之中更为常见（e.g., True, Pisani, & Oumar, 2001）。

* * *

这么看来，形成安全型依恋有两个要点。一个要点是对婴儿需要的回应，这种回应更多是情感上的，比如，难过时的一个拥抱，痛苦时的一句安慰，害怕时的一句"不怕，有我在"……正是在这样的温暖与抚慰中，孩子有了被爱的体验，也开始建立起自我的价值。另一个要点是，这些回应是稳定、及时且可预期的，而不是反复无常、捉摸不定的（就像矛盾—焦虑型依恋的孩子所经历的那样），换言之，孩子可以清楚地知道在自己有需要的时候就能从依恋对象那里获得想要的情绪补给。不过，这并不意味着父母们需要在任何时候都做得完美无缺，即使最为敏锐的父母也难免在某些时候感到疲倦或心烦意乱，而此时敏锐的意义正在于，这些偶尔的错漏可以被意识到并得到及时的控制和修复。更重要的是，对于自己最爱的人，宝宝们其实十分宽容，他们会给予巨大的容错空间，只要能感受到父母也是爱自己的。也就是说，养育者们不必担心偶发的失误会对关系造成伤害，孩子、你及关系都没有那么脆弱。

但是，确实有一些人更容易成为不敏感、没回应的父母。研究发现，如果照料者是临床抑郁症患者，可能会对宝宝发出的信号漠然以对，进而形成不安全的依恋（综述见 England & Sim, 2009）。

还有那些因意外怀孕等原因而不想要这个孩子的父母也经常成为不敏感的照料者，他们更少从与孩子的亲密接触中获得快乐，因而也更少表现出积极情感（e.g., Matějcek, Dytrych, & Schüller, 1978）。除此之外，还有一种情况，即父母自己在童年时就曾被忽视、不被爱甚至受到虐待，基于这样的经历，他们一般会抱有强烈的期待，绝不能让自己的孩子经历同样的事情。然而，很不幸的是，恰恰因为这种愿望太过强烈，他们希望养育出一个完美孩子，也希望这个完美孩子能马上爱上自己，于是当孩子表现得不像预期，如烦躁、哭闹、生气（请注意即便是"天使宝宝"也会这样）时，他们就会感到挫败，仿佛儿时那种被最爱的人拒绝的感受又回来了，进而可能减少甚至收回自己的爱，这会导致不安全的依恋在代际中重演（e.g., Madigan et al., 2006）。除了父母自身，孩子生长的家庭环境也是重要的影响因素，如父母的关系质量，一个充满争吵的婚姻是最可能损害亲子间建立起安全情感纽带的灾难性环境（Shaffer & Kipp, 2013）。此外，家庭的经济状况亦有影响，在较大的经济压力下，父母可能无法长时间和孩子待在一起，这导致非安全的依恋在低社会经济地位的家庭里更为常见（Sherry et al., 2013）。

不过，依恋并不是单方面的，婴儿与生俱来的气质也会有所贡献。比如，有些宝宝天生就对新异和陌生刺激比较敏感，这导致他们在很多日常环境中的反应更加激烈，且更难被安抚，此时就将格外挑战父母的耐心，令安全依恋的形成之路蒙上阴影。因此，有研究者认为，依恋关系的主要缔造者并不是父母，而是婴儿自身的气质（Kagan, 1989）。但是这一说法很快被刷新，实证研究发现，抚养的质量和婴儿的气质各有贡献：抚养的质量预测了依恋关系是安全的还是不安全的，而在不安全的依恋关系中具体是哪种则由婴儿的气质决定：在陌生环境中容易恐惧和胆怯的婴儿更可能形成抗拒型依恋，而胆大的婴儿则形成回避型依恋（Kochanska, 1998）。换言之，无论如何，不管婴儿的先天气质怎样，积极、敏锐、有响应的照料一样可以促成安全的依恋关系。

　　这种形成于生命早期的情感关系对后续人生究竟有何意义？一个比喻生动地做出了回答：如果建立起了安全型依恋，就好像获得了"内心的一罐金子"。意思是，在生命最初的阶段里，如果父母能够给予孩子足够的温暖与支持，就相当于给了他们一件比任何物质财富都要珍贵的礼物。这罐"内心的金子"可以携带终生，即便身处困境也不会消失，"它可以持续带给人们克服困难的力量、从挫折中恢复的本领以及在其他关系中表达关爱和享受亲密的能力"（巴伦-科恩，2018: 70）。也就是说，婴儿从安全型依恋中获得的信任和安全感可以为其心理后续的健康发展奠定基础。

　　这罐"内心的金子"是如何发挥作用的？依恋理论家提出了一个名为"内部工作模式"（internal working models; Bowlby, 1969）的说法，意思是，婴儿会从和照料者的互动中形成对自我和他人的基本看法并用它来解释和预期未来遇到的人际关系。例如，如果受到敏感、及时、温暖的照料，就会形成对于自我和他人积极的内部工作模式，也就是"他人是可以信任和依靠的，而我是可爱也值得被爱的"；而如果受到冷漠、忽视甚至伤害性的对待，就会形成消极的工作模式，即"他人是不可信和不可靠的，而我也是不可爱和不值得被爱的"。可想而知，当孩子长大进入新的人际关系特别是亲密关系之中时，这种对自我和他人的看法将继续影响着他们在新关系中的体验及关系质量。

研究发现，成人亲密关系常常是儿时亲密关系的重演（e.g., Hazan & Shaver, 1987）。矛盾—焦虑型的人对关系和伴侣充满犹疑和不确定，他们渴望被爱但又害怕被拒绝，总是在担心自己不配被爱故而对方并不真正爱自己，于是要在关系中反反复复确认这一点，不断寻求更多亲密和安慰直至伴侣身心疲惫。回避型的人则压根不喜欢亲密接触，他们习惯用回避的方式避免进入到亲密关系中，因为那意味着可能受到伤害，他们更愿意维系只有性不谈爱的关系，他们经常对爱人的需求视而不见或冷暴力以对，就像当年父母对待他们一样。相反，安全型的人可以在关系中享受亲密，他们信任伴侣并将对方视作安全基地，他们相信自己值得被爱，也相信别人会对自己付出爱。

近来，一个长达78年的追踪研究发现，儿童时期建立起了温暖安全的依恋关系的人，到了中年面对压力时表现出了更积极的调节和适应能力，且到了80岁仍然可以在亲密关系中感受到安全和快乐（Waldinger & Schulz, 2016），这体现出早年依恋质量的终生意义。此外，积极的内部工作模式还可以预测更好的学业成绩、更高的社会技能以及良好的友谊（e.g., Brumariu, 2015; Bohlin, Hagekull, & Rydell, 2000; Moss & St-Laurent, 2001），"内心的一罐金子"所言不虚。然而，如果父母没能给到我们这罐金子呢？后续的人生会注定就此贫瘠吗？留待下一章继续探讨。

17. 原生家庭即原罪？家庭教养

上一章讲到依恋，它被定义为我们与亲密他人之间的情感纽带。在很小的时候，孩子会天然地依恋养育自己的人，这种依恋不仅仅是为了获得食物和被照料，更重要的是获得安全感，尤其在感到无助、脆弱和受到威胁的时候。如果这个纽带是安全的，孩子就会寻求接近依恋的对象，后者就像一个安全基地一样支持着孩子勇敢出发去探索世界，并在他们经受痛苦时给予抚慰（Fraley, 2019）。可以说，人们在生活中最强烈的情感体验大多来自依恋关系的发展、维持和破坏，而人生中第一个依恋关系（通常是和父母建立的）的质量又具有终生意义。

* * *

既然早年间来自父母的关爱与互动对人生发展如此重要，那么反过来，如果父母没能恰当地做到这一点，是否意味着"父母皆祸害"或者"原生家庭即原罪"呢？近些年，随着"原生家庭"的概念深入人心，对于不称职父母特别是生而不养、养而不教、教而不当的声讨也愈演愈烈。这对于提高大众对科学养育的认知与实践无疑有益，但也可能给父母和孩子两方面均带来一些潜在的风险。

先说父母。毫无疑问，一方面，对于教养的强调在很大程度上减少了父母轻忽和虐待孩子的可能性；但另一方面，铺天盖地各式各样的"养育建议"或"教养指南"又在无形中给父母施加了巨大压力。我相信，绝大多数父母真心地爱自己的孩子并真诚地希望他们过得好，但在过度的焦虑之下，父母们可能无所适从甚至动作变形。尤其在我们的社会中，古有"子不教，父之过"的训诫，今有"不要让孩子输在起跑线上"的恫吓，很多家庭又只有一个孩子，更是让父母对于养育"失败"这件事的恐惧大增：如果孩子没有变成所期望的人是不是我的错？在这样的焦虑之下就可能患得患失，"含在嘴里怕化了，捧在手里怕摔了"，或者生怕自己一个字一个眼神就毁掉了孩子的一生，再或者走向另一个极端，即焦虑导致用力过猛，最典型的就是对孩子的心理控制。

所谓"心理控制"即父母企图控制儿童的思想和情感，限制儿童的自我发展和自我表达（Barber & Harmon, 2002）。一般会通过什么样的方式？典型的比如，借由强调"我为你牺牲了多少"来引发孩子的内疚感，暗示"因为孩子做得不够好令自己面上无光"来挑起孩子的罪恶感，频繁拿孩子和别人家的孩子进行比较，威胁孩子如果不按自己说的做就收回对他的爱，把自己的意志强加到孩子身上，将孩子作为实现自己未竟梦想的工具……这些很明显是对儿童自我意识的侵犯，但往往以爱之名。请注意，依恋理论中所说的"安全基地"并不是禁锢孩子意愿的牢笼，依恋也不是依附，依恋的目的是更好地分离，让孩子有朝一日带着内心的那罐金子去过自己的人生而不是拴在父母身边成为"巨婴"。心理控制带给孩子的不良后果多到数不清，最严重的就是令他们难以发展出足够的自我价值感，甚至都不觉得自己是一个完整的人（综述见 Soenens & Vansteenkiste, 2010）。

　　当然，并不是所有的心理控制都出于养育焦虑，但对于一些急于想让孩子符合某个标准却因不得章法而感到烦躁的父母来说，心理控制是一种最简单粗暴的办法。当社会对于"完美父母"的崇拜和对于"不称职"父母的谴责均达到一定程度，父母就会努力并拼命地想多为孩子做些什么，而这在某种意义上可能只是为了减轻自身的焦虑。并且这种过于紧绷的努力很可能适得其反，此时应该思考的反而是可以不做或者少做些什么。2021 年 4 月，北京师范大学发布了全国首个"区域教育质量健康体检"报告。[1] 这份报告历时 7 年，覆盖了全国 181 个区县将近 400 万中小学生，还对数万名教师、校长和 100 多万名家长进行了调研。报告中的一个结果特别值得注意：参与各种培训班并不能提高成绩（数据来自"双减"政策出台之前），反而会令学生的内在学习动机和主观幸福感降低，而如果父母可以拿出同样的时间陪伴孩子，不管是一起玩还是共同做一些其他活动，都能促进孩子的发展，包括学习成绩在内。这可能就是"不做 / 少做什么"的意思，过度的在意可能过犹不及，拳拳的爱子之心不妨转换一些方式来表达，比如变控制为倾听与陪伴，变永远想做更多为放松一点，做孩子的避风港而不是训练师，将孩子当作礼物而不是作品，这样不但对孩子好，对父母自己也是一种减压和解绑。还记得前面提到过的哈里斯的那本书《教养的迷思》吗？虽然

1　详见：http://edu.china.com.cn/2021-04/17/content_77415493.htm

我并不完全认同作者关于"教养不重要"的观点，但是非常同意她在全书最后说的："父母们放轻松，丢掉那些教养神话，爱你的孩子，只是因为他们很可爱，享受养育孩子的过程，教给他们你所知道的一切，这些就够了，他们是属于明天的。"

再来说说孩子。当我们对这个世界懵懂无知的时候，父母就是世界的神，传统文化也习惯于将父母神圣化，所谓"天下无不是的父母"；而到了现在，父母不仅跌落神坛，甚至还在某种程度上走向反面变成了罪人。然而，这边说"父母皆祸害"，那边是不是也可以说"儿女都灾难"（既然有研究认为是孩子先天的气质引发了父母的各种反应）？再进一步，父母也可以把自己的养育问题归咎于自己的童年和自己的父母，再来是父母的父母，父母的父母的父母……这样永无尽头地把"锅"甩下去，好像也没什么意思。

事实上，在孩子还小的时候，与父母相比，无论是能力、资源还是权力，他们都处于绝对弱势，此时父母责无旁贷应该给孩子提供有爱的环境，尤其并非孩子自己选择来到这个世界的。但是当孩子长大成人并拥有了一些力量以后，或许更需要的是好好思考一下从童年走来但走出了童年的自己的人生要如何度过。为自己当下的困扰找到某种解释固然有助于释然，但也有太多例子中的人们以受害者自居，画地为牢、怨天尤人，甚至沉迷于童年不幸以此来索要更多纵容与原谅。把责任推给他人或世界或许会让我们感觉好受一些，但对我们的人生来说并不会产生任何建设性的作用，毕竟那是我们自己的人生。

换言之，心理学家强调童年的重要性是为了让父母重视童年，而不是为了让孩子困在童年。或许可以既"去神圣化"又"去罪化"：

父母是普通人，孩子也是普通人，每个人都是普通人，是普通人就会犯错，就会有弱点有挣扎，当接受这一事实时，也许我们就能回到一个相对平等的关系上甚至以一个跳脱的视角去看到父母身上不是作为父母而是作为一个人的部分，不再是充满崇拜的仰视，也不是满心愤懑的鄙视，而是可以平视。更重要的是，童年经历并不会伴随人的一生，从记忆的角度来看，一生中最能被记住的时期不是童年，而是青春期到 25 岁左右，这段时间会出现一个"回忆高峰"（reminiscence bump; Berntsen & Rubin, 2002）。原因是，这段时间是大脑真正成熟的时期，也是稳定而持久的自我出现的时期，当我们慢慢长大，儿时的记忆将随着大脑神经元突触的自然被修剪而逐渐模糊，后来的经历则会不断改写大脑的神经回路，令我们对自己的看法得到积极的重塑，我们完全有能力在不断学习、体验和思考之下带自己走出童年。

* * *

的确，有些人遇到了很好的父母直接就与他们形成了安全依恋，有些人则没有这样的幸运。然而，依恋风格并非不可改变，在一生中，它只有中等程度的稳定性（Chopik, Edelstein, & Grimm, 2019），也就是说，它与人格的其他方面一样相对稳定但并非固定不变。诚然，我们从父母那里继承或学习来了一个"工具箱"，而且被设成了默认模式，每当遇到亲密关系的主题时，这个默认模式就会被自动开启，我们也很少停下来去思考或质疑一下这个工具箱的有效性，因为我们对它太熟悉了。但是，如果停下来想一想，事情或许就会有所不同。

在我们的成长过程中，似乎有三件事情是没有学过的：第一件事是怎么谈恋爱，基本靠自学成才；第二件事是怎么做父母，很多人直接把父母对待自己的方式拿过来对待自己的孩子；第三件事是怎么面对死亡，全社会对这件事讳莫如深。谈恋爱和做父母在本质上是一件事，都是建立和维系关系，而面对死亡则是处理分离，它们全部和亲密关系有关。于是，主动去触碰这些领域，去了解和学习一些与之有关的知识，本身就是有意义的。

除此之外，研究发现，即使童年没有安全依恋的对象，在长大后也可以被更积极的关系替代，比如，良好的同伴群体或者温暖支持的爱人；人们也有能力和不同的对象形成不同的依恋关系，比如，和父母未能建立起安全依恋，但和爱人建立起了安全依恋（Fraley，2019）。换言之，依恋风格在成年时期可以被修正，既然它是习得的，自然也可以通过学习发生改变。随着我们自己的不断成熟，对人和世界的理解越来越深刻，完全有可能获得新的工具和技能，再或者通过心理治疗，又或者碰到一个很好的对手，和对方建立起不同于早年的全新关系体验，原有的默认工作模式也会得到修正和发展（Chopik，Edelstein，& Grimm，2019）。

简言之，我们不一定总被困在默认设置之中，也不必总是踏进同一条河流，生而为人，我们有能力超越曾经。当然，完成这一过程需要高度的责任感和不断付出努力。可以先辨识出自己的依恋风格，即了解自己在亲密关系中重视和需要的是什么。如果你是一个矛盾-焦虑型的人，就会很容易担心关系是不是稳定以及对方会不会离开自己，那么亲密和亲近对你来说就很重要；而如果你是回避型的人，那么相比亲密，你更需要关系中留有个人空间。接下来再去了解对方的依恋风格以理解对方重视和需要的东西，进而去思考你们是否有着类似的需要以及你可以如何满足对方的需要，并在互动中持续感受和做出调整。不过也想提醒一点，亲密关系并非救命稻草，恋人也不是带我们脱离过往人生的救命符，并没有谁就该做谁的救世主，更重要的是去勇敢地开始、真诚地投入，同时踏踏实实地和对方一起成长。

总之，诚然心理学家提示了早年经历的重要性，但有风险绝不意味着注定如此，仅仅意味着要小心。我们身上的确带着家庭的印记，但仍然是全新的个体，即使无法改变扎根之地，也可以选择向上生长。在婴儿期没能体验足够的安全感，之后还有补偿的机会，相反，即便在早年建立起了安全依恋，以后也不是就笃定一帆风顺，人生是各种人、事、物及经历的累积与发展，没有任何一个单一因素可以起到决定性作用。

前面讲到基因，也讲到环境，还有一点也很重要，那就是个人选择。基因的确推动我们走向某个方向，环境也许在那之上又添了一把力，然而这依然不代表我们非去不可。人类拥有了高度的智慧和学习能力，也就拥有了违抗本能、掌控人生的可能，早期经验本身并不能决定一切，后来或当下的经验可能更加重要。所有人都是独特的个体，人类有能力从最可怕的经历中恢复过来并克服它，何必将人生的掌控权让渡于他人。于是，一旦能开明地看待自己的童年经历并承认那段经历对自己的影响，也许就不会再对过去充满愤怒，同时得以依靠自己的力量去帮助那个曾经被错待的孩子获得自由。

最后，借用我的同事张日昇教授在其译作《什么是最好的父母》（2020）一书序言里讲到的有关父母与孩子关系的一个观点来作结。他提到禅宗里一个有趣的词叫"啐啄同时"：啐和啄是两个动作，"啐"是小鸡在蛋里吮吸蛋壳的动作，而"啄"是母鸡在外面助力小鸡叩击蛋壳的动作，一里一外同时发力，新的生命方得以诞生。很可爱，也很有爱。任何人都曾经是孩子，也都有可能成为父母，不管是哪种角色，两边都减压，两边也都尽力而为，毕竟世间所有美好的爱都是双向奔赴的。

18. 看到鱼，还是看到水？文化与思维方式

从野性奔放的非洲大草原到冰天雪地的西伯利亚，从温润湿热的西西里岛到清新秀美的新西兰，从伦敦到东京，从纽约到上海……在历史悠久、幅员广阔的地球上，人们群落而居，生生不息。在这个世界上，几乎每个人都生活于某个特定的文化之中，然而我们对文化的影响却经常无知无觉，就像水之于鱼、空气之于人，文化往往被我们视为理所当然并视而不见，可是它却无处不在。

在拉丁语里，"文化"（cultura）这个词有两层含义——"土地的耕作"和"灵魂的锻造"。当代许多社会学家和人类学家将文化定义为一套社会成员所共有的价值观、意义体系和物质实体，而对于个体来说，文化则是一套有关日常生活如何展开的详尽、丰富且具体的规范（Oyserman, 2017）。身处特定文化环境之中的人们就好像戴着一副特制的滤镜，虽然在多数时间里我们压根意识不到其存在，但它无时无刻不在影响我们看待自己、他人和世界的方式。

*　*　*

和个体与个体之间存在差异一样，文化与文化之间的不同同样肉眼可见。面对千姿百态的文化，有没有类似"大五人格"那样可以把各种文化差异组织起来的基本维度，即文化维度？1965年，荷兰心理学家查尔特·霍夫斯泰德（Geert Hofstede）在 IBM 公司创立了一个人事研究部，之后他对这家跨国公司分布在世界各地子公司里员工的价值观差异进行了持续的考察。这项研究一直延续到近期，样本拓展到 93 个国家，经过多次发展，霍夫斯泰德提出了六个文化维度（或许可以类比人格上的"大五"，称作文化上的"大六"）。和人格特质一样，每个文化维度也是一个连续体，不同文化在这六个方面显现出系统性差异（Hofstede, 1980, 1991, 2011）。其中最著名的维度是"个体主义—集体主义"（Individualism vs Collectivism），其他还包括"权力距离"（Power Distance）、"刚性—柔性"（Masculinity vs Feminine）、"不确定性规避"（Uncertainty Avoidance）、"长期取向—短期取向"（Long-term Orientation vs Short-term Orientation），以及"放纵—节制"（Indulgence vs Restrained）。

重点来看"个体主义—集体主义"这一最具代表性的文化维度，它是指社会中的个体与群体相联结的程度。个体主义文化强调个体目标与个人追求，但并不等于利己主义，而是意味着这个文化看重、鼓励与期待个人选择及做决定，自信与独立是被重视的特征；集体主义文化则看重群体目标与社会联系，与群体其他成员的关系在个体身份中起着核心作用，团结和无私是被重视的特征。霍夫斯泰德曾用一个物理学的说法进行类比——个体主义文化中的人像气体中四处飞行的原子，而集体主义文化中的人则像固定在晶体中的原子。

北美、西欧等西方国家是典型的个体主义文化，而中日韩等东亚国家则是典型的集体主义文化。霍夫斯泰德认为，依据指定社会在六个文化维度上的表现可以画出其文化坐标，进而获知其代表性的文化价值观念，[1] 就像得到一个地方的地理坐标就能够了解当地的天气一样。在全球化背景下，这一文化维度模型常用于跨文化沟通和管理实践，可以令企业在"出海"时减少一些文化意义上的"水土不服"。

如果说文化维度描绘的是特定社会环境中占主导的价值观念，那么这种观念也会从所处的环境延展到个体身上。也就是说，本来是这个池子里的水的特征，而因为水就是鱼的全世界，最后令到这个池子里的鱼也或多或少浸染到水的习性和气息，从而表现出在整体水平上和另一个池子里的鱼不一样的心理和行为模式，此即群体差异。此前的章节基本聚焦于个体差异，本章则拟从文化角度对群体差异进行一些阐释。当然，对于文化这样一个宏大的主题，心理学的切口相对微观，它关心的是特定的文化如何塑造了文化群体成员即其中个体的思想、感受与行动。接下来将以一些研究的例子来说明不同的文化如何影响到其成员的认知和思维方式，主要关注最具代表性的东西方差异。

在第一个研究里，研究者分别给来自美国和日本的受试者看一段 20 秒的影片，内容是水下场景（如图 18.1 所示），可以看到画面里包含鱼、水草、石子等。影片会播放两遍，结束后要求受试者回忆并用 2 分钟时间描述他们在刚才的影片中看到了什么，之后研究

1　关于其他五个维度的解释以及各个国家或地区在这些文化维度上的表现可参考霍夫斯泰德的官方网站：https://geerthofstede.com/culture-geert-hofstede-gert-jan-hofstede/6d-model-of-national-culture/

图 18.1　你看到了什么？

（资料来源：Masuda & Nisbett, 2001）

者对他们的描述进行编码。

　　结果发现，美国受试者和日本受试者对影片内容的描述存在明显差异。美国受试者在描述中最常提到的是鱼，也就是画面中最为凸显的对象；而日本受试者除了提到鱼以外，还会描述鱼所在的环境背景，如"有几条鱼在海底／鱼缸里游弋"（海底和鱼缸即为环境信息），他们对于这类信息的提及要比美国受试者多出 65%。此外，日本受试者还经常提到在画面中出现的各个事物之间的关系，如"有三条鱼向水草游去""最右边那条鱼的下方有一只蜗牛"等，他们对于这些相互关系信息的提及率大概是美国受试者的两倍（Masuda & Nisbett, 2001）。这些结果说明，在观察一个事物时，美国受试者更关注那个最为明晰和突出的对象，而日本受试者则更关注对象所在的背景以及它们之间的相互关系。

图 18.2　其中哪两个可以归于一类？

（资料来源：Chiu, 1972）

　　在第二个研究示例中，研究者给中国孩子和美国孩子看同样的
一系列图片（如图 18.2 所示），每张图片里均包含三个事物，比如
一只鸡、一头牛和一堆草，或一双手套、一条围巾和一双手，然后
问孩子其中哪两个属于同一类。

　　结果发现，美国孩子更倾向于将鸡和牛、手套和围巾放在一起，
因为两者"都是动物""都是用来保暖的"；而中国孩子更倾向于把
牛和草、手套和手放在一起，因为"牛吃草""手套是戴在手上的"
（Chiu, 1972）。很显然，美国孩子看到的更多是两个事物本身的属性，
而中国孩子看到的更多是两个事物之间的关联。

　　再来，你正在看一幅画，正中间有一个人，他满脸笑容，看起
来很高兴，但是与此同时，你也发觉他身后还站着四个人，愁眉苦

图 18.3　中间这个人是什么情绪？

（资料来源：Masuda et al., 2008）

脸（如图 18.3 所示）。意识到这一点后，你还会觉得前面那个人很
高兴吗？

这是一个研究的设计，美国受试者和日本受试者会看到类似
的一系列图片，均为一个站在中心的目标人物和其身后的四个背景
人物，他们的表情一致或者不一致，然后让受试者判断那个目标人
物现在是何情绪。结果发现，美国受试者基本不受背景人物表情的
影响，他们可以独立判断目标人物的情绪，不管这个人和后面人的

表情是一致还是不一致，他们的判断没什么差别；但是日本受试者则明显受到目标人物身边其他人情绪的干扰，他们会觉得当其他人和前面这个人表情一致的时候，这个人才是真的在高兴或生气（Masuda et al., 2008, 研究 1）。进一步地，研究者还追踪了受试者看图片时的眼动轨迹，发现美国受试者特别聚焦，他们的关注点完全集中在目标人物脸上，而日本受试者则更可能先看看前面这个人再看看他身后的人再回来看看前面这个人，似乎在想："这个人看起来在笑，但他身边的人都很不开心，那他的开心是真的开心吗？会不会是在强颜欢笑？"也就是说，他们需要基于场景中所有人的情况才能对其中单个人的情绪做出判断（Masuda et al., 2008, 研究 2）。

继续。1991 年 11 月，美国连续发生了两起重大枪击案，其中一起的枪手为一名爱尔兰裔美国人，他枪杀了自己的主管和几名同事，而另一位则是中国留学生卢刚，他在爱荷华大学枪杀了包括自己导师在内的五人后自杀。研究者旋即分析了事后在美国的英文报纸和中文报纸对于这两起事件的报道，结果发现，英文媒体在报道案件时更多将两位行凶者的行为归结于他们是个什么样的人，如卢刚的脾气不好、他很可能存在心理问题等，也就是做出了更多的特质归因；而中文媒体则更多将他们的行为归结于环境因素，好比他们有怎样的经历，如卢刚找工作很不顺利、遇到了很多挫折等，也就是做出了更多的情境归因（Morris & Peng, 1994, 研究 2）。

此外，相比美国受试者，中国受试者更倾向于认为，一旦情境压力被移除，这两个人就可能不会做出这么可怕的事情，悲剧将得到逆转，换言之，一旦情境改变，行为也会改变（Morris & Peng, 1994, 研究 3），也就是中国人常说的"此一时，彼一时"。但是美国受试者却不这么认为，他们倾向于相信，只要这个人的人格没变，不管经历了什么，最终这些行为还是会发生。后一观点与社会心理学中的一个概念有关。社会心理学家发现人们经常犯一个错误，即习惯性地认为一个人做出某个行为的原因就是他们自己，而在很大程度上忽略了他们所处的情境。例如，认为一个人穷是因为懒、过得不好是因为不够努力等，这种错误非常普遍，普遍到社会心理学家干脆就将其称为"基本归因错误"（fundamental attribution error）。但是从这一系列文化心理学研究结果来看，基本归因错误可能没有那么基本，至少相比西方人，东亚人更能够看到情境的重要性，也更相信人格是可塑的（Choi, Nisbett, & Norenzayan, 1999）。

总结一下上述研究，似乎东亚人和西方人在以不太一样的方式感知和思考世界。西方人倾向于关注某个焦点对象（如研究里的鱼、站在前面的人和两个行凶者），习惯于去分析它们的属性，将它们进行分类并用它们来解释行为发生的原因。而东亚人有所不同，他们更倾向于关注一个包含对象在内的更广大的场域，更善于注意到背景、关系和变化，更偏好根据相互关系将事物归类，并在做归因时强调情境对行为的影响。而且，这些差异源远流长。例如，古希腊人倾向于将物质看作由离散的元素组成的实体，而古代中国人倾向于将物质看作连续甚至相互渗透的存在；古希腊人倾向于认为世界是稳定的，而古代中国人认为世界是不断变化的，所谓"道法阴阳""福祸相倚"；古希腊人强调抽象的逻辑规则及使事物独立于情境的各种法则，而古代中国人认为万事万物皆有联系，所谓"牵一发而动全身"，同时抱有对秩序、共鸣、和谐等信念的哲学性偏好（吕坤维，2019）。

对此，人类学家区分出了"低语境"（low context）社会与"高语境"（high context）社会（Hall & Hall, 1990），体现在思维方式上则是西方的"分析性思维"（analytical thinking）和东方的"整体性思维"（holistic thinking）（Nisbett et al., 2001）。此种思维差异甚至体现在东西方的艺术作品之中。例如，东方的艺术作品通常强调整个场域，倾向于淡化个体与单个事物，好比《千里江山图》，人们看到的是壮美的全貌和悠远的意境，个体并不凸显或完全融于整体之中；而西方的艺术作品则更倾向于强调个体和突出人，如《蒙娜丽莎》。有研究者对此进行了量化分析，他们测量了来自美国和东亚多座博物馆藏品肖像画作中主人公的面部占比，发现西方画作中主人公的面部平均占据了画布上 15% 的面积，而这个比例在东亚画作中仅有 4%（Masuda et al., 2008）。

* * *

那么，这种思维上的文化差异是怎么来的，又有什么功能？文化心理学家认为，东亚人长期生活在非常复杂的社会网络中，彼此之间存在特定的角色关系，就需要在尽量减少社会摩擦的同时努力协调自己与他人的行为，因此注意环境、背景、关系信息对于在这样的社会中有效运作非常重要；相比之下，古希腊人的社会关系较少，也没有那么复杂，生活上的独立使他们得以更多考虑个人目标，同时也被鼓励将外在事物及他人视为独立的存在（Nisbett & Masuda, 2003）。这么看来，这种思维方式差异是适应特定文化环境的产物，再慢慢经由社会性遗传或潜移默化的训练继承并维系了下来。

总之，中国文化是偏向于情境论的，整体性的思维方式能够让我们更全面地感知和思考问题，具体来说，当一个行为发生时，这样的思考方式不仅让我们看到行为本身，看到行为的发起者，还看到行为发生时的特定情境乃至行为预期获得的社会功能。然而，近年来，特别是在线上公共舆论场中，似乎有愈发导向去情境化的倾向，即仅仅依据个人特质来解释和评判行为。例如，每当有恶性事件发生，就会有很多人表达"别废话，赶紧判死刑""不要听凶手背后的故事""拒绝给杀人犯洗地"之类的话且附和者众多。然而，如果把每件事都归结于某个特殊的个体内在且私人的原因，这样的讨论显然不具公共性。于是媒体会有意识地挖掘当事人作为普通人的一面以尝试了解"这是怎样的一个人""有过怎样的经历"以及"为什么要这么做"，其功能在于将一个看似孤立的事件置于其所处的社会生态背景中，进而看到它与其他事件的联系并拓展对于人及其所处文化社会的理解。

处决一个证据确凿的杀人犯并不难，但要搞清楚一类人特定的心理与行为规律及其原因却相当艰难。我们已经看到了形塑人格错综复杂的因素，没有哪个恶魔是从天而降的怪物，任何人的人格都有着其孕育的土壤和独特同时有规律的生长历程，唯有搞清楚了这些，才能让社会更好地了解和防范犯罪，对于此前不幸丧失的生命也是更好的告慰。这一点也可呼应前文在讨论"性格决定命运"议题时，为何要强调不应夸大人格对于行为的单独影响以及为何要慎言"可怜之人必有可恨之处"，因为一旦将个人经历的背景信息去除而完全归结于人格作用，就是在犯基本归因错误，此时一些更为深层的结构性问题也将被忽略。在这个意义上，想让世界变得更好，除了应努力让每个人变得更好，还应思考该如何创设一个更好的情境以让身处其中的每个人更有可能变得更好。

下一章还将延续文化与群体差异的话题，看看在思维方式以外，文化还在塑造着哪些方面的心理与行为。

19. 我，还是我们？ 文化与自我建构

著名人类学家许烺光先生（1989）曾在《美国人与中国人》（*Americans and Chinese: Two Ways of Life*）一书中就美国人与中国人的住宅风格做过一段对比描写：

美国人的住房通常有个或大或小的院子，院子周围有些矮树，却很少有高大的院墙；大多数中国人的住宅有高大的围墙，从院外只能看到屋顶，坚固的大门把院内同外界分开，避免过往行人的视线进入内院。（而到了室内，）美国人的室内讲究个人活动空间，私人空间是不容侵犯的，父母在孩子的房间毫无行为自由，而孩子同样也不能私自闯入父母的领地。相反，在中国人家中，私人权利几乎不存在。不仅父母有权干涉子女，子女也有权动用父母的东西。（总之，）美国人在家中的活动范围有严格的个人界限，但家中与外界却无分界。相反，中国人在家中的活动范围没有界限，但高高的院墙和双重大门却把他们同外界隔绝开来。

在许烺光先生看来，这不仅是建筑风格上的差异，也不只代表着美国人和中国人对家的理解，还通往美国和中国的文化（Chiu & Hong, 2006），特别是存在于东西方文化下自我与他人关系的有趣不同：一边是内外群体的界限较为模糊，但个体之间的边界清晰而严格；另一边则是内外群体的间隔明晰坚固，而群体内成员之间不分你我。这意味着，除了思维方式，文化也在深刻塑造着我们建构自我并形成自我—他人关系的方式。

* * *

打个比方来说，每个人的精神世界都是一个围绕自我建构起来的宇宙，毫无疑问自我就是那个宇宙的中心，但与此同时，我们身边还有很多非常重要的人，如父母、伴侣、子女、朋友等，他们又会以何种方式存在于我们周围呢？文化心理学家认为，有两种方式最具代表性（Markus & Kitayama, 1991）：一种是个体与个体之间趋近但独立的方式，即彼此亲密又有界限，这种自我建构方式称为"独立自我"（independent self）建构；另一种则是紧密且交融的方式，即彼此之间的界限不那么明晰，双方的自我有一部分融合在了一起，你中有我、我中有你，这种自我建构方式称为"相互依赖的自我"（interdependent self）建构，简称"互依自我"建构（如图 19.1 所示）。在典型的个体主义文化里，人们在平均水平上更倾向于独立自我建构；而在典型的集体主义文化里，人们整体更倾向于互依自我建构。

独立自我建构的"独立"在于，自我与周围的他人及环境相分离，是内在而稳定的实体，于是相对于自我的别的人都是他人；而

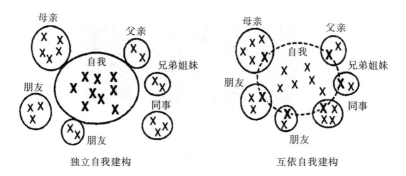

图 19.1　独立自我建构与互依自我建构

（资料来源：Markus & Kitayama, 1991）

互依自我建构的"互依"在于，自我与他人和社会情境不可分割因而不能单独存在，同时它的边界具有一定的弹性和可变性，表现为，当面对他人时，互依自我既可以将其包容进来成为自我的一部分（即"自己人"），也可以将其只视作他人，要看当下处于何种情境。从动机角度来看，独立自我强调彰显个人的独特性，于是重要的是去表达自我并实现个人目标；而互依自我强调归属于某个群体，于是重要的是在群体中找到自己的位置，实现重要他人的期望及整个群体的目标。这进一步使得周围的人对于二者的意义迥然不同，对于独立自我来说，他人是评价自我的重要参考；而对于互依自我来说，他人不仅有助于做出自我评价，更是定义自我的来源。

　　研究发现，个体主义文化（如北欧、西欧及北美）中的受试者会以更多的个人元素或特质来表述自己，如"我很忙""我很强壮""我是一个善良的人"；而来自东亚、非洲和南美洲等集体主义文化的受试者则更倾向于以他人评价及社会身份来表述自己，如"我的家人老说我很忙""我的同事觉得我人不错""我是我妈的乖女儿"等

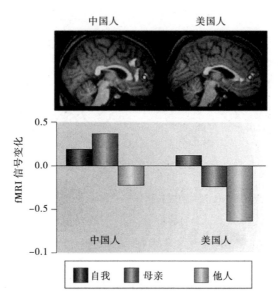

图 19.2   中国人和美国人在加工自我与母亲时激活的脑区

（资料来源：Han & Northoff, 2008）

（Triandis, 1989, 1990; Trafimow, Triandis, & Goto, 1991）。显然，前者是独立自我建构的表达，而后者是互依自我建构的表达。对于后者来说，既然自我镶嵌于社会关系中，那么也就意味着，如果跟那些相依赖的人分开或丢失了用以定义自己的社会身份，他们甚至可能迷惑于自己是谁。

此外，互依自我建构也会令人们对与自己有重要关系的人格外敏感。在一项实验中，来自美国和中国的受试者被要求分别想自己、母亲以及一个公众人物。功能磁共振成像（fMRI）的结果显示（如图 19.2 所示），在思考自己时，所有受试者的腹内侧前额叶皮层均被激活，这是一个和加工自我信息有关的脑区；然而与西方受试者不同的是，中国受试者在想到自己的母亲时这个脑区也被激活了

（Zhu et al., 2007）。换言之，对于中国受试者来说，母亲与自己在大脑的表征上难以区分甚至浑然一体。这同时也暗示着，浸润在特定文化中，我们的大脑过程甚至都会受到影响（综述见 Kitayama & Uskul, 2011）。

总之，集体主义文化及互依自我建构将零散的个体紧密地联结在了一起，成为一个"同生死、共荣辱的共同体"（许倬云，2018）。这就像我们常说的"打虎亲兄弟，上阵父子兵"，它让群体实力最大化并可"集中力量办大事"，同时也能令个体因清楚知道自己在关系网络上的位置而不至生出孤立失落之感（许倬云，2018）。不过，这种相互依赖甚至共生共存的关系也可能存在副作用，最典型的便是心理意义上的"自我–他人"边界不清。举例而言，每个人都有一些对自己来说非常重要的人，如父母、孩子、伴侣，如果再加上自己，按照各个角色在人生中的重要性排序，你会怎么排？对此，现代婚姻家庭心理学倡导的排序是：（1）自己，（2）伴侣，（3）孩子，（4）父母。这或许有悖传统观念的看法，例如，很多人可能会想，把自己排第一位太自私，把父母排最后是不孝，把孩子排在伴侣后面也不可取，因为伴侣可以换但孩子是自己的，所以应该把孩子放在第一位，而把伴侣和自己排在后面。

必须说明，每个人的境况不同，于是一定存在很大的个体差异，而且每个人有每个人的道理，所以并没有什么对错之分。上述的排序方式只是一种普遍性的倡导，源于一些基本原则：首先，健康的自我是其他一切关系的基础，一个人首先是自己，然后才是各种社会身份，包括妻子、丈夫、父亲、母亲；其次，夫妻关系是家庭关系的核心，婚姻关系大于亲子关系，核心家庭重于原生家庭，经营好自己的亲密关系，孩子和父母都能在其中受益，而且在所有这些关系里，伴侣是我们唯一能够自主选择并陪伴一生的人。从这个意义上说，将孩子和父母放置于较后的位置在于，他们都应有自己的生活，而不应该成为其他人的附属品。这并不意味着不关心或不重要，而是倡导每个人都自爱，都经营好自己小家庭的生活，而不要过度介入别人的生活导致边界不清。

或许少有哪个文化下的人像我们一样，父母与子女之间的情感一方面如此之深，另一方面又如此之纠结甚至痛心疾首。当彼此的自我强烈纠缠在一起，一荣俱荣一损俱损，亲热是亲热，但也可能因为没有空隙而遗憾演变成互相伤害。父母和子女的关系在传统的奉献与索取、控制与被控制之外还有没有其他的可能性？如果有，或许是既有边界又有联结，每个人都自主自由同时相互关爱，这是一种亲而不密、情感交融同时精神独立的关系。

* * *

截至目前，我们讲了很多文化与文化之间的差异，而在同一个文化内部也可能存在亚文化之间的差异，比如中国的南方与北方。2014 年，《科学》（Science）杂志发表了一篇封面文章，研究的便是中国的南北方文化差异（Talhelm et al., 2014）。文章的第一作者是一位美国学者，他曾在广州和北京分别居住多年，这一经历令他观察到，虽然都处于集体主义文化大环境下，中国的南北方却依然存在不小的差异，于是，他与合作者做了一系列研究来进行比较。作者采纳了一个解释文化差异的"生产方式假说"（mode of subsistence hypothesis）来区分南方和北方。近年来，新兴的文化功能性视角认为，文化是人类用以适应环境的强大工具（e.g.,

Varnum & Grossmann, 2017），比如，不同的文化可能分别适应于不同的生产方式：对于猎人来说，个人行动往往比集体行动更有价值，而对于农民来说，相互合作与集体行动更有价值，于是狩猎文化整体较农耕文化更倾向于个体主义（Berry, 1967），相反，后者更倾向于集体主义（Bond & Smith, 1996）。中国整体以农耕文化为主，但是主要种植的农作物却在南北方有所不同，南方主要种植水稻而北方则以小麦为主，这个研究就认为，这种耕作的历史在一定程度上塑造了南北方的文化差异，该研究提出的理论也就顺势被称为"水稻理论"（rice theory）。

研究者使用了一系列指标，控制了包括气候、经济等在内的一系列混淆因素，结果发现，南方水稻种植区的人要比北方小麦种植区的人更加具有前面提到的整体性思维以及相互依赖的自我建构。对此研究者的解释是，水稻种植与小麦种植对应着差异巨大的生产方式与耕作体系，其中以灌溉和劳动力投入最为突出。稻田需要持续供水，农民必须相互合作以建设灌溉系统，同时协调各人的用水与耕作日程，于是稻农们倾向于建立基于互惠的紧密联系并避免冲突。相比之下，小麦的种植更为简单，更轻的劳动任务也让麦农无须依靠他人就能自给自足。因此，水稻种植的历史可能令该区域的人们更倾向于相互依赖，而小麦种植的历史则令相应地区的人们更加独立（Talhelm et al., 2014）。后续研究基本认可中国南方的文化整体更为集体主义的结论，表现为对朋友更优待、内外群体的心理界限更明显、家族意识更强烈等，但也提出了其他解释机制，如认为这一差异与以儒家文化为代表的中原文化中心南迁有关（马欣然，任孝鹏，徐江，2016）。

如果说文化在某种程度上是对生存环境的适应，那么当环境发生变化，文化会不会随之发生一定程度的改变？研究发现确有可能。即使在一个文化内部，以纵向时间维度来看都会发生小幅的波动，而驱动因素之一是宏观经济状况的变化。例如，针对美国社会的研究发现，美国人的个体主义倾向在经济繁荣时期进一步上升而在经济衰退时期有所下降（Bianchi，2016）。在经济繁荣时期，美国人更有可能给新生儿取独特的名字，更重视培养儿童的自主性，更渴望自身看起来与他人不同，在同期流行的歌曲中也会表达更高的自我中心倾向，这些都是高个体主义的表现。研究者解释，经济不景气将增加不确定性，此时人们寻求抱团取暖、相互依赖；相反，当资源较为充沛，人们就会更追求独立和彰显自我。这一观点在更广阔的样本中得到了验证，基于 78 个国家数据的分析发现，自 1960 年以来，个体主义的整体水平在全球范围内增加了约 12%（Santos，Varnum，& Grossmann，2017），而主要助推因素就是社会经济的发展。那么，随着改革开放和经济高速增长，中国也有类似的现象发生吗？一些证据表明似乎有，例如，父母给新生宝宝取的名字越来越独特（苏红等，2016），但另有一些研究则得到了不一致甚至矛盾的结果（例见 Bao，Cai，& Huang，2022；Hamamura et al.，2021）。

对此一种解释是，不同的文化产品可以捕捉到不同的方面，例如，在当代日本人身上既可以观察到代表个体主义的某些方面（如自我表达）的增加，又可以观察到反映集体主义的某些心理倾向（如情境决定论）的增加（Aramaki，2019），也就是说呈现出日益兴起的个体主义与传统较高的集体主义并存的现象。这似乎暗示着个体主义和集体主义可能并不是一个维度的两端而是正交的，二者可以在同一个文化甚至个体身上同时存在（e.g.，Vignoles et al.，2016）。

* * *

　　总结一下关于文化的这两章。对于群体而言，文化帮助种群适应环境，也随着环境的变化而发生些许流变；对于个体而言，在一个特定的文化中成长和生活不仅意味着继承了一整套的文化遗产，更重要的是还将形成与之有关的价值观、思维方式，乃至自我建构和大脑运作的方式。可以说，是文化训练我们成为一个合格的群体成员，甚至使我们真正成为我们。

20. 瘟疫如何影响人与文化？行为免疫系统

  1990 年，传染病社会学研究的创始人菲利普·斯特朗（Philip Strong）写了一篇题为《一个流行病心理学模型》（"Epidemic Psychology: A Model"）的文章，文中基于对历史事件的分析，详细描述了一种新型传染病的暴发将如何引起后续的社会性动荡。

  具体而言，在斯特朗看来，任何一种新的健康意义上的流行病都将导致三种心理社会意义上的流行病：恐惧的流行，道德化的流行，以及行动的流行。恐惧的流行代表着对感染疾病的惧怕，而它很快会变异为对他人非理性的怀疑和不信任，进而引发超出实际必要的过度恐慌甚至可能演变为集体性的"猎巫"运动。道德化的流行源于对疾病产生及其传播的解释，虽然多数疾病难以追溯源头，人们依然急切想要找到那些"应该"为其"负责"的人，然后对他们展开道德讨伐，于是，常有个体或群体在疾病流行时期被污名化并遭受歧视。例如，在斯特朗这篇文章问世的 20 世纪 90 年代，同性恋者被认为应为艾滋病的传播负责。最后，为了应对疾病同时作为前两种流行的结果，人们总要做出各种行动，如改变日常习惯、制定管控政策等，此即为行动的流行。其中诸多行动对应于对疾病的道德化解释，例如，如果把疾病蔓延归结为与外群体的接触，那么那些逆全球化和地方保护主义的贸易和外交政策就将得到更大支持。一种传染病越是未知，传染性越是强烈，以上三种心理社会意义上的流行病就越是凸显。在席卷全球的新冠疫情暴发后，这一模型描绘的过程同样清晰可见（Aiello et al., 2020）。

斯特朗由此断言，当条件合适时，流行性传染病便可能制造一场医学版的"霍布斯噩梦"——所有人对所有人的战争。真的是这样吗？下降到更微观的角度，人们在一次次瘟疫暴发后的心理与行为反应确有规律可循吗？如果有，是什么力量激发了它们？人类是适应环境的产物，从本质上说传染病即为存在于人类生活环境中一种强大的生态压力，那么这种压力会在某种程度上塑造人们特定的心理与行为模式甚至更进一步带来文化及文化间的差异吗？以及，相应的文化差异又会否反过来影响人们对于当前传染病流行的应对？本章即提供一个心理学的视角来聊聊这些复杂又有趣的问题。

* * *

回望历史，在人类不断适应自然、改造自然的过程中，大型流行性传染病是从未摆脱过的梦魇、如影随形的敌人，它们屡屡无知无觉地现身，攻城略地、摧枯拉朽、翻云覆雨，经常将某个不知名的小时刻改头换面为令后世惊叹的大事件，甚至干预了人类文明的进程。但是，在此过程中，人类并不是什么都没做，我们看到医学、药学、病理学的研究与实践为预防和治疗疾病付出了卓越努力，我们也看到与疾病斗智斗勇的经验在人类身上留下了深刻的痕迹，最明显的便是我们的身体构造及其功能。

人类拥有复杂精妙的免疫系统，这是有机体用以保护自身的防御性结构：多层的皮肤令病原体难以穿透，一直保持湿润的眼睛和鼻子有助于排出病原体，肺部会释放杀菌化合物……如果有病原体能够穿透这些防御系统，那它还将面对大量的免疫细胞，除了吞噬并摧毁入侵者，它们还可以制造抗体，如果在身体其他部位遇到同样的感染，抗体就可以迅速发动攻击。更重要的是，这个复杂的防御系统从未停止过进化，因为病原体也在进化。

但是，即便人类的免疫系统精巧得令人赞叹，它依然远非完美。有些病原体可以很好地伪装自己以逃脱"抓捕"，而另一些则繁殖得太快以至免疫系统无法跟上。还有些时候，我们的免疫系统工作得太积极、太努力了，导致用力过猛、敌我不分甚至"伤敌八百，自损一千"，致使自身健康的组织也被攻击和消灭，比如"炎症风暴"。此外，它还有别的代价：免疫系统的调动会消耗大量代谢资源，感染后的炎症反应会导致衰老，免疫激活还会暂时抑制解决其他适应性问题的能力，如吸引配偶或照顾后代。更麻烦的是，这些防御是在病原体已经近在咫尺甚至侵入身体后才被触发的，虽然它很好也很强大，但这些"士兵"就算再厉害，也没有人愿意拿自己的身体作战场。因此，免疫系统就像医疗保险——有它很好，但如果永远都用不上它就更好了。

出于上述原因，人类似乎进化出了另一套与生理免疫系统互补的防御形式，心理学家称其为"行为免疫系统"（behavioral immune system），它和生理免疫系统一样是进化的产物，因为有利于有机体在特定环境下生存而被自然选择保留下来。但与生理免疫系统不同的是，行为免疫系统是一种主动防御，它包含一系列的心理机制，任务是感知环境中病原体的存在，然后通过改变认知、情感和行为来避免与它们接触，也就是尽可能在病原体入侵身体之前阻击它们（Schaller, 2011）。

此时问题来了，病原体肉眼不可见，要如何感知呢？那就要找线索了。很多病原体是通过人际接触传播的，于是首先要警惕那些已经或可能已经被感染的人。例如，一些明显的染病症状像剧烈的咳嗽或皮肤上的溃烂、脓包、不明分泌物等会引发本能的警惕反应——恶心。恶心是一种进化而来的情绪，一方面它作为行为免疫系统的反应促使人们回避危险对象；另一方面，它连带的呕吐等生理反应也会激活生理免疫系统以准备对抗入侵（Rozin, Millman, & Nemeroff, 1986）。其次，如果有些人居住在疾病高发地或从高发地来也会被认为更有可能携带病原体。就像在新冠疫情暴发之初，居住地成了原罪，从高风险地区来的人，即便身体健康，也会立马成为不受欢迎的人。最后，一些非传染性的身体特征或异常可能被视作这个人身上携带有其他病原体的线索，如残疾、肥胖、年纪大等，他们被认为对疾病有更高的易感性即更容易染病，于是也会被激活了的行为免疫系统警惕，导致人们不愿意跟他们接触甚至抱有负面的态度，其实何其无辜。以上便是行为免疫系统激活后的第一个典型反应——对病原体线索的高度敏感性，具体表现为对他人的回避、不信任和对特定个体的偏见与歧视。

不管怎么样，这些个体特征还算看得见、摸得着，即存在所谓的外在线索。而如若以上都没有，还是一样可能存在风险，于是就将泛化至群体，认为某一些人比另一些人更有可能携带病原体。什么人？陌生的人、外群体的人、其他种族的人。一方面，他们身上可能携带有未知的病原体。从历史上看，与外来民族的接触同时也增加了与外来病原体接触的机会，而且当外来病原体被引入当地时往往具有特别强的致病性，比如，16 世纪西班牙人带来的天花病毒杀死了美洲大陆超过一半的人口。另一方面，外群体的人往往不了解当地作为病原体传播屏障的行为规范（如有关卫生、食品制备、人际接触等的规范），因此他们更有可能违反这些规范从而增加病原体在当地人群中传播的风险。于是，一旦行为免疫系统激活就可能产生一个关键性社会后果：对陌生和外群体目标的厌恶和回避，具体在行为表现上就是对于外群体的排斥。例如，仅仅提醒受试者病原体的存在（如看一些相关图片）就能令他们对于陌生群体的移民政策更加消极，也会让他们与主流观点保持一致的比例提高（Faulkner et al., 2004）；在新冠疫情暴发期间，全球普遍高涨的民族主义倾向和排外情绪亦是佐证（Bieber, 2022）。而在各个外群体中，那些被认为是疾病传染源的群体（事实上真的是不是并不重要）尤其容易成为被排斥甚至仇恨的对象，此时如果某些群体之间本来就存在纷争则更可能发生矛盾激化，进而带来一系列连锁反应，导致冲突不断。

　　反过来，与对外群体的排斥对应的是对内群体的偏好。在现代医学尚未发展的时期，疾病的控制在很大程度上依赖于坚持某些约定俗成的仪式化行为，属于同一群体的人通常倾向于共同遵守这些行为，而且可以互相帮助，通过合作和提供社会支持的方式降低染病风险。于是，在传染病暴发时可观察到，一方面，内群体成员格外团结一心并同仇敌忾，对集体表现出更高的忠诚，也更容易受集体目标（如"共同抗击病毒"）的感召。例如，有研究分析了新冠疫情暴发前后的微博文本，发现疫情给我们这个本身高集体主义倾向的群体带来了更强的集体主义表达，表现为第一人称复数词、群体和关系相关词汇的出现频率激增（Han et al., 2021）。另一方面，人们会更加遵从内群体认可的权威及社会规范。比如，在新冠疫情期间，对于诸如戴口罩、居家隔离、保持社交距离等防疫措施，人们非常配合且追求一致性，大家最好都整齐划一地遵守同一套规则，而如果有人违反了规范则会受到严厉的谴责与惩罚。此时对个人权利保护的重视退居次席，让位给了群体利益。总结而言，行为免疫系统的激活将在群体内鼓励从众行为、奖励服从行为并惩罚与之相反的行为。

由此可见，发生于大型流行性传染病暴发期间的诸多社会现象都可视作行为免疫系统激活的结果，突出表现于，在人际层面上对他人更警觉、更不信任；在群际层面上，群体内更团结、更统一，群体间更对立、更冲突。经由这些结果也可以很显然地看出，行为免疫系统虽然确实能够在一定程度上帮助人们抵御疾病威胁，但过于敏感且泛化了。

从运行角度看，行为免疫系统遵循两大原则。其一是"烟雾报警器"原则。与第3章提到的高神经质者类似，行为免疫系统也是一个过于灵敏的病原体线索报警器。它疏于校准，一声咳嗽就能让人退避三舍、杯弓蛇影，它也检测不到真正的病原体的存在，但同理，由于从进化角度来说，错误地接近一个已经得病的人要比错误地躲避一个没有得病的人危险得多，于是它草木皆兵、宁可错杀也不肯放过，而这不可避免地将带来错误，比如让无辜的人平白遭受了不公正的对待。从这个意义而言，一个对于生物体来说适应的行为未必是文明、人道和关怀的。

　　另一个运行原则是"功能灵活性"原则。行为免疫系统的激活也是有成本的，如果总在监测威胁势必消耗大量身心资源，对于在进化史上大部分时间里资源并不丰富的人类来说，这些被消耗的资源本可以用于其他更有意义的活动；此外，避免人际交往、不与外群体接触也会伤害到人际关系和商贸往来。于是行为免疫系统进化出了功能灵活性，即根据情况调整行为免疫反应的强弱，当情境线索暗示着现在相对安全、不易被感染时反应弱一些，相反，反应强一些。一些研究结果间接证明了这一点。例如，女性在妊娠的前三个月里生理免疫反应会受到抑制，从另一角度说，在这一时期她们更容易受到疾病的感染，而研究发现，与处于妊娠后期的女性相比，处于早期阶段的女性表现出了更为强烈的内群体偏爱和外群体厌恶（Navarrete, Fessler, & Eng, 2007）。这暗示着生理免疫系统和行为免疫系统可能具有一定程度的代偿作用，当生理免疫系统功能较弱时，行为免疫系统的反应较强，反过来，如果这段时间身体强健不易染病，行为免疫系统也乐得休息休息。这也提示着，如果疫情进程是反复的，那么当相对平息时，与行为免疫系统相关的反应便会减弱，而一旦反弹则又会卷土重来。

＊　＊　＊

　　讲到这里须提醒一点，行为免疫系统的相关反应并非深思熟虑的决定，类似的反应在黑猩猩身上也可以观察到，而它们从未学过病理学。于是，这是一种进化而来的直觉式反应，因为对于应对高疾病感染风险具有适应性而被选择。那么，如果某个地方总是处于高疾病感染风险之中且时间足够长，会不会令居住在这个地方的人逐渐发展出一套与行为免疫系统激活反应相关联的稳固心理与行为模式，进而甚至生成相应的文化？换言之，如果老是要对抗类似的威胁，不如干脆形成一整套的行为规范与文化，每当有新成员加入便直接打包学习，这样最为高效。

事实上，这就是文化差异的代表性解释之一——"病原体流行假说"（pathogen prevalence hypothesis）所持的观点。这一假说认为，那些历史上病原体流行率高的地区会生成适应这一生态环境特点的文化。研究发现，历史上病原体流行率越高的地区，个体主义程度越低而集体主义程度越高，表现为人们对内群体的依附更强烈、更强调传统、更鼓励从众，也更看重忠诚和服从（Fincher et al., 2008）。除此之外，历史上的高病原体流行地区还会形成更为"紧缩"的文化（tight culture），反之则为"松散"的文化（loose culture）。在紧缩的文化里，群体成员严格遵从社会规范，并对失范行为的容忍度较低（Gelfand et al., 2011）。原因或在于，要应对包括传染病在内的长期生态威胁，群体必须有序组织起个人的活动并开展群体内的相互协作，此时一套明确且严格的规范是实现这一目标的前提。研究发现，整个东亚、东南亚还有南美均为历史上病原体流行率较高的地区（Varnum & Grossmann, 2017），于是和其他地区相比，这些地区的文化在整体上表现得更为紧缩。

有意思的是，流行疾病史塑造了文化差异，而文化差异又在新的疾病流行时带来了应对策略的差异。例如，在全球应对新冠疫情的过程中，那些文化上更加集体主义和紧缩的国家整体表现出了更高的效率，民众更配合，管控效果也更积极（e.g., Gelfand et al., 2021; Lu, Jin, & English, 2021）。人们常说苦难是有记忆的，经常经历苦难可能塑造出一种"灾难心态"，表现为强烈的忧患意识，甚至成为一种文化印记。相反，那些历史上灾害威胁相对较低的文化区域则相对松散，表现在疫情管控效率和民众配合度没有那么高。这体现出环境与文化的匹配适应性，松散和彰显个性的文化和制度架构可能有利于平时的创新，但当遇到大型传染病这种非常状况时就可能力有不逮；而紧缩和约束个性的文化中那种整齐划一的行动力以及高忍受力对于对抗疾病大流行格外有效，但放在平时也可能在一定程度上限制创新。从这个意义上说，特定文化是对包括病原体流行情况在内的所在环境的一种适应。

* * *

因此，从历史视角看，长期处于病原体活跃的环境下会生成对这个环境具有适应性的文化，而这种文化又会在新的流行病到来时采用相应的应对策略；从现实视角看，被感染的风险会激活人们进化而来的行为免疫系统，令人们对相关线索过度敏感。二者相结合，就形成了在新冠疫情期间所看到的：不信任的病毒、仇恨的病毒在与新冠病毒一起流行和蔓延，原有的文化差异被放大，而现实的群体撕裂也愈加明显。在这个意义上，一场疫情激活了人类基因里与疾病纠缠不休留下的行为印记，也令已然存在的观念鸿沟变得更加明晰与深刻。

当然，一方面，随着人类已经度过最初的恐慌及对疾病的了解越来越多，原始的行为免疫系统反应可以得到一定的控制，对个体的关怀终将回归；另一方面，疫情也可能成为一个转机，让人类重新审视自身与自然的关系（Zuo et al., 2023），并意识到疾病流行不以任何一方意志为转移，它终将影响到我们每一个人，放到一个足够广阔的背景下，正在冲突中撕裂着的所有人恰如"人类命运共同体"的最佳诠释。与此同时，在此过程中，我们也看到了生命价值的凸显、打破壁垒的合作以及大型国际组织的作用，这些都在提示人们穿越裂隙"好好说话"与"平和对话"的重要性。

人类和病毒之间的斗争在可见的未来依然看不到尽头，而千百万年来人类所经历的一切一再证明，没有一个瘟疫可以被预测，人类能够掌控和管理的只有自己。风暴终将过去，我们也只是这颗病毒星球上的匆匆过客，此刻的剑拔弩张不过磅礴宇宙的一粒尘埃，心怀敬畏并善待彼此，似乎是守护我们唯一家园的唯一之道。

21. 是谁来自山川湖海？
社会生态环境与聚集性人格

上一章提到，病原体流行率这一生态环境因素强烈塑造着人们在传染病来袭时的心理与行为反应，甚至在一定程度上影响到文化的形成及其差异。除病原体流行率以外，在我们生活的环境里还存在着大量类似的因素，例如，我们往往在特定的政治背景、经济背景、地理条件和气候条件下思考、感受和行动（Oishi & Graham, 2010）。一个被称作"社会生态心理学"（socioecological psychology）的研究取向就假定，除了遗传、生理、家庭、学校等近端因素的影响，那些远端、宏观、客观的因素同样在形塑着人格（Oishi, 2014）。具体来说，特定的社会生态环境界定了人类在其中所需完成的"适应性任务"，而人格可以被看作应对和解决这些适应性任务的行为集合（Sng et al., 2018），于是，这些位于人们头脑之外的现实同样可以直接影响到心理与行为，进而还可能塑造出集群性的"时代人格"或"群体人格"。在现实中，我们就经常可以观察到人格存在跨时期、跨国家、跨区域的系统性差异，特定的人格在特定的时期、地域和社会背景中呈现出聚集性态势。例如，有

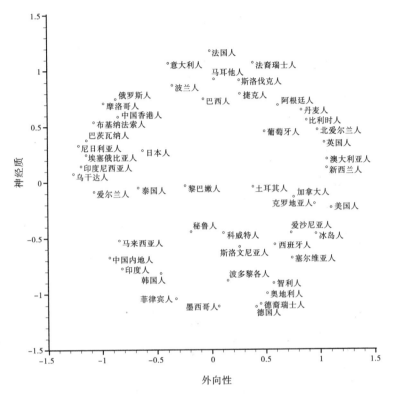

图 21.1　51 个国家和地区的人格差异

（数据来源：McCrae & Terracciano, 2005）

研究者使用大样本比较了全世界 51 个国家和地区的大五人格平均水平，结果发现存在明显差异，以外向性和神经质为例（如图 21.1 所示），在被分析的国家和地区中，中国内地人整体表现出的外向性和神经质水平均较低（McCrae & Terracciano, 2005）。

* * *

哪些生态环境因素可能带来类似这样的系统性群体人格差异？

一些自然环境因素可以，如一个地方的年平均气温。人类作为恒温动物，太高或太低的温度都会令我们感到不适，如果长期生活在某个环境温度中，习惯性的行为模式即人格也可能受到影响。有研究即通过大样本数据分别分析了中国和美国不同城市的年平均气温与该地区居民大五人格之间的关系。在控制了一系列干扰因素后发现，无论在中国还是美国，只要所处环境的温度越适宜（年平均气温接近22°C），在该地区长大的个体平均而言将在外向性、宜人性、尽责性和开放性上获得更高的分数，同时神经质程度更低(Wei et al., 2017)。原因可能在于，适宜的温度令人们体感舒适，他们因此更愿意外出探索，相应地，人与人之间的社会互动也会越多，这将促进他们外向性和宜人性的发展；适宜的温度环境中的资源相对丰富，可能增加人们对行为后果的可预测性并调低威胁监测的灵敏度，这与更高的尽责性与较低的神经质有关；此外，适宜的温度提供了更为宽广的行为选择空间，使人们更容易接触到新事物，或可解释更高开放性的由来。这一研究结果加上已知炎热与更高的攻击性之间存在稳定的关联 (e.g., Ranson, 2014)，那么随着全球变暖的持续，未来或将观察到人类的整体个性发生一定程度的改变。

　　除了温度还有天气状况。天气与情绪及精神疾病发病的关系已众所周知，比如，在年日照量较低的地区，季节性情感障碍的发病率较高（综述见 Brancaleoni et al., 2009 ），自杀率也较高 (e.g., Lambert et al., 2003; Vyssoki et al., 2012)。此外，人们在天气不好的时候容易心情不好，从而更不愿意帮助他人 (e.g., Guéguen & Lamy, 2013)，也会变得更加挑剔和毒舌。例如，基于 2002 年到 2011 年美国 84 万个餐厅的 110 万条评测数据所做的分析显示，在控制了餐厅质量和所在地区人口数量后，人们在舒适天气给出的评价显著高于在恶劣天气给出的评价（Bakhshi, Kanuparthy, & Gilbert, 2014）。坏天气对情绪的伤害甚至可以蔓延到经济行为中，在酷热和严寒等极端天气时，股票收益将低于均值，当然反过来，在天气晴好时，人们的乐观情绪也会带动行情（e.g., Goetzmann et al., 2015; 综述见赖凯声等，2014）。

　　在各类天气状况之中，空气污染的危害人尽皆知。空气污染不仅损害健康、降低人们的主观幸福感（Gu et al., 2015），甚至可能在一定程度上与犯罪及不道德行为的高发相关联（Lu et al., 2018）。具体来说，研究者先对美国各城市连续九年的空气质量和犯罪数据进行了分析，在控制了人口、经济、法律等因素之后发现，空气污染和包括谋杀、强奸在内的六大犯罪行为的发生率存在共变关系（Lu et al., 2018, 研究1）；其后研究者让受试者观看同一地点空气污染严重或天气晴好时的图片，让他们分别想象生活在这样的环境中会有怎样的感受，之后给他们一个做出不道德行为以获取更高报酬的机会，结果发现，想象生活在空气污染环境中的受试者更可能做出不道德行为，内在心理机制则是，空气质量不佳引发了更高的焦虑情绪，进而提高了人们从事不道德行为的可能性（Lu et al., 2018, 研究3）。

　　相比温度、天气、空气质量等自然环境因素，更加社会层面的环境因素起到的作用更为凸显。例如，在某种程度上代表着人口结构状况的"性别比"（sex ratio）。当一个社会中的男性数量显著高于女性数量时，社会的安全稳定将受到挑战，表现为犯罪率明显升高（e.g., Barber, 2003）。以基于国内省级宏观人口经济和犯罪率数

据所做的分析结果为例，我国 15—29 岁人口性别比每提高 0.01，[1]
犯罪率将上升 3.03%（姜全保，李波，2011）。此外，从进化角度
来说，男性数量相对女性越多，择偶时的男性性内竞争就越激烈，
就像雄孔雀展示自己华丽的羽毛一样，为了吸引伴侣，男性可能从
事更多的冒险行为，也更多进行炫耀性消费，进而导致背上更多的
债务（Griskevicius et al., 2012）。相反，女性相对男性较多时，单
亲母亲和非婚生子女的数量将增加，由于双亲投资减少，女性的就
业率提高，女性也更为独立（South & Trent, 1988），同时更加偏好
职业追求（Durante et al., 2012）。从这个意义上说，性别比也是性
别平权的重要影响因素（Guttentag & Secord, 1983）。

作为适应环境的生物，人类还对另一个因素异常敏感，那就是
环境中可用的资源，特别是经济资源。所有经济环境中的风吹草动，
如经济不景气、失业率增加、通货膨胀、股市崩盘等，都会显现在
人们的心理与行为上。在各种经济环境中，近年来最受经济学家、
社会学家及心理学家关注的是财富和收入在一个社会中分布不均衡
的程度，即"经济不平等"（economic inequality），简言之就是贫
富差距（如图 21.2 所示）。近几十年来，尽管许多国家的贫困率有
所下降，但全世界范围内的贫富差距却急剧扩大。根据世界不平等
数据库（World Inequality Database）发布的《2022 年世界不平等
报告》（World Inequality Report 2022），[2] 在当今世界，最贫穷的一
半人口几乎不拥有任何财富——只占全球总财富的 2%；相比之下，

---

1   性别比是指定社会中男性数量相对女性数量的比值，出生时正常的性别比范围为
    1.03 ～ 1.07，高或低于这一范围即为性别比失衡。根据《第七次全国人口普查公报》，目
    前我国性别比最失衡的年龄段为 10—14 岁（1.19）与 15—19 岁（1.18），换言之，"00"
    后群体为性别比失衡最严重的一代。

2   全文请参考：https://wid.world/news-article/world-inequality-report-2022/

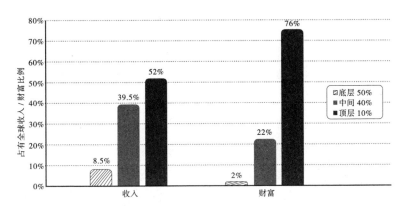

图 21.2　全球收入和财富不平等（2021）

注：按购买力平价（PPP）计算，全球最底层的 50% 人口共占有全球收入的 8.5%、全球财富的 2%；全球顶层的 10% 人口共占有全球收入的 52%、全球财富的 76%。需要注意的是，高财产人群和高收入人群不一定重合。此处的收入是在计算失业保险和退休保险之后、计算所得税和转移支付之前。数据来源和计算方法详见：https://wir2022.wid.world/methodology

全球最富有的 10% 的人则拥有了全世界 76% 的财富，2020 年甚至是有记录以来全球亿万富翁的财富份额增长最快的一年；而在中国，最富有的 10% 的人占据的财富份额从 1995 年的 41.4% 升至 2021 年的 68%。对于这种巨大的财富鸿沟，国际扶贫发展机构"乐施会"曾在报告中生动地形容道："如果每个人都坐在自己以 100 美元钞票为单位的财富上，那么这个世界上绝大多数人都会坐在地板上，一个富裕国家的中产阶级会坐在椅子上，而全世界最富有的那个人，将坐在外太空。"（Oxfam, 2018）

　　这种强烈的不平等会带来什么，以往研究多有论述（综述见 Buttrick & Oishi, 2017），最具代表性的便是健康不平等和心理健康不平等。大量研究发现，经济不平等与一个社会中的犯罪率、临床抑郁症和精神分裂症的发病率以及普遍的低幸福感有着确认的因果关系（e.g., Choe, 2008; Layte & Whelan, 2014; Pickett & Wilkinson, 2015; Ngamaba, Panagioti, & Armitage, 2018）。此外，在经济不平等程度越高的社会中，校园欺凌的发生率也越高，不平等增加一个标准差，欺凌发生率增加 1.2 倍（e.g., Elgar et al., 2009; Elgar et al., 2013），而且这些均由不平等造成，与贫穷本身无关（Kim, Seo, & Hong, 2020）。在个体层面上，研究发现，经济不平等会让社会地位、权力、财富的高低相对性更加凸显，换言之，人们将极易感受到有钱人多有钱以及相比之下自己多没钱，于是会格外关心自己是不是成功同时也更加渴望获得成功（Du et al., 2022），为此人们可能主动增加工作时长（Alexiou & Kartiyasa, 2020）、做出更多的经济冒险行为（Payne, Brown-Iannuzzi, & Hannay, 2017）、更关注象征财富的奢侈品（Walasek, Bhatia, & Brown, 2018），并更可能功利性地看待人际关系，即将他人视为助力自己成功的工具（Cheng et al., 2023）。与此同时，经济不平等的社会氛围是高竞争性的，它鼓励"零和思维"（zero-sum thinking，即他人的收益便是自己的损失），于是人们普遍更不信任他人（e.g., Barone & Mocetti, 2016）并对他人充满警觉（Cheng, Hao, & Wang, 2021）；这样的社会环境甚至还会削弱高宜人性这一人格特质原本对于个人健康的积极作用，原因或在于友善、合作的倾向与竞争性的社会氛围格格不入（陈浩，洪斌，赖凯声，2021）。此外，高经济不平等的社会将催生更多不道德行为和腐败行为（Wei et al., 2022），反过来，人们对不道德行为的接受和容忍程度也更高（To, Wiwad, & Kouchaki, 2022），即默许在这样的社会里为了获得更多的财富和更高的社会地位可以不择手段。

在以上这些结果之外，经济不平等甚至还可能与人们的生育选择与育儿策略有关。从心理学视角看，经济不平等不仅代表财富的差异，更代表着机会的差异，它暗示人们，如果奋斗到更高的阶层就将得到更多，于是不平等的经济结构成为一种具有动机性的激励因素并改变了人们感知到的投资回报率，即预期将有限的资源投入在哪一方面将得到更大的收益。在多数社会中，教育是提高或维系阶层的主要途径，因此经济不平等也就意味着教育的投资回报率将较经济平等社会更高，于是生活在高经济不平等国家／地区的父母们会更关切后代教育（周璇，成磊，王芳，2019），也更热衷于"密集型育儿"（intensive parenting），表现为在育儿上花费更多的时间与金钱，同时倾向于向孩子传递要努力和出人头地的理念（德普克，齐利博蒂，2019），由此也就诞生了更多的"鸡娃"。这一点还会经由父母和老师的影响体现在学校氛围中，一个社会的经济不平等程度越高，在学业竞争中取胜以达到高收入者位置的结构性激励就越大，于是成年人会更鼓励孩子们相互竞争，进而令学校中的竞争氛围更为浓厚（Sommet, Weissman, & Elliot, 2023）。反过来，如果一个社会经济很平等，那就意味着学好一点还是差一点对日后的发展及生活状况影响不大，此时家长们就会相对"佛系"，更注重孩子是否开心成长，也更注重去发展他们学业以外的兴趣。

同理，生活在一个高经济不平等的社会中，人们也更可能在投资成长与投资繁殖的权衡中选择前者（Cheng et al., 2020），原因同样在于自身知识技能的成长可能带来更强的竞争力以获得更高的社会地位，进而取得生存和后续繁衍的优势，于是人们倾向于将生育的优先级调低，将其放在自我提升和事业发展之后考虑，即表现为结婚与生育的延后。以上这些研究结果在一定程度上暗示着，包括"鸡娃"、晚婚、晚育在内的一系列社会现象可能是个人在经济不平等社会中生活的某种策略性选择。

＊　＊　＊

　　总之，独特的社会生态环境可能塑造出该环境下人们相对趋同且对该环境具有适应性的心理与行为方式。既然如此，根据一段时间内社会环境的状况及其变化是否可以在一定程度上对整体的社会心理状态及其发展趋势做出预判？近年来，包括新冠疫情在内的各种所谓"黑天鹅""灰犀牛"事件不断，经济学家们频频宣称我们正处于越来越不稳定（volatile）、不确定（uncertain）、复杂（complex）和模糊（ambiguous）的所谓"VUCA"时代，这将是现下及未来的"世界新常态"。那么这样的环境会否孕育出特定的人格或人格趋势？对此，一个进化取向的理论观点或可作为参考。

　　这个被称作"生命史理论"（life history theory; Figueredo et al., 2009）的核心观点是，任一生物有机体所拥有的资源都是有限的，需要根据所处的环境状况来进行权衡和分配，进而建立起自己的生命策略。如果所处的环境高度不确定并充满危险，说不定哪一天就小命不保，那么就要讲究"短、平、快"，例如尽可能早一点成熟，早一点繁殖后代，并且尽量多繁殖，但对每一个都不用投入太多资源，以数量取胜，最后总有可以存活下来的。这是一种结果导向的"快策略"（fast life strategy），持这种策略的个体寻求即时满足，是短期机会主义者。相反，如果所处的环境相当安全稳定，那就不用着急，可以从容一点、走慢一点，不急于成熟和繁殖，后代不必多但尽可能地投入以确保其质量。这是一种聚焦于过程、成长和发展的"慢策略"（slow life strategy），持这种策略的个体寻求延迟满足，是长期规划者。

　　相对其他多数物种来说，人类整体是慢策略的执行者，不过在人类内部，不同的个体也会根据自身对于所处环境的评估来选择不同的策略或调整现有的策略。例如，从历史来看，在越富足稳定的时代和地区，生育率通常越低（慢策略）；相反，在贫乏动荡的时代和地区，生育率通常较高（快策略），这体现出环境特征与生命策略的适配。实证研究也发现，儿时家庭困苦且环境不稳定的个体在成年后更倾向于采用快策略，相比其他人，他们更将环境中的威胁视作不可控也不可避免的（Jonason, Icho, & Ireland, 2016）；在生活于战争地区的年轻人身上也可观察到类似的现象，他们倾向于更早地结婚和生第一个孩子并想要更多的孩子（Međedović, 2019）。

回忆一下第一部中提及的暗黑人格，他们身上那种讲求实际、精明利己、重利轻义、机会主义的特征是不是正符合短期的快策略？当世界反复无常、未来不可预测，投资给长远发展显然并不划算，暗黑人格或是对此人生挑战的解决方案，暗黑人格者的自私、竞争、剥削可以令他们快速获利并帮助他们在一个变化莫测的环境中生存。考虑到在漫长人类进化史中安全稳定的时期实属罕见，多数是艰难且不可预测的，所以有这样特征的人留存一点也不奇怪。照此推测，如果不稳定、不确定、复杂和模糊就是世界的新常态，那么在未来由社会环境变化带来的新挑战可能越来越多，暗黑人格的进一步凸显与蔓延或将是其中之一。

* * *

本章通过一些例子介绍了社会生态环境对于包括人格在内的心理与行为模式的强大塑造作用，或者也可以反过来说是人类的心理与行为对于所处环境的强大适应。来自山川湖海的人类可以在地球表面的大部分地方成功地生活，也可以适应最原始的物理环境以及各种更复杂的人际、经济和政治环境，现存的大量心理与行为机制以及可见的代表性群体差异在某种程度上都是这种适应的产物。但是，虽然本章强调了社会生态环境的重要作用，却不等于生态环境决定论，也不是要把什么都归咎于是社会环境的错。人类在被环境影响的同时也在积极改造着现有环境，并不断迁移到更好的环境中去。千百万年来，人与环境的关系始终如此，相互联结又相互影响，最终定义彼此。

22. 以性别差异和心理疾病为例：自然与建构的合力

从生理到遗传，从进化到文化，从家庭到社会，从近端到远端，从微观到宏观，第二部大致介绍了围绕人格以及存在于心理与行为上更广泛的个体及群体差异展开的各种解释因素。在此部分的最后一章里，尝试通过两个例子呈现对于同一个主题，这些因素是如何整合在一起发生作用的。

* * *

关于性别，一个长久以来争论不休的问题是：男女真的有别吗？看起来似乎有，比如，在生理方面，男性和女性表现出明显的差异，像平均身高、外生殖器、第二性征、性激素水平、能否生育等。但在心理和行为方面比如人格上呢？在日常生活中，女性常被描述成"友好的、服从的、被动的、情绪化的、善于表达的、爱好交际的……"，这些围绕着照顾、表达、与人建立关系和打交道的人格特征被心理学家称为高"共生性"（communion）；而男性则常被描述成"理性的、独立的、攻击的、支配的、客观的、成就导向的……"，这些明显更为主动、进取、强调能力与成就的人格特征被称为高"能动性"（agency）。

人们对于这种差异的觉知非常普遍，在 20 世纪 70 年代一个大样本的经典研究中，不同年龄段的男女受试者被要求列出他们认为在两性之间存在差别的特征和行为（Broverman et al., 1972）。最后得到了两个重要结果：第一，受到大多数受试者一致认同的存在明显性别差异的人格特征超过了 40 项；第二，男女受试者都认为能动性特征比共生性特征更为积极和理想。这一现象过了几十年依然没有消失，尽管程度有所下降（Eagly & Wood, 2013; Seem & Clark, 2006）。

这种关于男女两性的概括性描述即为"性别刻板印象"（gender stereotype）。和其他刻板印象常常是对于某一群体不准确的概括化觉知不同的是，在实际生活中，男性和女性似乎真的表现出了与这种刻板印象相类似的行为上的差异。那么下一个问题就是：这种性别差异从何而来，是与生俱来的还是后天习得的？不同学科和取向的研究者给出了不同的回答（Eagly & Wood, 2012）：在生物学家看来，是性激素的分泌缔造了性别差异；对于社会学家来说，性别差异反映了男女两性在更广泛的社会阶层中的位置；在经济学家看来，性别差异与两性的人力资本有关；而对进化心理学家来说，性别差异来自人类祖先的性选择压力……类似这样的讨论非常重要，因为如果认为性别差异是天生和无法改变的，那么现存的性别不平等就可能固化甚至成为一种道德标准（如一些宗教将女性视为低等群体），而如果把这些差异看作复杂建构的过程且可以改变，就可能推动社会做出一些旨在缩小不平等的行为。综合各个学科的知识，下面这个视角独特的"社会角色理论"（Social Role Theory; Eagly & Wood, 2012）对性别差异的形成过程进行了相对完整的解读。

*　*　*

　　从头来说，男性和女性的行为最初源于进化而来的性别间的身体差异，主要集中于女性的生殖活动与男性更大的体型和力量，这些因素会与社会和经济环境的需求发生相互作用（Wood & Eagly, 2002）。例如，在特定环境中，一个性别可能比另一个性别更能有效地执行某些任务。由于妊娠、哺乳和照顾婴儿需要耗费大量的时间和精力，女性很难像男性那样从事需要速度、长期训练或离家长途旅行的任务，因此在狩猎和农耕社会中，女性较少参与到捕猎大型动物、作战和耕作中，而男性更大的体型和力量能够令他们顺利执行这些任务并从中受益。这就出现了劳动分工，也就是每个性别在特定的环境里根据各自的生理优势进行相适宜的活动。但请注意，环境是可变的，也就是说，不同社会分配给两性的活动可能不同，这已经获得了大量人类学研究证据的支持（e.g., Mead, 1935）。在我们的传统社会里，这种劳动分工即为女性更多从事照顾孩子、做饭和缝纫等家务劳动，而男性从事有偿的市场经济活动，这样就构成了各自的"性别角色"（gender role）。

　　此种分工很容易被观察到，人们随时能看到所处社会中的男性多数在做这些事情而女性多数在做那些事情，与此同时，人们存在一个认知倾向，即通过观察到的行为来推断特质（Gilbert & Malone, 1995），例如，看到一个小朋友扶老人过马路，立马就推断这位小朋友是个好孩子，他具有助人为乐的品质，其实人家可能只

是在完成老师布置的任务。那么当人们看到两性在做不同的事情时
也会进行类似的推断，认为这反映出了两性固有的本质。于是，当
女性更多扮演类似于照顾者的高共生性角色时，这些角色相应的属
性就成为女性刻板印象以及女性性别角色的一部分；相反，男性扮
演的角色通常更具能动性，相应的属性也同样成为男性刻板印象以
及男性性别角色的一部分。在这一过程中，人们可能错误地推论了
因果，并不是因为男性女性分别具有能动性和共生性的人格而从事
了不同的工作，而是基于劳动分工，他们扮演了不同的社会角色，
人们进而将角色所具有的属性归结到了他们自己身上。

　　那么接下来会发生什么？当人们看到一个职业多由男性从事而
很少有女性涉足（请注意这最初是分工的结果）时，就会越发觉得
男性特征（如能动性）对于胜任这个职业很重要，进而导致女性想
要获得同样角色的机会变得很小。例如，当领导者多数由男性担任
时，能动性就会被认为是领导者的必备特质，而被视为不具备能动
性的女性就将被排斥在外，这一结果反过来又"证实"了"女性不
适合当领导"的观念，形成一个恶性循环。

　　此外，性别角色会成为一种共享信念甚至社会规范，人们能够
准确意识到做出与角色相一致的行为将得到赞许，而偏离规范则会
受到惩罚（元分析见 Eagly, Makhijani, & Klonsky, 1992）。于是，
孩子们从很小就开始在家庭中接受性别的社会化以习得各自的性别
角色。这一过程从父母知道孩子性别的那一刻就开始了——父母们
会将刚出生的男宝宝描述得更加"大只"、强壮和精力旺盛，而把
女宝宝描述得更加小巧、柔弱和秀美可爱，即便他们在客观的生理
状况上没有多大差别；在周岁前，母亲会对女儿而不是儿子说更多

的话并表达更多的情感（Leaper, Anderson, & Sanders, 1998）。当孩子们更大一些，一旦明白自己属于哪个"性别部落"，就会对性别标签做出更多反应，比如，寻求与所属性别相适配的穿着打扮与玩具游戏，如果不这么做，就可能受到父母的干预或者同伴的排斥。这样的过程一直持续到他们长大成人。例如，社会规范强烈期待男人不该表现出高共生性（如当众哭泣），这种期待令男性遵从性别角色的束缚继而塑造出自控、坚强的所谓高能动性的男性特质；相反，如果女性表现出高能动性（如有能力和领导力）则会招致惩罚，如被认为太强势或太冷漠（Heilman et al., 2004），在这样的压力下，她们也会压抑自身能动性的一面。久而久之，性别角色被内化为个人的行为准则，人们有意识地控制自己做出符合期待的所谓"适宜"的性别行为。换言之，这些社会行为从表面上看像是稳定而内在的性别特质，其实并没有那么简单。

从这个意义上说，社会角色理论提醒我们，两性的心理不是与生俱来固定不变的，而是在多种生物和社会文化因素的相互作用下产生的。近几十年来，有赖于出生率的下降、哺乳期的缩短以及体力劳动向脑力劳动的转变，再加上女性受教育程度的提高，女性角色发生了巨大的变化，女性也开始大量进入地位和收入更高的即传统男性主导的职业。那么根据这个理论，当两性的劳动分工趋于模糊，扮演的社会角色趋于相似，他们的特质也将较从前变得更为一致。

的确如此，有证据表明，在过去的50年里，两性在人格和认知方面越来越相似，且这种趋势在性别平等程度更高的国家更为明显（Hyde, 2014）。更细致的分析发现，这种趋同主要归功于女性稳步增加的能动性，但是在共生性方面的性别差异则相对保持不变（e.g.,Twenge, 1997, 2001; Diekman & Eagly, 2000; Eagly et al., 2020）。换言之，两性在表现出来的人格上越来越像了，但原因主要在于女性越来越多地表现出了传统意义上的男性特质，令人遗憾的是，男性并没有相应吸纳传统意义上的女性特质。的确，在我们的社会规范中，"男孩像个女孩"要比"女孩像个男孩"承受着更大的压力，男性去担任照料者的角色（如护士、幼儿园老师等服务性工作）也背负着污名（e.g., Croft, Schmader, & Block, 2015）。这看上去似乎是人们对于男性做出偏离性别刻板印象的行为更为苛刻，然而更深层的原因是，传统的女性化职业通常收入更低、社会地位也更低，于是当男孩做所谓女孩做的事情时便意味着失去权力与地位（Serbin, Powlishta, & Gulko, 1993），故而更不被父母或他人期待与接受。这是性别等级制度在孩子早期生命中的体现，它反过来也恰恰反映出我们社会中的女性长久以来所经历的结构性困境。

总结而言，社会角色理论不否认存在性别差异，但指出它们并不都是天生和不可改变的，对于社会分工而言，它们更是一种结果而不是原因。性别差异受到进化压力、生物倾向、社会规范、文化期望、家庭环境、自我认同等因素的综合影响（综述见 Hyde et al., 2019），在这一点上，它与其他方面的个体差异并无不同。除此之外，即便在某些方面男女确实有别，但这个"别"应该是心理差别的"别"而不是区别对待的"别"。有差异并不意味着一个比另一个高明或优越，更不应该成为偏见与歧视的理由。

* * *

相比性别差异，心理疾病的成因更加错综复杂。究竟是什么令人们饱受焦虑抑郁之苦，被倒错的思维与行动折磨，挣扎于理智与混乱的边缘，无法过上正常的生活？心理意义上的功能失调究竟是一种医学疾病还是一个哲学问题，是源自童年创伤的心理困扰还是存在主义者所说的精神状态，抑或我们生活的时代的产物？或许都是。它既是自然的又是人为的，既是心理的又是社会的，用计算机术语来说，既是硬件问题又是软件问题（Stossel, 2013）。在这其中，生物学与哲学、身体与心理、人格与文化统统在发挥作用。

近年来，有关心理疾病的生物学解释以及医学取向的治疗实践明显占据了上风："你的情绪低落源于脑内神经递质的不平衡，吃点药就好了""百忧解，解百忧"……类似这样的说法认为，情绪从根本上说是一种生理现象，因此只需要进行生物医学干预。事实上，既然造成心理疾病的原因是综合的，这种将个人甚至社会文化意义上的体验完全降维至生理层面来理解和对待的自然主义看法无疑是危险的。

首先，生物学模式将心理疾病视为可以消弭个体、文化、社会、时代差异的共通现象，就像生理疾病一样，不管谁得了都可以基于一个标准化的指南对症下药，进而药到病除。然而，与生理疾病不一样的是，心理上的痛苦往往有一部分出于主观建构，建立在特殊个体的独特经历与体验之上，无法用一个统一的标准来进行解释与治疗。例如，近年来，抑郁症为大众熟知，人们常称其为"心理上的小感冒"，这样的类比减轻了病耻感，增加了主动求助的可能性，但一个潜在的副作用在于，它可能给许多不同的人生、不同的经历、不同的体验贴上了一个整齐划一的解释，这个过于简单化的标签掩盖甚至消解了一个个真实生命的具体痛苦，有时甚至让人们忘记了，抑郁症也是结果而并非原因。

此外，对心理疾病的治疗也可能受其局限，因为既然是与生理类似的痛苦，那就是一个人"内部"的问题，这样就难免忽略处于个体外但也许更加重要的因素，例如文化。我们已经看到，在集体主义文化中，个人嵌套于复杂的家庭、群体、关系网络之中，药物治疗固然可以一时减轻或消除症状，但一旦个体回到那个致病的环境中就很可能复发，此时生物性治疗就将治标而不治本。

其次，心理健康是一种社会历史文化现象，包含有大量的价值判断，而占主导的生物学模式很容易忽略这一点。当下流行的心理疾病可能是特定社会文化和背景下特定痛苦的一种特殊表达方式，不同的社会痛苦不一样，表达方式也不一样。一个很少被大众留意到的例证是，在不同时代里，同一疾病的发病率常差异巨大。例如，1905 年之前出生的美国人在 75 岁之前患上抑郁症的比率仅有 1%，而在半个世纪后出生的美国人中，高达 6% 的人在 25 岁之前就患上了抑郁症（Meyer & Quenzar, 2005）。另外，不同时代与社会中的代表性精神疾病也在不断更迭。例如，在 19 世纪末的欧洲，所谓的神经症特别是癔症的发病率达到顶峰，但是到了 20 世纪，这种曾经的流行性疾病销声匿迹，取而代之的是焦虑症。以美国的数据来看，在 1970 年以前，焦虑症的诊断占压倒性优势，那时抑郁症还相当罕见，而自那之后，抑郁症逐渐取代焦虑症成为席卷全美乃至全球的新型流行性心理疾病：从 1990 年到 2013 年，世界范围内被诊断为抑郁症的人数增加了近 50%，近 10% 的人口受到影响（WHO, 2016）。从"癔症时代"到"焦虑时代"再到"抑郁时代"

（Horwitz, 2010），精神痛苦的表达显然与社会的变迁密不可分。

在《像我们一样疯狂》（*Crazy Like Us: The Globalization of the American Psyche*）一书中，作者伊森·沃特斯（Ethan Watters）首次提出了"心理疾病的全球化"这一观点，值得深思。该书开篇即以神经性厌食症在中国香港的变迁为例，提及厌食症曾经在香港非常罕见，少量的病例也不完全符合西方对于厌食症的诊断标准且无法用占主流的致病原因——歪曲的自我身体意象来解释。然而，1994 年成为这一疾病在香港流行传播的历史转折点。时年，一名14 岁的少女在街头猝死，正式将厌食症这一概念带入公众视野，经由这一事件，香港人被普及了这一疾病及其成因（当然是已经成型的西方标准与解释），此后厌食症的患病率暴增，且症状越来越近似于标准的西方版本。这并不是说人们在装病，而是在暗示着，一旦某个疾病受到广泛认定，它的寓意被接纳和理解，人们就可能采用这一被文化许可的行为方式来表达自己内心也许尚不清楚的痛苦。

人类是创造意义的生物，当我们感到疲惫、挫败、无力时，需要一个出口来命名和表达自己的情绪体验，不管是厌食症还是抑郁症都是这样的出口。换言之，疾病诊断标准在创建一个"症状池"，里面是各种被认可了的表达方式，而人们在努力获得认可，即他们的痛苦是有资格被算作痛苦的，于是可能在潜意识中贴近那些能够达成这些目的的症状。出于这种动力性因素，公开正式地为一个心理疾病命名或许也是一个存在潜在风险的事情。另外，这也可以在一定程度上解释流行性心理疾病在不同时代的更迭：一旦某种用以表达痛苦的症状变得随处可见，它就开始不再具有传递内心痛苦的效力了，换言之，如果疾病的潜意识动机有部分在于向世界传递内心痛苦，那么当该症状变得无处不在时，它就可能失去了表达痛苦的力量，直到被下一个更具代表性的、合法的、可以装载痛苦的容器取代。这也意味着，缓解症状和治疗疾病固然重要，真正听懂痛苦试图吐露的声音、理解呼号努力传达的信号更加重要。

　　这本书后续还讲到了抑郁症在日本的流行。日本文化传统是拥抱悲伤的，甚至赋予其浪漫凄美的寓意，而各大制药厂商为了让新型抗抑郁药进入日本市场，不遗余力地推销"抑郁症"这个疾病概念，"心理上的小感冒"就是这么来的——它暗示人们，这一疾病很普遍、不可耻，吃药即可解决。而同一时期，日本社会出现了经济衰退，"过劳死"事件时有发生，于是在这些复杂的社会因素的推波助澜下，抑郁症正式流行开来。这并非什么阴谋论，也不必将其解读为文化霸权，事实上，它是一个重要的提醒，提醒人们心理疾病的时代性、社会性、文化性以及在地性，它无法被简化为仅仅是"基因作用""化学失衡"或"情绪障碍"而已。

　　最后，在消解心理痛苦的同时，人们也需要对心理痛苦进行体验、思考与解释。虽然人格在本质上是大脑的功能，但生而为人并不只是拥有一个大脑。举个例子来说，当一个人恋爱时，大脑中会有十几个区域同时释放大量兴奋性物质，让人们亢奋地幸福着，然而正在注射激素的运动员却不会爱上别人，这说明爱除了生物性一面，还有更多。在治疗上也是。新型抗抑郁药——选择性 5- 羟色胺再摄取抑制剂（SSRIs）可以增加大脑中的 5- 羟色胺水平进而改善低落的情绪状态，然而，只是调节了"人肉机器"的运行方式就真的意味着获取到了生活的意义与动力吗？

　　曾经有一位正在服用抗抑郁药物的学生告诉我，服药之后她明显感到开心了，但与此同时，她并不知道自己为什么而开心，她困惑于这种感觉，她希望为自己的情绪找到解释。是的，人类永远期待自身富有叙事性，我们要的不只是被当作一个"人肉机器"去修理，我们要的是被看见和被理解，我们想要依赖自己的主观经验和反思来建构关于自我的一切。然而现在，完美精确的生理干预正在尝试取代内省与思考，并将有关"我"的故事解构成一堆要素：神经递质、化学元素、分子、基因……如此，生命还有没有意义？

* * *

既然心理疾病的致病因素如此综合且复杂，单一的生物学或医学模式显然过于简化。当然这绝不是说不要去寻求药物治疗，在很多情况下，药物的确可以起到缓解症状甚至化解危机的作用，这一点非常重要，但是除此之外，在现有的医学模式或纯粹的心理学模式之上，还应去寻求一个更为整合的治疗模式。对于我们自己来说，或许也需要思考，当症状被药物消除时，我们损失了什么，又获得了什么？生物学固然有趣，但它或许永远也无法解释心理冲突是怎样的一种感觉，更不可能触及存在、自由、尊严等重要的精神元素。整个人类的悲喜剧，那些爱、痛苦与抉择又怎么可能仅仅是化学作用而已？感受、思考、体验、学习，这一切仍然需要由每一个生命体去亲身实践，无法代替。

于是，本书的第三部将一转画风，变得更加形而上一点，去走进心理学历史的长河汲取经典人格理论的养分，尝试充盈属于人的体验与有关人性的图景并理解人类心理与行为的深层动力，探寻"我们要到哪里去"。

第三部

人格动力：我要到哪里去？

23. 不在沉默中爆发，就在沉默中变态？
弗洛伊德论心理能量

从本章起，第三部正式开启，尝试探讨"哲学三问"的最后一问：我要到哪里去。在序言中提到，人格即人们在人生舞台中表现出的种种言行的总和，我们就像一个社会演员在依照人物设定进行有效表演。人格心理学家使用元素思维来描述这些人物设定，也就是人格特质，如第一部讲到的大五人格及暗黑人格；而我们又缘何成为当下这样的"演员"，则是第二部提及的那些错综复杂的力量在不断形塑、打磨和修整我们的样子。

不过，认识了一个人的人格特质及其成因显然还不能洞察一切，即便知道了一个人展示出来的形象，好像也难以预测他会做怎样的决策，他在生活中渴望什么、追求什么，他面对困难时会怎样反应，他遭遇挑战时将如何应对，他想成为什么样的人，他的生活将何去何从……从过去情境中抽象而来的人格特质只代表着行为的可能性，而要理解它究竟凭借何种机制转化为不同时间和情境下的具体行为，则必须从人格动力的角度进行分析，如需要、目标、动机、防御方式等，这些同样是人格及个体差异的表现。

　　为了探究这一层面的人格特征，我们即将回望人格心理学的历史，从诸多经典理论中找寻答案。这些理论从不同角度讨论了生而为人的意义，即人们到底在追求什么，诸多人类行为背后的驱动力又是什么，人们如何受到一些基本动力的激发从一个静态的社会演员变成了一个积极的行动者，进而将自我推演至未来。

＊　＊　＊

　　率先出场的这位心理学家恐怕是整个心理学历史上个人光环最盛大的一位，同时也是骂名最昭彰的一位。直至今天，仍有很多人因为他而对心理学产生了最初的兴趣，然而他在现代心理学领域引发的争议却比谁都大；他创设的诸多概念依然蓬勃生长于现代人的日常语汇中，然而围绕着他理论的偏见与误解却从未停歇。类似这样的分裂、矛盾与冲突自他理论提出之初便一直存在，甚至伴随走过了他的整个人生。

　　对于这个人，一件神奇的事情是，你可以对他不感兴趣，却很难对他一无所知，即便你从未学过心理学。你也可以很容易地想起他的样子，当我们要在脑海里浮现出一位心理学家的形象时，十有八九就是他的脸——跟爱因斯坦一头狂放的白发定义了"科学怪人"的形象一样，他那标志性的大胡子、雪茄烟、一丝不苟的三件套西装外加一根表链成为人们心中经典的心理学家的形象。他就是西格蒙德·弗洛伊德（Sigmund Freud），作为 20 世纪最伟大的智者之一，他对于复杂人性的深刻洞见至今强烈影响着每一个试图了解自己的人。

　　弗洛伊德的理论被称作"经典精神分析"（Classical Psycho-

图 23.1　西格蒙德·弗洛伊德（1856—1939）

analysis），其中的"经典"是相对于其源源不断的后继理论来说的。从规模上看，这个理论异常庞大，当然也很完整，但与此同时，从某种意义上说，它又是简约的——一些关键概念和基本原则串联起了整个理论。例如，经典精神分析理论的逻辑起点是一个名为"心理能量"（psychic energy）的概念。众所周知，能量最早是一个物理学名词。在 19 世纪德国著名物理学家、生理学家赫尔曼·冯·亥姆霍兹（Hermann von Helmholtz）看来，生理现象同样可以用物理学原理进行解释，他尤其推崇被称为"热力学第一定律"的"能量守恒定律"（law of conservation of energy）——能量可以多种形式存在但总量不变，既不能被创造，也不能被毁灭——物理能量如此，身体能量亦然。医学训练出身的弗洛伊德深受此生理学与物理学相结合的视角影响，他将人的精神亦视为身体的一部分，既然身体是一个机械性的能量系统，那么作为其组成部分的精神，自然也可以能量系统的规律来理解。既然能量有动力并在特定时刻稳定且有限，那么和物理能量一样，心理能量也应遵循守恒定律。

于是，一方面，如果心理的某部分占用了能量，另一部分便得不到能量；能量被用来做了这件事情，便不能用来做另一件事情。例如，在遭遇创伤事件后，大量的心理能量用来不断反刍事件或努力忘掉不愉快的曾经，那么就不大可能在同期产生什么创造性的想法，甚至如学习、工作、社交等日常行为都将受到阻碍，表现为创伤后的社会功能受损。这一过程符合心理能量的"守恒律"。

另一方面，能量聚集在一个地方将引起紧张并产生释放的冲动，如果没能实现，便会随时间不断累积、变得越来越强烈，就像锅炉中水蒸气的压力一样，这种压力会促使人们采取行动来消除紧张以恢复到平静的状态。比如，饿了就会去找吃的，如果找不到就会越来越饿，直到吃进东西，这种紧张的状态才会缓解。换言之，能量具有动力性，如果不释放就会引发紧张，于是必须让能量释放出来，如同将锅盖揭开让蒸汽散出，这一过程即"宣泄"（catharsis）。宣泄能让有机体获得快感并感到满足。

然而，如若一直将盖子死死摁着，不让能量释放会怎样？人们常说"不在沉默中爆发，就在沉默中灭亡"，此处稍稍改动一下，变成"不在沉默中爆发，就在沉默中'变态'"。爆发好理解，就是压力太大导致"炸锅"了，例如，一个温顺的人经常被人欺负，他一直忍一直忍，终于有一天忍不了，暴起反击了那些欺负他的人。那么在沉默中"变态"呢？"变态"的字面意思是改变形态，那些被牢牢控制着、没能释放出来的能量并没有消失，而是可能转换成其他形态表现出来，如某些躯体症状或精神疾病症状。这一过程符合心理能量的"转换律"。

　　后续的理论内容即围绕心理能量及其运作展开。例如，能量从哪来又储存在哪里，能量如何流动又如何受到干扰，能量有哪些功能，能量与能量之间会否发生冲突，冲突的结果又是什么……经由对这些问题的阐释，弗洛伊德构建起了其有关人格结构、人格动力、人格发展以及解释精神疾病成因的学说。

＊　＊　＊

　　第一个问题是：心理能量储存于何处？根据弗洛伊德提出的"心理地形"模型（topographical model of the mind），人类精神世界由三部分构成。尝试想象一个一居室，一般最敞亮的总是客厅，里面通透开阔，放着什么一览无遗，这是"意识"（conscious），它是可以直接感知到的心理部分，由人们此时此刻觉知到的心理内容组成。

　　但客厅并不是家的全部，每个家里都可能存在一些"隐秘的角落"，它们也许常年紧锁、晦暗幽深、不见天光。里面放着些什么？不如先来回答一些问题：你是否曾经毫无理由地喜欢或平白无故地讨厌某个人？你是否在自己都不知情由的情况下做出了某个决定？你是否莫名其妙地对某人某事心生恐惧？你是否在最不应该的时候忘掉了某个人的名字？甚至再悲剧一点，在最重要和浪漫的时刻叫错了爱人的名字？如果这些事情发生过，你或许会感到困惑，困惑于自己行为的真正原因和动机。在弗洛伊德看来，人们之所以意识不到，是因为它们藏在"潜意识"（unconscious）中，这是人们无法觉察的心理部分，但对思想行为的影响却很大。

　　当然，并非所有意识不到的东西都是潜意识，还有很多事情我们在多数时间里恍若未知，比如，前前前任的名字、三年前某个假期做过的事情、上一年立下的誓言等。不过这些内容还是有可能被回忆起来，它们就像被放在储物间里的杂物，为了客厅的有序整洁，这些暂时用不到的内容被移出了客厅，而一旦有需要，也能很快被拿回客厅。这部分就是"前意识"（preconscious），处于意识与潜意识之间，用于存储处于当下注意范围之外的内容。与前意识不同的是，我们不仅意识不到潜意识的存在，也无法回想起其中的内容，原因在于，它们受到了压抑。

"压抑"（repression）是经典精神分析理论中一个非常基本与关键的概念，意指将一些原本在意识层面的内容强行"关"到潜意识层面的过程。什么样的内容会被压抑以及为什么？在弗洛伊德看来，受到压抑的通常是一些不能见容于社会道德规范的欲望，比如，难以启齿的冲动、无比羞耻的经历、非理性的愿望、不被接纳的性幻想等。和其他心理能量一样，它们渴望得到释放和满足，但在社会规范的约束下难登大雅之堂，于是被锁在潜意识这个幽暗的角落里。而更重要的是，因为饱含动力，这些被关在潜意识"黑屋"中的能量并不会就此消失，而是始终蠢蠢欲动企图返回意识"客厅"，并可能在意识"警察"功能减弱的时候寻求释放，比如，在梦中浮现并获得满足，或通过口误、笔误及一些精神疾病症状表现出来。

于是，在弗洛伊德看来，"客厅"固然是一个"家"的门面，但潜意识才是行为的主要决定者。就像一座心理冰山，浮出水面的总是一角，而隐匿在幽深海水里的巨大底座才是冰山的主体与根基。因此，对于精神生活来说，潜意识方为普遍基础，绝大多数精神疾病症状也是由潜意识动机引起的。由此可以带出经典精神分析理论对于人性的基本假设——"精神决定论"（psychic determinism）。

"决定论"是一个基本的自然原则，与之相对的是"自由意志"

（free will）。精神决定论即指任何发生的事情都有其原因且原因是确定的，不存在什么偶然的事情（弗洛伊德精神分析理论的字典里就没有"偶然"这个词）。例如，一个人嘴上说的和心里想的不一致是有原因的，突然忘掉某个名字或者把一个东西落在某人家里也是有原因的，只不过这些原因隐匿在潜意识中不为人知，而精神分析的目的就是要去深入挖掘这些原因并将它们大白于天下。鉴于此，人的行为受到潜意识动机支配而非源于自由意志，由此可知弗洛伊德对于人性的基本看法相当悲观——人并非控制自身的主体。曾有人将他与哥白尼、达尔文并列称为"扯下人类遮羞布"或"最让人类伤自尊"的三个人：哥白尼打破了地球是宇宙中心的痴心妄想，达尔文幻灭了人是万物之灵的良好感觉，而弗洛伊德则重创了人类引以为傲的理性自尊——潜意识理论从根本上动摇了人们长久以来对理性的确信与坚持。

既然是被压抑在潜意识中的心理能量决定了人的行为，那么导致被压抑的能量具体是些什么呢？弗洛伊德在他所生活的时代里一再发现，被压抑的总是与性有关，不是以这种方式就是以那种方式。弗洛伊德是奥地利人，他所生活的 19 世纪末的欧洲正处于维多利亚时代，当时的欧洲社会以对道德的严谨要求著称。全社会推崇纯洁、优雅、端庄的所谓"理想女性"特质，对忠诚和贞洁的强调令女性束缚于各种礼教之中，女性一旦结婚就成为丈夫的附属品，不但丧失财产权，哪怕仅与其他男子接触就会被视为堕落。在那个年代里，民众谈性色变，女性要避免"犯错"，就要压抑对性的欲望，同时遵守严苛古板的道德与伦理规范，于是本能与社会的冲突十分尖锐，许多人内心都在渴望着一种有效的治疗。从这个意义上说，弗洛伊德所处的时代正是呼唤精神分析的时代，同时也不难理解他诊治的病人多数是来自当时社会中上流阶层的女性。

* * *

弗洛伊德将心理能量具体化地称作"本能"（instinct），人即为一个受到本能驱动的能量系统。出于上述的社会环境特征，一开始，他专注于研究和性有关的能量，后来泛化为所谓的"生本能"（life instinct），即指向保存生命、获取愉悦的本能。生本能的具体内容是"力比多"（libido），这个拉丁语的意思是欲望，弗洛伊德同时也用希腊神话里的爱神"厄洛斯"（Eros）来指代这个词。生本能代表一种广泛的生命力和愉悦感而不只是狭义的性行为，个体所有正面和建设性的行为都以生本能为基础，包括生理方面的需求，也包括文学艺术等创造性活动。

弗洛伊德最初将生本能视为一切行为的驱动力，但随着人生历练的增加，特别是经历了第一次世界大战及其后纳粹的崛起，他逐渐意识到生本能无法解释所有的人类行为特别是其中黑暗的一面，如自我毁灭、相互攻击、战争乃至大屠杀。于是他又定义了一种与之相对的能量，即"死本能"（death instinct），这是一种指向仇恨和毁灭的能量，它驱使人回到有生命之前的无机物状态，也就是死亡的状态。死本能的具体内容是"攻击力"（aggression），与爱神相对，弗洛伊德也用希腊神话里的死神"桑纳托斯"（Thanatos）来指代。在弗洛伊德看来，死本能作为一种能量同样追求满足，如果直接释放即表现为向内的自我攻击，如自我挫败、自残、自伤甚至自杀。弗洛伊德的追随者卡尔·门林格尔（Karl Menninger）将此思想写进了一本著名的书《人对抗自己》（*Man Against Himself*, 1938）。

在书中，门林格尔将酗酒、吸烟、交通事故等日常行为均归结为根植于死本能的自我毁灭倾向。但是对于多数人来说，这显然与生本能相冲突，于是将受到生本能的抑制与干扰，但作为一种能量，死本能又需要得到释放，进而就可能转向外部去攻击他人。从这个意义上说，即便在文明的现代社会中，时不时的战争也不可避免，因为这是一种积蓄的死本能的集体释放，而某些野心家或独裁者也会巧妙地利用人们内心潜藏着的这种仇恨和破坏的欲望来实现自己的统治，弗洛伊德即以此来理解希特勒的上台。

生本能与死本能，人性最原始的两种力量。从一个角度看，既然二者都是本能，就意味着与生俱来，也意味着，性与攻击性即为基本人性的一部分，无须学习，这两种力量就能驱动行为。显然，弗洛伊德这种"人性本恶"的观点强烈有别于西方传统对于人性的代表性看法——伊甸园里的亚当与夏娃生而无邪，是世界的诱惑令他们堕落。而在精神分析中，性和攻击性就是人类的天性，就是要追求满足，社会的作用反而是去遏制这些自然的生物性倾向。于是可想而知，这种对于传统人性观念的反叛以及"婴儿即有性欲"等离经叛道的观点在理论提出当时引发了多么巨大的争议和激烈的谴责。

从另一个角度看，这两种本能又时刻在竞争，一如爱神与死神的角逐。但是，生与死表面上背道而驰，细究起来却是一体两面，下面这幅画作（图 23.2）即美妙地表达了这一点。

乍一眼，或许看到的是一个美丽的女子坐在椅子上对镜梳妆，镜前摆放了一排化妆品；而如果离远一点，看到的就可能是一幅完

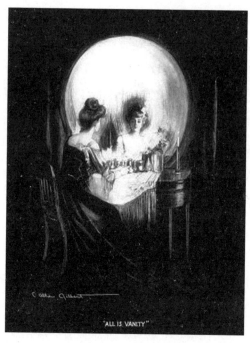

图 23.2 《四大皆空》(Allan Gilbert, 1892)

全不同的画面——漆黑的底色上，一个骷髅头正在狰狞地发着光，刚才镜子内外的女子头部变成了两个眼窝，而那排化妆品则变成了残缺的牙齿。如果这是一个"坊间心理测验"，此时定会告诉你"第一眼看到美女说明……第一眼看到骷髅头说明……"千万别信。画家的精心创作似在表达生死本能之间复杂的辩证关系——美丽女子揽镜自照，这显然是一个生本能的意象，然而妙就妙在，从另一个角度审视，骷髅这样一个赤裸裸的死本能意象也蕴含其中，二者完美融合在一起，互为表里。这幅画作的名字亦意味深长——"All is Vanity"（四大皆空）。

　　生与死，听上去矛盾冲突的两股力量在弗洛伊德的理论里走向了统一。无论一个生命有多长，总要走向死亡，而一些看似求生的行为似乎也在某个层面上向往着死亡。例如，人们追求某些生物性需要满足的目的是解除生理上的紧张，好比饥饿的时候胃部会痉挛，这就是一个生理紧张的状态，而当把食物吃进去，紧张就缓解了。然而，完全不紧张的状态正是无生命的状态，于是进食这一指向生本能的行为似乎最终也指向终极的平静——死亡。再如，攻击他人有时看来是为自保，指向生本能，但攻击他人的行为很可能引发他人还击，从而变成了变相的自我攻击——生本能与死本能再次殊途同归。

当然，以上观点在很多人看来乃无稽之谈，在进化心理学家眼里，所谓的死本能更是完全违反自然法则，单纯的自我毁灭对个体生存和繁衍均无价值，于是不可能成立。的确，这部分理论的哲学思辨意味大过将其作为科学事实，但依然提示了一个极具启发性的生死观思考：生命终结于死亡，而死亡又孕育新的生命；正因为生命有限，我们才如此抗拒死亡的来临，然而也正因为有了死亡的追赶，生命才变得如此可贵；有生方有死，有死生才成其为生，它们是不可分割的一体两面。这其实也是经典精神分析理论中一个反复出现的基本观点——对立统一，即每个事物都包含且离不开它的对立面。

这也让我联想到一个著名的户外雕塑作品——《吊在外面的人》（"Man Hanging Out"），如果你在捷克布拉格的街头漫步，或许能和它不期而遇。很多人不知道的是，那个高高悬吊在一根突兀的横杆上的人正是弗洛伊德。艺术家选择了这位20世纪最具代表性的知识分子形象向即将到来的新千年发问：在未来，智识主义还将扮

图 23.3 《吊在外面的人》(David Černý, 1996)

演怎样的角色？也有人解读称这个"命悬一线"的意象是对晚年不幸罹患咽喉癌、受尽病痛折磨的弗洛伊德不断抗争死亡恐惧的致敬。而我个人的感受有所不同，你看雕塑上的弗洛伊德右手单悬，看起来险象环生，然而视线稍稍往下，只见他左手插兜，又好似在闲庭信步。或许他在思考，是该继续紧握还是就此放手，生抑或死，to be or not to be，又或者无须选择，生死本为一体。

*   *   *

总结一下，由于深受物理学观念影响，弗洛伊德以能量为核心，从紧张和释放、失衡与平衡的角度来分析人类行为；他提出"心理地形说"，将人类精神世界区分为意识、前意识、潜意识三个部分，"人们在清醒的意识之下还有潜在的心理活动在进行"这一观点的提出，成就了一个心理治疗的全新视角，也开启了人类认识自我的全新篇章；此外，他将人视为由本能驱动的能量系统，生本能与死本能是一对无时无刻不在竞争同时又紧密相连的力量。下一章将转向心理能量的功能及冲突，聊聊著名的"三我"理论，同时看看弗洛伊德是如何理解焦虑的。

24. 没有不焦虑的生活，只有不思考的人生？弗洛伊德论心理冲突

上一章提到，弗洛伊德通过"心理地形说"和"本能"理论阐述了心理能量的储存位置及具体内容。其中"心理地形说"区分了人类精神生活的三个层次——意识、前意识、潜意识，潜意识里充斥着不被社会道德接纳的原始冲动与欲望并充满动力性。随着研究和思想的发展，弗洛伊德意识到了这个模型的不足，即它仅仅描述了不同的意识层面，而心理能量应该是有功能的，且这些功能既可在意识中运作同时又涉及潜意识过程。于是，弗洛伊德在1923年出版的《自我与本我》（*The Ego and the Id*）一书中提出了另一种心理模型，即本我、自我、超我的划分，三者分别具有特定的心理功能，后人也将其视为经典精神分析理论对于人格结构的阐述。本章就来聊聊这三个"我"以及它们之间的矛盾冲突带来的心理结果——焦虑。

＊　＊　＊

从"本我"[1]开始。其英文为"id"，这个单词是"它"（it）的拉丁语形式，由此可见其本质。本我是与生俱来的原始心理能量的大"水库"，是潜意识中一大锅沸腾着的亢奋欲念，包括吃的需要、排泄的需要、逃避痛苦的需要，以及更重要的，获取性（生本能）快感和释放攻击性（死本能）的需要。这些原始的欲念时刻在骚动不安，而本我引导这些心理能量的功能非常简单，那就是追求它们的直接满足：释放能量、缓解紧张、获得快感。在执行这一功能时，本我遵循所谓的"快乐原则"（pleasure principle），即趋乐避苦、趋利避害，但要命的是，本我并不会为此做任何事情，它不制订计划、不遵守规则、无法忍受挫败甚至无视道德，它就像一个被宠坏了的孩子——"我要！立刻！马上！"一旦获得满足就会感到快乐，而一旦遭到拒绝就会不开心并感到紧张。

在弗洛伊德看来，新生儿只有本我（自我和超我是在本我基础上发展而来的）。不过，在成人当中似也不乏"本我主导的人"，如那些只顾眼前不顾未来的人，"今朝饮酒醉，明天无家归"，他们更愿意得到即刻的欢愉，而不愿为未来长久的快乐暂时牺牲哪怕一点点眼前的快乐，他们通常以自我为中心、冲动并难以延迟满足，整体社会化程度较低。

随着年龄增长，儿童很快发现，本我追求的快乐不大可能全都立刻得到满足，比如，必须等到有人提供食物饥饿方能解除，有些

1　对于这个概念，我国著名心理史学家高觉敷先生曾有一个信达雅的翻译——"伊底"，出自《诗经》"我视谋犹，伊于胡底"，用以表达本我的混沌与原始。

追求快乐的行为如玩弄自己的生殖器还会招致父母的惩罚。于是他们慢慢发现，这个世界并不是围着自己转、可以为所欲为的，还需要考虑到情境的现实性，如此，人格的新部分"自我"（ego）就发展起来了。

自我是在现实反复教训之下从本我分化出来的人格部分。它遵循"现实原则"（reality principle），相比不管不顾的本我，自我要圆滑、理智和审慎得多。自我的功能其实还是要满足本我的欲望，但是它具备本我没有的能力，如忍受紧张、理性思考、制定策略、进行妥协，这些能力令它得以用更加现实的方式以最小的痛苦和代价来获取最大的快乐和收益。例如，自我善于审时度势，对于本我的要求，除非条件允许，否则就要推迟满足或换一种更具可行性的方式满足。当然，在本质上还是要追求快乐。这么看来，自我是人格的执行者，由它决定着什么行动是合适的，哪一种本我冲动可以满足及以什么方式满足，目的是给自己带来长久的愉悦。在这个意义上，自我可以被理解为一种观察、学习和控制能力，是在本我和环境互动的过程中发展起来的。

第三个人格部分是"超我"（superego），它代表着外部世界的价值观和道德规范在人们内心的表征。我们常说父母要教给孩子是非对错的观念，其实就是在塑造超我。起初父母会用直接的奖励或惩罚来控制儿童的行为，以告诉他们什么是被鼓励的"好"的行为，什么是不被期待的"坏"的行为。长此以往，随着父母的道德标准渗入并形成儿童的超我，他们就不再需要别人告诉自己什么是错的，他们的超我会完成这一点，由此儿童得以凭借自身的力量来控制行为。

用通俗的话来说，超我体现了个人的良知，用以判断行为正确与否。超我遵循"完美原则"（perfection principle），一方面，它会抑制本我的冲动，禁止本我表达与性、攻击有关及其他有悖道德规范的欲望与冲动；另一方面，它也要求自我依照符合社会规范的方式来行动，如果本我的欲望满足方式违背了超我的准则，人们就会产生内疚、羞耻、罪恶等感受，即所谓的"良心不安"，反过来，如果自我表现"恰当"，超我也会予以奖励，此时人们将感到骄傲和自豪。对于个体来说，超我发展不足将导致行为缺少约束，令一个人无视道德、漠视法律、轻视他人生命并对惩罚不感到恐惧。例如，那些具有反社会人格的人常常是超我缺失、自我狡黠、本我强大的人。但是，反过来，超我膨胀式地发展也并非好事，如若社会或父母的道德标准过于严苛，令超我过于强大，就可能导致一个人"有三观，没人性"。

弗洛伊德借此表达了对于西方传统道德观念的强烈不满和批判。他认为，传统道德观念与人的本性背道而驰，过于虚伪、僵化和严厉。在临床实践中，他也发现，精神疾病患者的超我很少考虑人的本能需求与自我幸福，于是他们成了病人。在弗洛伊德看来，一个适应良好的个体的超我应该具有一定的弹性，而不应受制于全或无、非黑即白的简单法则。

总之，本我追求快乐，超我致力于完美，而自我面对现实。如果说本我是动物性，超我是神性，那么自我就是处于二者之间的人性。结合"心理地形说"区分的意识层面来看，本我全是潜意识的，其功能完全在意识之外；超我也主要是潜意识的，人们难以说清那些限制行为的道德力量从何而来；而自我则主要是意识的，它能够根据具体情境理解不同的需要并调配不同的行为。从这个角度来说，动物性和神性是潜意识的而人性是有意识的，人就是这样在不可知的动物性与神性之间苦苦挣扎。

　　"三我"之间的关系及其运作过程常在影视剧中被形象化为所谓的"天人交战"。典型的画面是：主人公为一个艰难的抉择痛苦不已，此时左边肩膀上跳出一个小人（通常举着长叉、头顶长角）："人不为己天诛地灭，干脆一不做二不休，手起刀落……"（此处应有奸笑）；话音方落，右边肩膀上又跳出一个小人（一般长着翅膀、头顶光环）："你要对得起天地良心，不信抬头看，苍天饶过谁……"在一番左右为难之后，最终还是要交付于中间那颗"大头"即自我去做决定，它要去平衡什么是我要的，什么是正确的，什么是可能的，于是最终考验的是意识自我的功能。

　　此逻辑亦可用于分析一些日常行为，进而看到隐藏于其后的人格动力过程。一个简单的例子：对于"早起会死星人"来说，不睡到自然醒的人生是不值得过的，于是每当闹钟响起的那一刻便觉万念俱灰、生无可恋，然后"天人交战"就开始了——一边是本我拖着人们死死定在温暖的被窝里，另一边是超我开始以各种大道理作为训诫。纠结之下，自我往往会做出一个既满足本我欲求又不违背超我限制同时现实情况还允许的折中举动——再睡个五分钟。

　　不过，可不要因此将本我、自我、超我看作支配人格的三个小人。如今，我们清楚地认识到，"三我"的划分并不存在解剖学依据，大脑并没有区隔为本我、自我和超我三个部分，但的确存在着不同的水平和结构。例如，我们的大脑表层是更新也更复杂的结构，如负责思考和分析的前额叶皮层，而其下则存在一些和低级生物类似的原始结构，如与蜥蜴大脑相似的基底节，负责控制本能和不自觉的行为。这似乎亦暗合某些现代认知心理学的观点，如

2002 年诺贝尔经济学奖获得者、心理学家丹尼尔·卡尼曼（Daniel Kahneman）倡导的"双加工模型"（dual processing model），即人类的信息加工依赖于两个系统——自动加工的直觉系统（intuitive system）和控制加工的理性系统（rational system）（Kahneman, 2003）。本我和超我的作用类似于直觉系统——许多欲望不知所起，道德判断也经常难言理性，而自我的功能则是理智和受控的。[1]

从功能上看，本我只关注本能欲望的满足，超我承载了社会道德规范并追求完美，自我则代表了指向自我保护和生存的现实考量，三个"我"的目标完全不同，于是它们之间的矛盾冲突不可避免。这对于一个适应良好的健康人格来说可能问题不大，因为他们的自我通常强大而灵活，可以很好地协调欲望、良心和现实三者的关系，比如，一方面通过社会许可的方式来满足本我冲动，另一方面说服超我放弃追求完美并转向更为现实的目标（郭永玉等，2021）。但是，这一工作并不总是轻而易举，想象一下，自我需要周旋于本我、超我、现实三位"老板"之间，想尽办法令它们各自的需求都尽量获得满足，堪称"最惨打工人"，而且更要命的是，有时它们的需求实在是太过南辕北辙、根本无法调和，此时，如果自我束手无策，就可能引发一种我们无比熟悉的情绪结果——焦虑。

* * *

弗洛伊德是最早对焦虑的心理本质和起源进行系统论述的人。

---

[1] 这并不是说弗洛伊德在一百多年前便成功领悟到了人类认知的奥义，"三我"区分的理论基础——心理能量学说也与现代认知心理学的视角相去甚远，只不过可以以此看到经典理论与现代观点之间的有趣联结。有关此种联结的更多研究例证详见第 27 章。

焦虑在精神分析中有着特定的含义，它由人格结构内部及它们与现实之间的冲突所引起，特指自我面对现实、本我和超我时软弱无力的状态，亦可视为自我用以表明存在迫在眉睫危险的一种信号。根据来源不同，可将焦虑区分成三种，分别是现实焦虑、神经症焦虑以及道德焦虑。

首先是"现实焦虑"（realistic anxiety），也称"客观焦虑"（objective anxiety）。它指的是人们对于真实存在的外部威胁的反应，用以表达现实与自我之间的冲突。当人们正在经历或者预期某些威胁性事件即将发生而自我不确定是否能够应对时，现实焦虑就产生了。如前所述，这种现实焦虑具有重要的进化意义，它提醒人们赶紧采取行动以应对威胁（当然，在下一章将会看到，有时候焦虑引发的可能不是行动而是不行动，即防御）。

不过，在另一位精神分析学家卡伦·霍尼（Karen Horney）看来，这种现实焦虑充其量是害怕或恐惧，还称不上焦虑："如果一个人只要站在高处就害怕或者即便谈论一个自己精通的话题都感到害怕，那么这种害怕就是焦虑；而如果一个人因为大雨在深山中迷了路而感到害怕，那么这种害怕就只是害怕。"（Horney, 1937）换言之，害怕有一个具体的对象，而焦虑没有。在弗洛伊德区分的三种焦虑中，只有在现实焦虑里，自我受到的威胁来自可见的外部现实（有一个具体对象），而在其他两种焦虑中，威胁均源自内在的心理冲突（没有具体对象）。如果认可现实焦虑更接近于害怕、恐惧而不是真正的焦虑，那么造成真正焦虑的威胁并非存在于周围世界，而是来自我们自身。

第二种"神经症焦虑"（neurotic anxiety）便是代表，它表达的是本我与自我之间的冲突。已知本我代表着原始的欲望，在快乐原则的驱使下它寻求即刻的满足，于是就可能胁迫自我无视现实或超我的约束去获取释放，这样一来自我就"压力山大"了。但一开始可能只是现实焦虑，慢慢才发展为神经症焦虑。举个粗糙点的例子：一个"死本能"强烈的小孩可能天天打架以放飞本我，进而遭到父母的训斥和惩罚，在外面他打别人，回到家则被父母"混合双打"，此时自我将感到焦虑。这时候的焦虑还是现实焦虑，因为存在着实打实的外部威胁（被父母惩罚），然而久而久之，等到这个孩子长大，父母已然不在他身边，也没有其他人知道他内心隐秘的冲动，但只要本我寻求满足的攻击性一冒头，即便什么都还没有做，他的自我就会感到惶惑不安，这时就变成了神经症焦虑。我们经常可在影视剧中看到类似的场景，例如，一位女性一旦被某个人吸引就会感到焦虑，甚至连性唤起的念头都令她无比恐慌，又或者一个男人过分担心自己会在公众场合脱口而出某个其实并没有什么的想法，这些都是神经症焦虑的表现。这里所谓的"神经症性"在于，并不存在实质性的威胁但依然焦虑，而且对焦虑的对象一无所知。于是神经症焦虑往往是"不合理的"或"无根据的"，它产生于我们没有理由去惧怕的东西。

　　此外，这种焦虑看起来源于本我，但在本质上，自我害怕的并不是本我自身，而是本我不受控制地跳脱出来招致可怕的惩罚，即便理智上知道这样的惩罚并不会出现。因此可以说，神经症焦虑的真正对象并非本我，而是失控。这一观点令我联想起阿尔弗雷德·希区柯克（Alfred Hitchcock），这位史上最伟大的惊悚片导演一直坚持将精神分析理论践行于电影中。他曾以所谓的"炸弹理论"道破惊悚片的心理秘诀：如果一颗炸弹突然爆炸，人们最多吓一跳，但如果你早就知道桌子底下有颗炸弹，就会一直提心吊胆，担忧它到底什么时候爆炸，即使理智告诉你，它并不会爆炸或者即便炸了也不会带来毁灭。从这个意义上说，本我就是那颗炸弹，自我因此而感到焦虑。有句话说得好："警报比火灾更可怕。"或许担忧的事情真的发生反而解脱了，但如果那只期待中的靴子一直没有掉下来，就会惶惶不可终日。

最后是"道德焦虑"（moral anxiety），代表着超我与自我之间的冲突。当自我（通常是被本我胁迫）做了一些不符合超我道德规范的行为，人们就会产生一些称为"道德情绪"（moral emotions）的感受，如内疚、羞耻、自责、罪恶感等，严重时人们甚至感到万箭穿心，备受良心的煎熬，这就是道德焦虑。在道德焦虑的驱使下，人们可能通过一些行为来惩罚自己，例如，一个患有暴食症的人可能会通过狂跑五公里来弥补吃了"禁忌"食物的错误。道德焦虑一般伴随着超我的发展而来，那些超我不成熟的人很少体验到道德焦虑；反过来，如果超我过分强大，自我任何满足本我欲望的思想或行动都会遭到谴责，此时自我就将不得不持续挑战自己根本达不到的高标准，如要做一个好人、一个纯粹的好人、一个至善之人、一个圣人，这样就会经常处于道德焦虑之中。

这就是来源不同的三种焦虑，弗洛伊德以这一复合情绪体验来描述他所理解的内在心理冲突。时至今日，这依然是一个解释力很强的模型。焦虑不仅可以让我们感应来自外界的威胁，还可以感应来自我们内心的威胁。依照这种观点，焦虑代表着一种信号，意味着自我想要告诉我们些什么，在此意义上，或许可以说，"没有不焦虑的生活，只有不思考的人生"（斯托塞尔，2019）。

* * *

那么接下来，焦虑之后怎么办？对于灵活而强大的自我来说，多数情况下，它可以通过正常、合理、现实的行动进行应对，尤其是对现实焦虑。但在有些时候，如情况过于复杂或承受的压力太大，它也会力有不逮，此时理性的应对方式无效，而焦虑的状态又相当难受，就会转而以某些非理性的方法来予以缓解。为了保护自己不受伤害，此时的自我化身为一位长袖善舞的"公关大师"，发明出了许多称为"自我防御机制"（ego defense mechanisms）的方法。

望文生义，"自我防御"显然不是奔着处理威胁和解决问题去的，而是冲着保卫自我去的，目的是缓和痛苦，令自己不再焦虑。问题都没解决，不焦虑可能吗？可能。要怎么做呢？歪曲现实甚至否定现实。于是，自我防御机制的特点是只关注情绪、不关注情境，只改变认知、不改变事件，因此是自欺欺人的，但这对于缓解焦虑、暂时拯救深陷水火的自我来说又是有效的。而且这一过程常由潜意识运作，不知不觉便完成了，如果旁人点破那个实施防御的人，还很有可能受到强烈否认甚至被一阵痛斥，这或许也是一种防御。在下一章，我们将选取最具代表性的八个自我防御机制进行详细说明。

25. 自我保护，还是自欺欺人？
弗洛伊德论自我防御机制

上一章讲到弗洛伊德将心理能量细化为本我、自我、超我三种功能，它们的目标不同，故而经常爆发冲突，此时在夹缝中求生存的自我便备感焦虑。如果自我用来缓解焦虑的常规理性方法无效，就可能转而寻求非理性的方法，不求有功但求自保，这些方法统称为"自我防御机制"。自我防御机制花样繁多，本章介绍最具代表性的八种。此外需要说明的是，虽然自我防御机制的概念和基本框架是弗洛伊德提出来的，但对其详尽的阐述工作是由其小女儿——同为杰出心理学家的安娜·弗洛伊德（Anna Freud）完成的。

* * *

率先出场的是最基本和重要的防御机制——压抑。如前文所述，压抑是将超我或社会道德规范不允许的欲望和动机驱逐入潜意识的过程。例如，对弗洛伊德的病人来说，那些难以启齿的对父亲的爱恋、对性的渴望、隐秘的攻击冲动或者不堪回首、太过痛苦的记忆，

图 25.1　安娜·弗洛伊德和父亲在一起（1913）

如果大刺刺、明晃晃地放在意识"客厅"里太具威胁性，也不被超我接受，于是它们被自我打包关进了幽深的潜意识"黑屋"，这就是压抑的过程。压抑可以成功地使自我免于超我苛责的威胁，使得整个"客厅"看上去岁月静好、天下太平。然而，那些欲望和动机并不会就此消失，它们满满的能量始终在寻求释放，虎视眈眈地寻找着出口伺机突破。在弗洛伊德的临床经验里，被压抑的冲动会通过各种方式转换性地表达，癔症便是最常见的之一。

在弗洛伊德生活的年代里，"癔症"（hysteria）堪称最流行的精神疾病，且患者绝大多数为女性。癔症即常说的"歇斯底里症"，常见特征为患者表现出一些躯体症状（如部分肢体瘫痪、视力模糊甚至失语），但却找不到与之对应的生理基础，即患者并不存在让这些症状表现出来的器质性病变，于是它是一个精神问题。以精神分析的观点来看，癔症是那些被压抑的能量转换成了躯体症状的形式表现出来，而一旦被压抑的能量得到释放，症状就将得到缓解。这也可以呼应第 22 章提到的心理疾病的时代性。当时，女性是性压抑这种主要社会痛苦的主要承担者，而癔症正是她们痛苦的表达方式。它体现的实质是一种社会性压迫，如若将此种社会性压迫完全解构为纯粹的生理功能紊乱或纯个人的心理功能异常就是在给压迫开脱。

回到压抑这一防御机制，在弗洛伊德看来，"压抑是精神分析的基石"——正是经由压抑这一心理动力过程才有了精神疾病，而疾病的症状正是被压抑的潜意识动机的转换性表达。因此，如果能搞清楚被压抑的内容并将其安全地还原到意识层面，疾病症状也就自然缓解了。于是，精神分析的目的就是要让被压抑的潜意识内容获得合法的意识呈现。通过精神分析的处理，一方面，可以将这些被压抑的事物在意识中重现，以找到患者病症的症结所在；另一方面，压抑会令自我消耗能量并限制其发挥其他功能的能力，于是将压抑的内容释放出来也可以解放由于压抑而耗费了大量能量甚至因此而不能正常运作的自我。

那么，对于这个听上去有点玄乎的概念，究竟有没有实证研究证明压抑真的存在呢？一些研究或可以提供一些佐证。例如，研究发现，那些具有压抑风格的人（表现为在日常生活中很少报告自己感受到焦虑或其他消极情绪）在经历压力事件时，表面上看起来波澜不惊（如他们主观报告的压力感受很低），但在生理唤醒水平上却没有他们说的那么平静（生理多导仪捕捉到他们剧烈的心跳和提升的血压）（Weinberger, Schwartz, & Davidson, 1979; Weinberger & Schwartz, 1990）。这一结果似同弗洛伊德的预期一致：压抑将负性经验排除在了意识之外，但其仍在发挥着影响，表现为主观感受与客观生理反应的不一致。这也在暗示着，压力下的平静是有代价的。其他研究也发现，在日常生活中经常使用压抑的应对方式将增加罹患高血压、癌症等疾病的风险（元分析见 Mund & Mitte, 2012）。此外，压抑也获得了一些神经科学方面的侧面证据，如 fMRI 研究发现，背外侧前额叶活动增加及海马体活动减弱或与将威胁记忆排除到意识之外这一过程有关（Anderson et al., 2004）。但是，总体来说，由于难以直接检验，压抑是不是真的存在以及其运作方式是不是如弗洛伊德所说，依然存在争议。

　　相比迂回曲折、动力性十足的压抑，第二个防御机制就简单直白多了。当发生了一些将导致极度焦虑和痛苦的事情时，人们可能采用"否认"（denial）这一防御机制，即拒绝承认这些事情，当它们根本没有发生过。与压抑将经验排除在意识之外不一样的是，否认是坚持认为事情并不像他们所看到的那样，换言之，对于赤裸裸的事实视而不见、听而不闻，所谓"闭上眼睛就是天黑"。否认具有一定的适应作用，有些时候事情发生得过于突然，冲击过于强烈，如有亲人突发意外离世，多数人的第一反应都是否认。此时，这种防御机制的确可以给人一定的缓冲时间，就好像大脑临时性关闭一样，直至有勇气去直面残酷的现实。但是，虽然从短期来看这种简单粗暴的方法有一定效果，但长期使用则可能导致个体与现实严重脱离甚至完全生活在幻想世界里。

第三个防御机制"替代"（displacement），指将敌意等强烈的情感从最初唤起的对象转移到另一个较安全或不具威胁的对象上。人们常说"冤有头债有主"，是谁让我们不爽就去找他们的麻烦，但是有时候，让我们不爽的人我们找不着，又或者他们让我们不爽，我们却不敢让他们不爽。然而此时愤怒情绪又需要释放，于是有人就转而将其宣泄到更为弱小同时也意味着更为安全的对象身上。比如，在公司受了老板的气就回家找孩子的麻烦，或者对教授相当不满就偷偷做个小人"扎扎扎"（危险动作，请勿模仿）。还有社会上时有发生的虐猫虐狗事件，多半都是在把对于他人或社会的敌意替代性地发泄到没有反抗能力的小动物身上，以换取掌控他者生命的胜利和权力感，相当令人不齿。

第四个防御机制具有强烈的精神分析意味，称为"反向形成"（reaction formation），意指通过认同相反的态度和行为并将其作为屏障以防止自身危险欲望的表达。有时候，我们拥有的某种冲动一旦为人知晓便会引发巨大焦虑，为了隐藏该冲动，就转而走向其对立面，淋漓尽致地表达相反的动机，反向形成就发生了。于是会看到，一个人越怕什么就越猛烈地攻击什么，以此来掩盖自己的真实欲望。和自然流露的行为相比，反向形成的过程常给人留下过度、极端、夸张的印象。关于这种防御机制的实证研究极少（因为它是一个几乎无法证伪的概念），但新闻逸事总能提供不少佐证。例如，一个不止一次与性工作者交易的人被爆出是一位深受崇拜的神职人员，一个私底下收受黑金无数的警察曾以大力打击犯罪著称，一个恋童癖者成了以保护青少年利益而闻名的公益组织的领袖，一个私生活秽乱不堪的人表面上是一位满口仁义道德的正义楷模……在这类事件中，主人公的行为都具有反向形成的嫌疑，当然，如果想予以确认，还需要进行更具体和详尽的研判。

近年来，网络上流行一个说法叫"恐同即深柜"，意指一个激烈反对同性恋的人自己可能就是一个同性恋者。这一说法本身符合反向形成的逻辑，但也体现出值得思考的另一面，即有一些动机不被自我接纳是因为来自社会文化的巨大压力，一个社会对于如"性取向"般原本正常事物的禁忌、偏见和歧视越多，类似这种反向形成的所谓虚伪"两面人"就会越多。

此外，反向形成这个防御机制还有一个有意思的地方在于，它完美体现出了精神分析理论的基本观念之一——对立统一，就好像意识与潜意识、本我与超我、生本能与死本能之间发生的那些故事一样。反向形成告诉人们，有时候两个互为反面的事物的相似性要高于其中任何一个和中间事物的相似性。例如，一个抵制某样东西的人和享受某样东西的人要比他们和不怎么关注这样东西的人更为相似，从这个意义上说，强烈的爱和刻骨的恨并无太大区别，于是，爱的反义词恐怕不是恨，而是内心再无波澜。

第五个防御机制被称为"理智化"（intellectualization）。在某些情境中行动时，如果人们带入大量情感就可能引发巨大压力和焦虑直至干扰任务执行，此时就可能使用一种抽象、理智甚至冷酷的方式来处理该情境——彻底消除情境中的情感内容，以此来获得抽离与超脱。简单来说就是屏蔽情感，代之以绝对理性，这样就不必处理由之引发的压力和焦虑，既然没有情感也就不会再感到痛苦。对于某些每天都要面对生离死别的人来说，这种防御机制常常是必要的，如医护工作者。在治疗处于生死攸关之际的患者时，情绪的卷入可能是一种妨碍，医护人员需要以一种冷静、有条不紊和不带感情的方式来更高效地工作。有时听医生们聊天，他们可能会用完全"非人化"的方式说起人，那些脏器或组织的专业术语不会产生有关人的血肉感，而一旦勾连起太多情感反应则可能干扰到职业行为，就像医生也很难给自己的亲人做手术。这时候，把那些扰动人心的情绪收纳进一个盒子里暂时束之高阁，这一过程在某种程度上也是对特定职业从业者心理能量的保护。

不过，当不涉及此类特殊任务又或者在当下的情境中就应该表露情感时，如果还是用"理智化"隔绝着就不再健康了。例如，在亲人去世后，体验到毁灭性的情绪是正常的，此时就应当感到极度悲痛，但有些人可能会在此时表现得异常冷静和理性，就像处理其他逻辑性分析式任务一样处理之后的事情，仿佛如此这般就能将巨大的冲击性经历消解掉。然而，对于人类来说，情绪并不是需要被"固定"在某个地方的东西，而是需要被体验和理解的东西，我们应该被允许感受我们的感受。心理咨询的作用正是如此，它的目的并不是让我们天天开心，而是让我们在该开心的时候开心，该悲伤的时候悲伤，该愤怒的时候愤怒。能够坦诚、真实地面对、体验并适度表达自己的情绪是心理健康的表现。

第六个防御机制被称作"投射"（projection）。有时我们会产生一些不良动机或者恶意，如果承认它们就会引发焦虑，于是就在潜意识中将其转嫁于他人，投射到别人身上，断言是他人有此动机或恶意，以此来免除自我责备的痛苦。这就是"我有一个朋友"系列——明明是自己，却说是别人，"以小人之心，度君子之腹"。投射的潜台词是"不是我，而是他"，在投射起作用时，一个人如果恨别人，"我恨你"可能就会被转换成"你恨我"，一个吝啬的人可能会吐槽"全世界的人都是小气鬼"，一个想作弊的人可能会说"哪有人不想作弊"，一个有外遇的已婚男人可能会比其他丈夫更担心自己妻子不忠，反之亦然。总之，自己生病却让别人吃药。于是，根据投射的逻辑，一个人对他人感到极度厌烦的地方有可能恰恰体现的是其自身的担忧；如果老是注意到别人身上有什么毛病，多半是自己也有；如果一样东西极其让我们不快，可能只是它碰巧戳穿了我们想拒绝的真相。

　　投射这种防御机制还产生了一个重要的应用即"投射测验"（projective test）。这是一种非常具有想象力的人格测验形式，常用操作方法是，向受测者提供一些未经组织的刺激情境，如一些对称的墨水渍或意味不明的人物图片，让受测者在不受限制的情境下自由反应，去陈述自己看到了什么或根据看到的画面说一个故事。不管受测者说出了什么，由于它们并没有真实出现在图片上，所以只是借由图片上的图案或人物投射了出来，它揭示的其实是个体内心甚至潜藏在潜意识中的内容，于是通过这种方法可以在一定程度上窥探到深层人格。目前常用的投射测验有"罗夏墨渍测验"（如图25.2所示）、"主题统觉测验"、"房－树－人测验"等。但请注意，投射测验并非一般常见的结构性标准化测验，不管是施测、计分、解释都需要经过专门且专业的训练，因此如果有人随便就要拿你做测试并轻易地对结果进行解释，千万不要相信。

　　第七个防御机制，现代人经常使用，即"合理化"（rationalization）。这是一种对行为进行事后理性解释的防御机制，也就是为自己见不得光的阴暗想法寻找冠冕堂皇的理由，为已经做出的行为

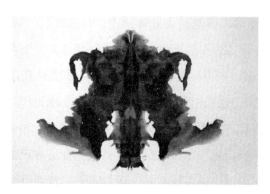

图 25.2　罗夏墨渍测验样图

提供可接受的动机，而事实上，被解释的想法和行为是由潜意识动机引发的。例如，人们可能不会承认自己不远万里地搬家是为了接近某个性伴侣，而会将其解释为这是在寻找更好的工作机会或迎接新的挑战。

　　合理化经常表现为两种形式："酸葡萄"（sour grapes）和"甜柠檬"（sweet lemon）。"酸葡萄"意指希望达到某个目标却未能达到时便否认该目标的价值和意义，也就是葡萄明明是甜的，但得不到葡萄便说它是酸的。这个出自《伊索寓言》故事的核心在于，狐狸在失败之后经由轻微的自欺欺人保住了自己的信心和颜面。相反，"甜柠檬"指当没有达到预定期望或目标时便提高现状的价值或意义，即柠檬明明是酸的，但只得到了柠檬便骗自己它是甜的，"阿Q精神"即为典型例子。

　　最后一个防御机制叫"升华"（sublimation），这是本章讲到的所有防御机制中最积极和最具适应性的一个。升华指的是将不能被社会道德接受的冲动转化为可以被接受的建设性行为，有点"知耻而后勇""化悲痛为力量"的意思。比如，把性冲动升华为绘画、舞蹈、写作等创造性活动，在弗洛伊德看来，诸如歌德、达·芬奇、米开朗琪罗这些大师们所创作的伟大作品都是他们将自身童年心理创伤升华了的结果。

升华的积极之处在于，通过合理疏导，本我在升华的过程中被允许获得了一定程度的表达，这样自我就不需要投入太多能量来抑制它了。这似乎可以解释为什么有时候人们爱讲或听所谓的"三俗"段子，因为它们可以以社会接受的幽默形式释放出一定的性或攻击能量。对于美式幽默进行的分析表明，性、排泄、死亡是最受欢迎的话题（Little，2009），在弗洛伊德看来，这些内容包含了大量被压抑的念头。从这个意义上说，要想知道一个人潜意识里被压抑了什么，或许可以去看看他认为什么东西是可笑的。

由此值得思考的是，一些看似社会道德不允许的欲望的无害表达在某种程度上是健康的，这也是精神分析理论一直强调的观点——堵不如疏，即承认本能欲望的存在及其合理性，同时引导其以适当理性的方式表达出来，而不是通过灭绝人身上的动物性来获得神性，或者完全用神性去压迫和禁锢动物性。经过一定程度的释放，人类的本能欲望有可能升华为具有建设性并蓬勃旺盛的创造力，进而导向文明。

* * *

以上是具有代表性的自我防御机制举例，它们主要用于解释发生在个体身上的行为，即个体防御，而当在群体层面使用这些防御机制时即上升为"集体防御"（collective defense），历史上一些社会心理与行为现象或与集体防御有关。例如，纳粹时期，部分德国人之所以对希特勒如此狂热，可以解释为他们把自我理想投射到了一个领袖身上（这一过程与粉丝对偶像的崇拜类似）；德国在第一次世界大战战败后经历了经济崩溃，此时统治阶级通过制造外部敌人来转移民众的不满情绪，犹太人就成了替代性攻击的替罪羊；当民族主义的狂热兴起之后，人们开始以内群体认可的道德准则如"我们是为了保卫家园""杀戮是正义的"来合理化对于外群体的残忍攻击；而到了战后，德国人很快就回归到了平常生活，过往的狂热仿若不曾存在，这可能是一种压抑。于是集体防御是有可能的，当某个刺激出现，群体中的某些个体表现出趋同的反应，这些反应再经由群体运作和感染最终形成一种集体性的共同意识。

到这里，如果要问：自我防御机制的作用到底是自我保护还是自我欺骗？答案或许是——通过自我欺骗来自我保护。除了升华，其他多数防御机制的作用都是通过歪曲现实和暂时麻醉自我来获得痛苦的解除和片刻安宁。不可否认，在某些时候，防御机制的使用的确具有积极的作用。人生不如意之事十之八九——没有得到梦想的工作、朋友说了伤害我们的话、我们认识到自己不那么讨人喜欢……在这些时候，当不得不遭遇失意、挫败、伤痛，有了防御机制的帮忙会让我们感觉好受一些，我们也可以依靠它们暂时渡过难关，直到重拾勇气直面现实。不过，当防御成为个人面对问题时寻求的主要甚至唯一办法时，就将成为人格适应不良的表现。换言之，即便有办法解决问题也不解决，而是永远依赖防御机制，这就可能成为心理健康的障碍。要知道，所有防御机制的使用都需消耗心理能量，当有限的能量被占用就无法提供给其他功能的发挥，进而可能影响到自我的正常工作。

于是，逃避是好用，但也不能老用，一时的幻觉或许可以欺骗自己，但终归要回到现实。更重要的是，如果从不面对让我们感到焦虑、悲伤或压力过大的事情，我们就永远不会知道为什么这些事情会让我们产生这种感觉，也就永远无法从错误中吸取教训并获得成长，也永远没法体会，原来这些汹涌而来、我们自以为招架不住的感觉也会逐渐消退，随着时间的推移，我们完全有能力管理它们，即便这一过程意味着不得不与各种让我们不知所措的凌乱、丑陋与恐惧坦诚相见。或许，我们应该相信弗洛伊德所相信的，人类能够在无须幻觉的帮助下面对现实，即便这并不容易。

26. 如何洞悉潜意识？经典精神分析理论的应用

前面三章一直在介绍精神分析理论，但其实一提到精神分析，很多人的印象更多是一种心理治疗的方法，然后才是一个人格理论，本章就来聊聊作为一种治疗技术的精神分析。

事实上，精神分析人格理论和疗法之间的关系非常紧密——疗法建立在精神分析有关人格结构和动力理论的基础之上，而弗洛伊德又在临床实践中不断发展他的人格理论。从心理治疗的历史来看，精神分析的诞生直接推动了以心理观点理解和干预精神病理的实践，也宣告了一个全新的"谈话治疗"（talking cure/therapy）时代的开启。自那之后，无数正在承受精神痛苦的人选择进入心理治疗室，通过与治疗师的交流寻求身心的疗愈，一系列有关认识、理解、接纳、改变的故事也在这样的过程中悄然发生。时至今日，精神分析取向的治疗依然是现代精神医学及心理治疗工作者最广泛运用的方法之一。

如前所述，弗洛伊德认为，被"镇压"在潜意识中"郁不得志"的冲动是引发精神疾病症状的罪魁祸首，那么，精神分析治疗的核心任务就是要想办法获取潜意识中的内容，搞清楚被压抑的本我冲动，再将其安全合法地还原至意识中。这在具体的治疗过程中可通过一些相当"曲径通幽"的方法来实现，最具代表性的就是精神分析治疗的三大技术——自由联想、移情分析、梦的解析。但在展开介绍它们之前，我们先来看一个似乎更广为人知的技术——催眠。

* * *

大众认知中的"催眠"（hypnosis）始终笼罩着一层神秘色彩。在文学、影视作品以及民间传说中，催眠简直无所不能——在催眠状态下神灵附体、昨日重现、返老还童、看到天外来客、游走于前世今生等，说得天花乱坠。然而，现在我们已经知道，催眠是一种特殊的意识状态，表现为注意范围的缩小和受暗示程度的提高（Kallio & Revonsuo, 2003），决定催眠与否的最重要因素是个体对暗示做出反应并体验到被催眠的强度即"催眠感受性"（hypnotic susceptibility），以及个体愿不愿意被催眠和愿意为此付出的努力。一方面，唯有人们自愿合作并期待其发生时才能被催眠，而此时催眠师的技巧其实并没有那么关键（Kirsch & Lynn, 1998）；另一方面，催眠感受性存在很大的个体差异，有一些人很容易被催眠，另一些人则非常困难，但是这种个体差异从何而来仍然不清楚。现代研究发现，催眠感受性与人们轻信、服从、从众的倾向均关系不大，与想象力等特质也只存在微弱的相关（e.g., Nash, 2001）。

目前存在两种解释催眠的理论。第一种认为，催眠的状态实质上源于自我控制功能的减弱。研究发现，催眠状态下大脑前额叶皮层的活动会受到一定抑制（综述见 Gruzelier, 2006），而这一区域的活动是注意、计划和执行的核心。以能量的观点简单来说，在我们清醒的时候，通常会有一部分自我能量用于任务执行，另一部分用于自我监控，而催眠可以使自我监控的那部分力量减弱，相当于撤除了一部分警戒与防御，于是可以在催眠过程中做出一些我们本来就能做到但在自我意识清醒时并不愿意做的事情。例如，在催眠秀里最常表演的"人桥"，即一个人将头和脚放在椅子上而身体中部悬空，然后让另一个人站在其身上。这看起来挺神奇，但其实正常人的身体本就可以承受一个人的重量，只是在一般情况下，如果有人要求站在我们的肚子上，我们一定会拒绝，而在自我监控力量减弱时，就可以做出这种平时也可以但不愿做的事情了。

也就是说，催眠并不能使被催眠者做到其原本就做不到的事，比如，它没法让我们在催眠状态下突然会说一门新语言，也不能点亮某个我们清醒时学不会的新技能或者感到奇怪的知识增加了。当然，催眠可以在某种程度上让人"放飞自我"，比如，服从催眠师的暗示去做某些令人尴尬的事情，这其实跟酒精的作用差不多。但是，并没有证据表明，被催眠的人会做出违反道德、法律或令自己和他人陷入危险的事情（Laurence & Perry, 1988），所以那些所谓邪恶的催眠师操纵人去犯罪的故事就真的只是故事而已。

另一种理论则认为，催眠不过是一种"角色扮演"（Braffman & Kirsch, 1999）。被催眠者只是在扮演一个角色，就像我们在日常生活里会自愿服从父母、老师、医生等的指示一样，只不过在催眠过程中，个体对于这种"扮演"浑然不觉，他们全心投入于角色之中并努力表现出催眠师这个"导演"暗示他们做出的行为。这两种理论均有道理，而不管如何解释，总之，催眠不是魔法，也不神乎其技，它可能仅仅有助于让个体变得更放松、更合作、更专注，它开发不出超能力，被催眠的人也不会被迫做出违背他们意愿的行为。

在精神分析治疗中，催眠是让自我防御减弱进而得以进入潜意识层面的一种方法，类似于实施手术前的麻醉，目的是让手术进行得更顺利。现代研究也发现了催眠的一些益处，如催眠中高度受暗示的状态可以在戒烟、减肥、增强自尊、减轻疼痛等方面发挥一定的积极作用，特别是用于止痛，在人们经历烧伤、癌症或分娩时，催眠暗示可以有效减轻他们的痛苦（综述见 Kendrick et al., 2016）。由此，美国心理学会（APA, 2020）明确将其推广为一种有益于处理疼痛、焦虑、情绪障碍等问题的疗法。从这个意义上看，催眠不应该被神化，也不应该被妖魔化，而应该在它该在的地方。

* * *

正因为不是每个人都能被催眠，弗洛伊德并没有依赖它太久，而是很快找到了一种更易操作的替代性技术——"自由联想"（free association）。如果我们放松地躺在一张舒服的长椅上，进入一种"意识流"的状态任思绪翻飞，然后说出进入我们脑海里的所有内容，就是在进行自由联想。接着我们可能发现说出了一些令自己都感到惊讶的话，如一些相当羞耻的内容，或一些不知从何而来的念头。此时我们马上想要矢口否认，但精神分析师会鼓励我们毫无保留地说出来，哪怕其再羞耻、再荒谬、再莫名其妙，都不要进行任何自我审查。这样的过程看似是想到什么说什么，但自由联想并不真的"自由"，在弗洛伊德看来，意识中会显现些什么不是随机的，那些联想出来的内容可能流露出不被接受的潜意识冲动，并能体现出人们对这些冲动加以压抑、替代等的防御过程。

图 26.1　世界上最著名的家具之一——弗洛伊德长椅，现存于英国伦敦弗洛伊德博物馆。弗洛伊德的来访者们即躺在这张椅子上进行自由联想，而弗洛伊德则坐在他们头部后方的椅子上

　　当然，也不是所有的联想内容都指向潜意识，于是对自由联想内容的分析有点像大海捞针。精神分析师必须十分敏锐，能够辨识出哪些线索或信号意味着某些重要的潜意识内容就要冒出头了。它们可能非常微妙，如一个微弱的颤抖、突然一小下的犹豫、说完一句话立马予以否认、莫名其妙的大笑或者长时间的停顿等，这些意味着自我的审查力量正在干扰潜意识内容的表达，同时也意味着那些被死死保守着的秘密正在呼之欲出。这种抗拒潜意识内容重返意识领域的过程就是所谓的"阻抗"（resistance），弗洛伊德将许多行为解释为阻抗，如迟到、忘记预约（弗洛伊德是第一个给在心理治疗中迟到和失约罚钱的人）、以不相关的话消磨时间、忘记付费、抱怨治疗无意义等。这时，精神分析师就要去解释阻抗背后的心理原因，令来访者获得对自身行为的领悟。

　　三大技术中的第二个是"移情分析"（analysis of transference），

其中的移情又称"情感转移"，是指来访者将其早年生活里与重要他人产生过的情感、态度等转移到了精神分析师身上。简单来说，就是将被压抑的强烈情感以精神分析师为对象表达了出来，例如，来访者把幼年对于父亲的敌视与憎恨移植到了与精神分析师的关系里，因此这同样是一个将潜意识欲望意识化的过程。在精神分析治疗中，移情是必经的步骤，通过分析移情的本质可以洞悉存在于来访者早年经验中对其成长与发展产生过重要影响的情绪情感，从而促进治愈。

和前两个比起来，最后出场的这一技术要名声显赫很多，那就是"释梦"（dream interpretation）。做梦这种神经心理现象有着悠久的神秘历史，人们从很早以前就对梦进行解释，那时候梦常被视作某种神谕或预言，而在弗洛伊德看来，梦是个体心理的产物，它只重现过去，并不预知未来。在弗洛伊德43岁那年，一部对于他个人、对于精神分析理论乃至对于整个人类思想史均具有重要意义的著作问世，书名是《梦的解析》（*The Interpretation of Dreams*）。

这本实际出版于1899年的书版权页标注的年份却是1900年，这是在弗洛伊德的强烈要求下实现的。明眼人不难看出其背后的小心机——日后此书定要被世人看作新世纪的先驱。弗洛伊德还在书的封面上豪气十足地引用了古罗马诗人维吉尔（Virgil）的一句话："如若不能震撼上苍，就要搅动地狱。"——这很"弗洛伊德"，他从小就是一个胸有大志、野心勃勃的人。然而天不遂人愿，这本书面世之初销量可谓惨淡，前八年总共才卖出三百多本。但是，在多年以后的世纪之交，当人们回头翻看整个20世纪时，不负其所望，《梦的解析》被认为是这个百年里最重要的划时代巨著之一。当然，再过了许多年，在遥远的东方，《梦的解析》经常与古老东方的神秘主义代表作《周公解梦》放置在一起售卖，这也是弗洛伊德始料未及的事情。

在世人汲汲营营地期待从梦中预知未来的利益时，弗洛伊德看重的却是过去的意义。无论梦境多么绮丽诡谲，在他看来只是潜意识的碎片和线索。一旦进入梦乡，束缚我们的社会良知就不再那么强劲有力，换言之，压抑的力量变弱，被"打入冷宫"的潜意识欲望得以找到绝佳的上场机会，弗洛伊德因此称梦为"通往潜意识的捷径"。潜意识冲动会在梦中浮出意识水面，不过是以扭曲的方式浮现的。这是因为虽然自我审查的力量在睡梦中大打折扣，但并没有完全作壁上观，于是那些敏感的内容依然无法赤膊上阵，需要改头换面。例如，父亲可能被老板替代，男性生殖器官可能被掩饰成一条蛇或者一把伞，自己的身体可能被扭曲为一幢房子等，然后审核就通过了。

因此，要理解一个梦就要去解释那些掩盖在表面梦境之下的象征意义，这个过程有点像解谜，即通过人们睡醒之后能够回忆起来的"显性"内容（谜面）去揭示其隐藏的"潜性"内容（谜底）。但要注意的是，弗洛伊德并不认为某个梦境中的意象与它代表的事物之间是预先确定的一一对应关系。例如，在一个做梦者那里，枪可能与性交有关；在另一个做梦者那里，枪可能与攻击有关；在第三个做梦者那里，枪可能意味着另外一个完全不同的东西。所以，梦的意义只能借助于完整的梦以及做梦人的个人经历才能确定，所谓的"梦境符号大全"全都不足为信。此外，梦既然可以迂回地表达潜意识欲望，这部分能量的释放就可带来满足。例如，一个孤独寂寞的人可能在梦中邂逅所爱，一个憎恨父亲的人可能在梦中对着某个权威人物表现出强烈的攻击性，一个被好友丈夫吸引的人可能在梦中戴上了好友的结婚戒指……总之，清醒时被压抑的愿望在梦里得到了伪装的满足。在精神分析治疗中，精神分析师会通过对梦的解释来澄清那些压抑已久的力量，它们是导致来访者出现心理症状的元凶，进而达到治愈的目的。

弗洛伊德的梦理论充满着戏剧的张力，所以毫不意外，它在文学艺术领域成为一个大"IP"，成就了无数文艺作品。随便说几个：希区柯克的代表作之一《爱德华大夫》（*Spellbound*，1945），其中有关梦和释梦的情节设置简直如梦理论教科书般工整；大卫·林奇（David Lynch）执导的《穆赫兰道》（*Mulholland Dr.*，2011），如果不以精神分析的梦理论的视角去理解，很容易看得一头雾水。还有克里斯托弗·诺兰（Christopher Nolan）执导的《盗梦空间》（*Inception*，2010），如果你看过这部电影，一定会对其中天马行空的想象力印象深刻，而在绚烂的视觉特效之外，它也不失考究的细节与有关梦的科学原理，特别是精神分析理论（尤其是有关压抑和梦的理论）所奠定的故事内核。

影片的奇幻感很大程度上归功于多层空间的设定，除了现实空间之外，层层嵌套的梦境令人大呼过瘾。那么，梦是不是真的有层次呢？事实上，"梦中梦"是存在的，但更重要的是，电影借此表达了一件具有精神分析意味的事情，那就是潜意识空间。弗洛伊德说潜意识位于精神世界的底部，不为人所知，电影则用了一个相当生动、具象的方式来展现。比如说，第一层梦境细节很丰富，跟现实差不多，是整个城市；到了第二层是一个酒店，相比第一层，意象更为简化和局限；而到了第三层，只有茫茫大雪里的一个堡垒，变得更加虚妄和空茫。换句话说，越往下或越往深处走，意识的成分就越少，取而代之的是潜意识的无序、未知与原始。此时，自我的力量也越来越弱。在第一层里，主角团的行动遭遇了荷枪实弹的抵抗，这象征着自我的监控与防御，而到了下一层，阻抗变得微弱，潜意识的内容就有机会浮现出来，所以他们选择在第三层梦境里完成核心任务，即给目标人物"植入"一个想法。

然而，在如此完美的设定中，唯一的意外是男主人公柯布的妻子梅尔。在现实中，梅尔已经死去，但却屡屡出现在柯布的梦境里，扮演一个前来搅局的"不速之客"。这个角色以及围绕着她发生的一切是整部电影的"戏眼"，也昭示着这是一个彻头彻尾的精神分析式的故事：梅尔因为留恋梦境不愿回到现实而选择了自杀，柯布因而产生了强烈的自责与罪疚感，但在清醒时，他把这种感受压抑在了潜意识中，然而作为一种能量，这一无法摆脱的自罪感需要得到释放，于是通过妻子在梦里出现并对抗和破坏自己的方式来实现一种自我惩罚。在影片的最后，尘封于潜意识中的往事重现，柯布才真正从束缚中解脱出来。正因为有了压抑这一故事内核，人物平添了人性的弧光，这部电影也超越了一般意义上的视效大片，变得更加立体、丰富与深刻。

* * *

以上便是精神分析治疗中常用于洞悉潜意识的方法，那么在治疗室之外，精神分析理论是否也可以用于日常生活？当然可以，比如"过失分析"（slip analysis）。对于生活中不起眼的失误，如不小心说错了一句话，我们常自我开解说"这没什么大不了的""不过是粗心了而已"。然而，作为一个敏锐的观察者，弗洛伊德将毫不留情地指出：你本来是想说这句话为什么说成了另一句话，没能实现原本的意图也就罢了，为什么会跳出另一个并不期待的来予以取代呢？在《日常生活中的心理病理学》（*The Psychopathology of Everyday Life*, 1904）一书中，弗洛伊德的解释是，失误并不代表着心不在焉，而是一种被压抑的思想的自我实现，那些被自我警惕着不能表达出来的东西在日常过失中找到了出口。于是，再一次，没有偶然，过失都不是偶然，而是深层潜意识愿望的流露。

生活中的过失行为不胜枚举，如最常见的口误及笔误。当一个人疲劳或注意力不集中时，就很容易出现口误或笔误。按照精神分析的说法，此时自我防御的力量减弱，对潜意识的防守不严，潜意识冲动因此而显露了出来。这么来看，我们常说"瞎说什么大实话"，或许瞎说的才是实话。最常见的口误是把某一个词说成另一个与它相似的词，或者把一个打算说的话说成了正好相反的话。例如，领导把"开会"说成了"闭幕"，这可能暴露出其内心想要赶紧结束工作的真实想法。一次，弗洛伊德去美国讲课，主持人本应介绍他为"Dr. Freud"（弗洛伊德医生），结果却说成了"Dr. Fraud"（骗子医生），这便是一个典型的"弗洛伊德式口误"（Freudian slip），被认为流露出了主持人内心对于弗洛伊德的真正看法。再来就是笔误，即写错字，它和口误的内在机制一致。现代人已经不怎么写字而换成打字了，但错误一样不少见，此时我们常将其归结为所谓的"手滑"，但这样的"甩锅"在精神分析中同样不会被接纳，打错字也是内心隐秘信息的反映和流露，于是莫要怪到无辜的手上。

到这里想要温馨提醒一句，在学过心理学，特别是其中的精神分析，又特别是其中的防御机制和过失分析之后，很多人容易犯两个毛病。一是对号入座，看自己哪哪都不对劲。心理学家可能是这个世界上最能创编概念的一群人，如果以这些花样繁多的概念去检视自己，恐怕没有几个人能"正常地"走出去。人们都想对自己的行为做出解释，但也不是每个行为都需要解释，而且简单把一个概念套用在自己身上也算不上解释。如果某个问题真的困扰了你，那就尝试去认真解决它；如果并没有，那就不必徒增烦恼。

二是有事没事就分析别人。千万别这么干，因为，会没朋友。原因很简单：如果分析错了，对方会很生气，而如果分析对了，对方则会更生气（Funder, 2010）。例如，在美剧《老友记》（Friends）的第一季里，老友团成员菲比交了一个做心理医生的男朋友，结果这位仁兄只要出场就是在对众人进行分析：钱德勒亲密关系有问题，罗斯跟妹妹竞争父亲的关注，莫妮卡用暴食来补偿缺失的爱……虽然分析得都没错，但在各位老友看来，"这家伙可太讨厌了！"的确，任谁也不会想让自己在别人面前毫无准备地无所遁形，而且当时也不是在做心理咨询。这时候就要向弗洛伊德本人学习了：他每天平均抽 20 根雪茄，有好事者前去问他为什么那么爱雪茄（在精神分析中，雪茄可以是阴茎的象征物），结果弗洛伊德叼着雪茄淡定地回答说："有时候，雪茄就是雪茄。"（Sometimes, a cigar is just a cigar.）好吧，这个故事大概率是后人杜撰的，但是这个回答很"弗洛伊德"。

日常生活中还有一个很常见的现象是遗忘。与口误、笔误同理，在弗洛伊德看来，遗忘具有明显的心理动力学意义，比如，把东西遗忘在某人家里不带走，是因为潜意识中还想再去。在一些特殊的案例里，人们奇怪地忘记了某些特定的情节，例如，11 岁那年夏天发生的事情或在某次战役中经历的一切，而除此之外的记忆完好无损，这就好似在连贯的往事长河中留下了一个莫名的"坑洞"，这一现象被称为"心因性遗忘"（psychogenic amnesia）或"局部遗忘"（limited amnesia），意指一种由心理创伤引起的暂时性失忆。在弗洛伊德看来，心因性遗忘是压抑作用的产物，人们短暂地忘记某些可怕遭遇是在通过"清空"相关的记忆来对抗无法承受的压力。但是，即便往事不要再提，过去也没有真的过去，那些遗失的篇章看起来不复存在不代表真正云淡风轻，一旦状似休眠的能量被激活，就会再次烟尘四起。例如，从战争创伤后应激障碍（PTSD）中恢复过来的人逐渐不再受到往事的困扰，曾经的可怕经历也被放逐到了意识之外，然而，如果有一天再次碰到与之前创伤类似的情境，如不远处传来一声巨响，在那一刻，那种强烈的恐惧又会犹如幽灵一般去而复返。

1969 年 9 月，美国加利福尼亚州，时年 8 岁的苏珊·内森（Susan Nason）在去邻居家的路上失踪了。三个月后，她的尸体在离家几英里的地方被发现。由于缺乏破案线索，案件搁置。20 年后，1989 年的一天，苏珊儿时的伙伴，已经长大成人的艾琳·富兰克林（Eileen Franklin）正在家中陪伴 2 岁的儿子与 5 岁的女儿玩耍，有那么一瞬间，她凝视着女儿的眼睛，脑海中突然奇异地浮现出一些画面，好像有什么遗失已久的隐匿片段正在复原。她想起了苏珊的死，回忆起自己看见一个男人对苏珊进行了性攻击并用石块砸碎了她的头，而这个男人正是艾琳自己的父亲。凭着女儿的证词，乔治·富兰克林（George Franklin）被告上法庭。1990 年 11 月，他被裁定犯有一级谋杀罪并被判处终身监禁。

陪审团认为，如果当年艾琳没有目睹事件经过就不可能说出那么多细节。但是，为什么这些记忆堪堪过了 20 年才浮出水面？陪审团采信了弗洛伊德式的解释：自己的父亲性侵并杀害了自己的小伙伴，这段记忆对于尚是幼童的艾琳来说太过冲击与痛苦从而导致被压抑，也就是形成了"心因性遗忘"。而在多年后，也许是因为艾琳的女儿与当年的苏珊有些许相似之处，形成了提取线索，进而触发了尘封的记忆。

由于这是美国司法历史上首次采信被恢复的记忆作为证据的案件，经媒体报道后迅速引发了激烈讨论，多起与之类似的案件进入公众视野。这些案件的共同点在于，都有一些成年人在接受催眠等暗示性心理治疗后突然回忆起某些遗失已久的陈年往事，如童年时曾被父母或其他权威（如老师、神父）虐待甚至是性虐待，但当他们与当事人对质时，对方往往矢口否认。可想而知，对于家庭来说，这样的情形一定会引发轩然大波并造成可怕的撕裂，令所有牵扯其中的人陷入痛苦之中。于是，一个关键性问题是：这些被恢复的记忆真实吗，可靠吗？一时间，大众、心理治疗师、记忆研究者一并卷入了一场旷日持久的论战之中。

先来看反方观点。对被恢复的记忆的真实性持否定或怀疑态度的人指出，虽然精神分析式的逻辑给了被恢复的记忆一个看似合理的解释，但事实上，这种因为强烈情感冲击而彻底忘掉整个经历的情况在临床上十分罕见。在多数情况下，失去对创伤事件的记忆是因为醉酒、脑损伤或者在创伤过程中失去了意识。那么又为什么会有那么多人表现出"心因性遗忘"的症状呢？这再次涉及心理疾病（或症状）的"可建构性"。

在被报道的案例里，被遗忘的创伤性记忆多数是在心理治疗过程中恢复的，且治疗师使用的多为像催眠这样的暗示性疗法（Nelson, 1993），那么就存在一种可能性：创伤性记忆是在心理治疗过程中被"诱导"出来的。经过也许是这样的：一些罕见却凸显的"心因性遗忘"案例会令特定的症状与被压抑的童年创伤联系起来，心理治疗师在受训时接受了这样的联结，日后在其执业实践中遇到类似症状的来访者时，就可能倾向于以压抑这一机制来解释症状的来由并寻求被压抑的内容，进而在催眠等暗示性极强的治疗过程中微妙地诱导来访者相信这种解释。例如，一个年轻女性因为难以与异性建立良好关系而寻求治疗，治疗师可能会暗示说"一些小时候受过虐待的人会表现出和你类似的症状"或者"如果你觉得你曾经被虐待，那么很可能就是，即便你已经完全不记得了"。正在承受痛苦的人需要为自己的困境找到解释，而童年创伤恰巧是一个非常合理的解释。于是，这种说法可能会使来访者"认为"自己曾经被虐待过，接下来就会"努力"地在记忆中搜寻与之有关的证据或线索。而一旦找到，被恢复的记忆的有效性就会再次得到证明，相关案例将继续强化已经从业或正在受训的心理治疗师们对于该问题的理解。也就是说，被虐待的记忆可以经由一系列复杂的社会互动过程"植入"来访者的头脑里，然后像一颗种子一样生根发芽，直至令人深信不疑。目前确有压倒性的证据表明，催眠未必会增加记忆的准确性，但肯定会增加人们以强烈的信念报告以前不确定的记忆的意愿（综述见 Lynn et al., 2019）。但请注意，在整个过程中，心理治疗师所做的一切都是无意和善意的。

事实上，在治疗室之外，在与"心因性遗忘"无关的场景中，人们同样会受到诱导性信息的影响而报告出一些并非他们真实所见或亲身经历的事情。例如，在证人问询过程中，如果问询者强烈相信某个儿童受到了侵害且暗示儿童应该对此进行揭发时，儿童更有可能给出错误的证言（Ceci & Bruck, 1993）。类似的情况同样可能出现在成人身上。在一个经典研究中（Loftus & Palmer, 1974），研究者给受试者看了一段长约 1 分钟的影片，内容是一辆汽车在乡间行驶，在最后四秒钟，它和对面驶来的一辆车撞在了一起。接着，受试者被分为两组，任务均为估计汽车在出事故时的时速，但问的时候措辞有细微的不同，一组问的是"两辆汽车撞击（hit）时的速度大概是多少？"另一组问的则是"两辆汽车撞毁（smash）时的速度大概是多少？"之后，研究者发现，首先，虽然看的是完全一样的影片，但被问到"撞毁"时速的受试者所估计的车速要显著高于被问到"撞击"时速的受试者所估计的车速；其次，同时也更重要的是，十天之后，研究者再次找到这些受试者询问他们一些有关影片内容的问题，其中包括"在上次的交通事故影片里，你有没有看到被撞碎的玻璃"。结果，在之前被用"撞毁"提问的受试者里，接近三分之一（32%）的人声称自己当时看到了碎玻璃，而这么说的人在另一组只有 14%。事实上，影片里完全没有出现过这一幕。很显然，人们在上一次提问措辞的引导下顺理成章地"建构"出了与之相符但并不存在的记忆。这也提醒着，在司法领域，警察、法官及律师的问话方式很可能影响证人证词的准确性。

以上这些证据都在表明，人类的记忆是不断重构的产物，在暗示的作用下尤为脆弱。但是，另一方面，面对以上质疑，一些心理治疗师和临床心理学家表达了强烈的愤慨，他们认为这是对真实受害者的排斥，他们相信被恢复的记忆绝不是虚妄之词，而是深埋的梦魇在当下的投影，对这些记忆的否定只会让受害者承受更大的压力与污名，从而更不敢站出来发声并背负难以想象的痛苦。

遗憾的是，这场争论到现在依然没有结束也仍然没有结果。目前的研究证据可以告诉我们的是：第一，受虐待等创伤经历会被遗忘吗? 答案是肯定的。第二, 被遗忘的创伤性记忆可以恢复吗? 答案也是肯定的。第三, 反过来, 被人们记住的创伤经历有没有可能并不曾真的发生? 答案依然是肯定的。那么要如何区分真实的记忆恢复与暗示导致的错误记忆? 很遗憾, 尚没有被证明确切有效的办法——即便是最有经验的心理治疗师、最训练有素的科学研究者乃至测谎仪, 都无法准确地分辨二者(夏克特, 2021)。

在一片质疑声下, 1996 年, 乔治·富兰克林服刑 5 年后, 苏珊·内森案开庭重审。这一次, 法官基于初审时的几个程序错误推翻了此前的定罪, 其中最重要的一点是, 初审法官拒绝辩方律师为乔治辩护称艾琳证词的来源可能是当年报纸、电视对犯罪细节的报道而不是恢复的记忆。这种推测是有可能的, 人们经常把自己想象出来的东西、听过的别人所说的话、从大众媒体中看到的东西等当作自己的记忆, 也就是混淆了记忆的来源, 就好像改文稿的时候忘了开修订模式, 你也改我也改, 最后完全忘记了哪句话是谁写的。此外, 在案件等待重审期间, 艾琳的妹妹透露, 她们姐妹曾在审判前接受催眠以期唤起更多的记忆, 这与艾琳声称她从未接受过催眠的说法相矛盾。基于这些疑点, 法官认为, 乔治在初审时没有得到公正的辩护和审判, 加之直接证据缺乏, 基于疑罪从无的原则, 乔治被裁定无罪释放并于前几年去世。杀害苏珊的真凶到底是谁? 半个多世纪过去了, 依然是个谜。

迄今为止, 有关压抑及被恢复的记忆的科学研究仍在继续, 它们在人们生活以及司法审判中的作用也仍存在争议(综述见 Loftus, 2003)。正如著名心理学家、记忆研究者伊丽莎白·洛夫特斯

（Elizabeth Loftus）所说："不能因为一些案例被证实是明显错误的，就得出结论认为所有恢复的记忆都是虚假的；也不能因为一些案例中的记忆被证实是真的，就认为所有恢复的记忆都是真实的。"的确，一方面，有关被恢复的记忆的科学证据尚且不足，确认其真实性必须具有独立旁证；另一方面，儿童受侵害和虐待的情况时有发生，这是不可回避的事实，不能因为一些错误记忆的案例就忽视儿童受虐待的严重性。

最后，推荐两本关于人类记忆的著作。一本是《目击者证词》（*Eyewitness Testimony*），其中通过大量心理学研究探讨了虚假／错误记忆的现象和来源以及司法审判过程中各种可能微妙影响目击者证词的因素；另一本则是记忆研究的经典之作《探寻记忆的踪迹》（*Searching for Memory: The Brain, the Mind, and the Past*），这本书中的最后一段话很适合作为本章的结语："我们的记忆是由各种原料组建而成的：其中既有真实发生过的事物片段，也有对本可能发生的事物的遐想，还有在记忆时引导我们的观念和信念。我们的记忆是我们回顾过去、相信当下、憧憬未来的脆弱而有力的产物。"

27. 弗洛伊德的理论遗产：
现代研究中的精神分析

　　精神分析这一深具思想启蒙意义的理论在其提出的年代不啻为石破天惊，然而随之而来的争议和批评也数不胜数，该如何评价这个庞杂的理论王国并确立其在历史上的地位成为争论不休的问题。

　　在弗洛伊德的职业生涯里，作为一名医生，他热切期盼可以获得主流科学界的肯定。根据前些年诺贝尔奖解密的档案，弗洛伊德曾 12 次被提名诺贝尔医学奖，然而直至他去世，12 提 0 中。不过，在其他领域，他倒是有所斩获：1930 年，弗洛伊德被授予德语文学最高奖"歌德奖"；1936 年，罗曼·罗兰（Romain Rolland）等提名他为诺贝尔文学奖的候选人。然而，这些文学界的荣誉似乎更像是一个讽刺，意指精神分析学说里艺术创作的成分多于科学研究的成分。曾获诺贝尔奖的理论物理学家马克斯·普朗克（Max Planck）曾说："科学真理的胜利往往不是因为说服了反对者，而是因为反对者们最终去世了，而熟悉它的新一代成长了起来。"弗洛伊德和他的精神分析却似乎没有这样的幸运，在他活着的时候，同时代的人批评他肮脏下流，而在他死去之后，今天的人则批评他不够科学。经典精神分析理论的核心观点究竟有多少经受住了现代研究的检验，又有哪些已被证明不足为信？本章即以现代眼光审视这个一百年前的理论，同时延展介绍一些由弗洛伊德带动或启发的当代研究结果。

* * *

先来看看在哪些方面弗洛伊德可能是对的，又或者他的某些论述未必与现代实证研究的发现严丝合缝地符合，但其中的观点或理念为后续研究提供了哪些启发。

首先，焦虑的确会引发防御，在压力情境下使用防御机制也的确可以在一定程度上保护自尊和减轻身心紧张，与此同时，一些不成熟的防御机制（例如否认、投射）的使用也可能带来适应不良的结果（e.g., Cramer, 2000, 2015）。这些都符合弗洛伊德的论述。

其次，早年经历会影响成人人格，这一假设不管在大众还是科学界均已被广泛接受。例如，很少有人会怀疑虐待儿童将带给孩子终身性的负面影响，此外，如今各种证据都证实，很多恋爱或婚姻问题与早期亲子关系有关（如第 16、17 章讲到的那样），即便它们并不总是按照弗洛伊德所预测的方式出现。可以说，正是从精神分析理论开始，童年经验、原生家庭等概念深入人心，这毫无疑问深刻而全面地改变了人类的养育观念和实践。同时，伴随着全球范围内的经济发展和少子化趋势，儿童的生存处境在近百年得到了极大的改善，对此弗洛伊德领军的精神分析学派做出了巨大的贡献。

再次，心理能量有限，心理活动会消耗能量，这一精神分析理论的核心观点也获得了一些现代研究的支持。不过，现代研究者已不大使用"心理能量"这个词而更多使用"资源"（resource）这一说法，如注意资源、认知资源以及自控资源。以"自控资源"（self-control resource）为例，几乎所有有意识的、带有目的性的、涉及自我控制的人类行为，如做出选择和决定、承担责任、发起或抑制一个行为、制订行动计划和执行这些计划，都将像"做功"一样消耗资源，而且资源是有限的，一旦在做这件事情时有所损耗又没有得到及时补充，紧接着再做另一个任务，效率就会下降。比如，在看一个极其好笑的喜剧片时努力忍住不笑，或者在一块巧克力和一根胡萝卜之间强迫自己选择后者，之后再去完成一个有一定难度的任务如解字谜，就会发现将表现得更差或更难坚持下来，仿佛能量一共就这么多，前面用得差不多了后面就不够用了（这与弗洛伊德主张的心理能量守恒类似）。现代研究者将这一现象称作"自我损耗效应"（ego-depletion effect; Baumeister et al., 1998）。基于此效应，我们就能理解，为什么深夜是"剁手"的高峰时段，而那些促销活动也总是选在零点开始了：已经累了一整天，"感觉身体被掏空"，人们就更没有能量去抵御商家花样百出的轰炸，也更可能做出冲动性消费（Baumeister et al., 2008）。同理，克制自己吃了一整天健康餐的人也容易在晚上缴械投降，屈服于放纵一下的诱惑。

人们常说"控制不了自己身体的人怎么能控制自己的人生"，这句话过于绝对了。因为以自我损耗效应的逻辑来看，特别能控制自己身体的人反而可能在人生的其他方面控制不住，因为在前者上已经消耗了太多。研究的确发现，长期节食者比不节食者更容易自我损耗（Wang et al., 2016），因为他们在控制食物摄入量上动用了太多的意志力，于是在面对其他诱惑时反而更容易失去自制。研究甚至还发现，人们在晚上做出不道德行为（比如欺骗）的可能性要比早上更高（昼伏夜出的人除外），因为一整天的活动可能耗尽人们抑制自己做出对自己有利但有违道德的行为的能力（Kouchaki & Smith, 2014），这似乎也从侧面说明"做个好人"或者"不为恶"是一件需要付出意志努力的事情。

这一领域研究的另一个有趣发现是，心理资源和生理资源是相通与共用的（这一点也与弗洛伊德的观点一致）。比如，前面提到的那些导致资源损耗的心理活动做完后，人们在体力活动上的表现同样也会更差，反过来，经过身体上的休息（如好好睡一觉、美美吃一顿，甚至注射葡萄糖），心理的资源也可以在一定程度上得到恢复与补充。照这么来说，"吃饱了才有力气减肥"完全没毛病。

此外，既然自我控制将消耗能量，那么那些特别善于控制的人是些能量超级充沛的人吗？未必。人们经常崇拜那些具有坚强意志和超凡自控力的人，他们往往能在常人难以抵御的诱惑下全身而退（如"坐怀不乱""视金钱如粪土"），又或者在常人难以忍受的重压下力挽狂澜（如"泰山崩于前而色不变"）。但是，大量研究发现，那些被公认拥有高自控力的人其实并不比一般人更擅长抵制诱惑或处理压力，他们擅长的只是避免诱惑或躲闪压力，也就是说，他们更少将自己置于需要动用自我控制资源的麻烦情境里。例如，知道自己一到晚上就会忍不住大吃大喝就不在家里储备零食，知道自己经不起考验就少在"河边走"或不"立于危墙之下"，明知山有虎那就不要去"明知山"……总之，尽量不和诱惑狭路相逢，自然也就更少体验到损耗，进而留下更充沛的资源来做计划和执行计划。于是，这些人并不是"杀敌"有多厉害，而是很聪明地不给自己制造"敌人"，或者根本就不给"敌人"机会，这是一种"不战而屈人之兵"的方法（de Ridder et al., 2012; Hofmann & Kotabe, 2012; Hofmann et al., 2014; Baumeister, Wright, & Carreon, 2019）。

　　与之有关，现代研究还提出一个类似压抑的概念叫"思维压制"（thought suppression; Wegner & Zanakos, 1994）。压制显然没有压抑这么充满心理动力学意味，被压制的思维也不一定总是充满能量的消极内容，而且整个过程完全可以发生在意识层面，因此是一种普遍的认知现象。但是，关于思维压制的研究结果却间接印证了弗洛伊德对于压抑的假设——那些被"打压"的内容不会消失，反而会更多地出现。在一项研究中（Wegner, Wenzlaff, & Kozak, 2004），受试者被要求在睡觉之前写日记。他们首先要选择自己认识的一个人作为目标人物，然后被分成两组：其中一组选择了谁就在日记里写下关于这个人的事情；另一组则必须写一些其他事情，就是不能和这个人有关，同时还要抑制自己关于这个人的想法。写完之后。受试者们去睡觉，第二天起来后报告他们能记起的梦境，交由研究者进行分析。结果发现，与那些想了目标人物就把他写下来的受试者相比，睡觉前想了目标人物却不能写的受试者会更多地报告自己梦到了目标人物。于是，如果想让一个人梦到你该怎么办？或许可以在他睡觉前跟他说十遍："千万不要想我！"

　　在日常生活中，我们好像也会遇到这样的现象：越想不要脸红，脸就会越红；越是让节食者不要去想薯条、奶茶、甜甜圈，就越是促使他们把这些东西吃得越多。好像越不想怎样就越是怎样，那些被压制的念头反而越挫越勇。对此，研究者的解释是，我们越想抑制一个想法，就越需要在脑海里进行检查以确保自己并没有在想它，然后就会想得越多（Wegner & Zanakos, 1994）。这也提醒人们，有的时候，过度控制可能适得其反，抑制并不会让欲望消失，对抗可能激起更大的反弹，或许越是如临大敌般严防死守，就越显示出自身的虚弱。

类似地，在进行自我控制时，有时压力的进一步扩大可能就来自强烈地想要控制和减少压力的意图。特别是在我们的自控资源本就不足的时候，一方面，很有可能即将面临控制失败；另一方面，因为太想要控制，一旦失败就会感到非常失落或内疚，那么此时就还要花费所剩无几的心力去处理这些内疚和挫败感，结果只会导致更加彻底的失控。试想一下"工作了一整天只喝了一碗冷汤"，已然筋疲力尽，这时还要强迫自己去"举铁"，而一旦犯懒就会沮丧不已——"我果然是个一事无成的废物啊"，这就会导致不但身心能量告急，情绪也跌到谷底。此时怎么办？唯有以食物解忧（此即所谓的"情绪性进食"）。然而，在暴食之后将更加沮丧，如此，上面的过程就会再来一轮，陷入恶性循环。此时，打破循环的方法反而是换控制为接纳，即不去急不可耐地控制什么，而是告诉自己偶尔放纵一下是可以理解的，也不必因此而苛责自己。这样，一旦摆脱了内疚和自责，反而可以获得更多的心理资源来增强控制力。

从这个角度说，坚持、自律、意志力、自我控制这些看起来极度理性、冷冰冰、好似清规戒律的东西恰恰更需要怜悯、宽恕、自爱、自我同情这些温暖感性的东西。有时候，通过放弃控制反而能获得控制。这并不是说要不管不顾地彻底纵容，而是不必把自我控制看得那么"苦大仇深"。我们有时候过于信奉"吃得苦中苦，方为人上人"那一套，同时又把心理的苦和身体的苦混为一谈，两个必须一起苦，否则就是"虐"得不到位，还把苦和难当成一回事，认为难必然苦，不苦就是还不够难。实际上，这种用力且紧绷的方式最是耗能。那么，不至于如此消耗甚至还有所补充的方式是什么呢？第一，变成习惯；

第二，添加热爱。习惯自然而然，无须损耗自控资源；热爱乐在其中，不但不损耗，反而能够滋生能量。总之，有关自控资源及其运作规律的现代研究结果不仅能对日常行为有所指导，与弗洛伊德关于心理能量的观点亦有一些异曲同工之妙。

最后一点关乎弗洛伊德最大的贡献之一——潜意识理论。虽然他并非第一个提出潜意识存在的人，但显然是精神分析令这个精神世界的"未知之境"深入人心。那么潜意识真的存在吗，又在多大程度上影响我们的行为？这个曾经在心理学领域最具争议性的问题在今天已基本达成了共识：对于大脑中进行的活动，我们能清醒意识到的只是很有限的一点（e.g., Erdelyi, 1985; Kihlstrom, 1990）。例如，很多时候我们在做某个动作却意识不到在做，好比打字和开车，一系列复杂的动作可以在完全没有意识控制的情况下一气呵成地做完；我们在学习时也经常意识不到自己是如何学习的以及都学到了些什么。现代认知心理学将类似这样的过程称为"自动化加工"（automatic processing）。

而另一个更加符合弗洛伊德观点的发现是，一些刺激即便出现于人们的知觉阈限之下（即人们意识不到它们的存在），仍然可以潜在地影响人们的情绪、态度甚至行为。例如，以非常快的速度（15毫秒）呈现积极或消极的刺激，如开心的表情或难过的表情，受试者不会报告自己看到了这些刺激，然而神奇的是，在后续评价一个完全陌生的目标人物时，那些刚才"看"过开心的脸的受试者对于目标人物的评价要显著高于刚才"看"过"苦瓜脸"的受试者（e.g., Niedenthal, 1990; Krosnick et al., 1992）。这是不是就是"毫无理由地喜欢或讨厌某个人"？也就是说，即使某个刺激并没有进入到意识层面，它依然可以微妙地影响我们的判断，而我们却一无所知（Kouider & Dehaene, 2007），这一现象被称为"内隐知觉"（implicit perception）。

于是，又有人打起了用此来干点什么的主意。2000 年 9 月，在大洋彼岸的美国，乔治·沃克·布什（小布什，George Walker Bush）和艾伯特·戈尔（Albert Arnold Gore Jr.）为竞选总统激战正酣。小布什竞选团队发布了一则广告抨击戈尔及所在民主党的医保提案，在一番批评之后，30 秒广告的结尾定格于"戈尔的处方计划：官僚决定"这句话。然而，观众不知道的是，在这句话出现时，屏幕上还曾以 1/30 秒的速度闪过四个大写的字母"RATS"。除了人们印象中生活在肮脏阴暗中的动物老鼠，"RATS"在英文里还有"胡说八道"的意思。可想而知，把这样一个词和"戈尔的处方计划"放在一起想达到什么目的。虽然小布什团队矢口否认并将此视为"阴谋论"，但戈尔所在的民主党阵营依然认为这是试图利用内隐知觉来操控选民的态度。

这招真的有效吗？研究者对此做了检验，他们在实验室里几乎完全重复了这个广告所做的事情，不过把戈尔换成了一个人们不熟悉的中性人物，同时在"RATS"之外还添加了同样是这四个字母组成的另一个词"STAR"以及无意义刺激"ABBA"和"XXXX"三种条件以排除其他解释，结果发现，只有在"RATS"条件下，人们表现出了对于目标人物更为负面的印象（Weinberger & Westen, 2008）。这说明通过内隐刺激在一定程度上影响态度是可能的，不过，对于这种影响究竟有多大又能持续多久，还存在争议。

1957 年，有人声称通过在电影院里反复播放观众觉察不到的诸如"喝可口可乐"或"饿了吗？吃爆米花"之类的短语成功地增加了可乐和爆米花的销量，然而这后来被证实是一个彻头彻尾的骗局（Merikle & Daneman, 2000）。于是，如果一些商家说他们有一种神奇的暗示音频，在音乐里嵌入了一些激励你的话语，虽然你意识不到它们，但只要经常听就可以帮助你减肥、缓解压力、提高自信……最好别信。这充其量是种"安慰剂"，不会比随机噪声的作用大多少。

另一个潜意识加工的例子来自"内隐态度"（implicit attitude）。有些态度我们可以清晰意识到并很容易将其报告出来，但这不是全部，还有些态度隐藏在潜意识中，可能连我们自己都不知晓。例如，如果问一个人对艾滋病患者存有偏见吗？他很可能说没有，特别是那些受过良好教育并自诩公平正义的人。然而，真的没有吗，还是自以为没有？会不会有一些我们不愿承认的态度被隐藏了起来，或者我们在潜移默化中受到了某些影响而自己都没有察觉到？

这些隐匿的态度可以经由一个有创意的方法检测出来，即"内隐联想测验"（Implicit Association Test; Greenwald, McGhee, & Schwartz, 1998）。其做法是，用积极或消极词汇与某个对象进行联系的容易程度来推断态度，所以它测量的其实是一种联结强度。例如，如果我们在内隐层面对艾滋病患者是存在消极偏见的，那么当"艾滋病患者"一词与一些消极词汇配对出现时，我们的反应时就会更短，当它和一些积极词汇配对出现时反应时则更长，这样就能发现潜藏的内隐态度。在一些情况下，人们主诉的外显态度可能与其实际的内隐态度相去甚远，而显然人们不自知的后者对行为的作用更大，比如，人们对少数群体或外群体成员抱持的微妙敌意往往会导致紧张冲突的群际关系。

集合这些证据，似乎可以说，人类的行为经常处于无意识的直觉掌控之下，理性不过是它的慢动作、马后炮和奴隶（Wegner，2002）。这一点在网络骂战中体现得尤为明显，不少人往往先基于情绪站在某方阵营中，然后再去寻找论据支持己方所持观点的正确性，而不是反过来先仔细思考各种论据之后再决定选择哪个立场。也就是说，大脑习惯于"自动巡航"，先有了无意识的冲动，然后采取行动，再然后，如果受到质疑，意识就上前接管，去推导、解释并坚定无意识的选择。从这一点来看，弗洛伊德对于人类"非理性"本质的判断也甚为精准。

不知道你注意到了没有，在上一段里改用了"无意识"这个词。虽然英文同为"unconscious"，但和"潜意识"相比，"无意识"听起来要温驯不少。的确，现代认知心理学中的无意识是中性而平静的，不再具有弗洛伊德眼中的"潜意识"那种潮湿腥热的动力性。前者这种"认知性无意识"（cognitive unconscious）已成为当下认知心理学及认知神经科学领域的重要课题，研究者们试图去了解在高级皮层并未参与的情况下大脑是如何对感觉和信息进行加工并做出反应的。尽管在方法论、取向和目标上，他们与弗洛伊德大相径庭，但在感兴趣的人类行为上其实并无二致。从这个角度来说，弗洛伊德在捍卫潜意识力量方面的历史重要性毋庸置疑（Bargh & Morsella，2008）；而从更广大的视角来看，正如进化生物学家理查德·道金斯（Richard Dawkins）在其开创性著作《自私的基因》（*The Selfish Gene*, 1976）中所指出的："自然界中最令人敬畏的智能设计恰恰是通过盲目的自然选择过程产生的。"或许对于自然和人类来说，"潜意识"是规则而不是例外。

* * *

讲完相对证实的一面，接下来继续以科学心理学的标准检视精神分析，看看其在哪些方面已被明确证伪。

第一，虽然前文提及心理能量似乎的确存在，但是它的具体运作方式并不像弗洛伊德所认为的那样。例如，弗洛伊德能量学说的一个核心假设是，能量聚集会引发紧张，因此需要通过宣泄来进行释放；释放之后紧张解除，动力消失，有机体恢复平静。这在一些情境下也许适用，然而一个非常明显的反例是，大量研究发现，诸如敌意、攻击性等在宣泄之后并不会就此平复，反而会引发继续释放的冲动，也就是说表达敌意将带来更大的敌意（e.g., Worchel, 1957; Geen & Quanty, 1977）。

这一点或许更适合用行为主义（behaviorism）的观点来解释。该取向认为，人们会根据环境对行为的反馈来调整后续的行为，如果做出一个行为受到了奖励，自然下次还会再做，那么，假若宣泄怒火之后感到了愉悦，那么这种攻击性行为就受到了强化，进而将源源不断地寻求表达与发泄而不是就此收手。由此，有些企业或学校建设了所谓的"心理发泄室"，让人们通过扔盘子、砸电脑、摔家具等破坏性行为来发泄情绪，很遗憾，这未必能起到期待中的效果，甚至有可能适得其反。现代观点认为，对于高压锅里的压力，简单粗暴地撒气绝不是防止爆炸的有效办法，最好是关上火、挪开灶，尽量冷静下来去理性思考引发愤怒的真正原因并去解决那些原因。

此外，在弗洛伊德看来，性本能和攻击本能是天生的并总在追求满足，但现实情况却并非如此。例如，没有性活动的人未必会生病，一个一辈子都没有做出过攻击行为的人也同样可以过得充实、

快乐、健康；反过来，手淫、性交、攻击他人等弗洛伊德认为满足
需要的行为却并不能预防或治愈任何一种已知的疾病（Baumeister,
2005）。换言之，性和攻击性虽然是生物性需求，但同时也带有很
强的社会性，无法简单以本能来理解。另外，弗洛伊德将对性能量
的压抑视为心理疾病的主要来源之一，然而从他所处的年代到现在，
性压抑的程度已大大减弱，但全球范围内的心理疾病依然普遍存在
甚至愈演愈烈，这说明除了性以外，还有更多、更复杂的因素在起
作用，而这些是经典精神分析理论有所忽略的。

　　第二，弗洛伊德关于人格发展的观点饱受诟病。弗洛伊德旗帜
鲜明地支持"童年经验决定论"，认为人格在 5 岁左右就已基本发
展完成，往后的成长是在这些基本结构上的进一步建构，于是他对
心理发展阶段的论述也只到一个人成年就停止了。而现在我们知道，
一个人的发展是终生的，并非停滞于儿童期。弗洛伊德的后继者埃
里克·埃里克森（Erik Erikson）就提出了涉及生命全程的人格发
展理论，可看作对弗洛伊德观点的拓展。

　　此外，弗洛伊德强调本我欲求（主要是性能量）是人格发展的
主要动力。例如，他主张在他所谓的"生殖器期"（phallic stage）
也就是 3—6 岁时，儿童开始发现性别差异并把觉醒的性能量指向
异性双亲。其中，男孩指向母亲，出于对母亲的爱，他们把父亲
当作情敌，于是那个著名的弑父娶母的希腊悲剧中的人物俄狄浦
斯就成了这个心理冲突的代名词，即大名鼎鼎的"俄狄浦斯情结"
（Oedipus complex），俗称"恋母情结"。弗洛伊德认为，这时候，
小男孩们会从一些线索中察觉到他们的情敌也就是父亲将对他们进
行惩罚，措施即除去他们的性器官，这种感觉令他们处于强烈的焦
虑之中，即所谓的"阉割焦虑"（castration anxiety）。然而，由于

他们尚不够强大来对抗父亲，于是缓解焦虑的方法就成了转而向父亲学习并产生认同。通过这种方式，一方面减轻焦虑，另一方面替代性地超越对母亲的情感满足。在弗洛伊德看来，对"俄狄浦斯情结"的成功解决标志着男孩超我的出色形成，即获得了良心和道德观念。

反观女孩，她们更难发展出成熟的超我，因为"俄狄浦斯情结"促使她们产生的不是"阉割焦虑"而是"阴茎妒羡"（penis envy）。弗洛伊德将女性看作"被阉割的男性"，而不是以自身方式存在的完整的人，认为女孩会因此而嫉妒男性，同时又将父亲视为性对象。当她们把"和父亲生一个孩子"的冲动象征性地扩展到其他男性身上时，才宣告了对"俄狄浦斯情结"的合理解决。与此同时，女孩也会在一定程度上认同母亲，同时又怨恨她让自己失去了如此重要的器官（阴茎）。由于"阴茎妒羡"整体没有"阉割焦虑"那么强烈，女性的超我发展将弱于男性。

毫无疑问，以上这种"解剖即命运"的观点体现出弗洛伊德十分狭隘和落后的性别观，随着时代文明的发展和性别观念的进步已然遭到明确的批驳和彻底的摈弃。这也提醒我们，在特定社会背景和发展阶段下思考的心得，一旦被抽象为某种普遍真理，就会相当危险。当然，另一方面，弗洛伊德又以"俄狄浦斯情结"来解释宗教的本质和西方民主制度的产生。例如，在他看来，宗教是一种集体性的神经症，人类照着父亲的形象创造了一个全能慈爱的神并对其盲目服从，这只是一种幻觉并最终将被科学取代；他还将西方民主制度的产生归因于儿子对父亲的反抗，即从原始父亲的专制向兄弟联盟的民主转变的过程。这些观点在一定程度上对从心理动力视角来理解宗教、文化及政治做出了贡献，但当把它应用于解释个体人格发展时，依然存在着显而易见的错漏和局限性。

　　或许从现象的角度来说，弗洛伊德的观察并没有全错。比如，我们经常看到孩子们采纳同性父母的态度和价值观，也从他们身上获取相应的性别角色。然而，与弗洛伊德看似酷炫但过于复杂的解释相比，现代理论要简洁太多。例如，为什么男孩会和父亲的价值观或态度相似？不必通过蜿蜒曲折的"焦虑—认同"过程，可能仅仅因为他们要在周围世界中寻找榜样，而父亲是最显著和突出的那个；此外，性别角色的获得也不必然经由对同性父母的认同而来，正如第 22 章所述，性别角色的形成及分化是一个复杂的综合过程。在此过程中，即便同性父母缺失，经由社会学习，人们一样可以从同伴、大众媒体等家庭外更广泛的榜样身上习得各种社会角色。

　　第三，关于梦理论。今天，多数心理学家接受弗洛伊德的见解，承认梦不只是心灵漫无边际的呓语，还具有一定的心理意义，但精神分析对于梦的解释依然具有明显的局限性。比如，现代观点认为，产生梦境的并不是内心深处隐秘的欲望，而是我们清醒时关于这个世界的认知、关注、记忆以及睡眠时大脑的自主活动。一方面，多数梦的内容都与日常经历有关（如家庭、朋友、工作），它们大体上是对清醒生活的现实模拟（e.g., Domhoff, 2007），我们在白天关注了什么，晚上就更可能梦到什么，如果白天就处于沮丧和焦虑之中，梦境中就可能也充满焦虑。另一方面，我们在做梦时也会受到睡眠环境中刺激的影响，所以会有"夜阑卧听风吹雨，铁马冰河入梦来"。多数情况下，人们在做梦的时候眼球会快速转动，如果在这个"快速眼动睡眠"（REM）阶段给予一些外部刺激，比如，往他们身上洒些水或搬动他们的腿，然后把他们叫醒，这时他们往往会报告自己刚刚在做梦，而且这些梦几乎都跟刚才给到他们的刺激有关：被洒水的总是报告梦到下雨、发洪水等，被搬腿的总是梦见自己在逃跑、爬山等。换言之，大脑在梦中也做着和醒时差不多的工作，但是由于切断了外界的输入、反馈和身体运动，大脑只好自产自销，于是梦境往往混乱、不连贯或满是碎片。而这或许也在侧面说明，人类是多么追求意义的生物，即便只是纯粹随机的生理性反应，大脑也在努力地为我们编织意义。总之，梦是大脑神经活动的产物，它或许具有一定的缓解焦虑的作用，但并不总是对愿望的伪装和实现。

最后，还有一些证据表明，弗洛伊德的理论存在对一些现象进行过度解释的倾向。例如，"口误源自潜意识欲望的流露"这一说法虽然很有趣，但现代认知心理学的研究发现，口误只是大脑系统犯的一个再常见不过的错误。首先，口误远比想象中频繁而且不可避免。每说 1000 个单词，我们就会犯一两个错误，如果连续讲话，那么平均 7 分钟左右就可能出现一次口误，说得越多，错得越多。对此，研究者的解释是，口误只是记忆系统中相似或相反发音彼此竞争的结果（Dell, 1986）。可以简单理解为，一些在语义上有联系的词被存储在了一个四通八达的网络里，其中一个被激活，另一个与之有关的也会同时被激活，这时候就可能出现混淆。所以，并不是每个错误都值得分析，有时候偶然就是偶然，"雪茄也只是雪茄"。

* * *

既然已经有这么多证据表明精神分析的某些观点站不住脚，那么精神分析理论的科学性在今天备受质疑这件事应该不会让人意外，来看一个故事（Westen, Gabbard, & Ortigo, 2008）。

> 有个学生向他的老师请教了一系列问题。第一个问题是："教授，什么是科学？"教授停顿了一下，稍作思考后回答："科学，就是在一间黑屋子里找一只黑猫。"学生表示了然——科学就是发现未知。紧接着，他又想到第二个问题："教授，什么是哲学？"教授皱了皱眉，思考时间明显比刚才长了一些，然后回答说："哲学，就是在一间没有黑猫的黑屋子里找一只黑猫。"学生恍然，最后问出了他的终极问题："教授，什么是精神分析？""精神分析……"教授沉思半晌才做出回答，"精神分析，就是在一间没有黑猫的黑屋子里找一只黑猫——无论如何也要找到一只！"

这个故事相当高级地讽刺了一把精神分析同时充满哲思。讽刺的点在于，第一，精神分析理论经常做出超越其所掌握证据的过度解释，这就像错把影子当作了物体本身，或者以为发现了那只黑猫的胡须，而其实看到的只是自己的睫毛。科学上有个原则叫"奥卡姆剃刀"（Occam's Razor），源自中世纪逻辑学家奥卡姆的威廉（William of Occam）的一个思考原则，即切勿浪费较多东西去做用较少东西同样可以做好的事情，换言之，在其他条件一定的情况下，最简单的解释才是最理想的。因为简单的解释包含的假定越少，逻辑推论过程就越不复杂，也就越容易证明其正确，因为它更加可检验。

显然，在这一点上，弗洛伊德的理论不大符合，它经常不必要的复杂并难以拿出令人信服的证据。这就来到故事中讽刺的第二点——"无论如何也要找到一只"。弗洛伊德的很多观点无法证伪，它几乎什么都能解释，哪怕是两个完全相悖的证据。比如，精神分析假设本能冲动会引发指向其满足的行为，那么，如果该行为出现了，假设当然就得到了证实，但是如果没出现呢？还是可以成立：因为这种本能冲动太具威胁性，所以被压抑了。再如，如果你承认某个观点，说明你支持该观点；如果你强烈反对某个观点，那么你就是在"反向形成"、欲盖弥彰（弗洛伊德就是这么回击攻击他理论的人的）。总之，怎么说都有理，这种"无限柔韧性"显然不符合一个科学理论的标准。一个科学理论应该是能证伪的，即可以找到一系列方法和资料来证明它是错误的。这可能就是宗教和科学的区别，没有任何方法和资料可以证明上帝是不存在的。

　　当正着说反着说都能被精神分析所解释的时候，就没办法证明它的某个预测是错误的，这种不可证伪性大大削弱了其科学性。造成这种情况的原因之一是弗洛伊德使用的研究方法，他非常依赖对病人的临床观察。观察本身可以作为一个可靠的数据来源，但前提是，观察必须客观、标准化、有代表性并可重复，精神分析理论在这些方面均表现不佳。弗洛伊德的临床病人局限于 19 世纪末这样一个特定时代、欧洲这样一个特定社会背景、中上流阶层女性这样一个小且特殊的样本，显然存在很大偏差。要将基于此得到的结论推广到更广泛的人群中去并将其抽象为普遍的规律，无疑风险过大。此外，弗洛伊德对观察数据的解读相当主观，收集数据和解释数据的均是他本人，我们无法确定在此过程中是否存在选择偏向或者研究者偏差以使得到的结果更加支持他的理论。综合以上原因不难理解，为什么当代科学心理学对于精神分析理论的诸多观点持一种相对拒斥的态度。

* * *

不过，弗洛伊德的理论因此就该被批判得一无是处吗？回头来看，精神分析理论的诸多不足源自实验方法和手段上的限制，这约束了进一步检验理论的可能性。弗洛伊德接受过医学、生物学和精神病学的训练，如果生活在今天，他或许会成为一个神经科学家，对大脑结构和功能的了解也将更为深入。鉴于此，不建议跳脱时代背景以上帝视角来简单下评判，这对当时的人不公平。当然，作为已经站在人类知识崇山峻岭上的现代人，以当下的视角来对过往的理论进行辨识和取舍就是应该承担的责任了。在前文中，我们已经看到，尽管弗洛伊德的某些思想受时代局限而存在显见的错误，但仍有诸多洞见长存于现代研究中。

当然，即便如此，精神分析理论充满缺陷依然是不争的事实，那么为什么时至今日还要去讨论和修习它呢？原因可能在于，首先，精神分析创立了心理治疗的新理论和方法。作为当下最具代表性的心理治疗流派之一，精神分析的临床效果显著，这得到了大量当代证据的支持，而且，如今诸多心理治疗实践均在某种程度上依赖精神分析的观点，如谈话治疗、自由联想、移情等（综述见 Westen，1998）。更重要的是，自精神分析诞生以来，在精神上饱受痛苦的人们的处境才得到了真正的改善：在弗洛伊德之前，几乎所有精神病学家都认为歇斯底里的女人是疯女人、手淫的孩子是变态、同性恋是堕落的……是弗洛伊德打通了正常与病态之间的联结，提示人们疾病和健康处在一个连续体上并可采用温和、科学的方法进行研究和治疗。从这个意义上说，任何一个正在寻求或接受过心理咨询的人都要感谢弗洛伊德和他的理论。

其次，精神分析思想在现代心理学研究中呈现复苏态势，就像前文详述的那样。可以说，是弗洛伊德开辟了潜意识心理学的全新研究领域。正是他揭开了被压抑和被排斥的"水下冰山"，引导人们去关注自以为是的理性专制压迫下的非理性，看到人类生物性冲动的重要性，坦诚面对我们羞于谈论和不想面对的东西；也正是他鼓励人们直视深渊，看到真实的自己，他警醒人们，无知将带来最大的破坏力，唯有以理性面对自身黑暗的本性，理解并接纳永不消逝的欲望，方能从本能的奴役下夺回自己的命运。

最后，对于每一个渴望了解自己的人来说，精神分析理论提供了迄今为止对于人格最全面和深刻的论述。在 20 世纪以前，即弗洛伊德的工作尚未开始的时候，并不存在真正意义上的人格心理学，当然当时对个体差异的解释是存在的但完全不成体系，直到精神分析理论出现。人类精神生活的本质、人与社会的关系、结构、动力、发展、疾病、治疗……弗洛伊德这位杰出的理论家非常全面地涉猎了有关人格几乎所有重要的问题。这种综合性、逻辑性和完整性在人格心理学领域如高山仰止，后继理论难以超越。换言之，无论从科学角度来衡量精神分析有多少缺陷与不足，当去除那些明显的时代局限性后，弗洛伊德对于人格的描述与解释确实是有史以来最系统、最完善、最深刻、最有影响也最能激发人思考的，在这一点上，或许没有其他任何一个人格心理学家能够跟他相提并论。我们甚至无法想象，如果弗洛伊德和他的精神分析理论不曾出现，人类自我认识的历史将如何改写，我们又该用什么样的语汇来描述我们已然熟知的一切。所以，当有人说精神分析是好的历史却不是好的科学时，对于后半句我认可，它不是现代意义上那种标准工整的科学，但这并不意味着它只能被扫进历史的故纸堆，因为时至今日，它依然可以帮助我们理解人格。

今天，尽管精神分析理论在科学范畴内有所衰落，但在流行文化中却一直生机勃勃，它的文学性、叙事性甚至诗意依然鲜活地存在于茶余饭后、街头巷尾，融入老百姓的生活里，并广泛影响了文学、艺术和社会。因此，确凿无疑的是，弗洛伊德为人类思想史留下了浓墨重彩的一笔。对于人类发展来说，或许天才的作用不在于提供答案，而在于提出一些常人需要经过很长时间才能解决的问题，弗洛伊德就是这样的天才。在未来，他那极具开创性和冒险性的思想还将持续启迪心理学理论和研究的发展，从这个角度说，弗洛伊德的人格理论也许永远是成功的。

28. 生活对你意味着什么？阿德勒论自卑与卓越

1939 年，弗洛伊德与世长辞，但他提出的理论、建构理论的风格以及心理动力学的观点并没有随之消亡。在他在世时，就有大波追随者加入精神分析的阵营中，有的完全沿袭他的理论并将之发扬光大，有的修正他理论的不足并对其加以扩展，还有的则在不断的分歧中走出了自己的道路。

在弗洛伊德思想的诸多继承者和叛逆者中，有一位近几年在中文世界备受推崇，他的多部著作以及一些传播他思想的作品相继出版，还红了不少金句，其中流传最为广泛的一句是"幸运的人一生都在被童年治愈，不幸的人一生都在治愈童年"，很多人对此深有共鸣。但是，他大概率未曾说过这句话，因为这和他的理论思想不符。相反，他以自己的人生超越了此类"童年经验决定论"。更能代表他的是他的经典著作——这本书有一个广为人知的中文名叫《超越自卑》或《自卑与超越》，而原作的英文名却没有多少人知道，那是一个向世人提出的疑问："生活对你意味着什么？"（*What Life Should Mean to You?*）这正是这位名叫阿尔弗雷德·阿德勒（Alfred

图 28.1　阿尔弗雷德·阿德勒（1870—1937）

Adler）的心理学家毕生致力于回答的问题。

＊　＊　＊

　　在阐释理论前，我们先花一点时间看看阿德勒的人生故事。经常有人说，阿德勒的人格理论简直与其人生经历如出一辙，虽然不至于是把自传写成了理论，但确然，每个理论都是理论提出者背景、经验和智慧的产物，也正因如此，我们常常可以从理论家自己的成长经历中找到某些理论关键点的由来。理论家用毕生精力建构理论，同时也用自己的一生实践着理论，理论在某种程度上是他们的人生总结，带有鲜明的个人烙印。

　　和弗洛伊德一样，阿德勒也是奥地利人。[1] 他生长于一个父母慈爱的小康之家，但这并没有让他逃脱多灾多难的童年。不得不说，儿时的阿德勒是一个标准的"倒霉孩子"：他很小就患有佝偻病，导致呼吸困难和行动不便，到了 4 岁才学会走路；3 岁时弟弟在他旁边的床上夭折，而一年以后，他自己也患上了严重的肺炎差点死掉；他还曾在大街上被车撞倒过两次。这些与死神擦肩而过的经历令他小小年纪便对死亡十分敏感并立志学医，而且在整个求学过程中表现出惊人的勤奋，仿佛在努力弥补先天的孱弱以克服早年对于死亡的恐惧。

　　在阿德勒成长过程中，另一个重要的背景是其长兄的存在。和他自己的体弱多病形成鲜明对比，阿德勒的哥哥体格健壮且在各方面堪称模范儿童，因此理所当然地格外受到父母宠爱。哥哥的活蹦乱跳令阿德勒自惭形秽，他感觉自己不管如何努力都无法望其项背，这种由于向上社会比较而带来的心理自卑感不但伴随着他整个童年，也成为后来他理论的核心理念之一。

　　在阿德勒的人生中，还有一个经常为人谈论的方面是他和弗洛伊德的关系。1899 年，阿德勒写信给弗洛伊德请他为自己的一位病人诊疗，二人因此结识。三年后，弗洛伊德邀请阿德勒参加他组织的"星期三心理学研究会"（固定在每周三围绕精神分析开展研讨），阿德勒得以成为五名创始会员之一。在接下来的九年里，他是会议的常客并相当活跃。1910 年，这个研究会升级为"维也纳精神分析

1　奥地利这个拥有绚烂文化遗产的国家为全世界贡献了至少三位杰出的心理学家，除弗洛伊德和阿德勒外，另一位是从纳粹集中营幸存后创立了"意义疗法"（logotherapy）的存在-人本主义心理学家维克多·弗兰克尔（Viktor Frankl, 1905—1997）。这三人还有其他两个共同点：他们都是犹太人，最初受的都是医学训练并均为维也纳大学的医学博士。

学会"，甫一成立，弗洛伊德便推举阿德勒担任主席。不过，阿德勒这个人不崇拜权威，他从一开始就没有把自己定位为弗洛伊德的追随者，虽然弗老大是老大，但他阿德勒要走自己的路，于是他和学会里其他人以及弗洛伊德本人均没有建立特别密切的私人关系，而且还经常直言不讳地发表不同意见，对弗洛伊德的理论提出质疑和批评。提得多了，老大就不愿意了，在 1911 年 10 月的一次会议中，两人因意见分歧而发生正面冲突，在一番相互攻击后正式决裂。阿德勒从学会中辞职，从此与弗洛伊德形同陌路。何以至此？二人之间到底有什么不可调和的分歧？我们先来了解阿德勒的理论观点，最后再尝试对该问题进行回答。

＊　＊　＊

　　阿德勒的理论被称为"个体心理学"（Individual Psychology）。这个名字经常招致误解，它并非意指完全个人的或只关注个体差异的心理学，阿德勒所指的"个体"是一个与社会和他人不可分割的有机整体，也是一个有着自己独特的目标、寻求人生意义和追求未来理想的和谐整体。从理论本身来看，个体心理学远没有弗洛伊德的经典精神分析理论那么宏大完整，它基本只围绕人格动力这一个问题展开，格外关心究竟是什么心理力量推动着人们去追求并活出自己的人生。对此，阿德勒提出了最具标志性也最为人所知的"自卑与补偿"（inferiority and compensation）观点。

　　在职业生涯早期，作为医生的阿德勒关注到一些人存在生理上的缺陷，他们进而可能诉诸各种努力来对缺陷进行补偿。例如，一个盲人看不见，就把自己的听觉技能发展得特别突出；一个人身体很虚弱没办法行走天下，就通过海量阅读、博览群书来看世界；一个人没有美丽的皮囊，就去修炼有趣的头脑……也就是通过努力发展其他方面来弥补弱势的方面，这是一种"东方不亮西方亮"的做法。还有另一种情况则略有不同，同样有缺陷，但不是转向其他方面而是专注于有缺陷的地方跟其"死磕"直至成功翻盘，将原本身体上的弱势转化为突出的优势，这一过程被阿德勒称为"过度补偿"（overcompensation）。例如，古希腊政治家狄摩西尼（Demosthenes）从小口吃，为了克服这一弱点，他对自己展开了"特训"——在嘴里含着鹅卵石说话、一边跑步一边背诗等——最终逆袭成为一位伟大的演说家。可是，如此励志的故事为什么说是"过度补偿"呢？在阿德勒看来，其中的"过度"在于，这种尝试对大多数人来说是不可能成功的，如若个体就是抱持着这个目标不放，便可能陷入不切实际的幻想中并反复经历失败，最终导致萎靡不振。

　　不管怎样，从这些例子里，阿德勒逐渐意识到可能存在着一个普遍的规律，那就是人们可以认知到自己的脆弱和缺陷从而经历"自卑感"（feeling of inferiority），进而产生想要去弥补它们的动机。随着理论的发展，阿德勒慢慢把这种生理上的"器官自卑"（organic inferiority）扩展到了心理、社会甚至想象意义上的自卑。例如，不如别人聪明、没那么讨人喜欢或者在能力上处于弱势，这些都可能让人产生自卑感。此时，阿德勒的理论正式离开生理学进入了心理学，再后来，他又将此进一步拓展，提出不管有无器官上的缺陷或心理上的缺失，对儿童来说，自卑感就是一个普遍存在的事实。换言之，人生来自卑，因为每个人都是从一个生活完全不能自理、必须依赖他人才能生存的娇弱婴儿开始成长起来的。

　　的确，人类的新生儿就是个"三无"产品——无力、无知、无能，却要一落地即面对两个"巨无霸"——爹和妈。儿童不仅在体力上比不过父母和其他成人，在解决问题时也不够成熟老练，于是需要努力克服这种弱小、无助、可怜的劣势感，这一过程就是心理补偿的过程。通过什么来补偿？阿德勒先是提出了一个名为"男性反抗"（masculine protest）的概念，意为不论男女都有一种要求强壮有力的愿望，以补偿自己不够男性化之感。阿德勒认为，所有孩子都会因其相对弱势和从属的社会地位而体会到明显的"女性化"的软弱感，因此，不论男孩女孩都会经历"男性反抗"，即努力变得独立且有力量以获得自主权、不再做父母的附庸，进而在他们的小世界中争取到和成人平等的地位。虽然阿德勒解释说自己并非贬低女性特质，只是在当下的社会文化中，"强大"和"力量"总是与男性联系在一起，如果一个社会是反过来的，也会出现"女性反抗"，但是"男性反抗"这个词依然因为存在潜在的误导性而受到批评。

可以看出，此时阿德勒所理解的克服自卑感的手段主要是获得权力，心理补偿其实就是一个"自我赋权"的过程。这一点就和弗洛伊德对于行为的生物学解释非常不同。举个例子。曾经的美国总统西奥多·罗斯福（Theodore Roosevelt）主张"手持大棒"实行武力威胁的外交政策。以弗洛伊德的观点来看，这显然是对于"阉割焦虑"的防御（"大棒"对应着阴茎）；而以阿德勒的观点来看，这是对于自卑感的补偿（Cervone & Pervin, 2013）——罗斯福儿时身体非常羸弱。再扩展一下，二者对于科技、文化等人类文明发展动力的解释也顺理成章地完全不同：在弗洛伊德那里，这些都是人类永不将息的性本能和攻击本能的升华；而在阿德勒这里，当人类仰望星空或迷失于自然时，那种面对更宏大事物所产生的渺小感，通过发展科学和创造出超越自然的事物以让自己变得强大而得到了补偿。另外，我们看体育比赛时常常惊叹人类对于挑战肉身局限所能做到的极限，这在阿德勒看来也是人类抗争自身不完美的完美呈现。于是在他这里，是自卑感而非性冲动成为人类文明的基础。

到了理论发展的后期，阿德勒的关注点更聚焦于动力指向的目标，强调人们对于一种"卓越"状态的追求（striving for superiority）。卓越（superiority）是自卑（inferiority）的反义词，"追求卓越"就是驱动人们从自卑走向卓越的动力。卓越到底指什么？阿德勒自己也几经修正，在他的著作里曾使用"完成""掌握""完美""卓越"这些词来予以表述。但有一点可以肯定的是，追求卓越是一种人们"不断改变现状、变得更好、朝向优于目前状态发展的努力"（Manaster & Corsini, 1982: 41），或许可对应于现在人们常说的"做更好的自己"。在阿德勒看来，那个更好的自己究竟是什么并不重要，重要的是它成了一个目标，引导着人们不断向前。努力成为卓越的人是对普遍自卑感的创造性回应，正是这种"伟大的向上驱动力"推动着生命成长和前进，人们也因此得以面向未来并朝着卓越的目标努力。

由此可见，阿德勒是这么来理解人类行为的动力的：人们并非被欲望满足的快乐所驱使，而是被克服自卑的力量所激励，不懈追求卓越目标的实现。从这个意义上说，自卑感并非消极的事物，而是进步和成长的源泉：一个人正是感到自卑才会千方百计寻求补偿，不断补偿又不断发现新的自卑，于是又向新的卓越努力，如此持续不断，便是一个人发展的基本动力。人格发展的过程就是我们对不完美的自我状态的抗争过程，自卑是抗争的起点，卓越是终极目标。于是，阿德勒鼓励人们认识自己的缺陷、正视自己的不完美，不必害怕它、回避它，接受自卑并超越自卑，它将是我们走向卓越的强大动力。

＊　＊　＊

　　但是，在现实生活中，自卑感似乎并不总能起到激励人积极成长的作用，它固然可以催人向上、激发斗志，但同时也可能让人泥潭深陷、一蹶不振。在后一种情况下，自卑感将占据整个心灵，令人完全被打倒，甚至放弃继续生活和发展自我的努力。此时，自卑感就不再是进一步成长的动力，而变成了阻碍人们前行的绊脚石，"自卑情结"（inferiority complex）就产生了。为什么所有人都经历自卑感，但对有些人来说它是努力的动力，对另一些人来说却成了努力的障碍甚至还因此引发了各种心理问题？这需要提及个体心理学中一个著名的短语——"不完美的勇气"（courage to be imperfect），由阿德勒的学生苏菲·拉扎斯菲尔德（Sophie Lazarsfeld, 1925）提出，她以此来提醒，虽然应该鼓励人们追求卓越，但不应该期望他们达到完美。

　　即便已经过了一个世纪，这一提醒依然适用。现代人对于完美主义的崇拜已然渗透到了全社会，这导致人们常以错误为中心，总在关注自己或他人做错而不是做对了的事情。在如此的百般挑剔之下，人们难免灰心丧气，进而可能退缩或放弃尝试，最终为"自卑情结"所俘虏。特别是孩子，用阿德勒学派心理学家们的话来说，"每一个行为不端的孩子都是一个气馁的孩子"。然而事实上，错误应该被视为对学习的帮助而不是失败。人生而不完美，正是这一点令我们充满目标、斗志昂扬。如果认识到了这个道理，就能摆脱对自卑的恐惧，进而接受错误和不完美，承认它们是人类不可回避的组成部分，也就不再害怕犯错误甚至因此而少犯错误（Dreikurs, 1973）。于是，把人们解救出"自卑情结"的应该是欣赏和尊重，一旦对自身价值和尊严有了体认，人们自然就能够迸发出克服困难的力量并以健康的方式朝着积极的卓越努力。

可是，积极的卓越又是什么？这涉及一个叫"虚构目标"（fictional goals）的概念，它反映的是人们对于"卓越"这一终极理想状态的理解。每个人都有自己独特的虚构目标，比如，在一个学生的白日梦里，她不但以高绩点修完了所有学分，拿遍各种奖学金，还在一段充实愉快的实习经历后成功拿到了某知名企业的接收函，之后开始享受高薪、开放自由的工作环境以及独立自主的生活。她当然知道，在现实里，她的论文还没有写完，她需要非常努力地平衡学业与实习，未来到底会怎样还是未知数。但是，这些时不时闪现在脑海里的"虚构目标"就像她为自己编织的完美结局一样，给了她动力和方向，想象未来的美好是她给自己的小小奖励。

"做人如果没有梦想，跟咸鱼有什么分别？"如果阿德勒听到周星驰在电影《少林足球》里的这句经典台词，一定会大呼知音。借助虚构目标，我们得以超越当下的状态，克服目前的缺陷和困难，从自卑感之中解脱出来。而如果去分析这些目标的具体内容，就能看出一个人正在渴望什么从而预测其行动的方向。这一点让阿德勒的理论成为一个"向前看"的理论，虚构目标这一概念赋予了整个理论强烈的"目的论"色彩。

然后，我们会注意到，目标因人而异。就好像如果让人们补全这句话："有一天，等我_____，就可以_____。"有的人可能会写"等

我有了能力，就可以帮助别人"，而另一些人可能会写"等我有了钱，
就让你们高攀不起"。在阿德勒看来，后者固然也能推动人努力奋
斗，但它并不是一个健康的卓越目标，或者说不是一个健康的追求
卓越的方式。阿德勒的后继者提出了一个有意思的说法生动地区分
了这二者的区别，将它们分别称为"横向"努力和"纵向"努力
(Sicher, 1955)。

　　想象有两个人，一个人在水平面上跑，每跑一步都比之前的自
己更进了一步；而另一个人在一个垂直的梯子上爬，每爬一格都要
看一下自己超过了多少人。前者就是横向努力者，他们以任务为中
心，聚焦于如何解决问题和自我成长，关心的是"我做得怎么样""我
有没有做出什么贡献"，于是他们追求卓越的方式是参与到他人与
世界中去，通过融入、创造、爱与合作来实现目标。相比之下，纵
向努力者追求的是领先和隔绝，是战胜他人以让自己高人一等，于
是就会以自我为中心，聚焦于对名声和地位的追求，只关心"我看
起来怎么样""我有没有落后"。因为和其他人生活在一个水平面上，
横向努力者不必对相对地位过度在意，要做什么和可以做什么也不
用取决于别人的想法或行动，于是想做得更好和更有贡献的愿望永
远不会被挫败；相反，因为生活在一个垂直面上，纵向努力者始终
有跌落的危险，也就无法获得满足和平静，因为无论成功与否，由
时时刻刻与他人比较导致的自卑感永远不会根除。

＊　＊　＊

　　阿德勒认为，所有人的生命都是平等的，因此不应基于成就来
决定个人的位置。然而现代竞争性的社会就是一个鼓励纵向努力的

社会，孩子们从小就被教育"绝不能输""必须比别人更强"，于是人们才如此害怕犯错误和不完美，因为那会降低自己在梯子上的位置（Dreikurs, 1973）。在阿德勒看来，这种"错误的个人主义"就是神经症的核心，所有人都在受其折磨（Adler, 1930）。从这个意义上说，当一个社会开始赞美"不完美的勇气"，其实是在把那一个个在摇摇欲坠的梯子上瑟瑟发抖的人解救下来。

此外，在个体心理学里，像纵向努力这样忽视他人与社会、对狭隘的卓越目标的自我中心式追求并不是真正的"追求卓越"，而是一种"卓越情结"（superiority complex），即一味追求个人卓越而不顾及他人和社会的需要。在此过程中，人们只想不停获得认可和证明自己，因而经常表现得傲慢、自负、盛气凌人，甚至通过贬抑和倾轧他人来提升自己，将他人视作实现目标途中的敌人或障碍加以清除，于是会企图控制他人和极端追求权力。

有趣的是，阿德勒同时认为，卓越情结也是具有自卑情结的人用以逃避困难的方法之一。换言之，有些人在经历自卑情结时也可能形成卓越情结——用后者这种自己很强大的幻想来维护自我价值。例如，一些身材矮小的人走上权力巅峰后颐指气使，享受他人臣服于自己脚下的快感，或者一些校园霸凌者通过欺负弱小来显示自己高人一等。乍一看，这些人不大可能让人联想到自卑，因为他们总是自视甚高、夸夸其谈，但是如若深究下去就会发现，他们夸张的傲慢只是在虚张声势，用以掩饰内在的虚弱。他们其实是在通过卓越情结来克服自卑感，于是总是用力地向他人和自己陈述我是有价值的，但不幸的是，这种过度表现往往令人反感，来自他人的拒绝反过来又会进一步强化其内在的无价值感，进而导致更为严重的自卑情结（Funder, 2010）。换言之，卓越情结和自卑情结实为一体两面，真正强大的人不需要使用这种肤浅的方式来证明自己。

　　那么为什么有些人不能通过横向努力即同时关注自我和他人的方式来追求卓越目标？阿德勒给出的回答是，因为他们缺乏"社会兴趣"（social interest，德语为 Gemeinschaftsgefuhl，另有译为"社群感"）。我们生活在一个资源稀少而宝贵的小星球上，每个人都有责任努力改善地球上所有人的生活；我们也都不是地球上唯一的居民，人类的弱点令我们无法在缺失友谊和他人帮助的情况下生存。于是社会兴趣指的就是对整个世界的归属感，对人类全体感兴趣并以对社会有益的方式为世界做出贡献，表现为关怀、同情、合作、承诺以及对共同福祉的关注等（Mosak & Maniacci, 1999）。到这里，阿德勒眼里的追求卓越已然完全超越了个人卓越，而在于去追求一个和谐、完善、卓越的社会。

　　如果一个人的社会兴趣没能得到正常发展，就可能形成自卑情结和卓越情结，甚至成为神经症患者。此外，他们的重要生活任务也将难以得到顺利解决，这些任务包括职业、社会和爱。首先，一个人需要通过建设性的工作感受到自我的能力和价值；其次，需要通过合作、建立友情和社会网络为他人与社会服务；最后还要完成爱情任务，去寻找人生伴侣。这三个方面互相影响，任一方面的经历都会影响到其他两方面，而个体能否完满解决这三个问题即反映出其社会兴趣是否得到了充分发展，也体现出其对生活的意义是否获得了最深切的感受。

　　现代研究已证明，阿德勒所强调的社会兴趣，也就是愿意为他人福祉做贡献的意愿，的确与更高水平的心理健康、心理社会成熟度、幸福感等积极结果有关（Griffith & Powers, 1984; Leak & Leak,

2006; Barlow, Tobin, & Schmidt, 2009）。现代个体心理学者甚至将"社会兴趣"视为个体心理学中最有价值的概念（Manaster & Corsini, 1982）。从这个角度来看，阿德勒的心理学理论本质上是一种关系理论，它断言人类是嵌入社会的，人不能脱离其社会背景而被理解。爱、社会、工作再加上自我，涉及我们与亲密他人的关系、我们与朋友和社会同胞的关系、我们与创造性劳动的关系、我们与自己的关系甚至我们与世界乃至宇宙的关系（Carlson, Watts, & Maniacci, 2006; Watts, 2003; Watts, Williamson, & Williamson, 2004），真正的卓越和对自卑感的超越正植根于这些关系之中。

那么又是什么影响到了一个人社会兴趣的发展？阿德勒深入到人们的童年、家庭关系和社会生活中去找答案。还是从自卑感说起。虽然自卑感是一个普遍的动机，但每个人各有各的自卑，也各有各的卓越目标，这些是独特的，而且个体所处的环境条件千差万别，致使每个人试图克服自卑、追求卓越的方法也迥然不同。阿德勒认为这些个体差异非常重要，进而使用"生活风格"（life style）一词来描述一个人体验自卑和追求卓越的独特方式，这个概念在他的理论中可等同于人格。

生活风格好似一张认知蓝图，指导着个体去应对生活中的各种任务与挑战。阿德勒划分了四种最具代表性的生活风格：第一种是统治支配型（ruling-dominant type），持此生活风格的人是典型的依靠纵向努力追求卓越的人，他们倾向于统治支配他人而很少顾及他人利益，甚至不惜伤害他人以达到自己的目的；第二种叫索取依赖型（getting-leaning type），持这一风格的人很被动，他们很少依靠自己的努力去解决问题，而是倾向于从别人那里得到想要的一切；第三种是回避型（avoiding type），持这种风格的人以碌碌无为、逃避问题的方式来回避一切挑战，他们几乎不尝试做任何事情，以此来让自己免于遭遇失败；最后一种是社会有益型（socially useful type），持这种风格的人活跃地投身于生活之中，正视问题并以与他人合作和有益于社会的方式去解决问题。很显然，前三种都是消极的生活风格，只有社会有益型才是积极的，方能让人过上丰富和有意义的生活。

会有什么样的生活风格取决于个体的生活条件、家庭环境和社会环境。在这里，阿德勒和弗洛伊德一样强调童年经验的重要性，不过他并不执着于那些隐匿的爱恨情仇，而是认为儿童会基于对所生活的世界的知觉与解释形成最初的世界观，这些世界观就像一个脚手架一样，随着儿童慢慢长大，可以在它们的基础上不断构建起更广泛和复杂的生活体验（Carlson, Watts, & Maniacci, 2006; Oberst & Stewart, 2003; Watts & Shulman, 2003），等到将来完成职业、社会、爱情等人生任务时就会显现其影响。例如，如果基本的世界观认为世界是一个危险、邪恶、不友好的地方，那么为了追求卓越就要"向全世界宣战"或者逃离它，方法就是去支配、征服、破坏或者退避；而如果基本的世界观认为世界是一个温暖、愉快、充满爱的地方，那么为了追求卓越就会参与到世界中来，去合作、贡献和爱。后者就是高社会兴趣者，他们会用一种横向努力的方式去追求卓越。

那么，童年的哪些经历会生成缺乏社会兴趣、纵向努力的错误世界观与生活风格？阿德勒主要指出了三种情况。第一种情况是个体身体或精神上的劣势过于显著。比如，有先天身体残障或精神痛苦的孩子常常体验到强烈的无能感，他们可能认为自己是彻底的失败者进而陷入自卑情结。不过也不绝对，如果父母和他人能够理解、鼓励和帮助他们，他们依然可以克服障碍并受到激励，进而以积极的方式对缺陷进行补偿。第二种情况是受到忽视甚至虐待。被如此对待的孩子可能会憎恨他人并认为世界是一个冷酷无情的地方，他们无法信任别人，同时感到自身没有价值，进而难以生成社会兴趣。第三种情况是受到过度的溺爱或纵容。过分宠爱会让孩子以为自己的所有需要都能从别人那里得到满足，进而导致自我中心和自私自利，只会索取不会给予，这也是社会兴趣缺乏的表现。

但是，值得注意的是，虽然阿德勒提示人们关注早期经历对于人格的影响却没有止步于此，他也没有像弗洛伊德一样铁口直断童年的影响定会持续一生。诚然儿童期经历会打下重要基础，但生活风格还将在后续人生中持续发展。阿德勒提出一个"创造性自我"（creative self）的说法，认为它是人格中的自由成分，可使个体在可供选择的生活风格和追求目标间进行选择。也就是说，个体拥有自主性，不是本能和社会的受害者而是选择者，有能力（至少部分地）塑造自己的内部和外部环境。人可以有目的地生活，也有机会创造性地选择自己的生活风格。在同样的遭遇下，有的人超越了自卑，有的人却陷入了自卑情结，差别可能就在于选择。

* * *

是时候来总结阿德勒和弗洛伊德的理论到底不同在哪里了。首先，弗洛伊德对于人性的基本假设是"精神决定论"，这使得其整个理论是向后看的，一切当下的行为均由潜意识里被压抑的过去所决定；而在阿德勒看来，应该向前看，只有往前去理解一个人期望达成的目标，才有可能理解其人格，于是他采取的是"目的论"立场，即当前的行为受到未来目标引导，目标很重要，哪怕只是虚构的也会让人有力量。

其次，弗洛伊德强调各种生物性驱力对于人类行为的决定作用并主要关注发生于个体心理内部的过程；而阿德勒则着眼于社会背景下的人，认为社会方面的因素包括家庭环境、人际关系等对行为的作用更大，人类行为的目的也不是追求各种生物性冲动的满足，而是归属于群体并为社会做贡献。换言之，弗洛伊德眼中的人是生物人，而阿德勒眼中的人是社会人。此外，虽然阿德勒也同意潜意识的存在，但他更关注有意识的行为，他相信一个人的人生目标是有意识的，人也是有选择的，他的理论的关键任务就是帮助人们看到这些选择，而不是成为失序的内在驱力的无助受害者。

最后，在弗洛伊德的理论中，对立和冲突是主旋律，人与人之间、人与社会之间、人格内部各成分之间总是剑拔弩张；而阿德勒则认为，人与人可以和谐相处，个体的内心并非各路力量撕扯冲突的战场，我们的身体、思想、情感以及潜意识和意识都可以朝着同一个目标协同工作，所以人格不是一些部分的集合，而是一个整体。换言之，一个看重冲突，一个强调和谐。

＊　＊　＊

如果理论也有人格，那么阿德勒的是温厚平和的，不像弗洛伊德的那样充满戏剧性，也不像之后将要出场的荣格的那样神秘而费解，也许正因为如此，他的理论对于疲惫的现代人来说格外亲切和温暖。当然，从历史地位来看，阿德勒的理论只能说不温不火，它同样存在概念界定模糊与不可证伪的问题。另外，将自卑感和追求卓越视为个体发展的唯一动机也有点过于简单绝对，不足以解释人类行为的复杂性。

还有人批评这个理论"鸡汤"浓度过高，励志是励志，但过于理想化，也难以操作。的确，从思想取向上来说，阿德勒是一个理想主义者，他的心理学在一定程度上是一场旨在将人们团结在一起的教育运动（McCluskey，2021）：他说自卑和缺陷并没有什么不正常，困难是人类生活的组成部分；他强调每个人都值得尊重，积极的改变来源于鼓励；他提醒社会责任与个人自由同样重要；他指出工作、友谊和亲密关系是终生的任务；他告诉我们做人并不意味着正确或完美，而意味着对他人及社会有益；他相信如果每个人都被平等对待而不是不断竞争，人们就不会那么专注于神经症性的自我利益，而是可以用合作的方式为社会做出贡献。

近几十年来，阿德勒的理论在全世界范围内呈现复苏和重新受到重视的倾向。或许在人与人之间、群体与群体之间、国家与国家之间普遍动荡、疏离、分裂、对抗的今天，人们格外渴望相互联结的治愈力量。与此同时，同样重要的是，他通过对于积极和目标导向的人类本性的坚持向我们展示了人类为克服与反抗自身缺憾所能付出的全部努力，他让所有人相信，我们都可能成为有价值和有贡献的人，就像他自己毕生所做的那样。这位身材矮小、长相平平，儿时体弱多病、行动笨拙的人格心理学家就这样将童年多舛的命运当作了奋发图强的原动力，再把自己奋斗的一生写就了一个创造性的人格理论。他的理论激励了无数身处逆境、困顿和泥泞中的人，他向人们传达了一个坚定的信念：不管你是谁，不管你曾经多么不堪，"那些打不倒你的终将让你变得强大"（尼采语），你可以超越曾经，成就自己。

29. 出生顺序会影响人格吗？
阿德勒论家庭中的动力

上一章提到，阿德勒把一个人面对自卑与追求卓越的方式称为生活风格（相当于人格），而个体心理学的任务就是去分析人的生活风格。那么可以从哪些方面入手？阿德勒一方面沿袭了弗洛伊德式的方式，如去挖掘早期记忆和潜意识梦境，另一方面还开发了一个很别致的途径，即基于一个人的出生顺序来进行分析。"出生顺序"（birth order）这一话题在前些年的国情下讨论似乎还有些不合时宜，但放开二胎、三胎直至未来进一步放开后，家庭结构预计将发生巨大变化，此时从心理学角度进行相关讨论便有一定意义了，而阿德勒是率先系统论述出生顺序与人格关联的心理学家之一。

* * *

不管有没有兄弟姐妹，出于亲身经历或观察所得，我们都可以很容易地说出不同出生顺位的人各自的代表性特点。反正电视剧里都是这么演的：老大们总是高风亮节、忍辱负重，总是为了弟弟妹妹牺牲自己；老幺们总是受到万千宠爱，总是古灵精怪不走寻常路，也总是时不时地捅出些篓子让哥哥姐姐们帮着收拾；中间的则相对没那么有存在感，个性有些模糊，体现出"夹在中间"的委屈，偶尔也表达些不服……这些类似于刻板印象的判断有道理吗？正如第14章所说，生活在同一家庭的兄弟姐妹并不共享相同的家庭环境，于是出生顺序的不同就有可能带来孩子们在家庭中的独特经验，进而造成心理动机上的差异。这就是阿德勒的假设，他认为，一个人是独生子女还是老大、老小或中间的孩子，可能会对其生活风格产生深远的影响。不过需要强调的是，更重要的并不是从生理上来说客观的出生顺序，而是感知到的排行，即人们自己觉得自己是家里的老几，不过出于论述的方便，我们还是以生理上的顺序来指代。下面就按照出生顺序逐一看看阿德勒是怎么说的。

首先是老大。他们一度是家里唯一的孩子，独享父母全部的爱与关注。然而，"好花不常开，好景不常在"，不久之后，他们不得不让位给新来的人，被迫与弟弟妹妹分享父母的情感和注意，不再唯我独尊。阿德勒预期老大们会常做从高处跌下的梦，这是一种站在巅峰却不敢保证优越地位一直持续的象征，体现出独特的"老大式焦虑"。这种情形有点像"退位的君主"或"罢黜的帝王"，在阿德勒看来，这种地位的急转直下可能造成老大强烈的自卑感，于是他们会通过过分要求或者搞破坏来吸引父母的重新注意并补偿失去的存在感。不过，如果在弟弟妹妹到来前父母帮老大做了充足的心理准备，在弟弟妹妹到来后也不是突然就把情感全部转移走的话，老大们也可能成为一个得力的"代理家长"，帮助父母照顾弟弟妹妹，即我们在生活中经常看到的那种稳重且责任心强的老大的样子。此外，或许因为经历过权力的丧失，老大们渴望在心理意义上"复辟"，方式之一便是通过不断追求成就来恢复失去的地位。阿德勒还指称，最容易适应不良和成为问题儿童的就是老大，这看起来多少有点"泄私愤"的感觉（对他那个模范长兄），后面将看到，现代研究并没有证实这一点。

接下来是第二个或中间的孩子。他们从不曾是唯一的注意中心，一出生就上有"老"，过不多久又下有小，所以对弟弟妹妹的到来不会那么敏感，也更能适应环境。但是另一方面，由于他们一出生就处于一个竞争性的环境之中，与哥哥姐姐们的比较无处不在，这可能致使他们产生强烈的自卑感，就像阿德勒小时候那样。请注意，在阿德勒的理论中，自卑感是一种积极的力量，因此这种环境可能促使中间的孩子野心勃勃，渴望通过努力在家中确立自己的位置，就像阿德勒小时候那样。于是在阿德勒看来，中间的孩子是最可能取得大成就同时使用社会有益方式来追求成就的人，就像他自己那样。这么多的"就像他自己那样"，不难看出，这一观点里带有诸多个人情感色彩。

再来是最小的孩子。他们通常比其他孩子更受父母娇惯，作为家里的老幺，他们得到了最多的关注和宠爱，而且父母一般不会把重任交到最小的孩子身上，光宗耀祖、出人头地都是老大的事情，众人的眼光和父母的期望都由老大担着，至于老幺，开心就好。不过另一方面，由于他们的同辈榜样很多，竞争机会也多，这些也能刺激他们去追求卓越。当然，这份雄心壮志之中又很可能混杂着懒惰，因为他们的"帮手"太多了，一旦遭遇挫败就可以轻易依赖包括哥哥姐姐在内的其他人的支持和保护，长久之后，可能丧失凭借自身力量获取成功的能力与勇气。

最后是独生子女。与老大们一样，独生子女在早年独享了父母的关爱，不过他们的地位就要稳固多了，至少不会因为弟弟妹妹的到来而遭到"罢黜"。但是，他们受到的冲击可能会发生在上学以后，在那里，他们不再是注意的焦点，原有的中心地位将受到挑战，进而可能令他们认为世界是一个不公平和充满威胁的地方，导致缺乏社会兴趣。另外，和老幺类似，如果受到父母过分的溺爱，他们也将高度依赖他人而难以自立。

总之，在阿德勒看来，极端的地位似乎将带来极端的问题，这使得长子女、独生子女以及最小的孩子的发展均危机重重（唯有"像他这样的"中间的孩子"幸免于难"）。虽然他也强调这只是一般倾向，不鼓励对号入座，但还是可以很明显地看到，出于个人经历，他对于该问题的理解存在相当大的局限性。不过值得肯定的是，阿德勒的早期工作开启了一个研究领域，即出生顺序与人格以及其他心理特征之间的关系。接下来是一些现代研究的结果。

* * *

首先，不少研究发现，长子女要比排序较后的子女在智力上存在一定优势（e.g., Zajonc & Markus, 1975; Kristensen & Bjerkedal, 2007; Boomsma et al., 2008; Damian & Roberts, 2015），而且这种优势不仅出现于同一个家庭的兄弟姐妹之间，在跨家庭的比较中也可以观察到。请注意，对于个体而言，这种智商分数上的些许差异并没有多大意义，但是对于群体而言，老大们整体智商比弟弟妹妹们高一些，就值得玩味了。为什么老大智商相对更高？原因或许在于，一方面，在一个家庭里，第一个孩子通常会得到更多的父母投资；另一方面，在弟弟妹妹出生之前，老大一直处于成人环境中，这可以在一定程度上刺激他们的智力发展；此外还有一个可能是，老大们经常有照顾弟弟妹妹的经验，这也将在一定程度上助力他们的智力成长。于是，也许与智力略高这点有关，老大们更可能上大学并成为一个成功的科学家（e.g., Paulhus, Trapnell, & Chen, 1999）。一个基于瑞典全国男性样本的研究表明，与后生子（特别是第三胎出生的孩子）相比，老大成为首席执行官或政治家的可能性要高出30%（Black, Grönqvist, & Öckert, 2018）。

的确，老大们在其生命早期可完全独享来自父母的注意，接受所有时间、情感及物质资源的投入，从而形成所谓的"老大优势"（firstborn advantage; Leman, 2008），这种优势反过来又可能帮助他们博得更多来自父母的爱。然而，在老大的光环之下，其他顺位的孩子就乏善可陈吗？心理学家弗兰克·苏洛威（Frank Sulloway）不这么认为。1996 年，苏洛威出版了《生而叛逆》（*Born to Rebel: Birth Order, Family Dynamics, and Creative Lives*）一书。通过对科学、政治、宗教等领域数千位历史人物及其贡献的深入分析，他提出了一个引人关注的结论：长子女更可能持重守成，而后生子女生而叛逆。

在书中，苏洛威分析了 28 次科学革命，包括哥白尼与达尔文的发现、狭义相对论、大陆漂移说等，对于每一次科学革命，他都收集了当时支持或反对的科学家的数据，如他们的国籍、性别、年龄、教育水平、科学地位、社会阶层、宗教态度、政治态度等，他想知道这些变量分别可在多大程度上解释一个科学家对于科学革命的立场。结果他发现，有一个因素出现了压倒性的预测力，那就是出生顺序：那些作为后生子女的科学家更有可能支持科学革命。好比在1859—1875 年围绕达尔文进化论的争论中，作为后生子女的科学家支持这一革命性思想的可能性是作为长子女科学家的 4.6 倍，当然，达尔文本人也是那个"叛逆"的后生子。在苏洛威分析的 28 次科学革命里，类似的优势平均可以达到两倍。除了科学革命，苏洛威还研究了新教改革、法国大革命和其他政治革命。例如，他分析了 1789—1794 年大革命时期法国不同政党立法机构中长子的百分比，发现这一比例在支持君主制的坚定保皇党人中最高，在致力于自由主义原则的政党中则最低。更重要的一点是，苏洛威发现，社会阶层对法国大革命期间主要政治人物的立场几乎没有任何解释，而出生顺序则解释了很多。在他看来，革命是手足之间的斗争，许多兄弟姐妹站在了针锋相对的两边。

　　为什么会这样？苏洛威引入进化心理学视角的家庭动力观点予以解释。简单来说，父母的资源不是无限的，随着孩子数量的增加，投资在每个孩子身上的资源会相应减少（Blake, 1981）。本质上，孩子们在争夺家庭资源尤其是来自父母的爱。不论父母如何努力地"一碗水端平"，这种竞争都是存在的，此时出生顺序就会对竞争策略的选择产生影响。一般来说，最年长的孩子可以优先选择自己的生存策略，他们通常会得到更多亲代投资，于是倾向于努力维持现状并认同权威，表现为尽可能满足父母的期望并顺从父母的意愿和价值观，在人格上循规蹈矩、有责任感、胸有大志同时传统且保守；而后出生的孩子则需要探索并创造自己独特的生存策略，他们无法复制兄姐走过的路，只能另辟蹊径，于是倾向于表现得叛逆和反传统，这样能够对已经建立的秩序发起挑战进而为自己争得一席之地并获得父母投资。在苏洛威看来，正是这种竞争性的家庭动力学令后生子女们与受压迫者保持认同并发展出所谓的"革命性人格"，相比于长子女，他们也更可能成为支持言论自由、信仰自由、公民权利及女性权利等社会变革的催化剂。

不过，落脚到普通个体身上，近些年的大样本研究证据并不支持出生顺序与人格之间存在显著关联的论断。例如，研究者通过对来源不同的多个数据库的数据进行分析，结果没有发现出生顺序与一个人的冒险性之间存在显著关联（Lejarraga et al., 2019）；同样，2015 年两个样本量达到数十万的研究也声称，出生顺序与大五人格之间不存在有意义的相关（Damian & Roberts, 2015; Rohrer, Egloff, & Schmukle, 2015）。

事实上，目前得到较多证据支持的一项与出生顺序有关的效应无关人格，而关乎性取向。研究发现，男性的同母哥哥越多，其同性恋取向的可能性就越大（元分析见 Blanchard, 2018），这一现象被称为"兄弟出生顺序效应"（fraternal birth order effect; Blanchard & Bogaert, 1996）。由于这种关联只存在于有同母兄长的男性身上，而且不管这些兄弟是否生活在一起都可能出现（说明并不是后天社会化的结果），同时如果该男性的哥哥们并非一母同胞或者不是哥哥而是姐姐，这种效应就会消失，因此现有理论多将这种影响归因于产前生物学机制。具体来说在于母体对男性胎儿的免疫反应，这种反应会在一定程度上抑制在性别分化中起作用的男性 Y 蛋白（Balthazart, 2018; Bogaert et al., 2018），与此同时，每孕育一个男性胎儿，抗体就会累积，从而进一步增加下一个男性胎儿成为同性恋者的概率（如图 29.1 所示）。不过这种机制只能解释一小部分（15%~29%）男同性恋者的性取向（Blanchard, 2004），还有其他机制在起作用。

最后来聊聊独生子女。自中国实施独生子女政策以来，他们的心理发展状况就成了全社会极其关注的问题。在没有兄弟姐妹陪伴

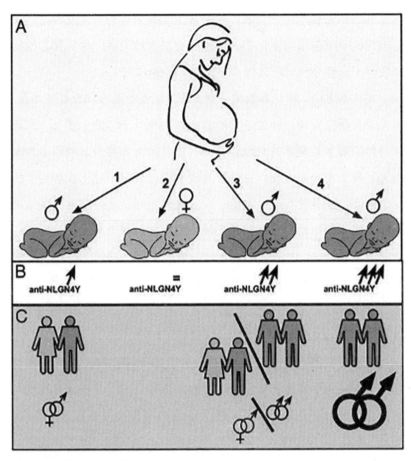

图 29.1　兄弟出生顺序效应

注：示意图说明了在妊娠男性而非女性胚胎期间，孕妇如何对男性相关蛋白 NLGN4Y 产生进行性免疫反应（A），anti-NLGN4Y 抗体（B）的积累会增加随后儿子（C）中同性恋倾向的相对发生率

（资料来源：Balthazart, 2018）

的情况下，独生子女的心智发展会有什么特殊之处吗？四十多年过去了，第一代独生子女很多已经成为父母，又孕育了第二代独生子女，他们表现得怎么样？关于独生子女和非独生子女对比的研究汗

牛充栋，结论也不完全一致。但是目前比较公认的一个发现是，人们担忧的事情并未发生，中国独生子女没有被宠坏，他们和其他类型的孩子一样心理适应良好（廖友国，连榕，2020）。

在人格方面，相比非独生子女，独生子女也没有成为奇怪的人。当然也有研究发现，独生子女的宜人性要稍低于非独生子女，这或许与他们更少的童年社交经验有关，而在大五人格的其他四个方面均无差异；在智力方面，也没有发现明显差异，不过，在创造力的一个维度"变通性"上，独生子女表现得更好，或许是因为童年缺乏兄弟姐妹的帮助，他们在独立解决问题的过程中培养了一定的创造能力（Yang et al., 2017）。此外，根据前面提到的父母资源有限理论，显然唯一的孩子可以获得父母更多的投入，从而令独生子女家庭的亲子关系要比多子女家庭更加密切（Chow & Zhao, 1996; Liu & Jiang, 2021）。

那么，同样是独生子女，是男孩还是女孩会有区别吗？在父母资源有限和中国传统父权制社会的双重背景下，一个重要的研究结论是，相对于儿子，女儿从独生子女的身份中受益更多（Liu & Jiang, 2021）。这是因为，当家庭里只有一个孩子时，孩子的性别对育儿策略的影响变得很小，那个唯一的孩子不管是男是女均会获得最大的投资；甚至，考虑到劳动力市场中现存的性别歧视，女性需要更多技能才能与男性竞争（Raley & Bianchi, 2006），父母们可能因此而提供给独生女更多的亲代投资（Tsui & Rich, 2002）。然而，在多子女家庭中，资源就出现了不平衡分配，其流向在很大程度上取决于性别：兄弟姐妹的存在对女儿的负面影响比对儿子更大（Chu, Xie, & Yu, 2007; Lee, 2012），兄弟尤其是弟弟的存在减少了女孩的受教育机会，而姐妹尤其是姐姐的存在则会增加弟弟的受教育机会

（Chu, Xie, & Yu, 2007; Zheng, 2015）。这是一种在中国社会中比较特有的性别不对称的兄弟姐妹效应，即女孩因拥有弟弟而处于不利地位，而男孩则因拥有姐姐而受益更多（Liu & Jiang, 2021）。

　　总之，在全面放开生育的趋势下，未来的家庭结构将变得越来越复杂，而在中国社会文化环境的背景下，或许比出生顺序更需要关注的因素是性别。革新性别观念，创建一个令女性免于恐惧与歧视且可享有平等权利和机会的环境，不仅是为了现在的女性，也是为了未来的女孩们。

30. 与远古精神对话：荣格论集体潜意识

时间倒回一百多年前，在遥远的瑞士，一个年约 7 岁的小男孩发现了一个令他无比着迷的游戏：坐在一块大石头上幻想着石头的所想。这一刻他还是坐在石头上的人，下一刻则变成了身上坐着一个人的石头。他在这两种状态中切换自如并慢慢感到困惑："我究竟是坐在石头上的我，还是上面坐着一个他的石头呢？"这一"庄周梦蝶"般的体验像一道谜题令他心驰神往。10 岁时，他给自己刻了一个小木人，这个神秘的"朋友"成了他的心灵避难所，与之交流也成了某种仪式，令他得以占有某些别人不知道也无法知道的东西并因此而感到安全。在这个他人眼里古怪、孤僻、不可理喻的小男孩的世界里，有石头、木人和书本，唯独没有人类。他仿似不理解别人，别人也不理解他，他尽可能不和别人接触，仅仅依靠自己的内省经验来理解世界。或许早在那时，这位未来的杰出心理学家就在对现实的逃避中开始了与远古精神的对话，并不自觉地为自己的精神发展找到了一条出路（申荷永，2004）。

多年以后，一个有如这位理论家本人一般充满神秘感的理论在

图 30.1　卡尔·荣格（1875—1961）

人类探索自身精神奥秘的历史上留下了璀璨而特立独行的一笔，从未有人以如此华丽又费解的方式为人类精神的独立、完整及永恒背书。虽然不少人批评这一理论晦涩深奥，但它对于人类精神本质深邃的洞察及对人类命运走向真切的关怀，令心理学在纯粹自然科学取向主导的当下，依然保有隽永的人文感和无可取代的超越性。本章即以浅陋的理解走进卡尔·荣格（Carl Jung）和他的分析心理学。

* * *

在荣格的人生中，弗洛伊德是一个绕不过去的名字。从因为《梦的解析》一书成为弗洛伊德的忠实拥趸，到与弗洛伊德初次见面即一见如故畅谈 13 小时，再到成为精神分析王国中地位仅次于弗洛伊德的"亚圣"，正在人们期待着这位公认的"王储"有朝一日继

图 30.2　1909 年，弗洛伊德（前排左）与荣格（前排右）受邀于美国讲学，中间是邀请他们的时任美国克拉克大学校长斯坦利·霍尔（Stanley Hall）

位的时候，荣格辞去了国际精神分析学会主席的职位并与弗洛伊德正式决裂，而这样的跌宕起落仅仅历时短短 7 年（1907—1914）。时至今日，人们依然津津乐道于这两位不世出的心理学家之间的"爱恨情仇"，而在我看来，这只是一个"吾爱吾师，但吾更爱真理"的故事。

　　在当时的弗洛伊德看来，心理能量的核心就是力比多，它只追求性欲的满足（后来他对此进行了拓展）；而荣格认为，力比多是一般的生物性能量，旨在追求全部心理需求的满足以及整个个体的发展，在这其中性欲扮演的仅仅是次要角色，人们在包括理性和精神追求在内的其他方面投入了更多力比多。对于弗洛伊德有关早期经验决定论的看法，荣格也表示了不同意见。他认为，即便到了人生的后半程，人格依然可以由未来的希望引导而得到塑造和改变，换言之，和只关注前半生的弗洛伊德相比，荣格更愿意肯定后半生的力量。总之，荣格反对弗洛伊德的自然主义立场，而他最看重的灵性在弗洛伊德看来纯属无稽之谈，二人的分歧无可调和。

与弗洛伊德决裂后，荣格陷入了精神低谷，有好几年无法从事研究和写作，而回过头看，这些年成为他最富创造力的丰收时期。那些年，他隐身静修在一个风景如画但极其原始的地方，沉醉于深刻的自我分析，他将自己的梦、幻想以及其他灵性体验记录在了一本红色皮革装帧的书里，其中使用了多种语言并留下了精美的书法和画作。荣格在世时，这本书从未公开发行，在他去世之后，这本书被锁在了瑞士银行的保险柜里，直到多年后由他的后代授权出版，这就是著名的《红书》(*The Red Book*)。

走出精神危机后，荣格用了数十年时间游历世界各地，他的足迹涉及北非的撒哈拉沙漠、美国的印第安部落以及东方的印度等。很遗憾，他没有来过中国，但是他与中国文化之间却有着深厚的联结。荣格将自己儿时"庄周梦蝶"式的幻想视为与庄子的缘分，他住所的院子里种着来自中国的银杏树，房间里挂着水月观音像，他还有一位汉学老师——德国人理查德·维尔海姆(Richard Wilhelm)。这位中文名为"卫礼贤"的汉学家在中国待了25年，曾在德国驻华大使馆工作，也在北大任教，正是他把《易经》《论语》《庄子》《道德经》《吕氏春秋》等翻译成德文介绍给了西方的读者。荣格向卫礼贤学习中国文化，而中国的禅宗、道家、易经等也为荣格的集体潜意识学说提供了理论基础（申荷永，高岚，2018）。80岁时，荣格在自传中援引老子的话"俗人昭昭，我独昏昏；俗人察察，我独闷闷"为自己的一生作结。作为个体，荣格是一个心

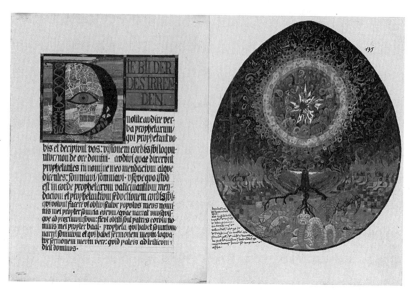

图 30.3 《红书》内页

注：均为荣格自己所写所绘，内容包括各种梦境和幻想中丰富多彩的意象

灵上的孤独者，而孤独孕育着智慧，他以无与伦比的宁静体悟着人类精神的奥义；作为心理学家，荣格的理论独树一帜，如果说弗洛伊德看到了人的生物性，阿德勒强调了人的社会性，那么荣格则把人的精神性提升到了一个无以复加的高度。为了与弗洛伊德的精神分析理论相区别，荣格的理论被称为"分析心理学"（Analytical Psychology）。

* * *

第 23 章提到，弗洛伊德的"心理冰山"模型（"心理地形说"）将人的精神世界分为意识、前意识、潜意识三个层面，荣格在某种程度上沿袭了这一说法，但在此基础上进行了大大的深化与拓展。

在荣格看来，人生来就有一个完整的人格称为"心灵"（psyche）。可以将之想象为一个蛋，处于最外层相当于蛋壳的部分，也是心灵中唯一能被个体直接感知的部分是"意识"（conscious），它由各种感知觉、记忆、思维和情感组成，"自我"（ego）是它的核心，主要功能是适应环境。这部分可相当于弗洛伊德所说的"意识"，和弗洛伊德一样，荣格对此部分也不甚关注。

将"蛋壳"剥开，就进入了心灵的内核即潜意识，它又包含两个部分。处于潜意识外围的"蛋白"是"个人潜意识"（personal unconscious），与弗洛伊德所说的"潜意识"差别不大，里面是一些曾经在意识层面但因为被压抑、遗忘或者当前不够活跃不足以进入意识的内容，由于这些是发生在个体身上、与个人经验相联系的心理内容，因此称为个人潜意识。

对于个人潜意识，荣格有一个重要且有趣的说法，即这一心灵部分常以"情结"（complex）的形式表现出来。"情结"一词为荣格所创，先后被弗洛伊德和阿德勒借用并已成为现代人经常使用的一个日常语汇。在荣格看来，情结是一连串相似的情感元素聚集在了一起，当说某人有某种情结（如俄狄浦斯情结、自卑情结、权力情结、金钱情结），指的是这个人的心灵被围绕着该主题的想法、情绪和行动强烈占据了。情结就像一个"扳机"，一旦被触发就会引爆，例如，人们可能因为一句话而心神大乱或者因为一件小事而暴跳如雷，此时已不能理智展现本来的自己而是被情结主导。强有力的情结可以支配和控制一个人的思想与行为，而这个人自己却可能毫无自知。

荣格曾说："几乎人人都知道我们会拥有情结，但很少有人知道情结也会拥有我们。"我们拥有情结似乎可以理解，人人都可能有自己极端在意的东西，然而，当情结拥有我们的时候，就是心理疾病的开始与表现。此时人们完全被情结缠绕，大量的心理能量投注于其上，一切心思都指向它而无法思考其他事情。情结的存在就像一个黑洞般吸走了本应用于发挥其他功能的心理能量，情结越强，它限制自我选择自由的程度就越高。而精神分析的目的就是要帮助人们解开情结，将他们从情结的束缚下释放出来，不过这并不是意味着要消灭情结，而是要通过觉察和理解来认识情结在自己心理和行为中所起的作用，以此来降低其消极影响。也就是说，如果对情结一无所知就会在某种程度上受其控制，而一旦了解了它的存在及其意义，它也就失去了控制我们的能量，尽管不会消失但会逐渐减弱。这就好比一个被父母忽视的孩子总要通过哭闹来吸引大人的注意，此时如果大人能够耐心地安抚他，他就会变得安静，不再需要用哭闹的方式证明自己的存在（范红霞，申荷永，李北容，2008）。就像阿德勒理论中的"自卑情结"，如果我们直面自身的缺陷，令情结的能量意识化，它反而能够成为不断向前的强大动力。可见，情结是否消极不仅取决于它本身是什么，更决定于意识自我以何种姿态面对它以及如何与它相处。

　　进一步往心灵深处进发，剥开潜意识的表层，终于来到了"蛋黄"——心灵的精华亦是荣格理论的精华部分"集体潜意识"（collective unconscious）。荣格在世界各国的习俗、宗教信仰甚至神秘事件中一再发现某些共同的跨文化现象，例如，不同国家和地区的神话传说中常常出现相似的人物形象，好比慈爱的母亲、勇敢的英雄、黑暗的怪物、邪恶的魔王、睿智的老人等，又或者有着差不多的主题和情节，好比正义战胜邪恶、英雄拯救世界等。在为病人进行精神分析时，不同病人的经验和梦中也时常出现与神话里不谋而合的象征。

　　基于这一点，回头看弗洛伊德与荣格的故事，貌似也是人类关系中不停重复的一个桥段。在弗洛伊德看来，荣格的"背叛"反映了压抑在其潜意识中的"弑父"愿望（即"俄狄浦斯情结"的表现），虽然荣格对此说法嗤之以鼻，但他的出走的确可以看作在心理学意义上"谋杀"了"父亲"。而纵观历史，王子（或继位者）与国王（或掌权者）反目成仇的故事比比皆是；在现代社会里，父子不合、徒弟叛出师门另立门户的故事也屡见不鲜。人们好像总是在相同的问题上纠缠不休，而且我们很容易就能猜到同类主题的故事走向，在荣格看来，我们之所以能预知某些情节，不仅因为我们过去的经历，还因为继承了祖先长久以来积累下来的经验（Friedman & Schustack, 2016）。那么，这些大体相同的故事会否与某种普遍共同的心理需要有关？

*　*　*

　　这一部分的人类本性是弗洛伊德理论中未曾涉及的。在弗洛伊德看来，无论意识还是潜意识均源自经验（如潜意识来源于童年创伤和压抑的欲望），而荣格发现的这些心理内容并不基于个人生活事件，于是在这些相似的梦境、神话传说和原始意象背后，一定有它们赖以产生的共同心理土壤。正像个体的梦揭示了个人经验一样，这种集体的梦和反复出现的故事、意象揭示的可能是人类生活的共同经验，荣格将它们归为集体潜意识，它不属于某个人而属于全人类。如果说个人潜意识是水下的那个冰山基座，那么每一座冰山之下还有把它们联结起来的共同基地，就像隐藏在深海之下的海床一样。换言之，是集体潜意识的存在支撑着人类全体，令一个个个体不再是无根漂浮的孤岛。用荣格自己的话来说，集体潜意识是"数百万年来祖先经验的沉淀，是历史在种族记忆中的投影"，这些产生于人类进化历程中的集体经验铭刻在每一个个体的心灵中。在这个意义上，每个活着的人都是行走的祖先智慧档案库，我们即以此种方式与漫长的人类进化史联结在了一起。但是值得注意的是，荣格所说的集体潜意识并非生物学意义上的遗传，而是文化意义上的遗产，他强调的是人类精神性的累积与传递。

那么，这些经验具体以什么形式储存呢？荣格提出了一个称为"原型"（archetypes）的概念。正如情结之于个人潜意识，原型便是集体潜意识的基本内容和结构。简言之，原型可被理解为对各种人生问题做出反应的先天遗传倾向，它源自人类祖先对于反复发生的生活事件的情感反应，如看到日升日落、四季更迭，以及总在重复经历的人际关系（如母亲和孩子）。这些历代成员都要体验的情感模式通过集体潜意识继承了下来（一如我们继承了本能的行为模式），使后继者对于类似刺激也会产生相同或类似的情感和行为。这就好像我们在"出厂"时并不是一台"裸机"，而是已经有了一个共同的"硬盘"，那里存储着祖先分享给后人的智慧成果，让我们日后在面对相似的人生主题时拥有可用的经验。但请注意，原型不是内容而是形式，可以理解为一种潜能，即大家都有但具体将如何显现和发展又依赖于每个人的后天经验，因此同一原型显现出的形象可能并不一致，体现出个体认知和行为的灵活性。

荣格描述了多种原型，有一些是普遍的意象或符号，如"母亲原型"（mother archetype），这种慈爱、奉献、养育的意象在各个时期的不同文化中随处可见；如"英雄原型"（hero archetype），通常是一个强壮有力为拯救苍生与恶势力作斗争的形象，与之相反的则是残忍邪恶的"恶魔原型"（demon archetype），如魔鬼撒旦、吸血鬼等。在现代流行文化中（如《指环王》《哈利·波特》这样的文学影视作品），荣格所说的原型也比比皆是。事实上，《星球大战》的导演乔治·卢卡斯（George Lucas）正是读到了当代神话研究者约瑟夫·坎贝尔（Joseph Campbell）关于原型及其跨文化一致性的著作之后，在创作《星球大战》三部曲第一部时直接做了借鉴。而对应到中国的故事里，在《封神榜》《西游记》乃至金庸的武侠小说里，这些普遍的原型一样可以找到。

的确，"每个人心里都有一个江湖"，从古至今，从小到大，人类就是这么通过一个个故事来理解世界的。古人编织神话，现代人则创作小说或电影作为现世的神话，它们构建了一个个共享的精神世界，收纳着漂泊的灵魂。在这个层面上，荣格理论可以帮助我们理解神话及文学作品中的心理共性，并解释是什么力量触动了人类在面对这些作品时所产生的心灵层面的普遍共情，文艺作品感染力的秘密归根结底也许不是个人潜意识心弦的波动，而是植根于超个人的、更为深邃的集体潜意识的共鸣。

除此之外，荣格还详细论述了一些更为抽象同时对于形成人格和日常行为特别重要的原型，包括阿尼玛与阿尼姆斯、人格面具、暗影、自性等。

先来看与性别有关的一对原型——"阿尼玛"（anima）和"阿尼姆斯"（animus），这两个拉丁语分别对应着"精神"与"心智"。阿尼玛代表着男性心灵中的女性成分，而阿尼姆斯则是女性心灵中的男性成分，它们起源于亘古以来两性之间打交道的经验。这两个原型的作用在于，一方面让两性身上均具有一部分异性特质，如阿尼玛的存在让男性柔软、多情、合群，阿尼姆斯的存在让女性独立、竞争、冒险；另一方面也为两性提供了一个与异性互动的框架，换言之，男性借助心中的阿尼玛去理解女性，女性借助心中的阿尼姆斯去理解男性。这些集体的经验再混合个体自身与异性互动的体验就会形成一个复杂的关于异性理想化的意象，就好像"缪斯"或者"梦中情人"，再或者现在人们常说的"男神""女神"，然后人们再将这种理想化的意象投射出去用以寻找伴侣，当一个人符合你心中的阿尼玛或阿尼姆斯时，你就可能格外受其吸引甚至对他／她一见钟情。此外，人们也用原型来与异性相处，如用阿尼玛和阿尼姆斯这种理想化的标准来看待与要求配偶，这就可能造成婚姻中的冲突与误解。

　　虽然现代研究更倾向于认为性别特质很大程度上是后天学习的产物（如第 22 章所述），但荣格关于每个人的心理结构均部分带有异性色彩这一观点在他所在的年代里极具前瞻性。人们通常认为，男人女人是两个毫不相关的类别，或者心理层面上的"男性化—女性化"是一个单一维度的两端，即一个人如果拥有高度男性化的特质，必然就很少甚至没有女性化的特质，反过来也一样。然而，现代研究支持了荣格的看法，每个人都是一个"马赛克式"的男女混合体，只不过有些人"混"得深一些，有些人"混"得浅一些，只有极少数（大约 1%）的人的性格特征几乎全部对应自身的生理性别（Hyde, 2014）。也就是说，一个人完全可以既果敢又敏感，既独立又善解人意，即在心理上高度"双性化"（androgyny）（Bem, 1974）。这种两性特质在一个人身上平衡展现的"双性化"倾向在荣格看来非常积极。他的理论持有一个基本观点，即心灵的各个部分需要在人格中平衡表现出来，任何一方面的过度表现都会"过犹不及"。于是，如果一个男性拒绝接受他的阿尼玛也就是女性化部分，就会过分强硬、冷漠，缺乏同情心、感受性甚至创造力；反过来，如果一个女性拒斥她的阿尼姆斯也就是男性化部分，则会过于软弱和被动。更重要的是，那个没有得到充分和有意识表现的部分会被迫进入潜意识，进而产生非理性和不可控的影响。

此种"双性化优势"的观点也得到了现代研究的支持。研究表明，和那些高度男性化的所谓"纯爷们儿"和高度女性化的所谓"软妹子"相比，那些在心理上"双性化"的人行为更具灵活性，他们也更能根据当前的情境需要来调整自己的态度和行为，因此更为适应环境，心理也更健康(Martin, Cook, & Andrews, 2017)。简单来说，他们拥有一个更为丰富的心理"工具箱"，可以灵活取用、刚柔并济。这一结论还得到了神经影像学研究证据的支持，即"双性化"大脑更具可塑性，拥有"双性化"大脑的人，焦虑与抑郁程度甚至都更低 (e.g., Zhang et al., 2021; Luo & Sahakian, 2022)。

那么该如何促进儿童的双性化发展？很容易想到的是双性化的父母更可能培养出双性化的孩子，但在双亲当中，如果父亲可以承担传统"女性化"的任务如做家务和照顾孩子，将起到更为积极的作用。原因是，在父权制社会中，男性通常处于高地位，拥有高权力，也通常是更坚决的"性别隔离者"，因此，由某种意义上的"既得利益者"来推动变革将令儿童觉得更有说服力（元分析见Tenenbaum & Leaper, 2002 ）。此外，全社会赞美男性的柔软和女性的力量也将对儿童的双性化发展有益。

在下一章，我们将继续展开介绍另外几个在荣格看来极为重要的原型。

31. 由暗方知明：荣格论原型

1886 年，弗洛伊德的《梦的解析》还要再等十几年才会面世，苏格兰人罗伯特·路易斯·史蒂文森（Robert Louis Stevenson）做了一个后来广为人知的梦：一个男人因犯罪被追捕，他吞下一种粉末后性情大变，再没人能认出他——善良勤奋的科学家杰基尔博士就此变成了残暴无情的海德先生，随着梦境故事的展开，他的邪恶一发不可收拾……后来，史蒂文森将这个梦发展成了著名的小说《化身博士》（*The Strange Case of Dr. Jekyll and Mr. Hyde*）。与之情节类似的故事还有很多：在《绿巨人》里，班纳博士一发怒就会变成不受控制的绿色肌肉男浩克；在《指环王》里，弗罗多数度被魔戒蛊惑心神险些堕入邪恶，在《哈利·波特》里，哈利常被不知所起的阴暗念头干扰……这种一个人身上同时存在一白一黑、一明一暗、一正一邪两种力量的情节已然成了一个"母题"及流行文化的一部分。按照荣格理论的观点，当一个故事触动到了人性的某个方面并令人们觉得是真实的，它就具有了原型的特征，即表达出了人们心中的普遍情感。

每个人似乎都同时是杰基尔博士和海德先生——一个每天都要戴着的光明面具和一个习惯保持沉默的阴暗自我，那些代表着贪婪、愤怒、嫉妒、谎言的后者隐匿在面具之下，为适应良好的自我所掩盖。这里便涉及荣格所说的两个重要原型，一个叫"人格面具"（persona），另一个叫"暗影"（shadow）。

* * *

先来看人格面具。每个人都需要在社会上扮演特定的角色，此时我们所处的环境会对心灵的外在表现有所约束，荣格即以"人格面具"一词来描述人们用来应对社会规范和文化要求而表现出的公开人格。人格面具无疑能够帮助人们适应社会并获得良好的公众形象及社会认可，他人也是因为人格面具的存在而能够辨别和认识我们。但是，人格面具具有一定的欺骗性——别人眼里的我们是我们却并不是全部的我们，它只代表着心灵的一小部分。此时，如果我们自己也信了，将人格面具当成了人格的全部，就不只是在欺人也是在欺骗自己了。换句话说，人人都戴着面具，有的人还能叫自己的名字而有的人已然改名。后者这种对于外部世界的过度关注同时意味着巨大的让步，牺牲的将是心灵当中真正的自己。

在荣格看来，对于人格面具的过分认同、热衷甚至沉湎即为诸多心理疾病的来源。他的很多病人就是这种过度膨胀的人格面具的受害者，他们很可能已经功成名就，却感觉生活异常空虚、寂寞、无意义，在治疗过程中，他们才逐渐意识到，自己的情感和兴趣完全是虚伪的——不过是对不感兴趣的东西装出一副感兴趣的样子而已，而这时候他们往往已人到中年。是的，人们常说的"中年危机"

（midlife crisis）是荣格提出的，此危机绝非一般理解的所谓人到中年"上有老下有小"的现实危机，而是"繁华过后成一梦"的意义危机。对于很多人来说，年轻时总是在各种外部目标的指引下打拼奋斗，当有一天目标基本达成却感觉空虚失落，因为面具之下一无所有，于是在前半生追名逐利之后再用后半生找寻自己，这仿佛成了一种固定模式，也是诸多现代人正在经历的精神悲剧。在荣格看来，此时必须摘下面具，回归到对内在精神的追求上来，正如雨果所说，"被别人揭下面具是一种失败，而自己揭下面具却是一种胜利"。当然，这并不是说人格面具不重要，还是那个"过犹不及"的道理，一个心理健康的人应该在社会的要求与真正的自己之间取得平衡。

照这么看，《化身博士》里的杰基尔博士即是膨胀的人格面具的受害者，歌德笔下的浮士德也是，后者厌倦了高尚的学术生活并将灵魂卖给了魔鬼。以荣格的眼光来看，很显然他遭遇了中年危机，他对知识的偏执追求导致了人格的片面发展和过度理性，太多的自我潜能被封锁在了潜意识中无法激活。在这种情况下，杰基尔也好，浮士德也罢，如果他们能够进行耐心的自我分析，去关注和接触那些被人格面具掩盖的真实自我，或许能够自我救赎，进而促成"人格的第二次成型"（霍利斯，2022）。然而，这些都没有发生，最后，他们被强大的黑暗吞没了。

黑暗也是一种原型，荣格称其为"暗影"。面具之下，暗影涌动。这两个原型彼此对立，如果说人格面具代表了呈现于人前并受到社会赞许的理想人格，那么暗影就是人格中黑暗和不被接受的一面，是因为不符合理想而在人格发展过程中被拒绝的一切，是人们不愿承认的"被否定的自我"（disowned self）。每个人内心都有暗影，就像光照射万物必留下阴影，有光就有影，它们二元对立、相互斗争又相依共存。然而，文明的教化不接受暗影。诗人罗伯特·勃莱（Robert Bly, 1988）曾在书中这样描述这一过程：

> 我们自宇宙尽头身披祥云而来降生在这世界上，带着我们保存完好的哺乳动物本能，如十五万年丛林生活保留下来的自发性和五千年部落生活保留下来的愤怒。就是这么个无限光辉的自己，我们打算作为礼物送给我们的父母，然而他们不要，他们想要的是一个漂亮的女孩或一个乖巧的男孩。这倒不是说父母们心肠歹毒，而是他们对我们另有所图。

勃莱还提到，每个小朋友原本都是一颗饱满的"能量球"，里面装着旺盛的生命能量。然而，他们很快就发现，父母不喜欢这颗球的某些部分，于是他们总能听到"你就不能安静一点吗"或者"不可以不喜欢你弟弟"再或者"男（女）孩子就要有男（女）孩子的样子"。为了维持父母对自己的爱，孩子们身后慢慢拖起一个看不见的口袋，那些父母不喜欢的部分被放进了口袋里。等到上学的时候，那个口袋已经相当大了，接着又听到老师说"好孩子不会因为这种小事而生气"，于是又把愤怒或别的什么东西放进了口袋里……再后来是同伴，再再后来我们开始自己做这件事，所有让我们觉得拖后腿的东西都被扔进了口袋里。一遍一遍长此以往，一个完美的人格面具打造完成了——礼貌、乖巧、人见人爱，然而那颗曾经饱满的能量球已然干瘪，只剩下薄薄一片。反观那个拖在身后的长口袋，那些被分离出来的东西，那个暗影，却越来越大，人们不得不负重前行，直到有一天再也无法承受而被这些力量所吞噬，就好像海德之于杰基尔、浩克之于班纳。

＊　＊　＊

　　讲到这里，联想起一个有趣的"母题"——英雄屠龙。英雄屠龙的故事表面上看是正义打败邪恶、光明战胜黑暗，然而在此过程中，阴影也可能慢慢渗入光亮导致正邪难解难分，最终，英雄屠龙反成恶龙。此时英雄屠的是龙吗？也许并不是，而是其内心的暗影，英雄将这部分不被接受的自己视为决绝对立必须要消灭的东西，然而最后却被暗影以最极端的方式逼迫着看到了真正的自己。这不就是电影《七宗罪》里的杀手在最后一幕对警察大卫所做的事情吗？以荣格心理学的视角来看，这部电影就是在教人们认识和接受自己的暗影，如果拒绝这么做，暗影就会以残忍的方式现身，然后毁灭一切。换言之，一味否认暗影的存在只会加深黑暗与光明之间的鸿沟并令人们身后的口袋越来越大，总有一天，人们将在对暗影力量一无所知的情况下毫无准备地被其反噬。

　　在这一点上，荣格与弗洛伊德的观点明显不同：弗洛伊德主张将非理性的力量意识化和理性化，但荣格主张非理性也有非理性的力量，人们应该意识到自己的暗影但却没必要克服或消灭它，因为暗影本身也是原始生命力和创造力的源泉和体现，例如，亚当和夏娃正是因为偷吃禁果这样的"堕落"行为而获得了属于人的鲜活生命力。当然，不压抑并不意味着与其同流合污，而是选择不逃避由二者内在冲突所带来的压力，进而在人格的黑白两面之间建立起联系并对其善加利用。换言之，人都有 A 面 B 面，这相对立的 B 面并不皆是邪恶而是人性多元和复杂性的体现，因此需要做的是去认识和接纳它，一如荣格所说："一个人并不能通过想象光明而领悟到自己是谁，要想获悉这一点，只能通过意识到黑暗的存在，所谓由暗方知明。然而后一种方法显然令人不快，因此不受欢迎。"这其实还是荣格强调的平衡的观点，如果一味把暗影弃置在口袋里，口袋越大，自身的能量就会越少，人们也将因此而变得迟钝、扁平、无趣、死气沉沉，且那些不了解暗影的人还会受其控制，一如盲目迷信光明的人最容易被黑暗吞没。

更进一步，个体有个体的口袋，群体也有"集体口袋"（Bly，1988）：男人们的口袋里或许装着女性化，虔诚的教徒的口袋里可能装着愤怒、自私和疯狂的性幻想，笃信某种价值信念或意识形态的人们的口袋里则装着其他的价值信念和意识形态……这些被拒斥的能量还可能被投射到他人和外群体身上，意即通过谴责他者的邪恶来回避自身的阴暗，进而有可能引发歧视甚至战争。从这个意义上说，如果某个政治家想要发动战争，很简单，只需将对立一方描绘成妖怪和坏人即可。在荣格看来，这些都是集体暗影的投射，人们总是相信自己是无可指摘的正义一方而对方必须受到惩罚，事实上，这不过是一种自以为是和自我欺骗。

那么应该怎么做？正如光只能去暗处找寻，荣格认为，诚实是抵御邪恶的最好方法，不再对自己撒谎是对自身的最大保护。古希腊德尔菲神庙上的铭言里，除了最知名的"认识你自己"之外，还有一句——"适可而止"（Nothing in excess）。爱尔兰古典学者埃里克·罗伯逊·多兹（Eric Robertson Dodds）对此解读说，唯有知晓何为过度的人才能遵守此铭言。也就是说，只有那些真切了解自己的情欲、贪婪、狂怒以及一切逾矩欲望的人，才愿意接受约束、规范言行，这和荣格的观点不谋而合。

对于暗影的真正洞察将唤起荣格所说的"自性"（Self）。自性是集体潜意识的核心，也是整个人格的中心。所以在荣格理论里，人格有两个中心：一个是自我（ego），它是人格中有意识的部分的中心，但它无法触达潜意识的层面，所以它只是一个有限的我；而自性是更完整的人格的中心，包含意识和潜意识在内。对于这个概念，必须要提到禅宗对于荣格的影响，禅修者要把握"真我"，首先要参悟"无我"，于是要想理解整个心灵，就必须整合意识与潜意识，自性的作用就是协调人格的各个组成部分，使它们达到整合与统一。

如果问普通人人生的意义是什么，他们很可能会回答说是实现自我，而如果问荣格，他一定对此不以为然，自我的实现充其量只是适应社会，这是一个过于低水平的追求。在荣格看来，人生的意义在于"实现自性"（realization of Self），这一过程称为"自性化"（individuation）。自性化的目标是"精神整合"（psychosynthesis）而绝不仅仅是适应社会。如何整合？答案是从对外部价值的追求返回到对内在价值的追求上，即探索与体验心灵中潜意识的部分。例如，一个男人开始理解他的"阿尼玛"如何使他以挑剔的方式对待妻子，一个教徒开始理解自己的暗影如何使他变得冲动和情绪化，换言之，将潜意识的内容带入意识，这些曾经未知的东西将让我们变得完整。这听上去是不是有点讽刺？我们先花费了大量时间无数次痛苦地抉择要把自己的哪一部分放进口袋里，然后再用余下的时间想办法将它们一点点地从口袋里拿出来。

或许就是这样，前半生实现自我，后半生实现自性。还记得荣格自己的经历吗？上一章提到，他和弗洛伊德决裂后陷入了巨大的心理危机。回头来看，他坦陈，那也是一次标准的"中年危机"，当时的他已经拥有了想要的一切——功成名就、婚姻美满、儿女绕膝、众人敬仰，然而在经历了人生的转折点之后，他突然发现，前

图 31.1　曼荼罗的意象广泛存在于各种文化与宗教表征中（左为藏传佛教的唐卡，右为巴黎圣母院的玫瑰花窗）

半生获得的这些以自我为中心的物质与成功再也掩盖不了他与内在灵魂不知何故失去了联系的事实。所幸的是，荣格没有像杰基尔与浮士德一样被打败，他曾说"我宁愿完整，而不是完美"，他选择了坚定面对并探索面具之下的"精神深处"——他的潜意识，他的情结，他心中的"魔鬼"，他人格中那些长期被忽视、否认和欠发达的方面。这么看来，《红书》可以说是荣格为挽救他自己的灵魂而进行的复杂、曲折、漫长的个人探索记录，最终他发掘出了一个更强大、智慧也更完整的自己，即自性的实现。

"自性实现"究竟是种什么感觉？或许类似于"天人合一"，即向内获得了心灵的完整与统一，向外则聚世界于己身。荣格借用了一种古老神秘的艺术形式"曼荼罗"（Mandala）来表达这种状态，其字面意思是"圆"，在佛教、道教、印度教等东方宗教中常被用以代表神灵的地图或表征着精神之旅。

荣格发现，曼荼罗不但广泛存在于各种文化和宗教表征中，还

图 31.2　荣格自绘的曼荼罗

经常出现在梦境和幻想里，同时也可以通过绘画等活动自发地创造出来。他认为，曼荼罗的形象可以代表统整的自性原型，象征着个体获得自性实现之后心灵的完整与统合。在荣格一派的精神分析治疗中，创作曼荼罗是一个常用的手段，通过绘画这种艺术形式可以呈现出个体当下的心灵图景，用以观察治疗过程中精神状态的变化与自性化的进程。

* * *

在引人深思的集体潜意识及原型理论之外，荣格还是个体差异研究的先驱者，正如第 2 章提及的那样，是他首度提出并划分了外向与内向这两种人格类型。更准确地说，荣格将其视为两种生活态度（内向 Introversion—外向 Extraversion），此外，他还区分了四种心理功能，包括两种感知功能（感觉 Sensation—直觉 Intuition，意指偏好感知事实与细节还是感知整体与可能性）和两种判断功能（思维 Thinking—情感 Feeling，意指偏好依据逻辑来做判断还是依据情感及和谐来做判断）。这样一共就有三个维度，每个都由相反的两端组成，而每个人都在每个维度上属于其中的一端，如此组合起来就可将人分成八种类型。

1944 年，一对母女凯瑟琳·布里格斯（Katharine Briggs）与伊莎贝尔·迈尔斯（Isabel Myers）基于荣格理论，在其三个维度之上又添加了一个维度"判断 Judging—知觉 Perceiving"（意指偏好标准可控的生活方式还是灵活开放的生活方式），于是就构成了16 种类型，每种类型均可用四个字母标示（如 ISTJ 或 EIFP），而测量这些类型的工具被称为"迈尔斯—布里格斯类型指标"（Myers-Briggs Type Indicator，简称 MBTI）。MBTI 可以说是当前世界上最为流行的性格测验，大量应用于企业培训、职业咨询以及个人成长等领域，它在商业推广上相当成功，相关出版社领导着心理测验市场，年价值高达 20 亿美元（Forbes, 2018）。但是与之形成鲜明对比的是，学术界对于这个测验的争议很大，各种批评声不绝于耳，主要集中在测验的心理测量学质量方面。

首先，在维度层面，MBTI 测量的内容可以为大五人格测验所覆盖，但 MBTI 没有涉及和神经质有关的内容。此外，MBTI 的四个维度之间不存在交互作用（比如，只要是外向的，不管是偏好感觉的外向还是偏好直觉的外向没有差异），这也就意味着没有必要将不同维度的两极组合起来变成一个类型，不如直接用四个维度来进行描述（McCrae & Costa, 1989）。其次，MBTI 使用强行分类的方式确定受测者的所属类型，这在很大程度上损失了细微的个体差异信息，同时导致测验的重测信度较低（e.g., Harvey, 1996）[1]，而且这一测验的效度证据也不足（e.g., Boyle, 1995; Pittenger, 2005）。再次，未有证据表明 MBTI 测得的人格分类可以指导人们的职业选择等生活方向，事实上，不同职业中每种 MBTI 类型的占比接近于随机抽样人口中的类型占比（Pittenger, 1993）；另外，MBTI 类型与各种工作表现之间的关联也非常微弱（Gardner & Martinko, 1996）。最后，和星座一样，简单粗糙的分类可能导致"自我标签化"，这其实有违荣格理论对于平衡的强调。荣格主张属于某一类型只不过意味着相应的行为倾向在外显表现上占了上风，而与其对立的另一种行为模式则潜藏在了潜意识中未能得到充分发展，要达到他所说的"自性化"恰恰应去了解和发展另一面，以让二者获得平衡。这也符合现代研究提出的"中间性格优势"（ambivert advantage; Grant, 2013），意即不极端的性格特征能够让人灵活地在不同情境下采取与之相适宜的行为方式，这样可以获得更优的结果。很显然，分类与此背道而驰，对于标签的深信不疑将让人们自我固化进而难以去接触和发展另一面。换言之，把自己固守于某个类型之中并非认识自己，在荣格看来，吸纳"不是你"的那一切才能做到真正完整的你。

　　事实上，不管是 MBTI 还是大五人格，人格测验并非水晶球，尽管人们总是期待可以经由探索自己的人格引导自己在特定的职业

1　例如，在某个维度上的分值超过中值即被归于某一类，低于中值则被归于另一类。如果满分为 100，以中值 50 为界，51 分者与 49 分者就将被归于不同的类型，而显然他们之间的相似性很高；相反，99 分者与 51 者即便差异很大也会被归于一类，如此分类必然失之粗糙。此外，得分居于中段的人如果在下次测验时改变了几道题的答案，就很可能由一类变成另一类，这是导致该测验重测信度较低的原因之一。

或生活领域中获益，但接受人格测验并不能替代自我体验与反省，而在荣格看来，显然后者才是生活的真谛。因此，与其面目模糊地把自己藏在几个字母之下，不如对自己和他人保持开放，去认识真实的个体，去爱具体的人。

*　*　*

是时候对荣格的理论进行一个总结了。和阿德勒为建立一个普通人都能理解的理论付出了艰苦努力不同，荣格的理论在很多人看来可谓佶屈聱牙，透着生冷的距离感。这部分源于荣格本人堪称恐怖的阅读量和知识储备，他的研究几乎涵盖了人类一切文化精神现象，跨越了诸多学科领域，涉及心理学、精神病学、物理学、化学、生物学、考古学、文学、哲学、神学、历史学、人类学、各类宗教甚至炼金术和占星术，很少有学者或读者能够拥有与之比肩的精神兴趣、思考视野与知识水准。因此，在今天，荣格不仅作为一个心理学家，更作为一个重要的思想家和伟大的智者而被重视和解读。

对于我个人而言，荣格理论之于我持久深邃的吸引力来自他对人类精神的高度尊重，这种尊重在于将人类精神看作完全独立自主的存在而不是适应社会的工具或者其他任何东西的附庸。当然，对这一点的强调也让他的学说蒙上了一层神秘主义色彩，对于灵性等不可知事物的研究亦同样令他陷入理论不可证伪、科学性存疑的争议。但我依然觉得，对于熙熙攘攘、忙忙碌碌却脑袋空空、六神无主的现代人来说，荣格的分析心理学就像一束从极幽深处打过来的光，它带着远古历史的回响，浸润了数百万年的智慧，引领着我们向内观照、拥抱暗影、整合心灵。如他所言，"人存在的唯一目的是在纯粹的自在之黑暗中点燃光明之烛"，由此，丰饶悠远的人性方大白于天下。

32. 要自由，还是要安全？
弗洛姆论现代人的精神困境

"不自由，毋宁死"，美国人帕特里克·亨利（Patrick Henry）如是说；"生命诚可贵，爱情价更高，若为自由故，二者皆可抛"，匈牙利诗人裴多菲·山陀尔（Sándor Petőfi）如是说；"富贵不能淫，贫贱不能移，威武不能屈"，是孟子认可的自由；"无所待而游无穷"，是庄子向往的自由。古今中外，不管人们认知的自由有多么不同，都不影响他们将自由作为重要的人生追求或理想人格的核心组成。作为一个普通人，我们也经常为人类愿意为自由所付出的一切而深深动容——当《勇敢的心》里威廉·华莱士在被斩首前高呼"Freedom（自由）"，当《肖申克的救赎》里安迪逃出监狱后在大雨中振臂仿若一只重获新生的鸟儿，"每一根羽毛都闪耀着自由的光辉"——每一个为之热血沸腾的人都不会否认，自由是个值得以生命为之而战的好东西。没有人愿意被剥夺自由，被监禁是对罪犯施以的惩罚，而如果有人无故被限制自由，如像牲畜一样被铁链束缚，我们就会感到极大的愤慨，愿意为她奔走呼号。生而为人，自由就是组成生命乐章的音符，再没有任何其他东西可以胜过它的光彩。然而，当自由置于天平的一端，真的没有什么可以与之匹敌吗？如果人生有两个按钮，一个指向自由，而另一个指向安全，只能择其一，你会做何选择？

＊　＊　＊

　　自由还是安全，在这二者间犹豫、徘徊、纠结的现代人成了心理学家埃里希·弗洛姆（Erich Fromm）的研究对象。他致力于搞清楚，为什么我们所有人都有可能控制自己的生活但许多人却害怕这样做；为什么人们要让渡甚至放弃自由，从而让自己的生活受制于他人、环境、意识形态或非理性情绪。

　　1900 年，弗洛姆出生于德国法兰克福。在成长过程中，有两件事对他走上未来的思想取向和专业道路起到了至关重要的作用。第一件事是他儿时迷恋的一名 25 岁女子自杀身亡——这位画家与唯一的家人父亲感情深厚，在她的父亲突然去世的几天后，这位年轻的艺术家选择了结束自己的生命。她的自杀让弗洛姆迫切地想知道，是什么力量让一个人走到如此极端的地步，他向弗洛伊德的精神分析寻求答案，日后他接受了多年的精神分析训练。第二个决定性事件是第一次世界大战的爆发，当时民众的激进与仇恨、民族主义的阴影、迅速划分的"我们"与"他们"的阵营以及"我们"是伟大的、"他们"是卑劣的……这些信息令弗洛姆深感震惊，他再一次想了解人类非理性行为的根源，不过这次不是个人的而是大众的。他找到了一些答案，在卡尔·马克思（Karl Marx）的著作里。

　　多年以后，弗洛姆提出了一个有些奇异地融合了弗洛伊德和马克思的理论——"人本主义精神分析"（Humanistic Psychoanalysis）。

图 32.1　埃里希·弗洛姆（1900—1980）

一方面，他接受了弗洛伊德的大部分概念，包括潜意识、压抑、防御机制、移情以及将童年视为许多心理障碍根源的观念；然而另一方面，他无法接受弗洛伊德仅仅将人类视为一个机械性的生物实体，于是吸纳了马克思所捍卫的原则——人类受到文化和经济制度的制约，有什么样的社会就会塑造出什么样的人格。弗洛姆的理论充满了对现代社会和现代人的热切关怀以及深邃洞察，可以说，他是心理学家也是社会学家，甚至是哲学家，或者把以上头衔综合在一起，他是一位从社会哲学的观点探讨人性的理论心理学家。

＊　＊　＊

1941 年，为躲避纳粹迫害而逃亡到美国的弗洛姆写完了他生平的第一本著作，这部他思想无可争议的代表作也被视为政治心理学的创始作品之一。在书中，他鞭辟入里地谈论了现代人的困境与出路，逻辑起点便是自由的悖论，或者说，自由与安全的博弈。面对人人向往的自由，除了热烈拥抱还存在另一种可能的姿态吗？弗洛姆用他的书名做出了回答：有，那就是——《逃避自由》（*Escape from Freedom*）。

先来看弗洛姆在写作这本书时所面对的世界：第二次工业革命极大地推动了社会生产力的发展，车水马龙的大都市、标准高效的流水线和日益丰富的物质消费成为资本主义国家的标配，与此同时，经济危机的到来，四分五裂的大国关系，独裁势力的崛起，弥漫着的怀疑、不信任与不确定，以及正满面红光集体疯狂走向战争的人们……虽已过去大半个世纪，诸多景象依然可在当下的世界里找到痕迹。弗洛姆即通过对西方文明史的分析，尝试阐明当时的人们寻求法西斯主义等极权力量庇护的心理原因。

从中世纪的传统社会开始讲起。那时候，人们对于如何过自己的生活没有太多选择，人与人、人与社会的关系是确定的，一个人一出生就是某个部落、家族或阶级的一员，并且会终其一生一直如此。那时候很少有人需要职业咨询，基本上农民的儿子也会成为农民，磨坊主的儿子还会成为磨坊主，如果你的父亲是国王，那么未来你大概率也会是，不管你想不想。生产工具和劳动技能是从先辈那里继承下来的，革新和发展都非常缓慢，竞争也不激烈。人们很少远离家乡，外面的世界对他们来说是危险的远方。他们总是待在那个宿命般的位子上，这个位子限制了他们的发展与自由，但是不可否认，也是这个位子令他们的生活有结构、有秩序、笃定且安稳，他们不用也不会遭遇认同危机。

这种艰难但简单的生活在文艺复兴时期发生了变化，人们开始将人类而非上帝视为宇宙的中心。当时的大城市为人们提供了更多的社会流动机会和物质财富，一夕之间，人们可以重新定义自己，开始交易、赚钱并用赚来的钱在社会上立足。继承式的传统社会结构也开始瓦解，人的命运不再像从前那样确定，个体与他人及群体的纽带也不如从前那样紧密，人们开始享受从未有过的自由。再来是宗教改革和启蒙运动，人们不再被他人管理而被期待应该自己管理自己。之后是工业革命，人们一下子变成了员工和消费者，不再耕作土地或制造东西，而是通过付出劳力或智力来换取金钱。现代意义上的个体诞生了，这个过程持续了几个世纪，一直朝着更多的选择和自由前进，直到今天。

这就是一个"个体化"的过程。随着文明的发展，人的独立性和力量感日益增强，也越来越成为一个真正的个体，广阔天地大有可为，这是自由带来的积极影响。然而，当人们努力了几百年，终于解开加之于身的那些束缚之后却惊讶地发现，他们拼命摆脱的束缚也正是过去为他们带来安全感和归属感的东西。于是，他们更加自由了同时也更加孤独了，就像"打碎的一颗颗原子被抛到了无边无际的危险世界中，成了孤立无援的现代人"（郭永玉，2023）。要命的是，人类是如此害怕孤独。请注意，这种孤独并不是说与他人在身体上隔绝联系，而是在精神层面上茕茕孤立。一个人哪怕在身体上独处，但只要他的思想和价值观可以融合于社会就会有"归属感"。由此弗洛姆指出，任何风俗、信仰、宗教甚至民族主义，无论它们多么荒谬甚至有辱人格，只要可以起到将个体与他人联系起来的功能，就可能成为抵御孤立这一人类最害怕东西的避难所。

总之，个体化使人走向自由，孤独却令人失去安全感，疏离、不安、焦虑随之而来，这就是自由和安全的矛盾，它造就了现代人最基本的困境。于是，自由的悖论出现了——从前社会的安全是不自由的安全，现代社会的自由是不安全的自由。自由是一件很难拥有的东西，我们以为一旦得到它一定会将其奉若珍宝，然而，当我们真的拥有了它却开始逃避自由。

如何逃避？弗洛姆提到三种方式。第一种方式是"威权主义"（authoritarianism），即让渡自由，寻求一个强力且掌控一切的独裁者、集权政府或国家机器来庇护自己，将自我消解于一个巨大的权威里以换取秩序与安全（在弗洛姆看来，纳粹的崛起正与这种社会心态有关），又或者自己成为这样一个系统中的绝对权威去领导他人。不管是哪种情况，人们都会逃避自己的独立身份，企图成为一个更大的群体的一部分，让这个群体来决定或者验证自己的选择。

此处联系到弗洛姆提出的另一个重要概念——"集体自恋"（collective narcissism）。如果说对于威权主义的认同可以让个体获得安全感，那么通过集体自恋，个体除了获得安全感还能获得自尊。弗洛姆曾提及"一战"后集体自恋的兴起，他写道："集体自恋是一种最具政治意义的现象……一个无名小卒，如果他的社会身份和国家绑定在一起或者将他的个人自恋转移到群体，那他就不再是无名小卒，而是地球上最美妙的团体的一员。"（Fromm, 1973）换言之，通过鼓吹群体的强大可以弥补自身脆弱的个体自尊。在现代研究中，与个体自恋类似，集体自恋被界定为一种过度膨胀的集体信念，即认为自己的群体是特殊和有权享受特权待遇的，然而其他人或群体却没有充分认识到这一点，于是集体自恋的核心是对内群体的特殊性没有得到足够外部认可的怨恨（Golec de Zavala et al., 2009）。

请注意，集体自恋不同于"民族主义"（nationalism）或"爱国主义"（patriotism）。民族主义的核心是对内群体占据主导地位的渴望，所以会不断通过展示军事、经济或政治力量来使他人臣服（e.g., Blank & Schmidt, 2003; Pehrson, Brown, & Zagefka, 2009）；而爱国主义是对国家的依恋（Kosterman & Feshbach, 1989），其中"盲目的爱国主义"（blind patriotism）强调坚定的忠诚和对国家不容置疑的积极评价，而"建设性的爱国主义"（constructive patriotism）则欢迎将批评作为国家进步的动力，不需要依托外部认可就可以获得对于群体的认同以及价值感（Schatz, Straub, & Lavine, 1999）。与这些皆有所不同的是，集体自恋者最在意的是本群体有权获得特殊对待，于是会不断搜寻本群体遭遇外群体不公或威胁的证据，然后以敌对和攻击性的方式对外群体表示不满。

研究发现，集体自恋与较低的个体自尊、控制感以及较高的个人自恋有关（e.g., Golec de Zavala et al., 2020），因此可以说，集体自恋者对于群体夸张形象的关注与偏好正是出于补偿他们脆弱的个人形象的需要。已有大量研究证明，集体自恋与参与和升级群体间冲突的倾向有关，也与相信外群体正在策划、组织和从事不利于本群体的行动的阴谋论有关，还与对民粹主义党派及政治家的支持有关（综述见 Golec de Zavala & Lantos, 2020）。一项研究发现，在2016 年美国总统大选中，集体自恋水平是在党派之外预测特朗普支持率的第二大因子（Federico & Golec de Zavala, 2018）。与此同时，集体自恋者对"内部敌人"十分警惕，生怕他们抹黑内群体或串联外群体，然而讽刺的是，他们其实才是更容易为了个人利益而退出群体或者为了达成个人目的而利用群体成员的人（Marchlewska et al., 2020; Cichocka et al., 2021）。总之，这些躲在集体光环之下的人不过是在借以分享其荣耀和权力，而在当下却似乎成了声浪最大的一群人。

在弗洛姆看来，集体自恋也能起到避免被孤立的作用，因此也具有某种逃避自由的功能。"如果一个人只是个体自恋，说自己如何聪明、善良、勤劳、勇敢、伟大，别人如何愚蠢、恶毒、懒惰、怯懦、渺小，那么他定是令人生厌的。但当他把'我'换成'我们'，或者我的国家、民族、宗教，这时候再对其他群体加以贬斥时，他就会受到拥戴。一个有天赋的自恋者，往往就可以这样而成为一个领袖。"（弗洛姆，1988:69）

第二种逃避自由的方式是"破坏/毁灭"（destructiveness）。由于害怕具有威胁性的环境，有些人会通过先打击和摧毁它来逃避其可能对自己的伤害。常见的包括日常的暴行、故意破坏、犯罪和恐怖主义。另一个极端的表现形式是毁灭自己来应对痛苦，如各种破坏性的成瘾行为、自伤、自杀等。背后的逻辑则是，如果我都不存在了，还有什么事情能伤害到我？

逃避自由的第三种方式是"自动从众"（automaton conformity），大意是依附于某种宏大叙事，通过与其他人一样来将自我隐藏于大众之中以此获得安全感。例如，对于某些人来说，生活只在于穿得跟其他人一样，然后做其他人都在做的事情——看一样的电视节目、读一样的书、消费一样的文化。人们成了一条"社会变色龙"，只反射环境的颜色而毫无个性可言。正如弗洛姆所说："如果我看起来、说话、思考、感觉都像社会中的其他人，那么我就会消失在人群中而不需要承认我的自由或承担责任。"还有一种自动从众的方式是成为社会大机器上一颗没有个性的螺丝钉或做机器中一个不起眼的小齿轮，平平无奇、面目模糊。对此弗洛姆说："过去的危险在于人们成了奴隶，而未来的危险在于人们成了机器。和奴隶相比，机器不会造反。"的确，现在的人们一方面在想尽办法希望把机器做得越来越像人，然而与此同时，人却在变得越来越像机器。

威权主义、破坏／毁灭、自动从众，这就是现代人用以逃避自由的三种方式，虽然已过去大半个世纪，但弗洛姆说的每一样都可在当下的社会中找到对应。另一方面，如果下降到更为微观的水平上，个体在生活中也经常经历着自由与安全的冲突。例如，中学生最常听到父母和老师说的一句话就是"等考上大学你就自由了"。的确，和一些中学生那种每天从睁眼到睡觉所有醒着的时间以分钟为单位被完全填满、毫无自主性的生活相比，大学要自由很多。但在我的观察下，很多学生在进入大学后却开始想念原本那种生活目标和内容极其单一，生活步调高度确定、简化和结构化的环境。骤然丰富起来的大学生活意味着比以前更有趣，同时也意味着更多的纠结、怀疑与不确定，因为与自由选择和自己做决定一并出现的还有自行承担后果——是考研还是工作？是走这条路还是那条路？即便各个选项在旁人看来都相当不错，他们依然会因为这个抉择可能影响未来而感到痛苦甚至恐惧。此时，如果有别人替自己做选择或者干脆交给命运，反而会如释重负。于是，为了躲避自由的代价也就是升高的不安全感，他们也会开始逃离自由。

还有一个观察，有些人未必会把生活的规划权交给他人，而是躲避各种可能性或者主动压缩自己的选项。这看起来好像也是有自由的，不过这种自由被缩减成了几个按钮——吃或不吃，黑或白，支持或反对，向左走或向右走——总之没有中间地带。这或许是逃避自由的另一种方式，即逃避生活的复杂性，逃避可能的困难、挫败、危险，因为极度简化也会令人产生安全的错觉。这让人联想起电影《肖申克的救赎》里的老布（Brooks），他在监狱里待了50年，高墙之内的世界限制了他的自由却给了他极大的安全感。他不在乎这个围困他的系统是好是坏，只要可以维系他习惯的按部就班的一切就好。终于有一天，他假释出狱走出了高墙，面对久违的自由，他的反应是不知所措和强烈的困惑、痛苦、不安，他极度渴望回到那个不自由但安全的地方去但无能为力，最后他选择了自我毁灭，以上吊结束了生命。

要自由还是要安全？在"9·11"事件之后，美国人认为自己让渡了一些自由以便更安全地抵御恐怖主义的威胁；在新冠疫情暴发之初，很多国家也出现过自由还是安全优先的争议，这或许涉及价值观排序的问题。从更本质的层面来说，人需要自由也需要安全，即使是蹒跚学步的孩子也会既希望自由探索和尝试新事物又希望感到安全有保障，迄今为止，似乎尚没有哪个社会能完美地让二者达到统一——自由的社会不安全，安全的社会不自由。如何实现既自由又安全的理想社会？恐怕还需要人类花漫长的时间去摸索。

* * *

在中国台湾版《逃避自由》译本的封面上有这么一句话："自由，是积极的实践，还是模仿的游戏？"这是一个极好的问题。在弗洛姆看来，现代社会的自由看似是自由，但并不是真正的"积极自由"，而只是一种"消极自由"，因为它是建立在人与自然、人与人、人与自我相分离的基础上的。弗洛姆用了"异化"（alienation）这个源于黑格尔和马克思的词来解释为什么现代社会的自由是消极的，他将异化的个体定义为"只能以片面方式体验外部世界但与内心世界脱节的人"（Fromm, 1990）。

在弗洛姆的眼里，现代人异化于自己，异化于同类，异化于自然。最典型的例子是，现代消费主义文化下的人们因消费而疯狂。社会生产更丰富多样的商品原本是为了让人们过上更幸福的生活，消费只是达成这一目的的手段，然而现在手段成了目的本身。人们不断通过对于商品的占有来定义和彰显自己并沉湎于这种占有，从中获得满足。"to have"（拥有）完全压倒了"to be"（存在）。更夸张的是，不仅人与物的关系是异化的，人与人甚至人与自己的关系也是异化的。人们互相视对方为可利用的工具，评价他人的标准不是这个人是否自由充分地发展，而是看其在社会中取得的权力、地位、财富即成功程度。然而，这种成功本身并不具有生产力，只是一些可供复制和批发的空洞的东西，但正是这些东西定义了这个人在竞争激烈的市场中具有多少交换价值。人们甚至也将自己视为工具，以换取金钱、地位、名声、尊重以及更大的安全。人人都变成了商品待价而沽，金钱成了万物的尺度，而爱、幸福、尊严、创造力这些人性化的东西则被丢弃在了角落。于是，凡此种种的异化所带来的自由只会是消极自由。

那么何为积极自由？弗洛姆说，那是"一种将个人与世界联系起来同时又不消除其个性的能力"（Fromm, 1941: 29），换言之，是不牺牲与自然、他人、自我的联结同时又能推进独特性与个性发展的自由。这是一种不仅不会让人感到不安全，而且可以让人尽情去做其认为有价值的、好的、值得为之奋斗的事情的自由。

如何才能实现积极自由？弗洛姆提供的方案是，去爱。来看看他在另一本代表著作《爱的艺术》（*The Art of Loving*, 1956）中是怎么说的。在现代文化中，爱经常被描写为一件被动发生在我们身上的事情，是我们无法控制也难以抗拒的浪漫感觉，如"坠入爱河"

或"被爱神之箭射中"。这在弗洛姆看来完全是对爱的误解，就好像人们将幸福误解为享受快乐一样。事实正相反，爱是一件需要有意识付出努力的事情，它就像一门艺术——绘画或者弹钢琴——一样，需要知识和体验，需要学习和实践。如果意识不到这一点，而只是将爱视为随机发生在自己身上的事情，那就不会觉得需要对自己的爱负责，并会像随时"坠入爱河"一样轻易"失恋"。换言之，人们不能无缘无故地期望得到无条件的爱而不做出自己的贡献，爱并没有那么容易，它真的需要勇气、行动、承诺以及高度责任感。

被动等待无条件的爱砸到自己身上，那是婴儿式的方式，婴儿只会将他人视为满足自己欲望的工具，总是以自己为中心来建立与他人的关系，而不是将他人视为值得尊重的、与自己平等且独立的人，这不是爱而是自恋。所以，成熟的个体必须意识到自己需要对关系负责，并通过谦逊、自律、爱他人的行动来赢得友谊和爱。更重要的是，爱他人的前提是要爱自己，爱应该是鼓励人们成为更好的人的引擎。在爱的关系中，两个人合二为一但又都还是自己，并愿意为自身、对方及关系的成长持续努力。于是所谓成熟的创造性的爱，是在保持自己独立性和完整性的同时与他人结为一体，这样一方面可以克服孤独感和疏离感，另一方面又不需要付出损害自身独立和自由的代价，于是这是一种与他人共享、共同拥有一个世界并使身处其中的每个人都更有力量也更幸福的状态。

除此之外，弗洛姆眼中的爱并不仅仅是与特定的人的关系，它是一种态度，是对生命、生活与社会的积极关注和负责，因此决定了一个人与整个世界的关系；它更是一种能力甚至一种变革性力量，可以用以改变自己，改变社会。于是，一个能充分发挥自身个性与潜能并能与他人及世界建立起丰富、有意义的爱的关系的人就是弗洛姆眼中的理想人格——"生产性人格"（productive character），这种人可以通过自发的创造性活动以及与他人的团结协作实现真正的积极自由。

总之，爱是既能克服孤立处境又能保持自身完整性的良方，在弗洛姆看来，这就是现代人走出困境的唯一解药。可以看出，他的社会变革方案回到了个体层面，因此有批评者认为，这种无须打破当前社会秩序、只需调动个体内心资源的改良方案与其此前宏大的社会视角不相匹配，同时也体现出以心理学作为社会分析基础的些许尴尬。但是，弗洛姆的贡献依然值得肯定。与别人不同，心理学对他来说不仅是一种学术研究或治疗手段，更是认识人类社会的工具，他对于现代人存在困境的分析入木三分，也令每一个观照自身命运的人心有戚戚。在这个纷繁无常的世界里再次品读弗洛姆，或许也是一种朝向自由的方式。

33. 生而为人的意义：马斯洛论心理需要

　　本章聚焦的理论也许是所有心理学理论中最具大众知名度的一个，部分出于它的简洁、形象及对生活现象的强大解释力，很多从未学过心理学的人都可以对它倒背如流。然而，有时候一个理论太有名可能也会带来麻烦，比如，正是因为对它太熟悉，人们可能低估它的深刻程度，同时也高估自己对它的理解程度，这个大名鼎鼎的"需要层次"（hierarchy of needs）理论或许就是这样。

　　简单介绍一下这个理论的提出者——心理学家亚伯拉罕·马斯洛（Abraham Maslow）。这位出生于美国纽约的俄国犹太移民后裔最初受的是法学和文学训练，之后受到行为主义心理学创始人约翰·华生（John B. Watson）思想的吸引而进入心理学领域。华生将俄国生理学家伊万·巴甫洛夫（Ivan Pavlov）的经典条件反射理论奉为圣经，认为所有的人类行为与动物行为别无二致，均可依此原理而得到控制与改变。对此，马斯洛曾经大为倾倒，然而在他第一个孩子降生时，他突然意识到，一个个体的生命是如此美妙神奇并充满无限可能，他无法说服自己继续相信行为主义的"刺激-反应"

图 33.1　亚伯拉罕·马斯洛（1908—1970）

说，即人们只是在简单、僵化、机械式地对外界输入的刺激做出反应。马斯洛甚至说：“我敢断言，任何一个有孩子的人都不可能成为行为主义者。”（Maslow, 1968）

　　这一思想转变也体现在了马斯洛的研究取向上。早年，他的博士论文题为《猴子的性行为与支配行为》，是带有行为主义色彩的动物研究，而到了 20 世纪三四十年代，他有幸结识了一批因纳粹迫害而流亡于美国的欧洲心理学家，包括前文提及的阿德勒、弗洛姆、霍尼等人，和这些人的交流激发了马斯洛对于后被其称为“自我实现的人”的兴趣。1954 年，引发巨大反响的著作《动机与人格》（Motivation and Personality）出版，马斯洛正式成为心理学“第三势力”（third force）即“人本主义心理学”（Humanistic Psychology）的旗手与发言人。所谓的“第三势力”是相对此前的精神分析和行为主义来说的，精神分析把人看作生物本能与社会文化冲突的牺牲品，行为主义将人视为外界环境中奖励与惩罚的被动接受者，它们都持某种决定论（精神决定论或环境决定论），而人则是那个被决定的卑微无力的存在，这显然有失偏颇并将心理学局限在了对人性中黑暗、消极、病态、动物性一面的理解上。马斯洛倡导的人本主义心理学则关注人的积极面，研究健康的功能完好的人，关切人的进步与尊严，目标是让心理学回归真正的"人学"。在这场强调个人价值的心理学运动中，作为领袖的马斯洛身先士卒，将毕生精力投入到对健康卓越的人的研究中，一扫此前晦暗、冰冷、阴沉的人性图景，而为他整个学说"打底"的基石便是需要层次理论。

* * *

简单来说，需要层次理论回答的核心问题是人类行为的动力从何而来。马斯洛认为，所有的人类行为均由一些"类本能"的需要（instinctoid needs）引起，它们具有一定的先天遗传基础，但表现和发展主要取决于后天文化和环境。对于人类而言，各种需要按照其效能呈阶梯状排列，就像一个金字塔一样。马斯洛相对完整地总结了这些需要，如果说在弗洛伊德那里，是"掘地三尺"让我们看到了潜意识这个地下室的地下室，那么在马斯洛这里，则是从地下室一直建到了阁楼，顶天立地。

金字塔的最底层是一些人和动物共享的"生理需要"（physiological needs），包括进食、排泄、睡眠、性等。很显然，生理需要寻求被满足的力量极其强大，一个长期吃不饱饭的人做梦梦到的可能全都是食物。然而，对于多数现代人来说，这些需要已经较为容易满足，于是在马斯洛看来，更重要的问题在于生理需要满足了以后会怎么样，他给出的回答是，进入到下一个层次——安全需要。

"安全需要"（safety needs）体现在人们希望自己的生活可控、可预测、有秩序。若这层需要不满足，人们就会生活在危险、恐惧与混乱之中，进而滋生出焦虑，所以在马斯洛的理论中，焦虑是一种与安全需要得不到满足高度相关的情绪体验。于是每当发生大规模的冲击性事件（如突如其来的新冠疫情），就可以观察到弥散性的社会焦虑。安全需要是如此强大，所以人们才会"逃避自由"，还有类似于"阴谋论盛行"这样的社会现象也可以理解为人们为补偿缺失的秩序感所做的努力，即寄托于对未知事物的虚妄解释来降低不确定性以获取认知意义上的安全感（综述见饶婷婷等，2022）。而现代社会的各种制度建设（如法律、社会福利、各类保险等）则可视为满足人们安全需要的结构性保障。

一旦生理需要与安全需要大致得到满足，"爱与归属的需要"（love and belongingness needs）就会凸显出来，它包括对于支持、陪伴、友谊、亲密关系以及群体认同等的需要。这些需要如若受挫，人们就将陷入空虚、孤独甚至抑郁。已有大量社会心理学研究证明，为了获得他人的爱与群体的接纳，人们可能牺牲自己的独立性（如从众），放弃自己的自由意志（如服从权威），甚至不顾道义与良知（如合理化本群体对外群体的侵略行为）。

再上一个台阶，获得尊重和欣赏的需要变得越来越重要。"尊重需要"（esteem needs）促使人们通过从事一些活动以获得认可。尊重可以来自他人，如取得名声、威望与地位，也可以来自自身，即感受到自我价值。参与专业活动、实践个人爱好、获得工作成就、为他人和社会做贡献等方式都能够满足尊重需要，而若无法满足则可能带来挫败和自卑感。

等爬过这四层阶梯就来到了金字塔的顶端——"自我实现需要"（self-actualization needs）。有趣的是，自我实现的想法最早是由荣格提出的，也就是"自性化"，而在马斯洛这里，用他自己的话说，自我实现是一种"潜能、能力与天赋不断实现，使命完成，对内在本性全面了解与认可，不间断地朝向内在统一、整合与协同发展的趋向"（Maslow, 1968: 25）。自我实现的人具体是些什么样的人，留待下一章展开讨论。

在这五个需要之外，马斯洛还曾补充过"认知需要"（cognitive needs）、"审美需要"（aesthetic needs）以及"超越需要"（transcendence needs）。其中，认知需要指的是寻求知识和理解的需要，经常表现为好奇心、学习、探索行为等，马斯洛认为它与基本需要的满足密切相关，就像是一种解决问题和克服障碍的手段，用以帮助和促进基本需要的满足。而审美需要则是对美的事物的欣赏和寻求，但它与其他需要是何关系，马斯洛自己也没有阐释清楚，只知道这种需要在自我实现的人当中表现得格外明显。再来是超越需要，马斯洛在他最后的时光里将其作为最高层次的需要添加到了模型中，意指超越于个人价值观，与他人、世界、自然甚至宇宙整合在一起。不过，当想搞清楚"自我超越"的人具体是什么样子的时候，人们发现，马斯洛的描述与"自我实现"的人出现了诸多重合。于是，鉴于这三个需要在需要层次理论中尚不明晰的位置，以下还是按照经典的五层次模型来展开。

关于这个通俗易懂的需要发展模型，有几个方面常常带来误解，需要补充解释一下。

首先，虽然需要按照从低级到高级的顺序排列，但并不是说只有完全满足了低级需要才会出现高级需要，低级需要也可以只是部分满足，进而高级需要也会产生，它们并非"全或无"的关系。严格来说，需要层次的更替是优势需要的超越而非相互取代。在所有需要中，当前对行为具有最大支配力的需要就是优势需要，当某种需要成了优势需要便很容易浮现在意识里，于是大量行为会围绕在寻求这一需要满足的思想和行动上。但与此同时，其他需要并没有消失，只是对行为的影响减弱了。于是，虽说"仓廪实而知礼节"，但也有"不为五斗米折腰"，当然陶渊明为了自我实现也不是就不用吃饭了。对大多数人而言，各种不同程度的需要会结合起来同时发生作用。例如，科学家做研究的时候不全是为了自我实现，也有对于名声威望的追求，同时在这种尊重需要以外也是为了生存，只不过不同的人或者同一个人在不同阶段会有某个优势需要占据主导。此外，优势需要的更迭也并非很多人想象的如"打怪升级"一般自动化和循序渐进，满足了低一级需要并不会自动升格到下一层次，例如，有些人一直将全部心思用于低级基本需要的满足，即便早就百分百满足了也不会走向自我实现。

其次，某个需要在阶梯中排位越靠下就越原始有力，与动物的共通性也越强，而排位越高则力量相对较弱，同时也更加专属于人类。这就带来了一个结果——越是高阶的需要，满足起来越不迫切，也越可能被长久推迟，但是一旦得到满足，往往能够引起更为强烈和深刻的感受。例如，安全需要的满足带来的是一种踏实和如释重负感，更像是某种消极情绪的解除，而爱的需要的满足则会让人感到纯粹积极的情绪体验以及高度的幸福感。

再次，马斯洛将五个层次的需要区分为两类：一类为"匮乏需要"（deficiency needs），包括下面的四层，认为它们是不可或缺的基本需要，一旦缺失就会促动追求满足的行为，如若得不到满足就可能生病或出现各种心理问题，换言之，追求对于这些匮乏需要的满足主要指向于避免疾病。但是，位于最顶端的自我实现的需要不是基于匮乏，而是朝向成长的"成长需要"（growth needs）。追求自我实现需要满足的目的是扩展经验和充实生命，导向更为积极的健康状态而非补偿不足。这也令两类需要被满足的方式有所不同：匮乏需要的满足在很大程度上依赖他人和环境，如吃喝拉撒、安全感、爱与尊重都需要他人和环境来配合，然而自我实现不需要，人们完全可以独立自主地予以满足，即在相当程度上超脱于他人和环境。

　　这种"匮乏"与"成长"的区分在马斯洛看来亦存在于某些基本需要内部，例如爱的需要。他区分了两类爱：一类叫"匮乏爱"（deficiency love），被匮乏爱驱动的人追求爱只是因为缺爱，这种爱本质上是自私和自我中心的，即从自身缺失和弱点出发企图找一个弥补缺憾的人，他们渴望爱就和饥饿的人渴望食物没什么两样；另一种叫"存在爱"（being-love），这是一种成熟无私的爱，它不从自我利益出发，也不想占有对方或利用对方让自己更好，而是视对方为独立的个体，愿意为对方付出并为对方的进步感到由衷的骄傲。研究发现，体验到这种成熟的"存在爱"的人具有更强的爱和被爱的能力，他们在过去三年内至少真正地爱过一个人，即便关系结束，他们对前任的怨恨之情更少，对分手的态度也更加怜悯和宽容（Dietch, 1978）。

　　最后，作为一个描述个体心理动力发展过程的模型，需要层次理论也可以扩展应用于描述一个群体乃至社会的发展过程。例如，如若将特定的社会视作一个人，根据其当下占优的民众整体需要可以描摹出其所在的发展阶段。从这个意义上说，所谓的"社会转型"落脚于心理和行为层面上即可在一定程度上理解为整体需要层次的更迭。例如，当中国社会的主要矛盾从之前的"人民日益增长的物质文化需要同落后的社会生产之间的矛盾"转化为"人民日益增长的美好生活需要和不平衡不充分的发展之间的矛盾"时，从心理意义上说即意味着社会整体的优势需要发生了变化，而满足和实现需要的外部环境保障也就必须随之发展。

总之，需要层次理论睿智地描画了人类心理进步的阶梯。或许对于人类来说，对这些需要的追求便是生而为人的意义，此意义在于衣食无忧，在于安全无虞，在于爱与被爱，在于功成名就，更在于自我实现，这便是需要层次理论带给人类的非凡洞见。

* * *

那么，如果去除掉这些生而为人的意义，甚至故意消解掉这些需要的价值或忽略这些需要的满足，会发生什么？心理学上有一个名词叫"非人化"（dehumanization），它的本质就是贬低他人的心理需要。非人化又分两种（Haslam, 2006）：一种是把人当动物，即"动物性非人化"（animalistic dehumanization），与人不同，多数动物只追求生理和安全需要的满足，监狱里的犯人就经常被这么对待；另一种是把人当机器，即"机械性非人化"（mechanistic dehumanization），相比把人当动物，这种非人化则是连最底层的需要都被剥夺，比如，有些企业连员工吃饭、上厕所的时间都要监控，这就是在将员工当作全然的机器使用了。

在战争年代，相互仇视的群体之间最容易发生非人化（特别是动物性非人化），出于对彼此的恨以及合理化自身杀戮行为的动机，外群体成员经常被贬低为"害虫""渣滓"等非人存在。而到了文明的现代社会，非人化的现象依然普遍存在，除了用矮化性的语言称呼不喜欢的人或群体外，在一个几乎人人每天都要打交道的地方也特别容易出现非人化对待，那就是职场。研究发现，两张照片里同一个人、同一个姿势，只是所处的场景不同，相比那个待在家里的人，人们会对那个待在办公室里的人做出显著更低的人性评价（Belmi & Schroeder, 2021）。虽然几乎所有组织都认可人是组织最大的财富，然而很多时候，当说起"人力资源"时，其实重点在于"资源"而不在于"人"，这种劳动力的商品化令员工的工具性价值愈发凸显，而他们作为人类所具有的本质与独特属性则经常被忽略，机械性非人化就出现了，此时工作者被期待成为任劳任怨的机器而非有着各种心理需要的人（综述见李紫菲等，2023）。然而，事实上，在组织管理中，心理需要的被看见、被认可和被满足才是激发员工积极生产行为的最有效手段，员工当下占优势的心理需要通常就是最有力的激励来源。聪明的老板永远明白两件事：第一，员工只有在感到安全的时候才会表现出进取心和创造力；第二，有了安全感的员工会期望得到除钱以外的更多东西（Funder, 2010）。

　　人们在工作时的心理需要常常被忽略，在工作领域之外，人们也会普遍倾向于贬低特定人群的心理需要，例如，认为对于无家可归者、老人、儿童、穷人等弱势群体来说，高级心理需要没那么重要。以无家可归者为例，研究发现，人们倾向于认为这些人需要的就是钱及最基本的生理需要满足，因此，如果此时有两个捐赠计划，他们更愿意捐赠给提供这些人餐食的"膳食计划"而不是帮助他们提升积极情绪的"幸福计划"。然而，当研究者找到那些真实的无家可归者询问时却发现，他们自己并不这么想，在他们看来，自己的高级心理需要和他人一样重要，他们更愿意参与"幸福计划"而不是"膳食计划"（Schroeder & Epley, 2020）。在另一个研究中，告知人们一个高收入者和一个低收入者获得了同样大小的一笔钱（如抽中了一张价值 200 美元的奖券），进而询问人们这两个人应该拿这笔钱去买些什么。结果发现，人们倾向于认为低收入者应该去购买一些基本的生活必需品，而且尽可能价格低廉，质量怎么样无所谓，关键是可以买到较多的数量；更重要的是，如果低收入者用这笔钱购买了与其高级需要相关的商品则会受到人们谴责，认为这是不必要甚至不道德的（Hagerty & Barasz, 2020），此时人们似乎忘记了那笔钱完全属于他们自己，他们有权利决定怎么花。这一结果暗示着人们或许存在着普遍的心理倾向，认为穷人不需要甚至没资格满足高级心理需要，然而，正是这些看似"非必要"的高级心理需要在证明我们生而为人，因此是值得保护与捍卫的。

与此同时，以上研究也在一定程度上说明，各种需要并不像马斯洛所说的那么稳固地按顺序排列（Tay & Diener, 2011）。生活经验的确如此，许多有创造力的人一生都生活在极度困顿之中，但可以说他们实现了自我，换言之，尽管低级的基本需要几乎完全没有被满足，一个人仍可达成自我实现的诸多要素（Wahba & Bridwell, 1976），就像一个处境艰难的农民工一样可以思考海德格尔。然而尽管如此，"一定要先满足了低级需要才会出现高级需要"的观点（如前所述，马斯洛并没有强调这个"一定"）看起来又已然相当深入人心，于是很可能导致慈善救助时的错位，即把受助者视为不具备高级需要的人或认为高级需要对他们来说并不重要，进而忽略了他们同样需要被爱和被尊重。这将带来令人遗憾的后果——消解掉那些较高级需要的重要性并不是在真正地提供帮助，而是一种将对方视为"非人"的施舍。

近几年，还有一个十分流行的词叫"工具人"，这在本质上也是非人化的一种形式。工具人即将人当工具，此时人类属性隐退，实用属性凸显，一个有血有肉的人变为了一个没有感情也不需要被满足高级心理需要的工具，用心理学术语来说，这是一个将人"客体化"／"物化"（objectification）的过程，也就是无视人的主体性，完全当作一个客体来对待。

如果感受到被他人当工具会怎么样？研究表明，发生在各种关系（如老板对员工、导师对学生、父母对孩子、亲密关系的伴侣之间）中的客体化经验将使人感到自我的真实性下降，即对自己还是不是那个真实的自己感到怀疑，进而导致更低的幸福感（e.g., Cheng et al., 2022）。如果说老板和员工之间因为雇用关系的本质不谈爱和尊重也就罢了，但在师生关系、亲密关系与亲子关系里，爱与尊重的重要性不言而喻。然而，如果老师把学生当作发文章和做项目的工具，妻子或丈夫把伴侣当作买房买车、阶层跃升的工具，父母把孩子当作养儿防老、炫耀攀比和实现自己未竟梦想的工具，不得不说相当悲哀。例如，很多父母认为小孩什么都不懂，吃饱穿暖好好学习即可，至于其他心理需要则被全然无视，孩子因此痛苦不堪。而员工可以离职，夫妻也可以离婚，但老师之于学生、父母之于孩子是权力不对等且难以挣脱的，于是在极端情况下就将看到最为悲剧的以死抗争（类似于哪吒的"我把我的命还给你"），这真的非常令人难过。

此外还有一种情况，即在被他人当作工具的同时，自己也主动忽略自己的人性和高级心理需要，将自己"降维"成一个工具，例如，认同自己就是"没有感情的赚钱机器"，这是一种"自我客体化"（self-objectification）的过程。有些时候，这种自我客体化是对逼仄且异化的系统的无奈适应，例如，当自嘲为"社畜""打工人""科研狗""小镇做题家"时，人们似乎是在试图通过消解掉那些属于人的高级心理需要来躲避身处其中的痛苦，仿佛只要自己先行一步否认自己的情感需要，在遭到他人或环境贬低时便不再那么难受。对于个体而言，这么做确实可以在某种程度上减少心理冲突，令自己更能忍受被他人客体化对待并专注于实现赚钱、升学等"底线"目标，因此自我客体化可被视为一种无力改变现状时的主动适应。对此无意苛责个体，但与此同时也想提醒从整体来看我们所要付出的代价，其中最严重的便是剥削将一直持续，因为，既然我们已然主动放弃了自己高级心理需要的满足，那么对我们的客体化对待也就彻底获得了正当性与合理性。

于是，如果要问，耳熟能详的马斯洛需要层次理论在当代还能给人们什么启示？我想或许是——请把人当人，也把自己当人，从看到、认可并尊重他人和自己的心理需要开始。

34. 逃不出使命的约拿：马斯洛论自我实现的人

上一章讲到马斯洛通过需要层次模型描绘了一个人类心理进步的阶梯，而在各种心理需要中，他最致力于探讨的是那个每个人都有机会也应该走向的理想人格状态——自我实现。自我实现是一个人实现潜能并获得精神成长的内在过程，这一过程促使人们尽己所能成为可以成为的人，用马斯洛自己的话说，这就像"音乐家就必须作曲，画家就必须绘画，诗人就必须写诗，一个人能够成为什么样的人就必须做那样的人，他们真实地呈现了自己的本性"（Maslow, 1987: 22）。请注意，这里并不是说要做什么"大事"或成为什么"人物"，而是去做与自己能力匹配的事情，过上可以过上的生活。在现实世界里，或许不是每个人都能达到高度的自我实现，但我们都可以拾级而上、向着这个目标前进。

* * *

问题来了：自我实现的人到底是些什么样的人？马斯洛采用质

性研究方法探讨了这一问题。他找到一些符合心理健康标准且具有
自我实现倾向的人，有条件的就进行访谈，如果是历史人物则分析
其传记，最后对结果进行提取和总结。并不意外，他的研究对象多
是杰出者，如林肯、杰斐逊、爱因斯坦、特蕾莎修女等，这样的样
本显然有偏差，研究过程也相当主观，但是马斯洛依然对最终的发
现感到兴奋并迫不及待想与世人分享。下面来看看他总结出的自我
实现者的代表性特征（Maslow, 1987）。

（1）准确、全面、有效地感知现实。自我实现的人不会仅仅为
了保护自己不受伤害而心怀防御地去曲解现实，他们也更能容忍不
确定性，同时具有更敏锐的洞察力与判断力。

（2）悦纳自己、他人和周围世界。自我实现的人能够坦然面对
自己和他人的真实样貌，对自己和他人身上不可避免的缺点及欲望
都能接受，而且也不会因为别人哪里比自己强而感到被威胁。

（3）思想与行为自然率真。自我实现的人对自己很诚实，他们
不把自身隐藏在面具之下，所言所行均出自本性并源于真情实感。

（4）以问题而非自我为中心。自我实现的人通常有专注热爱的
活动并积极投身其中，他们倾向于去解决问题和发挥能力而不是把
精力放在追求金钱、名望和权势上。

（5）有超凡脱俗的倾向并渴望独处。自我实现的人很少陷入纷
争，对于那些会对众人造成纷扰的事情，他们也不萦于怀。他们会
主动寻求独处（solitude），这不意味着孤独（lonely），而是以此来
享受觉察和内省，追求自由和启迪。

（6）独立于社会环境与文化。自我实现的人倾向于自主地活
动，不为他人、外界评价及文化规则所主宰。

（7）善于欣赏新事物且不厌烦平凡的事物。自我实现的人喜新

但不厌旧，对他们而言，哪怕最平凡的生活都是一次次的惊奇之旅，他们满怀敬畏与喜悦体验着生活中的每时每刻。

（8）能频繁感受到高峰体验。这是一种短暂、豁达、忘我、极乐的体验，下文将专门介绍。

（9）具有全人类认同。自我实现的人不仅关心朋友和家人，还关心全人类和整个世界，他们"已识乾坤大，犹怜草木青"，对人类全体怀抱深切的关怀与爱。

（10）能与志同道合的人建立持久而深入的人际关系。自我实现的人未必朋友很多，但他们的友情通常长久、深刻且丰富。

（11）价值观民主，尊重他人人格。自我实现的人不以种族、地位、宗教等背景来看待人，对于这些别人眼里极为重要的东西，他们常常不屑一顾，他们会以友好的态度对待任何一个脾性相投的人。

（12）明辨善恶，同时包容人性。自我实现的人有着明确的道德观，但又不会过于僵化或非此即彼，他们能够区分手段与目的，并理解人们在复杂处境下的选择。

（13）具有卓越的幽默感。自我实现的人拥有有趣的灵魂，且他们的幽默总是善意、富于哲理和极具启发性的，绝不会听到他们开种族歧视的玩笑或者不尊重他人的笑话。

（14）富有创造力，不墨守成规。自我实现的人对经验通常更加开放，情感与行动也更为自主自发，这令他们不管从事什么活动均更具创造性。

（15）具有批判精神，不随波逐流。自我实现的人是内心导向的人，他们对社会规则的态度是，既不完全拒绝，也不毫无批判地全盘接受，而是倾向于受个人价值观的引导并超脱于环境束缚，即所谓的"从心所欲不逾矩"。

当然，对于以上特征，马斯洛并没有说自我实现的人就要一条不落地全部满足，也不是说尚未自我实现的人就一条也不会有，而是符合得越多，自我实现的程度就越高。还有一点非常重要，自我实现的人并非完美无缺的人，他们也有一些人类共同的缺陷，比如，他们也会时不时地感到虚荣或自满，而之所以说他们是自我实现的人，是因为他们的自我实现需要占据优势，而与此同时仍然受到其他需要的影响。从这个意义上说，自我实现是一个持续的过程，而非一个"永远幸福"的完美状态（Hoffman, 1988），于是所有人都可以朝着自我实现的目标不断努力。

* * *

要如何努力？马斯洛先提醒人们注意一个障碍，然后标示出了一些路径。

在马斯洛看来，自我实现是心理发展与个人成长的必然结果，故而从理论上来说并没有那么难，然而据他的观察，自我实现在实际生活中却不常发生。马斯洛推测，自我实现者大概只占到成年人总数的 1%~2%，而且多数是相对年长的人。为什么会这样？按照他的说法，很多人之所以没能走上自我实现的道路，是受到"约拿情结"（Jonah complex）的影响。约拿的故事出自《圣经》，他是一个虔诚的基督徒，一直渴望得到神的差遣以为神效犬马之劳。有一天，神终于被他感动，赐予他一个光荣的任务。然而，面对梦寐以求的使命，约拿却临阵脱逃了，神的力量就到处寻找他并试图唤醒他，最后，约拿几经反复终于悔改，完成了他的使命。借用这个故事，马斯洛以"约拿"来指代那些渴望成长却因为某些内在阻碍而害怕成长的人，这种在成长机会面前的恐惧、茫然、纠结就叫"约拿情结"，用马斯洛自己的话说，即"对自身伟大的恐惧，对自身命运的逃避，对自身最优秀才能的远离"（Maslow, 1971: 34）。由于"约拿情结"阻碍人们成为可以也应该成为的人，故而就成了自我实现的绊脚石。

在现实生活中，类似于"约拿情结"的现象的确比比皆是。例如，人们不仅害怕失败也害怕成功——好不容易得到了一个心心念念的机会，却可能突然胆怯、犹豫、患得患失，甚至因此而放弃这个机会，继而松了一口气。此时，"约拿们"纠结的原因可能在于，成功和成长是有吸引力，但也要付出代价。例如，需要人们放弃习惯、熟悉、安逸的现状，转而追求一个不那么确定的目标，这相当考验做出改变的勇气和承担后果的能力，于是人们会在机会来临时犹疑退缩、逃避成长。对此，马斯洛敏锐地提醒道，自我实现是人的天赋使命，就像是一棵树就得向上生长，是一只鸟就要展翅高飞，你的天性是什么、有什么能力、本可以成为什么样的人那就要去成为，这是无法逃避的，逃避也对不起自己。此外，既然自我实现无可逃避，那么选择不成长同样会付出代价，那就是即便生活富足依然找不到意义所在。或许从这个角度来说，每个人都是逃不出自身使命的约拿。

接下来，对于该如何走出"约拿情结"、走向自我实现，马斯洛给出了他的建议，包括：

（1）充分、活跃、忘我地体验生活。如何算是充分、活跃、忘我？后文讲到高峰体验时或许会有一些启发。

（2）面临选择时，去尝试新事物而不总是走上安全熟悉的道路。

换言之，做出朝向成长而不是原地踏步甚至倒退的选择。在日常生活中，人们经常感到难以抉择，此时，纳入考量的常常是当下的得失或情绪，比如，我能得到什么又会失去什么、选这个开不开心、选那个会不会后悔等。马斯洛则建议更应考虑的是这个选择能否让我们获得成长，如果可以，即便可能带来当下的痛苦和损失，也是值得尝试的。

（3）倾听自己内心的声音而不是做他人、传统及权威的传声筒。换句话说，真实面对自己并保持独立思考。

（4）诚实对待他人并勇于承担责任。在马斯洛看来，诚实即意味着承担责任，而承担一次责任就是一次自我实现。

（5）投入并创造性地去工作。工作不应只是满足基本心理需要的手段，更是发挥自身潜能并为他人及世界做贡献的方式。

（6）找出自身的防御并敢于放弃它们。人本主义者反对自我防御，即便防御能够带来一时的舒适，但如果明知道还有其他选择或应该做的那个对的事，那么防御就是偷走了成长的机会。

以上便是马斯洛版本的"自我实现指南"。从"真实""选择""责任""成长"这些词的高频出现可以看出人本主义心理学与存在主义哲学之间的深厚联系。当然，由于可操作性不强，这一部分也时常为人诟病"鸡汤"浓度过高。但是不可否认的是，与更加细致具体的行动方案相比，这些相对高位的原则性思想同样有其价值，它们可以激发出人们对于自我更深层次的思考并在人生迷茫时给予人们大方向上的指引。

* * *

　　最后来讲讲已经数度提及的"高峰体验"（peak experience）。这是马斯洛自创的一个名词，用以描述达到自我实现时的片刻感受，不过并不是只有自我实现的人才能感受到高峰体验，他们只是会比一般人感受得更为频繁。马斯洛曾让人们按照以下指导语写下他们的反应，进而分析总结高峰体验的特征：

> 　　请回忆一下曾经在你生活中感受过的奇妙时刻，那可能是最快乐的时刻、狂喜的时刻、全神贯注的时刻，可能是因为爱情，或欣赏音乐，或突然被一本书、一幅画打动，或出于一些伟大的创作。先把这一时刻记下来，然后尝试着描述在这个美妙的时刻你的感觉如何，它与你在其他时刻感受到的有何不同，以及在这个时刻你在哪些方面成了一个不同的人。
>
> （Maslow, 1962: 67）

　　经过整理，马斯洛提出，高峰体验具有如下核心特征。

　　第一，通常来说，高峰体验是由积极情绪主导的，人们可以在其中感受到全然的快乐。这种积极体验甚至具有心理疗愈功能，它所带来的美妙感觉可以在一定程度上抚慰心灵创伤，使人振奋向上。

　　第二，在高峰体验中，人们的认知状态将发生深刻变化，表现为从"匮乏性认知"（deficient cognition）转变为"存在性认知"（being cognition）。在日常生活中，我们的认知经常是功利性的，即以自我为中心和出发点，视某一事物之于我们的效用价值来生成对它的态度，比如，因为我们需要某个东西而喜欢它，这就是匮乏性认知。相对地，存在性认知则无所谓该事物与我们的关系如何或能否为我们服务，而仅仅因为其存在本身即认同、欣赏和喜爱它。换言之，这种认知是超越自我、忘我甚至无我的，高峰体验中的认知便倾向于如此纯粹，此时感知到的是事物的本真，而不会为了满足自身需要去歪曲它们。

第三，高峰体验的持续时间往往相当短暂甚至转瞬即逝，虽然其影响和作用可能长期存在，但它的出现常常就是一刹那。这多少有些令人遗憾，后来马斯洛又提出了另一个称为"高原体验"（plateau experience）的概念，它也是一种积极体验，但相比高峰体验的短暂、强烈和不可预料，高原体验较为温和平稳，虽然没那么强烈但可以持续一段时间，是一种更为长久、宁静且平和的积极体验。在马斯洛看来，高原体验可凭有意识的努力培养而来，如学习观察一朵花或创造性地做一碗汤，这并非为了成为专业人士，而是为了享受欣赏与创作的过程本身，这样的过程将令我们处于持续的积极体验之中。

相比之下，高峰体验的获得则更加被动，它经常毫无征兆地突如其来，故而意志的力量无法帮助我们产生高峰体验。对此，马斯洛的建议是顺其自然，彻底放松地投入生活，因为高峰体验并不神秘，它就暗藏于平凡之中，等着和我们不期而遇。在这个意义上，通往高峰体验的道路有千万条，普通人可能会在最日常的事件和环境中经历它，比如，在阳光明媚的街角等来了一辆期待已久的公交车，经过刚刚洒过水的草坪闻到了青草的芬芳，突然在收音机里听到一首曾经眷恋过的老歌……每个人的高峰体验不尽相同，这就好像"到自己定义的天堂一游"，它可以来自爱情，来自审美，来自创作的激情，来自灵光一现的顿悟，来自与大自然的交融……虽然这种体验既不能预约也无法保存，但我们可以在它到来的时候好好享受。此外，在此过程中，我们也不是完全无能为力，随着人格的成熟以及朝向自我实现的成长，高峰体验将在我们的生活中越来越频繁地发生。

多年以后，匈牙利心理学家米哈里·希斯赞特米哈伊（Mihaly Csikszentmihalyi, 1990）提出了一个和高峰体验些许相近的概念——"心流"（flow），意指人们在从事某项具有挑战性和难度的活动时完全投入的状态，这种状态会产生出一种特殊的流畅与忘我的体验。在这里，人们从事的活动可以五花八门，但一定是人们擅长并想要持续挑战更高难度来证明自己能力的。"庖丁解牛"就是一个很好的例子，即便从事的是一个在别人看来不大有吸引力的活动，但只要尝试不断钻研并提高自己的能力，就可以从中获得心流体验，进而乐此不疲。

心流体验涉及高度的专注、创造性地参与以及时间和自我意识的丧失。在心流状态下，人们的注意力完全集中，毫无杂念地全身心融入活动之中，进而感到活力畅通无阻且不觉时间流逝。心流可令原本趋于混乱的精神能量变得有序，同时激发生活的热情和意义，让人们不再为了获得奖励而只是纯粹享受活动本身的乐趣。但有一点请注意，不可否认，一些破坏性的活动或者完全不需要认知努力的活动（如刷纯粹娱乐性的短视频）有时也能产生这种异常"丝滑"的心流感受，但它们不是建设性的，如米哈伊自己所说，"快乐不足以让人生卓越，重点是在做提升技能、有助成长、发挥潜能的事情时获得快乐"。从认知意义上说，心流是为了做某事而做某事的喜悦，因此属于马斯洛所说的存在性认知。当人们将全部注意力投入活动时，自我在意识中消失了，此时人们沉浸于活动本身而不再分心去关注一系列与"我"有关的问题，如"我做得怎么样""做完以后能给我带来什么""要是做不好怎么办""别人会如何看我"等，于是就产生了心流。

由此可以看出，不管是高峰体验还是心流，这些心理感受的"高光时刻"共享着一个关键性要素，即"我"在那一刻不见了，那个在日常生活中一刻不停地叫嚣着"我要这个""我要那个"、那个经常焦躁不安想要更多安慰和爱抚、那个老是张着欲望大嘴坐等投喂的"ego"，在这一刻静音了。而神奇的地方在于，当没有那个"我"在要，结果却是可以得到更多。换言之，安静的自我能够获得更大的力量。

* * *

关于马斯洛和他的理论就讲到这里。他对于健康卓越的人的研究是对当时心理学界流行的以病人和动物为研究对象的精神分析和行为主义的极大超越，他领导的"第三势力"人本主义心理学开启了一项声势浩大并绵延至今的人类潜能运动，他鼓励人们勇敢走在"成为自己可以成为的人"的路上。虽然到了晚年，马斯洛也承认人身上存在无法消除的阴暗与虚弱一面，但就像荣格、阿德勒以及其他很多心理学家一样，他依然无所畏惧并心怀希望地激励着人类不断向前。

35. 你喜欢当下的自己吗？
罗杰斯论现实与理想自我的差距

如果说马斯洛的工作点亮了一个重要的人生任务——做自己，那么本章的主人公，另一位人本主义心理学的代表人物卡尔·罗杰斯（Carl Rogers）则带出了一个与之不可分割、宛若双生的人生主题——找自己。如马斯洛所说，自我实现是天赋使命，每个人都应该成为自己能够成为的人，可是如何知道自己是个什么样的人以及能够成为什么样的人呢？对此，罗杰斯的看法是，每个人身上都带有朝向积极、成熟与完善的自然力量，于是只要允许他们依着本性发展，就可以自我实现。换言之，做自己可能并不难，然而麻烦的是，人们对真正的自己的不接纳，以及存在于希望自己成为的理想样子和认为自己当下的样子之间的巨大鸿沟，正是这些让人们找不到自己。

罗杰斯本人即有过这样的经历。他出生于美国芝加哥的一个中产家庭，生活条件优渥，但儿时的他却并不开心，宗教意味浓厚的家庭氛围令他的行为受到诸多约束，包括不允许和家庭外的人来往并遵守各种严格的道德准则，以致过了很久以后，他都还记得生平

图 35.1　卡尔·罗杰斯（1902—1987）

第一次喝碳酸饮料时内心涌上来的罪恶感。1922 年的一次旅行开启了他"找自己"的序幕，旅行的目的地是中国北京。作为全美 12 个学生代表之一，时年 20 岁的罗杰斯参加了在清华大学召开的世界学生基督教徒联合会议。在这次旅行中，他接触到了不同文化和信仰的人，并且头一次置身于一个充满活力和创造性的小团体之中，独立自主的需求一时间变得无比强烈，以至一返回美国，他便向父母宣告脱离他们保守的价值观。

　　作为一名心理咨询与治疗的实务工作者，罗杰斯在其整个职业生涯中也一直在帮助形形色色的人们"找自己"。他把自己比作一个"接生新人格的助产士"，充满敬畏地看着一个个全新的自我诞生。也正是在此过程中，他不断为潜藏于人们内心深处的强烈的积极趋向所震撼与鼓舞，并且意识到这些深陷困扰的人其实自己最清楚是哪些东西伤害了自己、哪些问题是关键所在，以及为了解决问题应该往哪里走。于是，治疗师要做的并不是"指导"他们怎么做，而是尽己所能创设出一种支持性的治疗关系与人际氛围，以帮助他们找回受到阻碍的积极本性，从而自己治愈自己。这就是为什么罗杰斯的治疗取向会被称为"来访者中心疗法"（client-centered therapy），后来更是拓展到"以人为中心"的思想。到了晚年，罗杰斯甚至尝试以这一思想解决存在于各个种族、国家与文化之间经久不息的冲突与纷争，这份努力一直坚持到了他生命的最后时刻。1987 年 2 月 4 日，罗杰斯因骨折手术引发的心脏病而去世，就在同一天，他收到了荣获当年诺贝尔和平奖提名的通知。2009 年，2400 多名心理咨询师、治疗师、社会工作者接受调查并报告对自己工作影响最大的心理学家，最终高居榜首的人正是罗杰斯（Cook, Biyanova, & Coyne, 2009）。

* * *

罗杰斯的人格理论有两个至关重要的基础。其一，每个人都有朝向积极方向发展的趋势。只要是一个生命，不管是一朵花、一株草、一只鸟还是一个人，只要被赋予了生命，就会表现出生长和发展的趋向，罗杰斯称其为"实现趋向"（actualizing tendency）。和马斯洛不一样的是，罗杰斯并不觉得自我实现只有少数人能够完成，他认为，除非受到阻碍，否则每个人都能成为一个独特且复杂、独立同时又能为他人与世界承担起责任的人。此种对于"性本善"的笃信招致了对其是否盲目乐观的怀疑，对此，罗杰斯肯定地说，这并非他的一厢情愿，而是经由几十年心理治疗经验得出的结论。他说：

"我非常明白，出于恐惧或防御，一个人可以也确实会做出某些可怕且残忍的行为。然而，令我最印象深刻的经历便是，和这样的人一道努力，进而发现他们内心深处强烈的积极趋向，就如同所有人都具有的那样。"（Rogers, 1961: 27）换言之，他不否认人会犯错或做出消极行为，但在他看来，这些行为并非人的本性，而是出于恐惧和防御所做出的反应，此时个体展现的并不是真正的自己，一旦允许他们自由发挥功能和展现真实本性时，他们就会是一个良善、值得信赖和富有建设性的人（Friedman & Schustack, 2016）。

　　罗杰斯理论的另一个基础是"现象学"（phenomenology）视角。现象学认为，是人们对于现实的主观感知而非客观世界本身在支配着我们的心理活动与行为。换言之，我们通过对于客观世界的主观建构来理解世界和组织行为。例如，你觉得你的爱人对你感到失望，这也许是真的，但也有可能他/她根本没这么想，是你的需要、目标和信念建构起了这一切。但是，人们通常很难认识到自己的内在世界如何影响到对于外部世界的知觉，于是就会确信自己建构的事情是真实存在的，进而导致"一个人的经验就是他的现实"。也就是说，每个人都活在自己建构的经验世界里，即便客观环境完全一样，知觉经验也可能各不相同，这种主观经验即一个人的现象学要比客观世界本身更重要。一个人眼里的小挫折在另一个人看来不啻天塌下来，从这个意义上说，永远不要去轻易评判他人的悲喜，如果可以，去共情，如果不行，请保持尊重。

　　也正因为如此，没有人会比我们自己更了解自己，是我们的体验在引导着行为，于是在现象学观点的指引下，罗杰斯将体验视为最高权威，每个人都是一个"正在体验着的人"（experiencing person）。的确，不管是过去曾经经历的还是现在正在经历的抑或未来可能经历的，所有这些唯有通过我们此时此地的思想和感受方能对我们造成影响，当下即为我们存在的唯一有意义的时空，于是应按照生活本来的面貌活在当下，才能成为罗杰斯所谓"功能完善的（fully functioning）人"。

总之，相信人性本善并认为体验高于理智，这两大理论基础令罗杰斯的人格理论带有某种浪漫主义的哲学色彩（Hergenhahn, 2009），同时也凸显出他对于人类本性的极大肯定。

＊　＊　＊

在人类建构的各种"现象场"中，最重要的体验毫无疑问关乎我们自身，即有关"自我"（self）的一切感受。自我是欢欣之所，也是悲忧之源。青少年挣扎于认同、目标与未来，中年人面对存在性危机，老年人苦思生命的意义与价值，爱、责任、关系等与自我有关的命题弥漫于人生的各个阶段。在日常生活中，自我也无处不在，如中文里有一大堆以"自我"的"自"开头的词，像自尊、自信、自立、自强、自大、自负、自恋、自怜、自伤、自爱、自觉、自省……但这些词里的"自"并不都是一个意思，它们有时候说的是主我"I"，有时候说的是客我"Me"。作为"I"的自我是一切心理活动的起点，我们所有的感知、情绪、思考、行动都由它发起；而与此同时，自我又可以作为"Me"成为诸多心理活动的对象，令我们可以时时刻刻认识、感受及反思自己，这些思考与感受又进而影响到我们其他方面的心理与行为。在罗杰斯看来，这些围绕着自我展开的经验就构成了现象场的重要子集，我们因此可以体验与思考自己。

在所有关于我的体验中，有两个方面至关重要：一个是有关我的认知印象，也就是我是什么样子的，称为"自我概念"（self-concept）；另一个是有关我的情感评价，也就是喜不喜欢我的样子，称为"自尊"（self-esteem）。

先来看自我概念。它是我们对自己所具有的各种属性的认识，比如，"我个子不高""我数学还不错""我有着正常的三观""我不太擅长与人打交道"……这些或正面或反面的印象便构成了一个人较为稳定的自我概念。自我概念不一定反映客观现实，一个体重已经低于平均值的人依然可以认为自己很胖，一个在别人眼里各方面乏善可陈的人也可以觉得自己优秀得出类拔萃。自我概念通常发展于早年，形成于个体与环境互动的过程中，并会在整个生命历程中不断受到评估与调整。自我概念的意义在于，人们倾向于做出与自我概念相匹配的行为，例如，认为自己不善社交的人就会回避参加各种社交活动，认为自己有一副好嗓子的人则会时不时地想要显露一下。

那么，如果遇到了与自我概念不一致的外部经验，比如，一个自认为很聪明的人考了个不及格，一个自觉特友善的人发现自己内心对某人充满了仇恨，此时将发生什么？罗杰斯指出，自我概念相当保守，人们通常只愿意接受那些与自我概念相一致的经验，而与之相违背的则会被选择性忽视，忽视不了的则进行防御，如进行否认或曲解。于是，考砸了的"聪明人"可能会质疑老师的打分不公，恨意上头的"老好人"也可能拼命找出对方身上"罪大恶极"的地方以解释自己的恨意并没有那么不可接受。在这些例子里，自我概念是积极的，而外部经验是消极的，出于维护自身积极形象的动机，扭曲一下现实来为自我服务好像可以理解。然而在另一些情况下，自我概念是消极的，而外界传递过来的经验是积极的，此时人们依然可能拒绝那个积极的经验以维护消极的自我概念，比如，一个认为自己愚笨的人，可能不接受别人对其能力的肯定并将其解释为是在安慰自己。总之，人们会排斥与自我不一致的经验，通过否认或曲解它们来抗拒接受它们也是属于"我"的一部分，在罗杰斯看来，这将造成人格的"不和谐"（incongruence），进而会阻碍实现趋向，导致人们远离真正的自己。

这还不是全部，自我概念是我们认为自己的样子，那么我们是否喜欢自己的样子呢？这个问题涉及的便是自尊，即我们喜欢、接纳和重视自己的程度。一个高自尊的人不仅喜欢自己，而且还能自己为自己提供爱、尊重和价值感。不过，以积极的态度看待自己并不意味着他们爱自己的一切或认为自己完美无缺，他们一样会对自己的某些方面感到不满，自我批评也很常见，只不过他们对自己的积极想法会超过消极想法，并且那些消极想法的存在也不会让他们贬低自己作为一个人的价值。

和自我概念一样，人们也会依照自尊来做出相一致的行为选择。在一个研究中，研究者通过一些方式诱导受试者陷入悲伤的情绪之中，之后他们可以自行选择再观看一段喜剧或者悲剧视频。照常理来说，选择看喜剧更能帮助人们从此前的消极情绪中恢复过来，然而研究结果却发现，选择喜剧还是悲剧与受试者的自尊有关，高自尊的受试者多数选择观看喜剧，而这么做的人在低自尊的受试者中只有少数（Heimpel et al., 2002）。也就是说，在"让自己感觉良好"和"维系自我感受的一致性"之间，低自尊者选择了后者，因为"感觉糟糕"就是他们的日常，[1] 此时自我验证的动机战胜了自我提升的

---

[1] 其实，对于高自尊者来说也是如此，他们选择喜剧是因为之前的消极情绪与他们的自我感受不符，而看喜剧可以帮助他们恢复一致性。

动机。从这个意义上说，低自尊者是在一遍遍地寻找与自我感受相一致的证据，以此来反复验证"我不配"。

* * *

为什么？再显然不过，一个爱自己并肯定自我价值的人会过上比不喜欢甚至贬低自己的人更加快乐的生活。那么为什么还会有人不喜欢自己？罗杰斯认为，原因之一在于，他们总是拿自己现在的样子与期待中的理想样子进行对比，进而因为二者之间存在的明显差异而对自己感到不满。在生活中，人们不仅会思考当下的自己，还会思考未来可能的自己，于是两个不同方面的自我就出现了："现实自我"（actual self）和"理想自我"（ideal self）。其中，现实自我是自己当下的样子，而理想自我则是希望自己成为的样子，其中包含了一个人认为重要和有价值的东西，可以是生理方面的，也可以是精神、能力、物质财富或社会地位方面的，它们构成了个人追求的目标。虽然在阿德勒那里，与目标的差距可能成为个体奋斗的原动力，但在罗杰斯看来，既然人天然具有实现趋向，那么让他们自由发挥本性才是走向自我实现的最佳路径。

那些有关理想自我的内容是从哪儿来的？可能来自父母从小说到大的有关我们"应该成为一个什么样的人"的信息，也可能来自社会普遍推崇的榜样，如那些事业有成、名利双收的成功人士，这些外部标准会被人们内化，进而成为他们理想自我的组成部分。当大家都认可"白幼瘦"才是美的身体形象时，一个女孩就会希望自己变得更白、更年轻、更苗条，此时她不再用自己的体验来评价自己，而是依赖那些内化了的外部价值标准。就这样，自我和体验分离了，人们对当下真实的自己感到不满并开始否定自我的本性，摆出不真实的面孔以服从他人的期望，焦虑和内心冲突随之而来，于是就成了人格不和谐的另一个来源。

至此，罗杰斯所认为的人格不和谐，一方面来自人们拒斥与自我概念不一致的经验，另一方面来自人们觉得自己现在的样子和理想的样子相去甚远。不管哪一个都会导致人们不接受完全的自我，实现趋向被抑制，当然也就距离自我实现越来越远。对于类似的困境，罗杰斯经常在治疗过程中听来访者说起，常用的描述包括"我丢掉了我自己""我真的不知道自己是谁了""我感觉好不真实""原本的我不是这个样子的"，这些都会被他视为人格不和谐的表现。于是，在罗杰斯的理论中，接纳自己的本性至关重要，一个心理健康的人，其现实自我和理想自我之间不会相差太远，如此人们才会对自己感到满意。

此处，罗杰斯借鉴了卡伦·霍尼的思想，是霍尼（1950）首次提出了"理想自我"的概念并创造了一个异常精准且生动的短语叫"应该的暴政"（tyranny of the shoulds）。在霍尼看来，正常人的理想自我建立在对现实自我的认识之上，而对于神经症患者而言，这是一种无法达到的绝对完美的幻觉，于是在理想自我的左右下，他们觉得自己应该是全知全能的，应该是永远充满斗志、不知疲倦、没有弱点并从不失败的。这种强迫性的"应该"想法令他们备受折磨，让他们的现实自我在理想自我面前永远相形见绌，且这种对于完美的偏执追求注定以失败告终，神经症就这样产生了。基于此，霍尼主张心理治疗的目标不应是帮助人们实现理想自我，而是让人们接受现实自我，这一观点与罗杰斯不谋而合。

* * *

在现代研究中，一个名为"自我差异理论"（Self-Discrepancy Theory; Higgins, 1987）的观点将罗杰斯和霍尼的思想整合在了一起。在现实自我之外，该理论区分了两种未来自我：一种是罗杰斯论证过的理想自我，体现了一个人的期待、希望与抱负；另一种则是霍尼提及但没有直接命名的"应该自我"（ought self），相比理想自我，它更聚焦于一个人的职责、责任与义务。这样的区分极具意义。例如，对于同一个目标，将其作为一件希望做成的事情还是一件有义务应该做成的事情，最后不管结果如何都将带来不同的情绪反应。具体来说，如果理想自我是成为年终绩效优秀的员工，结果只拿到个绩效中等，那么可能会感到失望和沮丧；而如果成为绩效优秀的员工不是理想自我而是应该自我，换言之，是一种责任和义务，那么结果只拿到中等所引发的情绪就不是沮丧而会是压力、焦虑甚至羞耻。相反，理想自我如果达成了会非常开心，而应该自我如果达成了只会感觉还好，因为这本来就是分内应该做的事情。

这种差异背后的原理是，理想自我的实现意味着获得了一个积极结果，这是快乐的，而没实现意味着没能获得这个积极结果，自然不开心；而对于应该自我，因其是职责和义务，实现了，只是避免了一个消极结果的发生，如释重负，却谈不上有多开心，但如果没实现，那就完全是一种损失，将备感压力和威胁。当然，不管是哪种自我，当它们与现实自我差距太大的时候都会带来负面影响，因为均会让人感觉当下的自己相当不堪，进而不满意自己并陷入消极情绪之中。

在日常生活中，我们也经常能观察到这种关注点上的差异，似乎有些人总是在朝向理想自我努力，而有些人则总是朝向应该自我努力。例如，一些人做某件事情主要关注可能获得的收益，即期待一个好结果（如升职、加薪或个人成长），他们是"促进定向"（promotion focus）者，他们更在意如何能更进一步，哪怕有风险也没关系，激励他们的是可能获得成功的欣喜；反之，另一些人做事时则更加关注会不会带来损失和产生什么消极结果（如遭受惩罚或者比现在更差），对他们来说，没有坏消息就是好消息，他们是"预防定向"（prevention focus）者，他们更在意如何能保持现状而不是更进一步，激励他们的是可能失败的害怕与焦虑（e.g., Higgins & Cornwell, 2016）。这也是人们常说的追求成功和避免失败或者说求进和求稳的区别。

促进定向和预防定向具有稳定的个人差异，但有时候所处的环境也会改变人们的定向。例如，如果父母热衷于告诉孩子这世界有多可怕，总是用一些危言耸听的故事恐吓他们若不听自己的话将发生多么糟糕的事情，那么孩子们探索世界的欲望一定会被"安全第一"的想法取代；如果企业热衷于监控员工的每个失误并不遗余力地惩罚错误而不是奖励优异，那么员工们一定会"不求有功，但求无过"。反过来，如果一个家庭、一个学校、一个机构、一个社会给予人们更大的试错空间，那么人们一定会更愿意去创新、去冒险、去改变现状。求稳并没有错，只不过我们更希望看到人们生机勃勃、热烈勇敢地去追求更积极、更美好的事物，而不是战战兢兢地维系着现状，再小心翼翼地提醒自己不要行差踏错。

回到罗杰斯，尽管所有人都会想自己"应该怎么样"和"希望怎么样"，但罗杰斯说我们只需要"成为自己"（become one's self）。可是为什么成为不了？因为我们常常否定自己的价值，转而认同由他人为它标上的价码，并误以为那才是值得追求的目标。这一过程将在下一章详细展开。

36. 做自己，还是别人期待的自己？
罗杰斯论自我的价值

2022 年，一部名为《青春变形记》(*Turning Red*) 的电影让许多人深有共鸣。主人公是个叫小美的青春期女孩，作为标准的"别人家的孩子"，小美具有传统华人家庭小孩的一切美德：成绩优异、知书达理、多才多艺，而且一点也不骄傲，常常帮着干家务活，是爹妈的"贴心小棉袄"。不过，在妈妈眼里，这么优秀的女儿依然不够完美，她不允许小美犯任何错误或表现出一点不合心意的地方。在妈妈的高压紧逼之下，小美一忍再忍直到忍无可忍，终于有一天，她压抑已久的愤怒勃然而出——她居然变身成了一只红彤彤的小熊猫！如果照着荣格的"暗影"来理解这只小熊猫也毫不违和，它非常可爱，但小美和妈妈都无法接受这个"怪物"，然而有趣的是，这个怪异且不被母女俩认可的"另一面"却征服了小美的同学们，让她成了学校里人见人爱的大明星……

《青春变形记》固然说的是一个关于青春、成长、亲情的故事，但即便我们早已过了青春期、早已离开了父母身边，也不会觉得小美的困扰离自己很远。例如，你要和心仪的对象第一次约会，因为紧张而向好友寻求建议，好友对你说"放轻松，做你自己就好了"，可是，这个"自己"会让对方喜欢吗？你不确定；你非常努力地工作，笃定这是在为了自己的理想打拼，然而到了夜深人静的时候还是会感到身心疲惫，进而忍不住问自己：这么辛苦到底是为了自己的理想，还是为了不让别人失望？类似这样存在于"做自己"和"做父母、爱人等他人期待或喜欢的自己"之间的紧张，正是罗杰斯人格理论关注的核心问题之一。

* * *

上一章提到，罗杰斯认为，在每个人身上都具有求生长、求发展、求茂盛的实现趋向，然而这种与生俱来的自然趋向却可能在成长过程中受到阻滞甚至歪曲，例如，那些与自我概念不一致的经验会被否定，存在于现实自我与理想自我之间的巨大差距会制造焦虑。那么，为什么人们不能接受所有的经验与全然的自己，那些好的和坏的，从而迈向自我实现呢？罗杰斯的回答是，因为还存在另一股力量，它强大到足以让人们从原本的自我实现道路上转向，而去寻求它的满足，这股力量即为"积极关注的需要"（need for positive regard）。

生而为人，没有人不渴望被爱或不希望被他人喜欢、接纳和重视，这种基本的需要就是积极关注的需要。特别对于孩子来说，尚无法独立生存的他们需要父母的爱和保护才能存活下来，父母就是孩子积极关注需要满足的来源。虽然人们（包括父母们自己）总是以为，作为父母将毫无保留、无条件地提供给孩子爱和关心，但事实上并不是，父母们在给出积极关注的同时，往往还想向孩子们索要一些东西。爱并不是无条件的，或许孩子们对父母的爱是无条件的，然而反过来不是。来看看这些条件，它们通常表达为一个"if...then..."（如果……那么……）的句式。例如，"如果你再玩游戏，妈妈就不喜欢你了""如果你期末考第一名，爸爸就高兴了""如果你在这回竞赛里拿个奖，爸妈就以你为荣"。言下之意，如果做不到那个"if"（如果），就没有那个"then"（那么）了，爸妈就会不高兴、不开心甚至不再爱自己了。

换言之，只有符合条件，才能获得积极关注，而为了获得积极关注，孩子们就可能不顾自己的内在兴趣和潜能而顺从外在的要求和期望。比如，一个小朋友对人特别感兴趣，但父母不赞成这种爱好，在他们看来，外面的人非常危险，所以最好天天待在家里（这就是罗杰斯儿时所经历的），那么为了得到父母的积极关注，这个孩子就可能否认自己这方面的兴趣，进而导致与其真实自我分离。也就是说，对于被爱这种奖励的追求取代了自然的自我实现的倾向，而更严重的后果是，久而久之，人们会把自我价值建立在以满足各种条件来取悦包括父母在内的其他人的基础之上。

这便是罗杰斯人格理论中极富启发性的一个概念——"价值的条件化"（conditions of worth），意指人们只有在满足了某些条件时，才会感觉自己是一个有价值的人。此时，自我价值变成了一件不确定的事情并被强加了诸多条件，如"我要变美，要不然没有人会爱我""我要挣钱，挣很多钱，这样别人才会看得起我，否则我就是一个失败者"。言下之意，要是不够成功、不够优秀、不够美，自己将毫无价值，也不值得被爱。这多么恐怖，于是人们才会动用如此多努力去追求成就、追求美丽，然而在此过程中，那些自身内在的感受、喜好、渴望则被彻底丢弃了。

一旦价值有了条件，重要的就不再是自己真正想做什么，而是他人如何评价自己，行动也不再是自我导向的，而是为了获得认可和赞许，那些每个人身上不可避免的弱点和错误也会被隐藏起来，久而久之，这些被排斥的部分或许就变成了一只只小怪物（或者装进了身后的"口袋"里）。然而有意思的是，就像《青春变形记》里演的那样，那只小怪物反而让小美更受大家欢迎，这些不被妈妈和小美自己接受的东西却恰恰是最灵动、最有活力、最具生命力也最"小美"的东西。

近年来，一些年轻人自杀的事件令人扼腕，他们其中不乏平时看起来各方面都很好的大学生——社会功能正常，人际关系良好，没有童年创伤，也没有遭遇巨大挫折，但就是这样好好的一个人却突然有一天决定去死。以"价值的条件化"观点来看，或许是因为他们长久以来的自我价值仅仅建立在别人看来的"好"和"优秀"上，追求成就只是因为别人期待自己追求而成了一种习惯，然而，当目标达成了却感受不到预期的满足，因为从一开始就不知道为何追求。一旦他们开始思考"我是谁"这一主题就会发现，其中应该包含的那些精神元素全都不在，被各种"if"条件架空了，于是就将感到强烈的无价值和无意义，这种精神世界的空茫与贫瘠正是罗杰斯想要提醒人们关注与正视的现代"顽疾"。

当然，站在父母的角度，我们能理解他们希望用一些方式激励孩子朝向社会所认可的方向发展。且不谈社会认可的方向是否就是正确的方向（在罗杰斯看来，自我的实现趋向才是正确的方向，而社会扮演的往往是那个扭曲它的角色），有一点想要提醒，当父母们用各种外部奖励（包括用爱作为手段）去激发孩子做出期待中的行为时可能奏效，但行为的持久性常常堪忧，而更重要的是，外部奖励可能侵蚀掉孩子原本存在的对做这件事的内在兴趣。例如，除了爱以外，金钱是人们最常用的激励手段，它有时候很有效，然而很遗憾，可能并不是以人们期待中的方式起效。

有一个故事说，一位老人因身体抱恙来到一个安静的山村休养。可是突然有一天，他的住所门口被一群住在附近的孩子选为了游乐基地，他们每天吵吵嚷嚷导致老人无法休息。一番思考之下，老人将这些孩子组织起来玩一个有奖金的游戏，规则很简单——谁的嗓门最大就给谁发钱。面对这等"好事"，孩子们当然热烈响应，极为踊跃地加入释放天性的角逐之中。老人也说到做到，每天都准时组织比赛并为"优胜者"送上奖金。就这么过了一段时间，孩子们已经习惯了每天都来叫嚷以赢取奖励，老人却在某一天突然宣布到此为止，以后没有比赛也没有奖金了，像以前一样自己玩吧。孩子们一听，都没奖金了何必费力，于是纷纷散去，老人门前自此恢复了清净。

在这个故事里，老人成功解决难题的秘诀是——用钱把游戏变成了工作。工作和游戏的区别就在于，工作在很大程度上是为了获得奖赏（包括钱在内），而一旦工作的理由不再存在即奖赏终止，工作也就很自然地停止了。对于这些孩子来说，他们本来是基于天性而吵闹即行为完全发自本心，然而吵闹可以拿钱这件事令他们开始用外部理由也就是可以得到报酬来解释自己的行为，那么一旦外部理由不再存在即没有报酬了，这种行为当然也就趋于终止。换句话说，过多的外部理由将侵蚀原本用以解释行为的内部理由，外部理由越多，内部理由就越少（e.g., Levy et al., 2017）。依照这一原理，如果希望某一行为得以保持，就不要为它提供过多的外部理由。比如，希望孩子努力学习的家长不应用太多的金钱和奖品去奖励孩子的好成绩，而要让他们感受到学习是有趣的事情因而喜爱学习。这并不是说完全不能给予奖励，而是不应将其作为控制行为的手段，更好的方式是让奖励成为能力和成就的体现——如果一件事情本来就是孩子喜欢做的，那就不妨在他们完成任务后间或给个小奖赏作为惊喜或者夸赞他们的成果让他们感觉良好；而如果想促使孩子做一件不喜欢做的事情，则可以先给一个适中但不过分的奖励吸引他们开始，之后帮助他们感受到做这件事的乐趣所在，用参与和完成所带来的内在成就感而不是持续不断的外部奖励来维持他们的行为。

如果说奖励是"胡萝卜"，那么很多父母更常用的手段则是"大棒"。例如，威胁孩子如果不满足那些"条件"就收回自己的积极关注是一种"大棒"，用某种会激起孩子强烈恐惧的可怕后果来恐吓孩子是另一种"大棒"，后者如很多父母经常挂在嘴边的，"你今天要是进不了前一百就进不了重点高中，进不了重点高中就进不了重点大学，进不了重点大学这辈子就完了"。这是一种典型的"滑坡论证"，即在推导的每一步均将可能性替换成了必然性，然后层层累加，最后滑向一个恐怖的灾难性后果，目的是危言耸听以震慑对方。不得不说这种方法效果显著，听的人无不瑟瑟发抖，即成功激起了恐惧，而接下来？面对恐惧，人们会付出努力去避免那些可能发生的最坏结果，但是并不会去追求那些同样可能发生的积极乐观的结果，于是此种话术换来的仅仅是免于恐惧的渴望，而不会是希望和期待。

这就可以联系起上一章提及的促进定向和预防定向，旨在避免恐惧的事情发生就是典型的预防定向。这也让我想起一个父母们常用于"教育"孩子的场景：炎炎夏日里，父母带着孩子行走于街上，路遇一位清洁工大汗淋漓地清扫马路，此时，父母对孩子说……（如果是你，会说些什么？）我听到的代表性说法是："你看你是不是得好好学习，不好好学习以后长大了就只能去扫大街！"且不说职业不分贵贱，每次听到类似说法时，我就会想：为什么不反过来说呢？——"你看这位叔叔／阿姨好辛苦，你要好好学习，以后长大了发明一个智能扫街机器人什么的，就不用有人这么辛苦顶着大太阳扫大街了。"这两种说法的区别在于，前者是预防定向，即用恫吓的方式激起避免最糟糕的事情发生的动机，而后者是促进定向，即用激励的方式激发让美好的事情发生的动机，它们都可能带来想要的行为，但前者在做的时候显然是焦虑和不快乐的。

＊　＊　＊

　　说回罗杰斯，不管是"胡萝卜＋大棒"还是以爱为名进行的交换与控制，它们的恶果都是令人们不接纳自己本来的样貌，导致与真实的自我相疏离甚至否定自己的价值。然而人生而有价值，不应该因为他是谁、是否获得成就、是否听话、是否让父母脸面有光才值得被爱，而应该仅仅因为他是他本人就值得被爱。于是，罗杰斯格外强调一种去价值条件的方法，那就是变有条件的积极关注为"无条件的积极关注"（unconditional positive regard）。请注意，无条件并不意味着父母要对孩子放任不管或者予取予求，而是主张应该在意识和实践上均分辨清楚"我不喜欢你的行为"和"我不喜欢你"之间的区别。孩子难免有时会做出一些不恰当的行为，父母也有责任让他们知道哪些事可以做、哪些事不能做，此时重要的是让他们明白这些行为不被赞成。但是，即便不赞成这些具体的行为，那个完整的人依然被爱；而不是反过来，因为这个行为是坏的，所以整个人都是坏的，也不再值得被爱了。这样的原则在日常人际交往中也完全适用。虽然人们习惯于经由某些行为片段去评价一个人，但更恰当的做法是将行为和人区分开：我尊敬和欣赏你这个人，但并不代表对你的一切具体行为都支持；反过来，即便我反对你的一些具体行为，但依然觉得你是一个值得尊敬和欣赏的人。

回到家庭里，在罗杰斯看来，这种区分是对抗"价值的条件化"的法宝，用他自己的话说："如果一个孩子总是觉得自己被接纳、被珍爱，那么即使他做出的某些行为不被允许或者受到了控制，他也不会走向价值的条件化。"（Rogers, 1959: 225）因为他们不用担心一旦犯错就不被爱，也就没必要为了追求积极关注而迎合他人、扭曲自己，这样就可以接纳自己所有的体验。于是，这种能够提供无条件积极关注的环境，就是罗杰斯看来最有利于心理成长的环境。

现代研究支持了罗杰斯的观点。例如，如何才能培养出一个高自尊的孩子？有三个方面最为关键（e.g., Coopersmith, 1967）。第一个方面是父母对孩子表现出来的接纳、温暖和关爱的程度，也就是无条件积极关注的程度；第二个方面是设立明确的行为准则和坚定执行准则的程度，高自尊儿童的父母会确立清晰的行为要求并坚定地执行，但他们很少使用惩罚或恐吓的手段而多用协商和讲道理的方式；第三个方面是民主的态度，虽然设立并执行了一系列行为准则，但父母依然会对孩子的权利和行为自由保有尊重，相反，高压独裁式的控制性态度则会降低孩子的自尊。由此看来，孕育高自尊的教养环境应该是一个能够提供给孩子心理安全、心理温暖和心理自由的环境。在此种环境中长大的孩子不害怕拒绝和犯错，他们深信自己是有价值的人，即便被人拒绝或犯了错误也不是世界末日，他们可以自己爱自己。当然，相比"胡萝卜 + 大棒"的简单粗暴和立竿见影，为孩子创设这样的环境将更加考验父母的耐心以及智慧。

* * *

鉴于很多人是"价值的条件化"的受害者，罗杰斯在他的"来访者中心疗法"中致力于创设一种能够帮助人们接纳被抛弃的自我经验并促成积极改变的心理氛围。这种氛围的形成需要心理治疗师完成好三个关键性要素："真诚"（genuineness）、"共情理解"（empathic understanding）以及前文所述的无条件的积极关注。

先来看真诚。真诚指的是治疗师坦诚自然地向来访者展示自身的思想和感受。作为服务提供者，不少新手治疗师会对是否可以向"客户"（来访者）表达自己的消极情绪感到纠结。对此，罗杰斯的回答是，不但可以而且很有必要。因为这样才能让来访者经历一段真实的人际关系而不是感觉很虚伪、生硬和公式化，此外，这样也是在向来访者示范如何真实地面对与接纳自身的体验，即便它们并不友好。但前提是，治疗师表露的消极感受是自己的个人反应而非指向来访者。二者的区别在于，例如，"我感到有点厌倦"而不是"你是一个令人厌烦的人"，换言之，表达的应该是一个真实的自我体验而不是对来访者的判断。

这一点在日常生活中也相当实用，好比在人际关系中常见的争吵。并非所有的争吵都是负面的，良性的争吵可以成为双方了解彼此的机会，但是这一点并不总能实现。很多时候，人们因争吵而备受伤害，更值得玩味的是，有时候直到吵完，还有一方懵然不知到底因何而起，究其原因可能很大部分在于，人们并未在争吵中建设性地传达出自己的感受，而是让怒火的宣泄与对对方的指责占了上风，最后导致争吵不但没有促进沟通反而蔓延了战火。在这里，推荐一个称作"XYZ"表述的方法（米勒，2015），每当我们因他人的某个行为而感到不满并想让对方知晓的时候，它或许可以帮助我们真诚同时建设性地表达出我们的感受。

所谓"XYZ"，即为一个简单的句式："当你在 Y 情况下做 X 时，我感觉 Z。"在这个句式中，前半句描述行为，即先说清楚发生了什么，一方面让对方清楚地知道我们感觉不舒服的地方在哪里，另一方面则是对行为做限定，即让我们感到不舒服的是这个具体行为（而不是对方整个人）；在此基础上进而来到后半句，以第一人称真诚表达感受。每当怒火上头时，人们常以第二人称出言指责，如"你怎样怎样""你这个人如何如何"，总之，总是一堆的"你"带着许多感叹号夹枪带棒呼啸而来。如此这般，接收者的反应自然是立刻竖起铠甲准备防御，然后你一句我一句地就吵开了，这显然无法解决问题。此时如果变"你"为"我"，即去表述自己在前半句提及的特定情境下的感受而非评价和指责对方，原有的攻击性便会成功卸除，对方也更有可能心平气和地听到重点并明白"原来之前我做那件事的时候你的感受是这样的"，进而愿意去改变。举个具体的例子。某人经常打断我们的话，对此一般的表达可能是："你怎么这么不为别人考虑！你从来都不让我把话说完！"而如若改成"XYZ"表述则变成："你刚才打断我的时候，我觉得很不舒服。"此时既表达了自己的真实感受，又澄清了引发这种感受的具体行为，而且相比前一种表述方式，这种表达显然更加冷静平和同时又不会削减其力量，假如对方在乎我们的感受，他会认真听进去并听懂。

　　再来是共情理解。共情在前文已有所涉及，它指的是从他人参照系出发理解或感受他人正在经历的事情及与之相关的情感、意义的能力，通俗来说就是设身处地、感同身受。在第一部讲解暗黑人格时，我们曾提到"情感共情"与"认知共情"的区分，前者是将自己完全或部分代入另一个人的处境之中共享其此时此刻的情绪，就好像自己正在亲身经历一样；而后者则不一定共享对方的情绪，但可以站在对方的角度感知与理解对方的情绪感受。在心理治疗过程中，治疗师表现出来的共情非常重要，但相比之下，更需要的是认知共情而非情感共情。试想一下，当目睹某人经历了难以想象的苦难并因此感到极度悲痛，作为旁观者，代入其视角感同身受之下，定然也会痛彻心扉，进而表达出关怀或施以援手；然而，如果过度地共享了这些情绪，也可能致使自身难以承受，出现所谓的"共情疲劳"（empathy fatigue），继而有意识地回避与受害者有关的信息，这时就将带来不再关注受害者或者遭受到替代性创伤这样的副作用。

　　同理，在治疗关系中，治疗师需要站在来访者的角度思考和感受方能深入理解对方的处境及当下情感的来源，但与此同时又要保持清醒与理性，将这种共情式的理解准确表达出来，用罗杰斯自己的话来说就是，"好像你就是那个人，但又永远只是'好像'"。这一方面在于每个人的经历和感受都是独一无二的"现象学"，他人难以百分之百地感同身受；另一方面，仅仅与来访者"同悲同喜同愤怒"并不能起到治疗的作用，共情理解的功能在于，不仅能让来访者感受到自己被理解，还能让他们通过治疗师的表达，就像照镜子一样审视与澄清自身的体验，进而意识到原来自己此刻的想法和感受是这样的。例如，一个来访者在治疗中愤怒地表达："那些人以为自己是谁！我再也受不了他们了，一群骗子！我快被他们折磨疯了，我再也不想见到他们！我想向他们大吼去死吧，然而我做不到……"此时治疗师回应说："那些人让你觉得很挫败，现在你感到无比愤怒，不仅对他们还对你自己，你也在责怪自己，气自己没办法像心里想的那样去对待他们。"在这个例子里，来访者处于激动的情绪之中，对于一些感受，他自己也模模糊糊或者感到混乱，通过治疗师的共情理解，他就可以更加清楚地辨识出自己的心理状态，特别是治疗师指出的那一点——他的愤怒不仅源于外部世界，更源于内在的失望，因为自己没能做到期待中的事情。在治疗中，一旦看清楚自身的体验同时察觉到体验所具有的意义和功能就能促进来访者自我接纳，进而令他们得以自己帮助自己，治疗师准确的共情理解显然可以促进这一过程的发生。

这一原理同样适用于日常生活。在一段关系中，共情理解不可或缺，包括在父母拥有绝对权威的亲子关系中也必不可少，接收到来自父母的共情理解，孩子会更深切地感受到被爱和被尊重。当然，我们未必都具有心理治疗师那样高超的共情力和准确的表达力，但是至少可以做到一点，那就是用倾听来表达共情。在现实生活中，当听到其他人向我们讲述一件负面的事情或者他们所经历的情绪痛苦时，我们的本能反应是去帮助他们消除痛苦并解决问题，然而这并不总是可取的。当人们正在经历悲伤，比之实际的帮助，他们可能更希望被理解和关怀，此时不必着急去评判什么或给对方建议，不妨把处理问题的空间留给他们自己，取而代之的是认真耐心地倾听，或许在适当的时候送上一杯水、一张纸巾、一个拥抱，不用担心自己帮不上忙，在场陪伴和用心倾听已然是莫大的支持。

　　就这样，心理治疗师经由真诚、共情理解和无条件的积极关注得以创建出良性的治疗氛围，而在具体的治疗过程中，罗杰斯则倡导非指导性，即治疗师不应像医生开处方一样越俎代庖地替来访者做决策。原因在于，是来访者而非治疗师最清楚自己的问题在哪里以及该从哪里着手改变，对于改变自身状况负责的也应是来访者本人而不是治疗师。有一个笑话问："要多少个心理学家才能换下一个灯泡？"答："一个就够了，但前提是那个灯泡自己愿意！"这个笑话反映的就是人本主义心理学的观点，即人有自由意志且有能力让自己改变与成长，但必须是内部驱动的。那么治疗师要做什么？他们的工作不是去改变来访者，而是提供一种支持性的心理氛围令来访者有勇气同时感到安全地去探索自我，接纳此前不被自己接受的部分，进而不再以取悦他人为己任，而是相信自己的体验并认同自己与他人不同的事实，这样也就不再会为自己设置一些无法实现的目标，理想自我与现实自我的差异也将随之缩小。

　　总之，罗杰斯格外看重人际关系的治愈能力，现如今，真诚、共情理解及无条件积极关注已被公认为建立良好治疗关系的通用要素，不管治疗师遵循哪一种技术流派，这些要素均深度嵌入到他们的受训环节之中；在咨询室之外，日常的人际关系也因这些要素的存在而受益匪浅。可以说，在弗洛伊德之后，是罗杰斯重新定义了心理治疗及心理治疗师的样子，他也被奉为心理治疗界不朽的导师。此外，在当代人对于自我的热烈兴趣之下，罗杰斯对自我的研究是当之无愧的先驱。更重要的是，他对于人性本质的坚定信心鼓舞着身处困扰的人们，他将来访者视为有能力的人而不是"患者"，他对个体能动性、自主性、独立与潜能的尊重和信任令人动容。而罗杰斯本人也正直、真诚，一生中从未放弃过学习与成长，他自己正是他所提出的理论的生动样板。

37. 钱能买到幸福吗？
积极心理学论财富与主观幸福感的关系

从 20 世纪 70 年代开始，人本主义心理学这个曾经给心理学江湖带来一阵清风的取向渐渐式微，认知革命的兴起和脑科学的突飞猛进令心理学家们的兴趣转向了探索人格的生理与大脑基础。直到 21 世纪初，一个名为"积极心理学"（Positive Psychology）的思潮逐渐风生水起并延续至今，它让人有理由相信，沉寂多时的人本主义心理学思想在某种程度上复苏和回归了。

积极心理学的发展源于一个基本却常常被忽略的疑问：解除了消极就是积极吗？答案是未必。解除了痛苦也不一定快乐，例如肚子饿会很痛苦，如果只是想解除痛苦并不难，吃草根树皮也可以不再饥饿，但我们显然不会因此而感到满足，于是就像马斯洛所说，"健康不仅仅是没有疾病"。

反观心理学，其在长期发展过程中出现了一种不平衡，体现在它与心理问题、心理疾病之间的联结太过根深蒂固，以致成了很多人眼里的"病理心理学"或"消极心理学"。这显然不是一个应该和正常的状况，如果一门以人为研究对象的学科最后只能为一部分人的情感状态和生活状况服务而无法惠及更广大的人群，那么一定是哪里出了问题。这样的心理学就像是一个"预防定向者"，更多关注如何避免和消除不良的后果（如心理疾病），而不是如何激发和促成更好的结果（如充分的愉悦、成就与健康）。

当年的人本主义心理学家就曾敏锐地看到这一点，他们意识到不管是精神分析还是行为主义，焦点都不在健康人身上，而健康的人寻求的绝不仅仅是维系生命、释放本能和获得奖励，而是要让生命更幸福和更有意义。哪怕是一个感觉到了山穷水尽的人在意的也不会仅仅是减少痛苦，而更希望获得美德、力量以及对生活发自内心的热爱与渴望，于是人本主义心理学才会将关注点放在了此前理论相对忽视的主题上，如爱、创造、自主、独立和人格成长。

这一传统也被当下的积极心理学继承。但是，与马斯洛和罗杰斯的观点有所不同的是，积极心理学对人性的看法更为现实，它并不声称人类的本性全都是美好光明的，而是提出了一种更为平衡的观点，即这个世界上绝大多数人在过着理性的生活且有能力让自己活得更美好、更旺盛，即便面对各种挑战、挫折和困境，他们一样可以表现出活力、勇气和潜能（Keyes & Haidt, 2003）。此外，有别于人本主义理论的经验性与思辨性，积极心理学的观点全部建立在实证研究的基础之上，即更倾向于用数据结果说话。

* * *

经过 20 余年的发展，积极心理学积累了大量的研究结果，致力于回答一些我们每个普通人都可能感兴趣并经常思考的问题，例如，何为幸福？幸福又来自何处？有哪些因素左右着我们的幸福感

受？作为人类，我们拥有哪些人格上的财富，依托它们，我们可以
最大限度地发挥自身优势去追求和过上想要的幸福人生？可以看
出，这其中的高频关键词是"幸福"。作为一个古老的哲学话题，
幸福受到各个学科的广泛关注，除了心理学，经济学、社会学、政
治学等也非常关心。

　　心理学家要研究幸福，第一个需要解决的问题就是幸福该如何
测量。在这方面，积极心理学继承了现象学的观点，认为幸福不幸
福和有多幸福是一种很主观的个人感受，于是将其称作"主观幸福
感"（subjective well-being）。具体到测量上，主观幸福感包含两个
维度：一是"情绪幸福感"（emotional well-being），指一个人日常
经历的情绪质量，即一个人的生活有多愉快（Kahneman & Deaton,
2010），高分代表在日常生活中更频繁和强烈地体验到开心、快乐、
满足、喜悦等这些积极情绪而不是压力、悲伤、愤怒等这些消极情
绪；二是"认知幸福感"（cognitive well-being），它是一个人对于
自己生活的整体评价，高分代表人们对于现在的生活状况感到满意
（Diener et al., 1985）。综合起来，所谓的很幸福（高主观幸福感）
就是日常积极情绪多、消极情绪少，同时对生活感到满意。

　　有了测量工具后，有关哪些因素能够促进人们主观幸福感的研
究呈爆炸式增长，而在多到数不清的发现中，有一个话题吸引了最
多的注意力，那就是金钱与幸福的关系：越有钱就越幸福吗？在电
影《正义联盟》里，闪电侠问蝙蝠侠："你的超能力是什么？"蝙
蝠侠回答说："超有钱。"在美剧《生活大爆炸》里，主人公谢尔顿说：
"依我看，你的所有问题都可以通过多挣点钱来解决。"还有人这样
创造性地解读"幸福"的"幸"字——一块地盘（土）加上一把人
民币（￥），这倒是符合很多中国人对幸福的定义——有自己的房子，

再加上一些存款，就是现世安稳了。如此这般对金钱整齐划一的向往清楚反映出人们对于拥有财富将令自己更幸福的期待和想象。不过，果真如此吗？我们来看看积极心理学取向的代表性研究结果。

第一个研究角度是，在同一个国家内部进行代际间的纵向对比，即探究随着时间变化特别是经济发展，不同年代的人对于幸福的感受有没有区别。从整体上看，人类积累的财富与日俱增，人均住房面积越来越大，城市里的人们几乎人手一部手机和电脑，奢侈消费也不罕见，但是，现在的人比以前的人更幸福吗？对此，心理学家戴维·迈尔斯（David Myers, 2000）的回答是：物质上或许，但精神上未必。

基于美国的数据（如图37.1）显示，从1957年到2014年，个人收入在稳步增长，然而感到幸福的人数比例却没有发生明显变化（Myers, 2021），迈尔斯将这种现象称为"美国悖论"（American Paradox），即一方面物质越来越丰富，而另一方面社会衰退、心理抑郁、幸福感停滞不前（Friedman & Schustack, 2016）。这一悖论不仅适用于美国，研究者在世界多个国家及不同类型的经济体中发现了类似的现象（Easterlin et al., 2010）。[1] 换言之，物质资源的极大丰富和技术的高速进步未必总能在人们的精神感受上带来同步的收益。

第二个研究角度是，在国家与国家之间进行比较。经济学家们早就发现，收入与幸福的关联在贫穷国家里比在富裕国家里更强烈，

---

1 中国的情况则相对复杂，不同研究发现了不一致的结果，收入或经济增长与幸福感无关说（如 Easterlin et al., 2012; Easterlin, Wang, & Wang, 2017）和正相关说（如 Cai et al., 2023）均有证据支持。

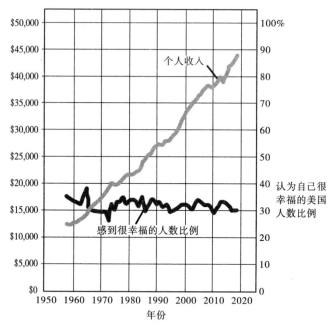

图 37.1 收入与幸福关系曲线

（数据来源：Myers, 2021: 437）

但当进行跨国比较时，穷国的整体幸福感未必会低于富国（Easterlin,
1974, 1995）。结合前文代际层面的结果，这似乎暗示着人们所处
的客观环境与其幸福感之间并不存在必然关联，这也就挑战了现代
经济学的核心命题之一——财富增加将导致福利或幸福增加。那
么，为什么整体上更多的财富并没有带来更大的幸福感受？或许是
因为，幸福是一个精神性或心理性的命题，无法用简单的"多即是
好"的经济学思维来理解（Easterlin, 2003）。当一个国家从普遍贫
困到拥有足够的食物、住房和安全时，人们的幸福感会提高，但是
一旦基本需求得到满足，物质就变得没有那么重要了，而像社会安
全、社会公正、社会福利等更抽象的东西则更能影响幸福感（王俊秀，

刘洋洋，2022）。

那么下降到个人层面呢？对于生活在同一个年代同一个国家里的人们，越有钱的人会越幸福吗？2010年，曾有一个知名研究分析了基于1000名美国人每日幸福感调查获得的45万份数据，结果发现，收入与主观幸福感中的认知幸福感关系更密切，随着收入增长，人们对自己生活的满意度也稳步上升；但情绪幸福感虽然一开始也随着收入增加而增加，可是到了一定程度（该研究中为年收入7.5万美元）之后便趋于平缓，不再有进一步的提高（Kahneman & Deaton, 2010）。于是该研究的结论是，高收入可以买到更高的生活满意度但买不到完整的幸福。当然，低收入会和低幸福感有关。

这种收入与幸福感之间非线性正相关的观点也得到了2018年一个更大样本研究的支持（Jebb et al., 2018）。该研究分析了全球164个国家超过170万人代表性样本的数据，结果发现，全世界平均而言年收入9.5万美元是认知幸福感的"饱足点"（turning point），年收入6万~7万美元是情绪幸福感的"饱足点"，即在这个点之前，幸福感随收入增长而上升，而一旦超过这个点则会出现"饱腹效应"，意即幸福感不再随收入上升甚至有所下降。此外，一个国家越富有，饱足点就将越高（如图37.2所示）。

这一系列的研究结果暗示着，财富对于幸福感的拉动是有限度的，不过，新近的一个研究却对这一观点提出了挑战（如图37.3所示）。研究者使用了一个名为"经验取样"（experience sampling）的方法，即在一段时间内的每一天里随机多次向受试者发送问卷，询问他们实时的情绪感受和生活评价，样本囊括了33,391名美国成年工作者，一共得到1,725,994份数据。经分析发现，与前人研究有所不同，情绪和认知这两个幸福感维度均随着收入线性增长，并

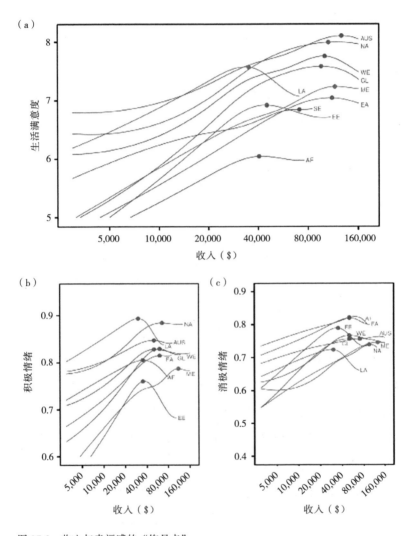

图 37.2　收入与幸福感的"饱足点"

注：收入（横轴，对数转换）对于生活满意度（a）、积极情绪（b）、消极情绪（反向，c）的预测，不同的曲线代表不同的区域（如 AF 代表撒哈拉以南非洲，AUS 代表澳大利亚／新西兰，EA 代表东亚，EE 代表东欧／巴尔干地区，GL 代表全球，LA 代表拉丁美洲／加勒比地区，ME 代表中东／北非，NA 代表北美，SE 代表南亚，WE 代表西欧／斯堪的纳维亚半岛），曲线上的圆点代表相应幸福感的"饱足点"

（数据来源：Jebb et al., 2018）

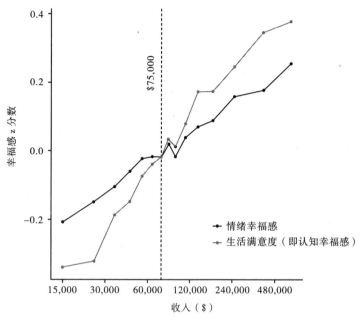

图 37.3　收入与每日幸福感曲线

（数据来源：Killingsworth, 2021）

没有出现"饱足点"或平台期，而且无论受试者本身的收入高低，这一趋势均相同（Killingsworth, 2021）。也就是说，在这个研究里，更高的收入与日常感觉更好以及整体生活满意度更高均呈线性的正向关联。

* * *

造成这些不一致结果的原因可能是不同的研究使用了不同的样本、不同的采样方式以及不同的测量方法，而相比于简单得出财富与幸福感之间的关系是正是负、是线性还是非线性，更值得关心的是其背后说明了什么，换言之，财富是如何与幸福感关联起来的。例如，为什么超出"饱足点"之后，幸福感就不再上升？研究者解释称，或许当收入超过一定水平后所产生的成本（如对自由时间的挤压、高度的工作责任、休闲活动的减少等）就会超过高收入本身对于幸福感的增益作用，进而无法继续推高幸福感（Jebb et al., 2018）。而后面那个反驳的经验取样研究则还进行了一些有意思的补充分析，比如，更高的收入会让人们觉得对自己的生活有更多的掌控权，是这种控制感促进了幸福感；对于那些觉得金钱很重要的人来说，他们的收入增长越发能增进他们的幸福感，而对于那些觉得金钱不重要的人来说，他们的收入与幸福感之间的关系就不再显著；此外还有一点也相当有趣，对于那些觉得有钱就等于成功的人来说，收入的提高更能带给他们幸福感，然而他们平均的幸福感水平却要比不这么想的人更低（Killingsworth, 2021）。

这些额外的发现一并提示着，幸福感的确是一个极具现象学意味的概念，人们如何看待金钱和用金钱来干什么对于幸福感的影响可能更加重要。对此，一个显见的例证是，相比绝对财富，人们更在意相对财富，即和别人拥有的财富相比，我们自己拥有的财富处在什么样的位置对于我们感到幸不幸福影响更大。例如，已有明确的证据支持，在经济不平等的国家里，收入增长对于幸福感提升的贡献将被缩小（e.g., Ngamaba, Panagioti, & Armitage, 2018; Quispe-Torreblanca et al., 2021），也就是说，如果生活在一个贫富差距很大的地方，通过多赚钱来获取幸福将是一件更艰难的事情。对此，第 21 章曾经提及，在高度经济不平等的社会里，社会地位、权力、财富的高低相对性将大大凸显，意即人们可以非常容易地感受到自己和有钱人的巨大差距，此时人们向上奋斗的动力固然更足，但从上文的研究结果来看，这种往上进一个台阶能给自己带来幸福感提升的期待可能只是一种幻象，等真的奋斗到了更高的阶层，可能依然感到不幸福。因为经济越不平等就越容易进行向上的"社会比较"（social comparison），比较完之后引发的往往是一种"相对剥夺感"（relative deprivation），即越觉得别人拥有的比自己多，感觉就越糟糕。

曾有国内学者在南京的新街口步行街（那里有一家醒目的PRADA店）做了一个现场研究，他们随机找到在逛街的路人询问他们实时的相对剥夺感，发现相对于将要路过但还没有看到PRADA店面的受试者而言，正对着PRADA店面的受试者在受访过程中报告了更高的相对剥夺感（Zhang & Zhang, 2016）。也就是说，奢侈品牌可以激活和财富相关的线索并提醒人们自己正处在相对不利的位置上。

这似乎又是一个人类"社会性动物"本质的体现，人们总是在与他人的不断比较中定义着自己，甚至做出一些在经济学"理性经济人"假设看来相当愚蠢的行为。例如，假设有这样两份工作：一份工作一年可以赚9万，而其他同事平均赚7万，另一份工作一年可以赚10万，而其他同事平均赚12万，如果是你，你会选择哪一个？假若人们在意的只是绝对财富，毫无疑问选后一个，因为赚得更多，然而却会有很多人选前一个，因为虽然它的绝对值更低，但相对别人可以赚到更多。这显然非常不理性，但研究的确表明，相对收入要比绝对收入更能预测幸福感（e.g., Boyce, Brown, & Moore, 2010; Deaton & Stone, 2013）。

还有一个有趣的视角是去探究奥运会的奖牌得主们谁更幸

福。冠军最幸福自不用说，那么银牌和铜牌得主哪一个更幸福呢？一项研究通过对奖牌得主们合影时的表情分析发现，铜牌得主要比银牌得主更幸福（Medvec, Madey, & Gilovich, 1995）。原因或许在于，二者的比较对象不同，银牌得主倾向于和金牌得主比较（只差一点点就是我第一了！），而铜牌得主则倾向于和第四名比较（差一点点我就没牌了！）。于是，价值是相对的，幸福有时候也的确是比出来的，当然，要看跟谁比，向上比可能会令客观上过得更好的人在主观感受上却更糟。新近的一个研究也发现，研究样本中的中国水稻种植区的居民相对小麦种植区的居民幸福感更低（Lee, Talhelm, & Dong, 2022），研究者将其解释为水稻种植区居民的互依自我建构（详见第 19 章）在令他们互相依赖的同时，也增加了他们互相比较的机会和可能性，正是这种社会比较的存在削弱了幸福感。

　　所以，比穷更可怕的是什么？或许是比别人更穷。没有对比就没有伤害，此时如果还生活在一个贫富差距很大的社会里，人们就会更热衷于向上比较并极力想在比较中脱颖而出。这就可以解释为什么"炫耀性消费"（conspicuous consumption）会在时下大行其道，典型表现是花大价钱购买一些超出实际价值却具有地位象征意义的商品。人们可能明知道只要多花时间跟家人朋友相处，就算少赚一点钱也会更健康，也明知道只要购买能够满足生活所需的物品，把省下来的钱拿来储蓄或者投资就能积累更多的财富，然而还是宁愿节衣缩食甚至入不敷出地去购买奢侈品，原因在于此时奢侈品的价值已经不在商品本身，而在彰显自己高人一等的身份地位（Veblen, 1899）。然而遗憾的是，就和人们高估了经济不平等社会里地位提升对幸福感的贡献一样，炫耀性消费也无法给人带来更大的快乐，特别是对于那些根本买不起这些商品的人来说，"打肿脸充胖子"让自己看起来"像个有钱人"最终将导致更低的幸福感（e.g., Eaton & Eswaran, 2009）。

总之，诚然任何人都需要足够数量的物质财富才能生存，然而在现代社会里，金钱和物质财富的意义已远远超出了其货币属性。金钱和太多东西绑定在了一起——成功、权力、社会地位等——于是人们才会为了追求本不具有进化意义的金钱而牺牲具有进化意义的健康和人际关系，又或者得不到高质量的关系就用金钱来进行代偿。金钱甚至成了现代社会的万能强化物，研究发现，仅仅做出数钱这一动作便能促使大脑分泌多巴胺进而让人们更不觉身体疼痛（Zhou, Vohs, & Baumeister, 2009）；在金钱目标凸显时，人们也会心甘情愿地将自己视为工具去追求其达成（Ruttan & Lucas, 2018），即前文提到过的"自我客体化"。对多数人来说，赚更多的钱是为了过上更健康幸福的生活，然而在实现的过程中却不知不觉地被本末倒置了，人们开始以应该拿来爱的自己去爱应该拿来用的金钱，进而自己将自己工具化。

还有一件和钱有关的事关乎一个可能谁都做过的美梦——一夜暴富。虽然多数人也许连彩票都不曾买过，但这并不妨碍他们畅想等自己成了真正的有钱人生活该多么美滋滋，即便有烦恼也请给个机会体会一下什么叫有钱人的烦恼。好心的心理学家们就帮我们检验了一下这个美梦的真实性，真的有那么美吗？来看一些对于真正有钱人的研究发现。其中一个研究的年代有些久远，发表于1985年，研究者找到了当时美国福布斯排行榜中前100位的顶级富豪中的一部分去询问他们的幸福感，结果发现，他们的确要比中等收入的人更加幸福一些，但差异并不大（Diener, Horwitz, & Emmons,

1985）。前几年的一个研究则将样本扩大到了超过 4000 名百万（美元）富翁，分析后发现，虽然同样都是有钱人，但只有当财富超过了 800 万~1000 万美元，更有钱的有钱人才会比相对没那么有钱的有钱人更幸福；而另一个有意思的发现则是，在控制了财富总数后，白手起家的有钱人要比继承财产的有钱人更幸福（Donnelly et al., 2018）。也就是说，即便在真正的有钱人中，也只有在财富额非常高的情况下，财富才能带来更大的幸福感，而且这些财富得是通过自己赚取而非继承得来的。

那么那些"真"一夜暴富中了令人艳羡的头等大奖的人，后来怎么样了呢？听完研究结果或许能让我们心理平衡不少——彩票中奖者并不像人们想象中那么幸福（Gardner & Oswald, 2007）。个中原因有很多，一方面，暴增的财富经常会吸引一些人前来企图分一杯羹，这其中包括朋友、亲戚、骗子甚至亲密的家人，中奖者往往不胜其扰，人际关系因此而受损，幸福感也随之受到影响；另一方面，不少中奖者并不具备驾驭瞬间暴涨的财富的能力，导致过不多久便将奖金挥霍一空甚至陷入比中奖前更为困顿的境况；除此之外，还有一个发现，中奖者在中奖之后反而更难从日常生活中体验到快乐（Brickman, Coates, & Janoff-Bulman, 1978），是的，连天降横财的事情都发生了，生活中还能有其他什么能比得上它带来的惊喜呢？于是，在此超高光的对比下，人生从此索然无味。

* * *

到这里，是时候来了解一个有关幸福感的重要原则了——"适应原则"。事实上，大多数人能够很快适应周围环境的变化（Diener,

2000; Myers, 2000; Wortman & Silver, 1989），中彩票当然会带来狂喜与兴奋，但过了一段时间，情绪就会慢慢平复下来，回到原有的基线水平。人类天生对变化敏感，但一旦变化成了常态，敏感也就随之成了钝感。因此，飞来横财并不会在心理意义上走上人生巅峰，这听上去难免有些让人遗憾，然而相对而来的好消息则是，如果飞来的不是横财而是横祸，同样的事情也会发生，在骤然的痛苦结束之后，人们同样会慢慢适应。换言之，人类的适应能力很强，不仅能适应坏的情况，也能适应好的情况，这可以令大多数人稳定应对生活的变化而不用陷入长期剧烈的情绪波动之中。回到收入这件事情上来，"适应原则"提示着，一方面，人们高估了收入下降可能带来的幸福感受损的程度；另一方面，人们也高估了收入上升可能带来的幸福感提升的程度。事实的确如此，相对大起大落，对幸福感更有帮助的是，收入缓慢但稳定地增长（Diener, 2009）。

不过，既然人如此具有适应性，那么为什么还是会一天到晚畅想自己达成某个目标之后会有多幸福，即便真的达成了感觉也不过尔尔，或者达成的那一刻、那几天是挺幸福，但很快就又回到之前的状态之中，然而等下一次再开始时还是会继续充满期待呢？对此，进化心理学的回答是，这是进化玩的一个小把戏。幸福只是一个工具，进化借此来激励人们去从事让基因利益最大化的事情，那些在一次次达成目标后继续保有雄心壮志的祖先留下了更多的后代（e.g., Kenrick & Krems, 2018）。正是因为人们如此渴望幸福并愿意为之付出努力，如果我们一直幸福下去，那么这个工具就失效了，换言之，是永不餍足在激励着人们不断进取。这样看来，已经拥有的幸福并不是幸福，期待中的幸福才是最大的幸福。当然，对这个略微有些"暗黑"的说法，我们大可不以为然，不过对于财富与幸福感之间错综复杂的关系可能只有接受。但是，这些研究结果并不是在否定金钱的作用，如果要否定，根本是在自欺欺人。有人说，钱并非原罪，如果金钱没有带给你幸福，那可能是你花钱的姿势不对（Dunn, Gilbert, & Wilson, 2011）。

* * *

当赚到一笔钱时，你会拿它来干什么？是存起来，还是做投资？是给自己买一个"种草"了很久的手机，还是给别人买个礼物，抑或用来做慈善，再或者买个课程或支付一次旅行？当然大可以全要，而心理学家们对此更关心的是，在人们只拥有有限的金钱时，用来买什么可以带来最大的幸福感？以下是几条经过研究证实有效因而值得尝试的购买建议。

第一，买体验，胜过买物品。也就是说，消费体验（如旅行、音乐会、课程）要比消费物质实体（如衣服、手机、皮包）对于幸福感的提升作用更大（综述见 Kumar, 2022）。原因在于，如前所述，人们很容易适应某种情绪刺激，不管是积极的还是消极的，随着时间的推移，这种情绪会逐渐消退。例如，刚买了一部漂亮的新手机自然兴奋不已，但习惯了之后，这种感觉就会消失，这提示着诸如获得某样东西这样的简单行为不会产生长久的快乐。但是身心体验却有所不同，它的价值不容易消减且可能越来越有价值，例如，一次学习的经历可能让我们受益终生。此外，体验也不易产生相对剥夺感，对于一个物品来说，永远会有比它更好、更高级的存在，一经比较就会觉得自己拥有的这个黯然失色。但是，一段体验却难以与他人的做比较，你的就是你的，独一无二、无可比拟，而且它还会长久留存在记忆里甚至成为自我的一部分。于是，相比于积攒和占有物品，不妨去积累和创造体验。

第二，为别人花钱，胜过给自己花钱。人际关系是真正具有进化意义的事物，已有无数研究证明，拥有良好的人际关系与社会支持是幸福感的重要来源（e.g., Regan, Radošić, & Lyubomirsky, 2022）。同样的一笔钱可以用在自己身上，也可以用于他人，后者如给家人一个惊喜、送朋友一个礼物，或者帮助有需要的人，不管哪一个，哪怕花费的数额很小，这些"亲社会消费"都将带来比为自己消费更大、更持久的幸福感（Aknin et al., 2013）。

第三，买多的小惊喜，胜过买少的大物件。人们总是愿意花很长时间攒钱然后支付一宗大额消费，并憧憬到那时自己必将无限幸福。然而，这很可能是一种高估，一次性的大强化未必比得上多次小强化累积而来对于幸福感提升的作用（Diener, Sandvik, & Pavot, 1991），所以不妨时不时给自己的阶段性成就一些小奖励，这将有助于我们持续积蓄力量。

第四，把钱花在符合你个性的商品上。研究发现，当购买与我们性格相匹配的商品或服务时，消费更能增加幸福感（Matz, Gladstone, & Stillwell, 2016）。例如，一个内向的人把钱花在买书上要比花在聚餐上感觉更快乐，外向的人则可能相反，这种心理上的适配对幸福感的影响甚至要大于个人总收入或总支出的影响。从这个意义上说，在消费的时候，审视一下你的个性及价值观，或许能够帮助你正确选择到对你有益的东西。

第五，用钱来换取自由时间会让人感觉更幸福。对于忙碌的现代人来说，我们需要的或许不是更多的东西，而是更多的时间来品味和享受我们所拥有的东西。但是此处存在一个矛盾，人类这种动物不想太忙也受不了太闲，可自由支配的时间越少，花在与幸福感相关的活动上的时间就越少，越会感到不幸福（Csikszentmihalyi & Hunter, 2003；Mogilner, 2010），然而，当可自由支配的时间太充裕时还是会不幸福，因为无所事事会让人失去目标和价值感（Sharif, Mogilner, & Hershfield, 2021）。那究竟要怎样才幸福？答案是有足够的自由支配时间同时对它善加利用，将其花在一些"生产性活动"（productive activities）上，如读一本书、学一项新技能、做志愿者等，换言之，是一些有目标、需要调动身体或大脑并能让人在其中发挥能力且获得某种产出的活动（瘫在沙发上看剧、刷手机显然不在其列）。于是，如果可以用钱买到适量的自由时间（如购买科技产品取代人力处理一些工作），并将这些时间用于与家人朋友相处或从事生产性活动，将提升人们的幸福感（Whillans et al., 2017）。

总之，我们如何花钱要比我们赚多少钱对于幸福的影响更大，即便是自身并不富有的人也可以因为享受体验、给予他人、表达自我、时不时地为自己喝彩以及更大的时间自由而感受到满满的幸福。从这个意义上说，重要的并不是我们拥有什么而是拿它们去干什么。钱当然是好东西，财富也当然可以令生活更美好，但前提是赚取金钱的目的是为了生活更美好，与此同时，它们也真的被用在了可以令生活更美好的地方。

关于财富与幸福的关系就讲到这里。30 多年前曾有一句风靡一时的流行语，出自电视剧《编辑部的故事》："钱不是万能的，但没有钱是万万不能的。"的确，金钱和物质财富为我们脆弱的身心提供了可靠的保护，也令我们拥有安全感与控制感。然而，关于"金钱能不能让我们更幸福"这件事，可能更重要的是我们对金钱的看法、我们能否跳脱社会比较的怪圈以及我们如何花钱，这些要比金钱本身更影响幸福。于是我想把那句话改一改："没有钱是万万不能的，但钱不是万能的。"或许连主观幸福感都不是万能的，快乐和满意也并非幸福的全部，在下一章，我们将展开有关幸福的另一个故事。

38. 意义比快乐更健康：
积极心理学论真实的幸福

上一章提到了有关财富与主观幸福感关系的一些研究，结果虽不甚统一，但可以肯定的一点是，以赚钱和消费为基础的幸福寻求方式不一定总能带来积极的幸福结果。那么，还有什么因素会对我们的幸福感受产生影响？

* * *

有人说，生活中没有多少幸福是现成的，幸福的人不过是会幸福罢了。你同意吗？心理学研究告诉我们，这句话至少有部分是对的。积极心理学创始人与领军者、心理学家马丁·塞利格曼（Martin Seligman, 2002）曾提出一个所谓的"幸福方程式"（well-being equation）：

$$H=S+C+V$$

意思是，持久的幸福感（enduring level of Happiness）= 先天遗传设定好的幸福的范围（Set range）+ 生活环境（Circumstances of life）+ 个体可以主动控制的因素（factors under Voluntary control）。虽然任何一个人的幸福感都无法靠几个方面的简单相加得到，但这个公式还是提示了一些和我们当下正在或未来将要感受到的幸福有关的重要因素。

第一个因素 S 说明，在感受幸福这件事情上存在着天赋差异。有些人很容易就觉得快乐与满足，而面对同样的刺激，另一些人却更难感受到同等的快乐与满足。换言之，和其他人格特质一样，幸福感受力也在相当程度上取决于先天遗传因素，双生子研究显示，它的遗传率大概也是 0.4（Nes & Røysamb, 2015），即可以解释40% 的个体差异。不过，这并不意味着幸福不幸福这件事早在娘胎里就被决定了，就像在本书第二部提到的那样，一方面，基因对于环境具有强烈的敏感性；另一方面，基因只提供可能性而环境和后天努力锁定现实性。因此，即便我们是一个天生不容易感到幸福的人也不必为此纠结，因为和人格一样，幸福水平也可以提升，当然它需要时间来慢慢改变。

第二个因素 C 是个人的生活环境或条件，其中一些是我们难以改变的，如性别、年龄、种族等，另一些则是可以改变的，如拥有的财富、居住条件、婚姻状况、受教育程度、社交生活等。那么所有这些因素加在一起可以解释多大比例的幸福感个体差异呢？也许比我们想象中少得多，只有 8%~15%（Seligman, 2002）。

这倒是个好消息，因为剩下还有大概一半，就是我们可以主动控制的因素了。是否能够达到遗传设定的幸福范围的最高点主要取决于这一部分，它意味着我们可以为自己的幸福做点什么。那这个

V 因素里有些什么？其中一些在前面的章节提及过，如高峰体验与心流、爱与依恋等。本章再补充一点，它也是极具积极心理学特色的一个理念——发挥我们的性格优势。

从小到大，在"知错就改"的提点下，我们习惯聚焦于自身的缺点，这当然没错，但是，如果老盯着消极面和脆弱面即意味着有个问题需要且尚未解决，此时能解决自然好，然而如若解决不了就可能陷入挫败进而导致负面情绪爆棚。于是，积极心理学倡导，不如从专注缺陷变为专注可能性，即不再反复问自己"我有什么问题，我哪里不好"，而是探索自己"我擅长什么，我在哪里有优势"。事实上，比起修正了多少弱点，更重要的是把优点发挥了多少；甚至有时候我们自认为的弱点从另一个角度看也是优点，如纠结的另一面可能是强大的感受力——也许不是你太敏感，而是这个世界太粗糙。

要如何知道自己有哪些性格优势？我们自己当然是最好的发现者，而如果自己也不确定则可寻求专业心理测验的帮忙，例如使用免费的在线测验"行动中的价值–优势问卷"（Values in Action-Inventory of Strengths; Peterson, Park, & Seligman, 2005）。[1] 性格优势具体包括哪些？研究者们认为，普遍的性格优势应该具有跨文化和跨时间性，升华一下其实就是人类共通的美德。通过对东西方典籍的分析，研究者提取出了六个放之四海而皆准的美德，分别是智慧（wisdom）、勇敢（courage）、仁爱（humanity/compassion）、公正（justice）、克己（temperance）和超越（transcendence），每

1　可访问网站 www.viacharacter.org，经简单注册后便可完成问卷（可选中文）并收到结果反馈，即一个人突出的性格优势。

个美德之下又分别包含一些更为具体的品质，如诚实、谦虚、希望、审美、幽默、信任等，共计 24 个（Dahlsgaard, Peterson, & Seligman, 2005）。网站上的测验便是在测量人们表现出来的这 24 个品质的程度，从而可以反映出个人的性格优势。

如果你觉得通过测验来测量过于刻板，也可以选择另一种更为人际取向的方式，以此来发现自己在日常生活中更加具象化的优势所在。方法是去询问对你来说重要的其他人，请他们描述你曾经在什么情境或事件中表现出了令他们印象深刻的最好的样子。请他们详细回忆当时的情况并描述你具体做了些什么，以及对他们或其他人产生了怎样的积极影响，越具体越好。通过这样一个简单的请求，你很可能收获一些非常美好的故事，其中一些也许细微到你早已忘记却一直被他人珍藏，或者一些也许在你看来再平常不过的举动却给他人带来了巨大的影响，人生就是由这样一些微小的闪光时刻组成的。在收获了这些故事之后，还建议你诚挚地向对方表达感谢，如写一封感恩信。在日常生活中，我们太难把感激和欣赏说出口了，这或许对彼此来说都是一个机会。总之，不管采用哪种方法，去发现自己的优势并在生活中充分发挥它们，特别是将它们用于增加知识、力量和美德，将会让我们更幸福（Seligman, 2002）。[1]

* * *

截至目前的内容均围绕主观幸福感展开，但其实还有一个问题

---

[1] 更多类似可在日常生活中使用的方法请参阅：塔亚布·拉希德，马丁·塞利格曼，《积极心理学治疗手册》，邓之君译，中信出版集团，2020。

相当关键：主观幸福感就是全部的故事吗？再来看看"主观幸福感"的定义：多的积极情绪 + 少的消极情绪 + 高的生活满意度。快乐、享受、满足，舒适、轻松、不痛苦，这些积极的情绪感受是主观幸福感的核心，典型的价值描述如"人生得意须尽欢"，它推动着人们做出了各种各样令自己快乐的行为，简单说，开心就好。仔细想来，这多少带有误导性，因为它暗示着可能存在一个美好的生活，它是不用或很少经历痛苦的。然而，如人本主义者强调的诸多方面——思考会痛苦，成长会不舒服，自我实现也未必全是愉悦的——如果只有开心是幸福，那么"追求幸福"就意味着要回避这些可能带来痛苦的事情，这样的幸福是否过于狭隘？

早在公元前 4 世纪，亚里士多德就区分了对于幸福的两类追求：hedonia 和 eudaimonia。前者即以主观幸福感为代表，现代心理学家称其为"享乐幸福感"（hedonic well-being），它的核心是积极情绪，它强调趋利避害、趋乐避苦，引导人们关注自我、当下和有形的事物以及去获取和消费自己需要与想要的东西；而另一类幸福追求"eudaimonia"，这个很难翻译的词在希腊语里是"好的精神"的意思，心理学家将其相对应的幸福感称作"实现幸福感"（eudaimonic well-being）。它的内涵比享乐幸福感更为广泛，它强调意义、价值、卓越、自主、个人成长、精神整合等，引导人们关注自我和他人、现在和未来之间的平衡以及去追求更为抽象、宏大和内在的事物（综述见 Huta, 2017）。

在心理学意义上，人们对于幸福的追求可以被视为一种动机，且任一动机均源起于特定的需要并指向特定的目标。据此，享乐幸福动机（快乐动机）的起点是乐趣、愉悦和享受的需要，目标是获得快乐；而实现幸福动机（意义动机）的起点是本真、卓越和成长的需要，目标是获得意义，其间是否伴随积极情绪则没那么重要。它们注重的体验也不一样，感到快乐的是身体和感官，而感到有意义的是心理和精神；在时间取向上，快乐面向当下，期待即时满足，而意义面向未来，有时要牺牲当下的快乐以获得延迟满足。研究发现，在日常生活中，让人感到快乐的典型活动多依赖感官，更短期也更自我，例如吃美食、打游戏、购物等；而让人觉得有意义的典型活动则涉及更多的认知卷入，相对更长期并常与他人联结，例如帮助别人、阅读、学习、思考等；还有一些活动则可能同时让人感到快乐和有意义，如人际互动、旅行、运动等（Zuo et al., 2017）。

此外，二者对应的生理基础也有所不同。研究者发现，人类和其他哺乳动物在很大程度上共享享乐性大脑机制，如伏隔核以及特定的愉悦环路，一旦接触到愉悦刺激，这一环路就会点亮；而"意义"则一方面没有那么明确的对应脑区，另一方面也比较为人类特有，涉及理解、计划、控制等高级认知功能的协同发挥（Fredrickson et al., 2013）。从这个意义上说，追求快乐更像是一种类本能，而追求意义则没有那么强烈的生物性联结。当然，二者并无高下之分，它们都是人性的一部分，只不过表现了不同的层面。大多数研究者也认同人们同时需要快乐和意义，二者不但不对立而且互补（Huta, 2017）。

但是，一个被广泛认可和接受的幸福框架及其内涵对于一个社会来说至关重要。如果人们普遍认为幸福就只是开心就好、愉悦至上，那么不管是家庭教育、学校教育还是社会舆论和价值导向均会向这个方向引导；如果人们普遍认为幸福还包含精神层面上的意义感，同样也会有相应的导向。在当前快乐追求占主导的社会环境中，那些对快乐求而不得的人就可能陷入自我怀疑，他们所沉醉的思考及其伴随而来的痛苦令他们感到格格不入，而当他们不再苛责自己一定要快乐时反而有所释然。这或许提示着，社会需要建立一个更为多元、宽容的幸福认知，否则就可能生成所谓"快乐的暴政"。

　　当然，没有人会否认快乐、愉悦等情绪体验对于身心健康的积极作用，然而，让人感到意外的是，研究发现，高实现幸福感与更健康的免疫功能、神经内分泌调节功能以及更低的心血管疾病风险有关，而享乐幸福感与这些均无关（Ryff, Singer, & Dienberg Love, 2004）。细想这一结果也可以理解，许多令我们愉快的事物未必有益于我们的健康。例如，人们可以通过看肥皂剧、吃薯片或喝酒而感到更快乐，但不会因此而更健康。这些简单的感官愉悦只是低水平的快乐，它们刺激多巴胺分泌，但我们很快就会适应它们，往后则需要更大、更强、更频繁的刺激才能带来同等程度的愉悦。这也就意味着时时刻刻处于快乐之中是不现实的，它过于"摆荡"，也太容易被厌倦，于是对它的执着追求很可能落空。此外，二者在遭遇持续逆境时的表现也不同。研究发现，高实现幸福感的个体在应对逆境时生病的风险更低（e.g., Fredrickson et al., 2013; Fredrickson et al., 2015; Boyle et al., 2019）。这一系列结果似乎表明，意义要比快乐更健康（综述见 Ryff, 2017）。

* * *

　　为什么意义会比快乐更健康？第一个原因可能在于，当思考或体验意义而不是快乐时，我们的认知加工水平将更加抽象，这种上位加工能够帮助我们超越日常琐碎。具体来说，我们通常会将一个在心理上距离我们比较远的事物表征得更抽象、更一般，也更能考虑到它的核心方面，例如，站在远处看一棵树才能看到全貌；而对于心理距离比较近的事物，则会表征得更具体、更下位，例如，走近了看一棵树，看到的只是面前的几根枝杈和枝杈上的树叶（Trope & Liberman, 2010）。换到生活中来，这就好像如果一个月之后要去旅行（一个在时间距离上较远的事物），此时想的可能是旅行会有多开心并充满期待，然而如果是明天就要出发，现在想的可能就是哪些东西还没收拾、明天怎么去到那个地方、要住在哪里、吃什么东西等琐细的事情。人生也类似，就像爬山一样，离远了能看到山巅，那也许是我们的目标，而离近了就只能看到自己疲惫的双腿以及脚下的障碍。

对于意义的思考就是一个更高加工水平的视角，它可以让我们以更上位和整体的方式去看到生活的本质并感受到当下和未来之间的联系。这一视角非常重要，如果清楚地知道此时此地的片段在我们整个人生图景中的位置就不会将其随意处置，而是认识到当下也是某个有价值的整体的一部分，这样就更能超越眼下的庸常。这恐怕也可以解释为什么人们常说，苟且的总在眼前，而诗总在远方。

第二个原因也许是，相比快乐，意义更倾向于内在生发，故而更加可控。以工作为例。对于一般人来说，最不想做但又在其上花费了最多时间的可能就是工作了，人们恨不得每天都盼着退休，然而，当真的退休了，又会感到目标丧失，因为不可否认，工作为人们提供了社会角色与身份，同时也是能力、尊重、归属等心理需要满足的重要来源。虽然有时身处逼仄的环境之中，我们不得不将工作降维成养家糊口的生计，但是，对于这个占据了我们有限人生之大半的存在，想办法让其发挥与之相匹配的贡献似乎是更不亏待自己的方式。

　　想一想我们期待从工作中得到什么？一定有外部报偿，也有内在激励。升职、加薪、当上 CEO 等就是外部报偿，这些看得见的得到或失去毫无疑问在驱动我们前进。但除此之外，还有一些东西或许和得到的渴望与失去的恐惧没有直接关系，却也在实实在在地激励着我们。例如，在解决问题时获得的自我成长，在沟通合作中建立的人际联结，在付出努力后对他人、社会及世界做出的贡献，这些并不像外部报偿那样依赖外界事物，而是一种内在的胜任、价值和意义感。如果只聚焦于外部报偿，因为它较不可控，就很可能感到无力或倦怠，而内在激励无关恐惧与欲望，更多关乎"我们认为自己是谁"以及"我们希望自己成为什么样的人"，于是这些围绕意义展开的工作方面能够比金钱带来更大的激励作用（Kosfeld, Neckermann, & Yang, 2016）。从这个角度说，我们应该在工作中寻获意义，同时也应该去从事符合我们价值观并让我们觉得有意义的工作。

　　第三个原因或许在于，意义能够在消极中激发出积极。谁都希望一生顺遂，但无常才是人生之常。当创痛来袭，心灵的痛苦不可避免，此时快乐往往决绝而去，然而，对于人生意义的思索却在同一时间勃然而生。在创伤的冲击之下，原有的价值信念可能风雨飘摇，但也正是在这样的过程中，人们开始重建意义系统，调整人生目标，统整生命力量，借助危机迸发出顺境时从未绽放的光彩。正如意义疗法创始人维克多·弗兰克尔所说，"痛苦在找到意义的那一刻起就不再是痛苦"，伴随着这种"创伤后成长"（post-traumatic growth）而来的会是弥足珍贵的心灵智慧。从这个层面上说，痛苦可能同样是幸福的来源，因为我们可以在经历痛苦、咀嚼意义的过程中凝聚人格力量。

但是请注意，这并非鼓吹甚至歌颂并美化苦难。事实上，在"正能量"当道的背景下，积极心理学常常遭到误解，比如，认为它只是简单地将一切消极都变为积极，甚至将丧事也当作喜事办，并非如此。积极心理学所谓的积极并不是要消灭消极，而是肯定人们即便在经历消极事件时依然可以迸发出积极的力量，是对此种积极力量的赞美。并且，积极心理学希望找到各种办法帮助人们获得积极的生活状态，对于环境的改变亦为其中之一，而单纯让个体在痛苦状态下"想开点"绝不是积极心理学的主张。因此，试图用积极心理学的理念去一味粉饰太平或回避真实存在的痛苦是对积极心理学的误读甚至滥用。

最后一个原因，意义能够让"记忆中的现在"更美好。人真是一种奇怪的生物，当回首往事时，有些当时经历时备感折磨的事情时过境迁后居然还挺怀念，甚至想回到那个情境中去，所谓"没有什么过不去，只有再也回不去"。这是时间滤镜的作用吗？心理学家丹尼尔·卡尼曼曾在其代表作《思考，快与慢》（*Thinking, Fast and Slow*）中提到一个思想实验：想象一下，如果马上将获得两周的假期，你打算如何度过？各人会有各人的计划，比如，什么也不干呼呼大睡，或者吃喝玩乐四处游荡，再或者去做某件已经计划很久却一直没时间做的事。等盘算完毕，你惊讶地得知，等到假期结束，你必须喝下一瓶药水，它会将你脑中有关这段假期的记忆全部抹除。此时再问你，你会修改之前的计划吗，你想如何度过这注定不会留下任何痕迹的两周？这其中涉及一个关键性问题——假如记忆无法保留，那些我们期待中饱含价值的事情还有多大意义？是不是还不如及时行乐？呼呼大睡或者吃喝玩乐就是最好的选择？

卡尼曼通过这个假设性的思想实验提示人们，我们似乎拥有两个"我"——一个是"现在我"，它是一个快乐寻求者，它希望此时此刻是愉悦、舒适、满足的；而另一个是"未来我"，它是一个意义寻求者，它希望的是当有一天回忆起此时此刻时，能想起自己做了不少有价值的事，即便当时经历时并不愉快。在生活中，我们经常能感受到这两个"我"的相互拉扯，例如，为了某个重要目标而努力的过程常会感到苦痛难熬，如果把这段时间用于吃喝玩乐，"现在我"一定很快乐，然而过不了几天，这些简单的感官快乐就会了无痕迹，被忘得干干净净，于是我们会选择咬牙坚持下去，哪怕那个"现在我"挺痛苦，但我们知道这段经历一定会被记很久，那是对"未来我"来说相当宝贵的东西。

　　或许多数人都生活在难以同时满足"现在我"和"未来我"的矛盾之中，然而，真正的幸福可能并不是仅仅取悦其中的一个"我"，而是同时让两个"我"都得到满足。每个人都会同时追求快乐和意义，对于人类来说，享乐是本能也是刚需，不可能也没必要每分每秒都追求意义，"不为无益之事，何以遣有涯之生"，特别是我们这些疲于奔命的现代人，在忙碌之中当然需要放松和调剂。于是或许更重要的是去学着在快乐体验中做有意义的事，或者在做有意义的事时寻找快乐。一方面，此时的快乐将超越感官愉悦到达更高层次，如通过发挥自己的能力和征服重要的挑战而感到快乐（Ryff & Singer,2003）；另一方面，所谓的"意义"也不一定全是宏大浩瀚的，同样可以是脚踏实地的。有时人们觉得自己生活没意义，是因为将意义的标准定得太高了，例如，如果只把成为伟大的人和获得伟大的成就视为意义，那么一个写作的人只要觉得自己成不了莎士比亚，写作这件事情就不值得追求了，这显然过于偏颇，即便自己不完美、生活不完美、世界不完美，依然可以在不完美中寻找到价值，这亦是意义所在。

确然，我们的征途是星辰大海，但生活是由一粥一饭组成的，因此意义在于星辰大海，也在于一粥一饭。如毛姆所言，"倘若一个人能够观察落叶、羞花，从细微处欣赏一切，生活就不能把他怎么样"。于是，一个真正幸福的人既可以在自己觉得有意义的生活里享受它的点点滴滴，又能在普通而日常的生活中收获超越性的价值。从这个意义上说，幸福并不是心理学家们所定义的某个整齐划一的东西，每个人各有各的幸福，或许更准确地说，幸福就是每个人自我发现的过程，又或者是我们在自我发现过程中的附带所得。

* * *

到这里，如果总结一下"幸福方程式"里那个我们自身可控的 V 因素到底是什么，答案或许是：享受内心的快乐（积极情绪，positive emotion），投身于有价值的创造性活动（投入，engagement），发展深刻与美好的关系（关系，relationships），为生活找到目标与意义（意义，meaning），最后，通过培养和运用优势与才能达成目标并享受成就（成就，accomplishment）。然后，就能达到一种甚至比幸福还要高级的状态——心理繁盛（flourishing）（Seligman, 2012）。

从人本主义到积极心理学，这场还在不断进行中的以个人价值和意义为中心的心理学运动到这里告一段落。几代心理学家持之以恒地努力，不过是想让我们看到人性光辉的一面，让我们相信人格可以朝向积极、健康、美好、繁盛的方向不断发展。这也让我联想到希腊人对幸福所下的古老定义：幸福是生命力量在生活赋予的广阔空间中的卓异展现。如果只是为了趋利避害或者享受快乐，人类大可以永远留在伊甸园，而人类走出伊甸园，就是为了要感受世界的丰沛，拥抱广袤的星空，成为可以成为的人。

39. 你我眼中的世界缘何不同？凯利论个人建构

作为勤勉的智慧生物，人类的大脑一刻不停地收集着来自外部世界的信息和来自内在世界的感受，将它们作为素材加以加工并生成独特的个人经验，再基于这些经验对未来进行预测，进而确立自己下一步的行动。无数的思考与决策便是经由这样的"认知"（cognition）过程在与周遭世界的互动中完成的，我们对于世界的认识也因此而不断得到累积与丰富。

与精神分析关注内在的潜意识、行为主义看重外在强化的作用、人本主义突出主观自由意志的力量不同，人格的认知观点主要关注个体内在的信息加工过程。在生活中，我们很容易观察到，有的人是梦想家，有的人是实干者，有的人乐观，有的人悲观，有的人一往无前，有的人如履薄冰……人们看待世界的方式是如此不同，该如何理解这种巨大差异？一个关键性途径是去了解人们所拥有的概念和认知结构以及他们是如何使用这些概念与结构的——他们注意到了什么、如何做解释，又如何进行预测和调整。因此，在认知取向的人格心理学家看来，人格的差异是由人们信息加工方式的不同造成的，换句话说，一个人的思维方式决定了其人格。

＊　＊　＊

　　本章的主角是一位名叫乔治·凯利（George Kelly）的心理学家。凯利出生于美国堪萨斯州一个农民家庭，早年间给他带来最大影响的经历是 4 岁时跟着父母去西部拓荒。虽然这段堪称冒险的旅程因目的地缺少水源、土地过于贫瘠而被迫以无功而返告终，但凯利一生都没有丧失从这段早期经历中获得的"拓荒者精神"，务实、开拓、苦干是他的人格标签，也是他的理论风格。

　　凯利本科时的专业是物理学和数学，他原本计划当一个航天工程师，但在日益增长的社会兴趣驱动下，他在硕士阶段转向了教育社会学，再后来又转到了心理学。1931 年，凯利获得心理学博士学位，

图 39.1　乔治·凯利（1905—1967）

之后在堪萨斯州立大学任教。当时正值美国经济大萧条时期，西部乡村的人们生活异常艰难，极富社会责任感的凯利决定要为他们做一些事，于是他带领学生在堪萨斯州组织了一个面向乡村的巡回心理咨询与治疗诊所。然而，他很快便感觉力不从心，这其实再正常不过，凯利博士期间的研究方向是阅读障碍，与临床心理学毫无关系。不过他没有被难倒，而是发挥从小锻炼得来的讲求实际的态度和坚忍不拔的精神开始钻研临床心理学，很自然，主攻的是当时占据主流的精神分析。

可是，令他始料未及的是，精神分析的效果并不理想，原因他也很快了然：那些陷入痛苦的农民最需要的是搞清楚倒霉的事情为什么发生在自己身上以及去预测将来还将发生什么，他们的心理问题源自对长期灾害和经济前景的担忧而非过剩的性能量。在此过程中，凯利还发现，虽然他的心理咨询功力马马虎虎，但只要来访者接受了他给出的观点，好像就能采纳一个与此前不同的全新视角来看待问题，进而令状况有所改善。这给了他一个重要启示——可以通过改变人们看问题的角度来有效改变其心理状态。这段经历即让他逐渐领悟到"个人建构理论"（Personal Construct Theory）的思想。

1955年，两卷本的《个人建构心理学》（*The Psychology of Personal Constructs*）出版并很快引起反响，这套书是凯利毕生思想的结晶，也是他传世的唯一著作。1967年，凯利去世。在心理学历史上，凯利的名声远不及此前出场的一众"大神"响亮，他身上没有多少耀眼的光环，部分原因在于他低调不善宣扬的个性和隔绝于世的治学风格。在山头林立的人格心理学江湖中，他没有依附谁，面对各大理论已然建成的高楼大厦，凯利选择在僻静的角落里扎扎实实地盖了一幢自己的小房子，不华丽但独特，且具有高度的创造性与前瞻性。

＊　＊　＊

凯利人格卓见的出发点是简简单单的一句话：人人都是科学家。此话怎讲？总结科学家每天在做的事情，大概就是——提出假设、检验假设、修正假设，然后再检验，如此循环往复。迁移到生活里的普通人，凯利觉得并无二致：我们构建自己的现实，就如同科学家构建他们的理论；我们对未来怀抱预期，就如同科学家持有自己的假设；我们以行动去检验预期，就如同科学家在实验中检验假设；我们在个人经验的基础上改善对于现实的理解，就如同科学家调整自己的理论以适应事实。在各大理论为人性是善还是恶争论不休时，"科学家"这一类比独树一帜，创造性地跳脱了简单的二元对立。

对科学家来说，最重要的任务是去探寻未知事物或事物的未知方面，但他们并不会漫无目的地盲目行动，而是会带着某些预判来指导自己的方向，这些预判便是科学家所持的理论及基于该理论所做的假设。既然人人都是科学家，那么普通人也会持有自己的理论并在其假设的指引下向前走，用凯利的话来说，即"一个人的行为是由其预测事件的方式所引导的"（Kelly, 1955）。的确，每个人都会有一套独特的用以解释生活现象、处理生活事件的思维方式（俗称人生哲学、处事方式、行事逻辑等），就相当于科学家的理论及其假设，人们因此得以对已经发生的事情做出解释并对未来可能发生的事情进行预测。凯利将此种理论及其假设称为"建构"（construct）。和其他理论家发明创造了一大堆令人眼花缭乱的概念不同，凯利以"建构"这一个概念走天下，一个建构就相当于一个微型科学理论，而当很多的建构组织在一起就形成了一个建构系统，它可以帮助人们认识周遭事物并解释自己所经历的一切。

有别于科学理论的复杂性，普通人在日常生活中动用的建构可能非常简单。例如，逛街时，我们看见一件衣服然后脱口而出："哇，真好看！"此时就是在动用一个建构——"好看-不好看"。建构经常是两极的，人们在经验中看过很多衣服，其中有些觉得好看，有些觉得不好看，当这件衣服出现时，很自然会动用经验中已有的资料与之进行比较，结果发现，它与经验中那些好看的更为相似，而与那些不好看的差异明显，进而就做出了赞叹的反应。在此过程中，涉及三个事物的比对——当前观察的事物、与其相似的事物以及与其不相似的事物。一旦形成了相似性和相异性的认识，一个建构就出现了。

基于建构对事物的理解就能对接下来的行为进行预测。当一个人对着这件衣服说："哇，真好看！"那么可以预测他买下这件衣服的可能性大，而如果另一个人脱口而出的是："哇，太贵了！"（此时动用的建构是"昂贵-便宜"），那么大概率他的钱包就得救了。此时便可观察到个体差异，面对同一个事物，两个"科学家"动用了不同的"理论"（建构）对该事物做出了不同的理解，进而产生了迥异的行为反应。可想而知，如果一个人长期以某些建构去理解他人和世界，与之连带的反应就会成为这个人惯常的行为模式，也就是人格特征。

在凯利看来，一个人的建构系统就代表了他的人格，因为没有两个人会使用完全相同的建构系统。例如，A 判断他人时动用的建构经常是"开放-保守""独立-依赖"，而 B 常用的则是"勤奋-懒惰""慷慨-吝啬"，那么这两个人在同一环境中对于同一人所获得的印象可能大相径庭：A 认为这个人比较保守且不够独立，B 则认为这个人挺慷慨并且勤奋，很自然地，他们对于这个人的态度及后续交往意愿也会相当不同。甚至还有一种情况是，两个人使用的建构在其中一极类似，在另一极却大不一样，例如，A 使用的建构还是"开放-保守"，而 C 使用的则是"开放-无趣"，于是一个 A 觉得保守的人在 C 看来可能太无趣；又或者两人建构的这一极都是"真诚"，而另一极一个是"不真诚"，另一个是"道德败坏"，那么一个在前者看来只是略微不喜的行为可能让后者出离愤怒。

此外，人与人之间不仅使用的建构内容不一，常用的建构数量、建构系统组织的复杂性以及可改变的程度也都有所差别。比如，有些人的建构系统简单，有些人的建构系统复杂。建构系统复杂的人会同时动用多个建构去理解一个经验，从而获得不同角度和方面的认识，而建构系统简单的人则只会用很少的建构去理解事物，导致角度单一、认识局限，难以做出全面准确的预测。这些都是人格差异的体现。

既然个体差异在本质上是建构系统的差异，那么不难理解，建构系统相似的两个人容易成为关系亲密的人。人们常说交朋友或找伴侣要交/找"三观相合"的，在凯利看来，这其实就是觅得建构系统相似性高的人，不然就可能"自说自话""鸡同鸭讲""夏虫不可语冰"，如"我说这片海真美，你说淹死过很多人"（这明显动用了差异巨大的建构）。促使恋人们一开始相互吸引的原因有很多，但随着时间流逝，如果两个人对世界持有相同的看法（就像两位志同道合的"科学家"），关系将较易维持并让双方感到满意。建构系统相似的人会以趋同的态度看待和理解世界，当最初的激情不可避免地退去，建构的相似性仍可维系紧密关系。当然，不同的建构系统之间也并非完全不可调和，但需要其中至少一方的建构系统足够开放，能够解析和容纳另一个人的建构，换言之，我知道你和我不同，但我能理解你并接纳包容你的不同。

＊　＊　＊

即便同属一个建构系统，不同建构所处的位置也可以存在差别，例如，有的建构处在系统的中心，它们是"核心建构"（core constructs），通常会在知觉事物时首先被激活，成为指导个体行动的基本"理论"。比如，在一些政教合一的国家或原教旨主义社会里，有没有宗教信仰、是否与自己信仰同一宗教就是决定他们交往和行动方式的核心建构；又如，曾经的封建社会很重视男女之别和尊卑有序，"男—女"和"地位高—地位低"就是那一社会中的核心建构；再如，对于民族主义者或种族中心主义者来说，"我们—他们""我国—别国""我族—他族"是特别重要的核心建构，在判断任何事情时，他们率先激活的总是这类区分。对于人生经验尚不丰富的孩子们来说，建构系统一般比较简单，但常有一个统领性的核心建构——"好—坏"，孩子们对于遇到的几乎所有人和事都想要区分出好与坏，好像得不到这一建构的解释就没办法理解所发生的一切（事实上，有很多大朋友也是如此，他们的世界里只有"黑—白""好—坏""大是—大非"，即简单得只装得下这一两个建构）。相对于核心建构，"外周建构"（peripheral constructs）对个人的意义则没有那么重要，比如，对有的人来说，找对象长得好不好看是核心建构，有钱没钱则在其次。

核心建构和外周建构是建构在重要性上的区别，除此之外，建构还可以在通透性上有所不同。一些建构的通透性高，它们的疆界较薄，能够容纳新的成分进入到适用范围中来，这被称为"可渗透性建构"（permeable constructs）。例如，"科学—不科学"这个建构可以解释的范围会随着时代进步和科学发展而发生变化，以前一些被认为是科学的如今可能不科学了，反过来也成立；同样，"心理健康—心理异常"这个建构也是如此，人们在不断修正对于一些问题的认识，以往曾经被认为是异常的现象现在可能被纳为正常。与之相反，有些建构的通透性很差，它们不可渗透，表现为拒绝新成分的进入，比如，对于家族意识浓厚的人来说，"同宗—异姓"就是一个"不可渗透的建构"（impermeable constructs）。可想而知，在一个人的建构系统中，如果这样不可渗透的建构很多，就会表现得异常顽固甚至油盐不进，因为他们会排斥新经验。强迫症患者的不可渗透建构通常很多，如"对—错"这一建构可能既是他们建构系统的核心建构，也是不可渗透建构，对他们来说，什么是对、什么是错相当绝对和僵化，好比鞋带的结只有系到某个角度才算是对，否则就是错。

建构的差异还体现在可塑性上。既然建构是假设的基础，那么有一些建构的假设联结就非常紧密，对事件的预测绝不可变，换言之，不管外在情况如何，均用同一个建构做出同样的预测。例如，只要某条件满足，某结果就一定会发生，一个人是怎样的性格就必定会做出怎样的行为，类似这种建构被称作"紧缩性建构"（tight constructs）。紧缩性建构很受科学家们欢迎，因为做研究时会期待只要自变量一改变，因变量就跟着改变，但是对于复杂的生活来说，过于紧缩的建构常常带来偏见等负面后果，那些对某个性别、阶层、种族、年龄的人持有偏见的人常常拥有过于紧缩的建构系统，在他们看来，"只要是来自某个群体的人就一定具有某些（消极）特征"。抑郁症患者的建构系统通常也是紧缩的，无论外界发生什么，他们可能都会做出"我是毫无价值的""世界是充满危险的""未来是没有希望的"等预测。相反，"松散性建构"（loose constructs）的联结就没有那么紧密，预测也更为可变。例如，这个人是这样的人不代表他一定会做出某个行为，还要看具体的情况。很显然，松散性建构带来的思维与行为灵活性更高，不过也不宜过于松散，否则就会成为一个胡乱预测的无效假设，即明明是同一个建构，在这种情况下做这种预测，到了另一种情况下又做出另一种预测，这样就会出现混乱，如精神分裂症患者的建构系统就多是过度松散的。

＊　＊　＊

到这里你可能已经发现了，在凯利的理论中，那些常见的心理学名词（如情绪、动机、需要、潜意识）统统不见，一切均由建构来解释。那么是否可以用建构来理解一些常见的情绪感受呢？比如焦虑。焦虑经常发生在人们感觉没有把握、失去控制或不知道未来会发生什么事情的时候，对此，凯利的解释是，之所以感到焦虑，是因为一个"科学家"拿"旧理论"来解释"新问题"，那些以往能够有效理解和预测世界的建构在新的环境中失效了，进而感到焦虑。于是解决办法就是去创设新的建构，或者改变原有建构的适用范围以让它们能在当下的环境中发挥作用。这一观点非常具有启发性，它暗示着，我们用来理解世界的建构或视角越多，适应性便越强，也就越不会感到焦虑不安；反过来，如果建构太少或太不可渗透又或太过紧缩则可能导致问题，尤其当生活快速运转，我们想要尽快理解它时，这样的建构就可能造成束缚、带来麻烦。

另一个常见的情绪是敌意。1957 年，凯利以时任美国心理学会临床心理学分会主席的身份在美国心理学会年度大会上做了一个题为《敌意》（*Hostility*）的报告，其中通过希腊神话中"普洛克路斯忒斯之床"（Procrustean bed）的故事对敌意的形成机理做出了非常生动的讲解。普洛克路斯忒斯是位大力士，他开了一家小旅馆，小到只有一张床，但是他将其布置得温馨舒适，特别期待留宿的客人能够在上面睡个好觉。然而，每到夜晚，他却屡屡发现事情不像他想的那样：客人们不是太高就是太矮，反正就是不适合那张床。这一事实深深打击和伤害了他："我为你准备了那么舒服的床，你居然睡不下！"在极度苦恼之下，普洛克路斯忒斯并没有选择重置他的床，而是粗暴地想要改变他的客人——腿太长的就用斧子砍短，腿太短的则用蛮力拉长，总之必须让那些客人完全匹配他的床——他极其重视的唯一的床，敌意就这么产生了。

简单来说，这张"普洛克路斯忒斯之床"可被视为一个核心建构，代表着一个人对他人及世界的基本理解，他也基于这种理解对未来进行预测。然而，有明确的证据表明，他的预测不对或不全对，这一认知令他很不舒适，而他不想动摇自己的建构去承认自己对世界的理解是有偏差的，于是就削足适履，用释放敌意和攻击他人的方式来维护这张床的稳定与合理。可以说，每个人心里都有这张床，但有的人除了这一张还有其他张，这张睡不下，还可以睡那张，而有的人就只有这一张，这是关乎他们世界完整性的东西，于是一旦不奏效，世界就崩塌了，他们接受不了这种打击，进而选择强迫别人来适应他们的心理系统。在当下的公共舆论场中便常常可以看到这样的人，似乎和他们很难开展真正的讨论，他们的床坚固无比且只此一张，于是捍卫之心牢不可破，导致求合意的动机完全压倒了求真相的动机，表现为总是想以攻击性的方式将与自己观点不同的人"修剪"成他们认为合适的尺寸。

一旦类似的建构太多，就可能出现更广泛意义上的心理异常。凯利从不认为心理问题出自童年创伤，他也特别反对"童年不幸决定论"。在他看来，一个人并非过去经历的牺牲品，但却有可能被自己对过去经历的解释束缚。例如，如果一个遭遇过童年不幸的人始终假设这种不幸必然影响一生，并坚持用童年不幸作为自己所有失误的借口，那么这种建构方式会令他在解释和预测事件时采取消极、悲观和退缩的态度，甚至进一步引导他选择性注意那些可以证实该假设的信息。相反，另一个有过类似遭遇的人假设这种不幸已经过去，它伤害过自己却不必然永远影响自己，那么他就会选择性注意生活中的积极方面，此种态度将带领他走出童年阴影，自主创造人生。这就是建构系统的重要性，决定行为的往往是思维方式导致的心理现实而非客观现实，因此一旦改变了心理现实也就是建构，行为也将随之走上不同的方向。

那么何为心理异常？在凯利看来，作为一个科学家就应该实事求是，假若由建构产生的预测与经验相符就证明其有效，否则就要予以修正和抛弃，反过来，如果已经发现某个建构一再做出了错误预测或已被证实无效却还坚持保留该建构，那就是一个糟糕的科学家，长此以往将无法适应环境，进而产生心理问题。由此，个人建构既是框架也是牢笼，它可以为复杂的生活提供可预测的道路，同时也可能将人们禁锢在刻板的思考和行为方式之中。

　　具体来说，一个健康的建构系统或者说一个胜任的科学家是什么样子的？一方面，他们现有的建构系统灵活、开放、有弹性，于是不会轻易给人贴标签或下定论，做出非此即彼、非黑即白的判断。就像蓝色有深蓝、浅蓝、天蓝、湖蓝、宝蓝、雾霾蓝、克莱因蓝等一样，对他们来说，与"可爱"相对应的词不仅仅是其对立面"可恶"，还有可能是"不可爱""不那么可爱""不讨人喜欢""有点烦"等多种解释。在日常生活中，他们一般给人留下词汇丰富、用词准确、思维灵活、角度多元的印象，也善于从多方面考虑问题并设身处地地理解他人。另一方面，他们对待建构系统的态度是冷静和清醒的，他们知道生活是不断变化的，现有的建构系统并不会一直奏效，于是他们不满足于现状，而是会积极主动地对现有建构系统进行适当调整，比如，对旧的建构加以扩展和调节，太紧缩的让其松散一些，反复证实无效的则予以摈弃，这种理性的态度可以有效降低生活的不确定性并极大增强个人控制感。从这个角度来说，那些愿意体验、学习、求知、思考的人就是可以不断获得新建构的人，而当人们重新组织自己的建构系统时，也就意味着人格正在发生改变。

* * *

　　接下来的问题是，要如何得知一个人的建构系统？凯利的答案简单直白——不妨让人们自己说出答案。凯利开发了一种独一无二的工具来测量一个人的建构系统，它有别于常见人格测验的做法，如让人在一系列人格特征描述上打分，而是通过多次比较来呈现出一个人对世界的理解即建构方式。这个测验被称为"角色建构库测验"（Role Construct Repertory Test），俗称"凯利方格"（Kelly Grid）。

以下是测验的大致流程：首先，给受测者一个"角色称谓列表"（role title list），其中包含 20 个左右对于受测者重要且有意义的角色，比如，母亲、最亲密的一个同性朋友、最不喜欢的一个人、让自己感觉最有压力的一个人、认识的生活最幸福的一个人等。接着，让受测者对应每个角色写下其生活中最合适该角色的一个人名，全部写完后，由施测者随机从列表中抽取出三个人名问受测者："在哪个重要方面上，其中两个人相似而与第三个人不同？"比如，抽出父亲、老师和妹妹这三个角色，受测者也许会说父亲和老师比较相似，因为他们比较沉稳，而妹妹不同，她特别活泼，这样就得出了一个建构——"沉稳-活泼"。受测者继而像这样不断往下说，直到把能想到的三者之间的相似与不同之处穷尽，然后换三个角色重复这一过程，到所有角色基本都出现了为止。经由这样的过程，最终可得到一系列的建构，以此能够了解受测者的建构系统，也就是人格。例如，这个受测者的建构数量是多还是少，在比较不同角色时重复出现的建构多不多，以及建构的性质，如有多少是外部、表面、具体的特征（如性别、年龄、身材），有多少是内在、心理、较抽象的特征（如忠厚、善良、可爱）等。通过对这些信息的分析，我们可以看出一个人建构系统的复杂程度，如一些人建构数量少、性质单一且肤浅，这就是建构系统或认知复杂性低的表现。

凯利发明的这种测验形式非常灵活，除了探测建构系统，也可用于其他方面，如辅助生涯决策。在做生涯选择时，人们一般会考虑自身的能力和兴趣，与此同时还有一个方面也极其重要，那就是生活方式，从事某个职业或工作可能过上不同的生活，是不是自己所期待的，就需要评判。这其中还涉及人们的职业价值观，即希望职业或工作满足自身哪些需要。对于这些方面，我们未必能思考得非常清晰，此时这个测验就可以来帮忙。

　　如果你感兴趣的话，可以在此处暂停，去找一张纸，然后回来，将其处理成九张小纸片。然后先从中拿出三张，分别在每张纸上写下一个你最热爱和向往的职业（可以不考虑其实现可能性）；写完后再拿出另外三张，这次各写一个你最不喜欢也不想从事的职业；最后在剩下的三张上则各写一个你相对熟悉的职业，如亲戚朋友正在从事的或从其他渠道有所了解的职业，但注意不能和前面已经写过的六个重复；全部写完后，另找一张纸（样例模板如图 39.2 所示），先按照喜爱程度由高到低为写下的这九个职业排序，接着把刚才写完的九张纸片叠起来打乱，从中抽取出三个进行比较，将其中两个职业归于一类、另一个归于另一类，然后说出你更倾向于从事其中哪一类及其原因（和上文的"角色建构库测验"一样，这是在比较三个职业的相似性与相异性）。例如，可能一边收入高，另一边收入低，那么"收入高-收入低"便是你在意的职业特征之一；或者可能一边较为没有掌控权，另一边则在时间和精神上相对自由，那么"受控-自由"会是又一个你在意的职业特征。如此重复多次后，将列举出的所有特征记录下来，就得到了你重视的职业价值观，即你希望所从事的职业能够满足自己的那些方面。最后还可以给每个职业在每个特征上相对积极的那一端的表现打分（如 1~5，分数越高代表该职业满足该特征的程度越高），同时也可尝试给所有特征里自己最为重视的那一个更大的权重，如所有职业在这个特征上的分数全部乘以 2。这样，每个职业都可以得到一列分值，最后相加获得总分，依照总分再一次进行排序，对比之前的喜爱度排序，或许会发现大不一样。这也提示着，我们在现实生活中的选择有时未必是最渴望的那个，而是最能在各个方面均衡满足我们需要的那个。

喜欢	1	2	3	4	5	6	7	8	9	不喜欢	
	职业1	职业2	职业3	职业4	职业5	职业6	职业7	职业8	职业9		
喜欢的特性										不喜欢的特性	
1　自主性强	2	4	4	2	3	1	1	1	2		自主性弱
2　收入高	3	4	3	4	3	2	4	1	2		收入低
3　发展空间大	4	4	4	4	3	2	3	2	3	×2	发展空间小
4　……											
5											
6											
7											
8											
9											
10											
总分	13	16	15	14	12	7	11	6	10		总分
最终排序	4	①	2	3	5	8	6	9	7		最终排序

图 39.2　"生涯选择方格"示例

注：标注框行是被加权的特征

　　以上便是凯利个人建构理论的基本介绍。以个人解释和预测事件的方式来表述人格，这一独到的切入点无疑捕捉到了在人格特质之下更为本质的认知上的个体差异。虽然凯利对于个人建构系统的来源与生成机制着墨不多，但具有强大解释力的"建构"概念以及充满想象力的"角色建构库测验"依然让我们看到了这一理论的特色与创新之处。凯利本人亦是一个"喜欢检验新经验，永不停歇地探索未知的人"（Pervin, 1989: 235），他对于个人主观信念的强调、对于可能性而非不可选择性的重视以及对于未来与人性的强烈信心，无不显示出他自己建构系统的复杂与强大。在这个太容易就非黑即白、决绝对立的世界里，凯利对多元、包容、丰富的内心架构的倡导具有历久弥新的启示意义。

40. 人格可塑吗？德韦克论努力的意义

在上一章，凯利给我们每个人冠上了"科学家"的头衔，科学家自然就要思考一些科学问题。在科学领域，有一个普遍而基本的问题：一个东西是稳定不变的还是动态可塑、会发生变化的？作为业余的科学家，我们也会对这一问题有着自己朴素的看法，而且我们关心的对象通常是人，于是就会经常思考人及其各种属性是否会变化的问题，例如："一个人的人格可以改变吗？""智力可以提高吗？""数学能力可以培养吗？""一段关系会越变越好吗？"对于这些问题，不同的人会给出不同的答案——一些人可能相信某种特定的属性（如智力或人格）是固定不变的，而另一些人则相信它们是可以发展和被塑造的。

在心理学家卡罗尔·德韦克（Carol Dweck）看来，这就是两类"科学家"所持的两种"理论"：一种叫"实体论"（Entity Theory）或"固定心态"（Fixed Mindset），其核心论点是某个能力或品质是天生的，有就是有，没有就是没有，好就是好，不好就是不好，不会或者很难改变；另一种则叫"增长论"（Incremental Theory）或

图 40.1　卡罗尔·德韦克（1946— ）

"成长心态"（Growth Mindset），其核心论点是某个能力或品质是可塑的，可以不断发生变化，也可以通过努力来提升或改变（Dweck, Chiu, & Hong, 1995; Dweck, 2006）。

* * *

我们已经知道，所谓的理论就是人们对自己和世界的基本假设，那么一个人是哪个理论的信徒，就会在生活中不知不觉受其牵引，看到的世界的样子都会有所不同。不仅如此，这些理论还会强烈影响着一个人意欲追求的目标以及最终能否成功地达成目标。以智力为例，你是一个认为智力无法改变的智力实体论者，还是一个认为智力可以通过经验积累或自身努力而实现增长的智力增长论者？（请注意，这与一个人此时的客观智力水平无关，不管自身智力高低都可能持实体论或增长论。）代入一个实体论者的视角，既然智力是一个就在那里已然长成且稳固不变的东西，那么就无法对它做些什么，想要通过学习等方式去提升它的努力皆为徒劳，唯一能做的只有去不断检验、证明和展示自己已经拥有的智力水平，让自己看起来是聪明的或至少别被别人看作傻瓜。

如何才能检验自己是聪明的？很简单，没付出多少努力就成功或赢过别人了，就可以证明自己很聪明。想象一下，你在一本科学杂志上看到一个智力测验，然后饶有兴致地进行尝试，但进展不太顺利，那些题目难度很大，你花了一整个晚上才勉强做完了一部分。此时，你会有什么感觉？需要付出那么多努力才能解答，自己是不是很笨？还是说，经过一番努力最终有了进展，说明自己还挺聪明？如果是一个智力实体论者，就很可能觉得费了那么大劲还解不出题显然是不够聪明的表现，因为如果一个人很聪明，即便任务难也不需要付出努力，而反过来，如果需要付出努力就说明能力不足，即使任务难也改变不了这一结论。

换言之，对于实体论者来说，努力就是评估智力的线索甚至能力低下的表现，他们认为强调努力只是一种安慰性的说法，当说一个人很努力的时候，其实就是在说其不够聪明。在这种信念的驱使下，如果每项任务都需要付出努力，他们就会认为自己的智力在反复受到质疑，为了维护对自身能力的信心，他们可能只选择从事那些有把握能做好的任务。例如，有研究询问小学生会在什么时候觉得自己聪明？持有实体论的小学生常说"当我一个错误都没犯的时候""当我第一个交作业或考卷的时候""当拿到一个超简单的任务的时候"等，也就是说，他们希望自己可以轻松不犯错而且比别人更快地完成任务（Elliott & Dweck, 1988）。

　　然而，挑战是不可避免的，总会遇到失败，既然对实体论者来说智力不会改变，那么失败就意味着一次审判，是自己能力不足的表现，如果继续失败就是再一次的审判，这时候怎么办？研究发现，持智力实体论的孩子会做出一些"自我设障"（self-handicapping）的行为，即故意给自己设置一些障碍，如在考试前不全力复习或拖到最后一刻才复习（e.g., Rhodewalt, 1994）。这种策略背后的逻辑是，如果全力以赴还失败了，那就笃定说明自己能力很糟糕，但是如果事先设置了一些障碍，在失败后就可以用它们来解释自己为什么没做好，而不用怪罪到能力不足头上了；假如在障碍之下最后还碰巧成功了，那就更能说明自己厉害了。总之，这是一桩稳赚不赔的买卖。由此也可以看出，实体论者想要轻轻松松表现完美，他们不相信努力可以带来奇迹，也会尽可能地减少努力，即便他们想要表现出色。于是，遇到困难、遭遇挫折或者碰到一个表现非常优异的同伴等情况均会让实体论者陷入对自己智力水平的怀疑，即便原本他们对自己聪明这件事情信心满满（Dweck & Bempechat, 1983）。

　　从这个角度来看，实体论是一种需要通过简单易得的成功来予以强化的信念系统（Dweck, 1999），任何挑战都会成为对实体论者自尊的威胁。如果某些学习机会有可能导致失败或暴露出自身的不足，实体论者就会拒绝或回避它们；而对于他们已经在做的任务，即便此前一直挺顺利，他们也可能在碰到障碍时轻言放弃，因为这同样是对自尊的威胁。这样也可以理解为什么实体论者即便反复接收诸如"成功是把自己做到最好而不是比别人更好""失败是机会而不是谴责""努力才是成功的关键"之类信息的时候也难以将其付诸实践，因为他们持有的"理论"在告诉他们一些完全不同的东西："成功就是比别人更好""失败就是在评价你""之所以努力是因为没办法靠天赋"。

与之相反，持有智力增长论的人并不否认在知识储备和学习速度上存在个体差异，但他们更相信任何人都可以基于努力和实践提高智力水平（Mueller & Dweck, 1998）。很显然，这种信念会让人更有意愿去学习，因为既然智力不是铁板一块，那么失败就不意味着是对自己的评价甚至威胁；既然学习是为了追求能力的提升而不是证明已有的能力水平，那么学习就是一件值得期待的事情；既然智力是可以增长的，一个人完全有可能变得更聪明，那么就不必浪费时间去担心自己看起来是不是聪明。于是失败并不会影响到增长论者的自我评价，他们当然也会因为失败而感到难过，但不会认为失败是对自己的否定，而更将其视为一个需要面对、处理和学习的问题，由此，失败反而能给他们提供一些关于以后要如何调整策略的信息，进而让他们在下一次时做得更好。

在这种信念的驱动下，增长论者不那么在意那些能让自己看起来聪明的机会，而是倾向于选择那些可以让自己学到新东西的机会。于是，哪怕对自己当下的智力水平不大自信，只要持有增长论，也可以促使人们全身心投入到困难的任务中去并持之以恒地解决问题，因为他们乐于在挑战中成长（Henderson & Dweck, 1990; Elliott & Dweck, 1988）。

此外，与实体论者唾弃努力不同，增长论者重视并热爱努力，他们觉得付出努力是非常自然的事情，他们也不会以努力的多少来评判他人和自己的智力水平。当被问到什么时候觉得自己聪明时，他们的回答包括"在尝试解决我不懂的问题的时候""在阅读一本很难的书的时候""在把我知道的知识教给别人的时候"。换言之，使用智力去面对困难和解决问题令他们感觉良好（Elliott &

Dweck, 1988）。这也提示着教育者，不应在学生出色完成了一个简单任务时夸赞他们很聪明，即不应传递给他们"简单的成功意味着聪明"的信念，而应引导他们去从事更富挑战的任务并在其中体验到由努力带来的收获。

*　*　*

那么，这两种"理论"是如何形成的？或许部分源于一个普遍且流行的信念——智商的高低在很大程度上决定了学业成就甚至人生成功。几乎所有家长都渴望一个聪明宝宝，如果能一劳永逸直接生出一个高智商的天才最好，如若不能，就不惜重金去接受各种声称能开发大脑的所谓"训练"；一些学校也将智力测验作为筛选学生的准入机制，按能力来分班在现行教育体制里也相当常见。这些对于高智商的狂热追捧背后蕴含着一个假设，即如果一个孩子智商高，那么他就拿到了一个终身保障，不出意外一定前途无量。当然，智力水平的确与学业成就有关，一定程度的智商是完成系统复杂学习任务的先决条件。但是，在智商高低与成就高低之间简单画等号是一件非常危险的事情，它可能令家长和老师忽略另一些对于孩子成长至关重要的因素，如与学习有关的信念、动机和目标。

当然这并不是要否认智力的作用，而是想传达一个理念——在能力之外的一些非智力因素，特别是对于智力是什么以及它能不能发展变化的信念要比孩子实际表现出来的智商水平更重要。过于迷信智商或者更准确地说是孩子此时此刻表现出来的能力水平，以此作为评价当下和预测未来的基础，可能对孩子的学业发展起到适得其反的作用。具体来说，既然高智商那么重要，那么就要不遗余力地向孩子传达他们是聪明的观念，哪怕这种夸奖可能与事实不符甚至夸大其词，人们依然经常这么做，因为人们普遍认为这样做可以让孩子更有自信进而表现得更好。这听上去很有道理，然而实际情况并非如此。

在一个代表性研究里（Mueller & Dweck, 1998），一些小学生要完成三阶段的问题解决任务，第一个阶段比较简单，学生都做得很好，他们会看到自己得到了一个非常高的分数，接着将他们分成三组，分别得到不同的反馈：第一组收到的是对他们智力的表扬，如"你一定很聪明"；第二组收到的是对他们努力的表扬，如"你一定很努力"；最后一组则没有收到任何反馈，作为后续的参照基线。研究者继而询问这些学生，接下来是更希望完成一个可以继续展示自己很聪明的任务，还是一个可以从中学到很多东西但可能让自己看起来不太聪明的任务。结果发现，在受到智力表扬的学生里，有 2/3 选择了可以保证自己继续彰显聪明的任务，也就是肯定会比较简单的任务；而在受到努力表扬的学生里，有超过 90% 的人选择了另一个能让自己进一步学习的挑战性任务。这意味着被称赞了智力的学生即便还没有遭遇失败，就已经对挑战和学习不感兴趣了。

之后进入第二阶段的答题，这次的题目比较难，学生的表现全都变得更差。做完后，研究者问他们一系列问题，包括"喜不喜欢做这些题""愿不愿意继续带一些题回家做"以及"为什么没做好"等。结果发现，在这三组里，智力表扬组的学生最不喜欢这些难题，也最不愿意再带同等难度的题回家做，并且最认为这一阶段没做好是因为自己不够聪明；而努力表扬组的学生给出的回答则全部相反，基线控制组居于中间。这个结果颇让人意外，即那些被夸赞很聪明的学生恰恰是在遭遇失败时马上就谴责自己没能力的人。原因在于，当通过成功来评价学生很聪明时，他们也学会了通过失败来评价自己不够聪明。

最后，学生接受了第三阶段的任务，这次和第一阶段一样简单，然而令人惊讶的是，智力表扬组的学生表现明显退步了，也就是说，第二阶段的失败让他们改变了对自己的看法进而阻碍了后续表现；而努力表扬组的学生表现得甚至比第一阶段还好，上一阶段的失败不但没有阻碍他们，反而让他们越挫越勇。

这个研究说明，在儿童成功后对他们的智力进行夸赞可能使他们变得脆弱，一旦经历失败就会表现出来。原因在于，当收到一个自己很聪明的称赞就相当于建立起了一个积极的自我评价，孩子不想损害这个评价，他们希望维系身上的这个"聪明"标签，于是就会被更容易的任务吸引，因为挑战性的任务很可能暴露他们的缺陷，此时简单的任务无疑是更安全的。这就是为什么表扬孩子很聪明可能达不到预期的效果，反而可能滋长他们对自己"看起来是不是聪明"这件事的过度关注，进而导向对于智力的实体论信念。此时，更好的做法是提供针对过程、努力和策略的反馈，也就是说，当经历成功时，去称赞孩子"很努力"而不是"很聪明"是一种更为积极可取的方式；同理，当遭遇失败时，也不必盖棺定论这就是失败，这样的方式可以塑造更具韧性的智力增长论信念。

德韦克曾在 TED 演讲中提到美国芝加哥一所中学对于学生不理想的学业成绩的处理办法，他们在学生没能顺利通过某门课程时不将其标记为"Failed"（不及格），而是"Not Yet"（暂未通过）。"Not Yet"意味着虽然现在还没有完全掌握，但是已在努力的路上，假以时日是可以做到的，这无疑将给予学生继续向前走的勇气和动力。

这种由增长论带来的勇气和动力甚至比人们普遍认为的自信及成功体验带来的更大。给予人们持续的成功体验能够让他们更有自信进而不惧挑战，这是一个常识，然而研究发现，那些过往成功史最为丰富的人也可能是在困难面前表现得最为脆弱的人，其中的决定因素依然是持有关于智力的实体论还是增长论（e.g., Cramer & Oshima, 1992）。试想一下，过往成功史相当于一整面的荣誉墙，上面满满当当全是奖杯，此时困难出现在前方，如果智力不可变，那么困难就意味着即将面对挫败，这对于实体论者来说是对往日荣光的彻底否定，太可怕了，于是不如躺在现成的功劳簿上牢牢守住那个"资优"的标签，而不要去从事任何可能犯错误和带来威胁的事情，"挑战"这个选项就会被排除在外。

通过研究，德韦克发现，这种现象尤其多地发生在"聪明的女孩"身上，她们往往在小学阶段遥遥领先、表现完美，收到了大量关于她们很聪明的反馈，这在某种程度上塑造了她们对于智力的实体论信念（Dweck, 1999）。在这种思维框架下，她们希望一直保有这种完美的形象，于是挑战就会被视为威胁，她们会更愿意选择"简单到不会犯错"的任务，也会在困难来临时（如小升初阶段）变得脆弱。反观小学阶段的男孩们，也许是因为他们没有女孩们表现那么出色，反而会更多地被家长和老师从努力的角度来进行评价和鼓励，无形中塑造了增长论信念。基于此，德韦克明确指出，向女孩们强调她们的成功历史以激励她们并扫除社会偏见很重要，但还不够，还需要破除女孩们所持的思维框架，令她们改变"犯错即是失败"的观念（Dweck, 1999）。同理，很多从中学来到大学的极具天赋的学生之所以志得意满而来最后却灰心颓丧而去也是这个原因，大学期间陡增的竞争压力和更加丰富同时也更加充满不确定性的各类活动可能令"未尝败绩"的他们陷入挫败。为了维护既有的完美形象，他们选择以消极退避、自我设障的方式来回避挑战。

从这个意义上说，通过成功体验和称赞智力来提升自信并不能保证万事大吉，"有信心就能赢"也不是必然真理，当然有信心终归比没信心好，但自信并非万能灵药，如果持有关于能力的增长信念，即便是低自信的孩子也能从中受益。又或者说，人们应该给予孩子的信心不是关乎智力的信心，即不是相信自己有多聪明或者比别人聪明，而是关乎努力的信心，即相信自己以及所有人都能够通过努力和调整策略来实现进步。

* * *

除了智力，"实体论"和"增长论"还可以拓展到其他领域。例说，你如何看待一个人的性格，你觉得它是固定不变的还是发展变化的？人格的实体论者认为，人的性格特征主要由先天遗传决定，因此是内在稳固的，很少受外界环境影响，只要形成了就不大会发生改变。既然如此，这个稳定的人格实体就会引导人们在各种情况下都做出一致的行为，于是，即便只是截取了一个人的行为片段，也可以对这个人做出判断。

研究发现，持有人格实体论的人更可能基于某个单一的行为来推断这是一个怎样的人，甚至以此来预测其未来的行为（Dweck, 2008）。因此，对他们来说，"人渣"就永远是"人渣"，经过教化也不会改过自新，犯过一次错的人以后也肯定还会再犯，必须一棍子打死。在这样的思维之下，就没有改邪归正、回头是岸这件事了，因为有过什么"黑历史"就会永远被钉在耻辱柱上。换言之，人格实体论者更倾向于以一次性行为推断一个人的深层心理特征甚至整个人，于是也更容易形成极端的第一印象，更倾向于给自己和他人贴标签，也将持有更多的刻板印象和偏见。在他们看来，一个人是哪种人，不管情境怎么变，也不管其遇到什么，这个人永远都会是这种人，就像网上流传的一句话"不是好人变坏了，而是坏人变老了"，潜台词即人格是行为的主要甚至唯一原因且人格是不会变的，显然，这样将低估了环境对人的巨大影响进而犯前文提到的"基本归因错误"。

而人格增长论者则认为，人的特性当然有遗传的成分，但也受后天影响，因此是可塑的和发展变化的。在这样的理念下，基于某个单一行为就完全不足以评判一个人，于是他们会更加对事而不对人。我们已经知道，任何一个人的人格都是遗传和环境因素极其复杂交互作用的结果，而人的某个具体行为更是受到当时所在环境和特定情境的强烈影响，因此人格增长论者所持的"理论"更加符合现代心理学研究的发现。而且，从前文介绍的各大人格理论可以看出，多数心理学家怀抱着对于人的强烈信心和成长预期，可以说他们大多是人格增长论者。

继续扩展，类似信念不仅影响到人们看待自身和他人的方式，还将作用于人际关系特别是亲密关系。例如，你是否相信关系可以因为双方的努力而发生改变？实体论者不相信这一点，他们觉得关系的好坏是命中注定的，于是一旦关系发展不如想象中完美，他们就会立刻感到沮丧并轻言放弃，或者对方身上表现出一点令自己失望的地方，他们便会立刻"下头"或感到"幻灭"。与之相反，增长论者则不会因为几个"片段"就改变对对方的看法，当遇到问题时他们也更愿意给对方及彼此机会，同时更有意愿付出努力去磨合与经营关系，因为他们相信自己和对方都有能力去改变（Knee, 1998; Knee & Petty, 2013）。此外，父母和教师持有增长论也非常重要，如果一个教育者认为能力和品格是无法通过学习来提高的，那将是一件可怕的事情。研究发现，大学生对于任课教师智力理论的觉知可以预测其课堂表现，感知到教师持有智力实体论的学生表现出更低的课程投入度和更少的学习兴趣，进而也会得到更为糟糕的期末成绩（Muenks et al., 2020）。

* * *

总结而言，德韦克的理论格外强调人们关于改变、努力等成长力量的信念对于后续行为的巨大影响。[1] 不过有一点需要提醒，持有"努力可以带来改变"的信念并不等于相信"只要付出努力就能实现目标"。强调努力的意义旨在传达一个人身上的各种积极品质都可以发展和成长的理念，以此引导更为坚韧的学习行为，而不是要走向另一个极端，如"努力决定论"。"只要努力就能成功"，这是成功学经常宣扬的东西，它同时意味着反过来，"如果没有成功，那就是因为努力不够"，而且，"想要胜过别人唯有努力，如果不努力，不但会失败，甚至可耻"。由此当代年轻人感受到了巨大的压力，甚至连什么是努力都有了标准——"996"才叫努力，"熬夜爆肝"才叫努力，"头悬梁锥刺股"才叫努力，差一点都不叫努力。努力

---

1 更多关于这个理论的信息请参阅德韦克的著作《努力的意义》《终身成长》。

不努力仿佛也成了评判一个人的类道德标准乃至一种社会规范（姑且称为"努力规范"）。在此规范作用下，成功和努力是被全社会追捧的，失败和懒惰是被唾弃的，不努力不只是可耻的，甚至是不道德的（Celniker et al., 2023）。

其实，努力不努力、有多努力应该是个人选择，然而现在却变成了一种价值评判。事实上，影响成功与否的因素多元而复杂，努力当然是其中一个因素，但绝不是充分条件，当把其他因素悉数隐去、只宣扬努力奋斗单方面的作用并无限夸大其功能的时候，"努力规范"就可能变成一种限制和压迫。可以看到，当今社会中的很多人在很努力地交"努力税"，表现为日渐稀少的头发、越来越脆弱的健康、无暇照顾的人际关系和亲密关系，以及一堆失去童年的"鸡娃"等。这些显然有别于德韦克理论中对努力的肯定，而变成了对努力的迷信。

具体到实体论者和增长论者，虽然相信努力力量的是后者，但当发现某项任务完全超出当下能力范围、再多努力都是徒劳的时候，反而是增长论允许并倡导人们在此时选择放弃，且放弃也不会让增长论者觉得是在自曝其短，因为他们可以积累了相应的知识技能之后再回来，或者找其他机会磨炼自己。反之，那些不相信努力的实体论者却可能在此时继续无谓的坚持，因为对他们来说，一旦放弃就会暴露出自己能力不足，进而感到焦虑和羞愧（Deweck, 1999）。另一件与之有关且重要的事情是，中国的父母普遍倾向于鼓励孩子们去努力——这看起来是符合增长论的，但需要强调的是，在真正的增长论里，努力是为了学习与成长，而不是为了考出好成绩和进入顶尖名校。此外，孩子们在努力中感觉良好是因为充分调动了自身潜能而不是因为用成就取悦了父母。因此，德韦克建议的是指向改变、学习和成长的努力，要努力，但是在自己节奏上的努力。努力的意义从来不在于它一定要带来什么结果，而在于那个主动自发地发挥与实践潜能的过程。

＊　＊　＊

在本章最后，还想聊聊连带的又一个现象——"能动性迷思"（agency myth; Sonenshein, 2007; Carian & Johnson, 2022）。作为个体，每个人都需要相信自己是具有能动性的，自己的行为是可以选择的，自己的努力是可以改变一些什么的，这些信念就像是一种自我赋权，令我们保有不断往前走特别是在逆境中继续生活下去的勇气与希望。然而，当这种能动性信念变成了一种普遍的神话，我也想要提醒：我们当然可以用"人定胜天""爱拼才会赢""你一定行"这些话来激励自己，但是，当"人没有胜天""拼了也没赢""有些人就是不行"的时候，却不必以此来责备自己或他人。

原因在于，对于能动性的相信固然可以激发人们自强不息，但与此同时，它也在暗示着，一旦不成功就是个人的失败。既然人的行动都是自身主动选择的结果，所有人都可以依靠自己的努力改变命运，那么失败自然应该归结于不努力或努力不够，有任何后果也均要自行负责。如此推论，如贫困、低薪资、低地位等均可归因于个人，而忽略了事实上很多人的选择只是在有限的选项内无可奈何的"选择"，很多人即便已经非常努力，依然冲破不了社会偏见筑成的高墙，如女性在职场里面对的"玻璃天花板"。"能动性迷思"的潜在危害在于，它用同样的逻辑来解释成功与失败，当一切都归于个体内在的能动性，社会结构性因素就隐身了，"谁都可以""人人都有机会"的假象掩盖了在结构性壁垒之下不是每个人都拥有同等机会和资源的事实。例如，研究发现，高权力的人会将自己拥有的更大选择权投射到下属身上，认为下属的行为也是他们自身主动选择的结果，进而在他们犯错的时候表现得更加苛责（Yin, Savani, & Smith, 2022）。

而一旦人们内化了这个迷思，本就处于劣势地位的人会在自己表现不佳时更为自责，因为他们觉得自己"本可以做到"或者"应该可以做到"；反之，原本就处于优势地位的人则会倾向于将现存的结构性不平等合理化，认为劣势地位是劣势者自己造成的。例如，前几年有一本风靡全球的女性励志著作名为《向前一步》（Lean In），作者是 Facebook 时任首席运营官谢丽尔·桑德伯格（Sheryl Sandberg），她在书中鼓励女性克服内心的恐惧，勇于"向前一步"去追求成功。然而，研究发现，人们在看了类似这样的传递女性有能力克服自身障碍去对抗职场性别不平等的信息之后，会更倾向于认为女性自身对于不平等的产生和解决应负有更大的责任，与此同时，他们会更支持应改变女性个体而不是寻求更广泛的系统性变革，换言之，忽略了存在于女性身上的内部阻碍（如缺乏自信）往往是由外部阻碍（如性别角色束缚）所导致的事实（Kim, Fitzsimons, & Kay, 2018）。

此外，像桑德伯格这种异常凸显的能动性榜样虽然确实可以令一部分身处弱势地位的人看到希望并感到有力量，但是别忘了，这样的成功榜样凤毛麟角，人们受到感召恰恰说明类似的成功异常艰难。然而，当这样的榜样受到大量传播从而在个体大脑里很容易被提取出来时，人们就会忘了这件事，进而高估其他人效仿榜样获得同等成功的可能性。这就好像即便是戴着镣铐跳舞，也一定会有人可以跳得极为出色，但这不意味着镣铐有理，也不意味着其他人可以同样出色，相反，如果破除了外部限制，每一个人表现出色的可能性都会上升。

　　总之，将个人能动性视为无所不能的神话，在激发社会活力的同时也制造了大量焦虑——如果他们可以那么我也可以，如果有人可以那么我也应该可以，如果我做不到便是我的错——无数人在这样的信念之下逐渐感到无力、倦怠甚至抑郁。相信自己可以对每个人来说都很重要，但是请只用这种信念来激励自己，当遭遇失败的时候，分清楚哪些是自己的责任、哪些不是，不必对不是自己的错感到自责；同时，也请当目睹他人遭遇失败时同样看清这一点，不必将不该他们承受的苛责于人。当一个社会接纳普通、赞美平凡的时候可能才真的是文明与进步了，希望有一天当别人说"为什么别人行就你不行""你就不能像那谁谁一样""别人都可以所以你也应该可以"时，我们可以坦然地回答"我不行""我不可以""我做不到"，同时不用说"对不起"。

结语　猜不透的"斯芬克斯之谜"

　　我们不过是生活在一颗小行星上的高度发达的猴子，但是却可以理解整个宇宙，正是这样才使我们特别。

——史蒂芬·霍金

　　现在已经是太空时代了，人们可以登上月球，却永远无法探索人们内心的宇宙。

——电影《大佛普拉斯》

　　在那个古老的传说里，斯芬克斯（Sphinx）把守在底比斯城的入口，逼迫每个路过的人回答它精心设计的谜题，如若答不出，便将被它吞噬。那个谜题问道："什么生物，只有一种声音，却在早晨有四条腿、中午有两条腿、晚上有三条腿？"答案是"人"——婴儿四脚爬行，成人双腿站立，老人借助拐杖。在无数人因对这一事关自身的"人之谜"懵懂无知而丧命后，一个名叫俄狄浦斯的人终于将其破解（当然，他并没有逃脱其后已被安排好了的悲剧命运）。

多年以后，在奥地利的维也纳，一位名为西格蒙德·弗洛伊德的医生以俄狄浦斯自居，并在真正意义上开启了人格心理学这门以探索"人之谜"为己任的学科。由此，今天的我们才有机会展开这段尝试理解人类的旅程。回头望去，这段旅程被分为三个阶段，分别对应于有关人的"哲学三问"，行至此处，或许可以给出些许回应了。

第一问：我是谁？

对于人格来说，最首要和突显的特性是独特性，这里的"独特"并非迎合或祝福，而是一个客观事实。人人都在学习，但学习的偏好和程度有所不同；人人都做思考，但思考的方向常常大相径庭；人人都有感觉，但对相同刺激做出的反应五花八门……人与人一样又不一样，我们随着相同的音乐起舞却总是跳出专属的舞步。人格心理学正是一门专注于描述和解释这些个体差异的学科。在第一部里，我们看到了现代的人格心理学研究如何通过一些特质模型及其测量工具精细地描摹这些个体差异，同时也注意到，心理测验可以作为自我认识的参考，不过也要小心不必被它所展现出来的"现在的"我们限制。

人与人不同是人类多样性的体现，但不可否认的是，在众声喧哗的时代里，这些不同也是诸多纷争的起源。从生物学角度来说，多样性是进化适应的必要条件，而在心理社会意义上，独特与差异同样不可或缺。这世界就是有各种生命以各式各样的形态存在，保有好奇、保持开放，不一定认同却表示尊重，也就是彼此不同但能相互理解，允许有和自己的不同存在，而不是"你和我不同我就要鄙视你甚至消灭你"，或许才是面对纷争的理性态度。换言之，减少纷争的办法恰恰不是消灭差异，而是看到差异并尊重差异，"各美其美，美美与共"，因为真正的和谐正是由差异与不同组成的。千人一面不如风情万种，每个个体都是造物者的光荣，在人格意义上说没有高下，也没有美丑，只有不同，也只是不同。

第二问：我从哪里来？

人与人为何如此不同？原因在于，每个个体都是经由诸多因素经过极其复杂的交互作用塑造而成的，微观如遗传、生理，宏观如社会、文化，远到漫长的进化史，近到刚刚发生的一件事，都可能影响人格。在第二部里，我们看到了特定的人格与行为模式是如何帮助远古祖先生存下来并受到自然选择的；也看到了基因、神经递质以及不同的大脑功能与人格的重要联系，它们在一定程度上限制了个体发展的可能性，同时又保留了对于后天环境的强烈敏感性；还看到了早年经历、社会环境、时代文化对人格的塑造力；以及更重要的，看到了成熟的人格有能力在以上因素的重围中主导每次选择和行动，努力并坚定地活出自己的人生。

从这个意义上说，"人格"并不是一个名词，而是一个动词，它既刻画着人们在生活中惯常表现出来的特征，也彰显着人们在一系列特定情境下适应、调整与创造的可能性。人格及人格发展就像一条流淌的河，既有稳定的河床又有变化的水流，更重要的是，它会在自我和外界事物碰撞交融的不断前行中努力完成归一向海的自在与统整。由此，我们永远都在"成为"，可以被描述却无法被定义。

第三问：我要到哪里去？

对于人生来说，什么才是值得追求的目标？第三部里那些在心理学历史长河中熠熠生辉的名字为我们指明了方向。在弗洛伊德那里，人格发展的目的地是理性，他说"无知带来最大的破坏力"；在阿德勒那里是卓越，他说"缺陷让人变得更强大"；在荣格那里是精神整合，他说"我宁愿完整，而不是完美"；在弗洛姆那里是积极自由，他说"爱是现代人困境的唯一解药"；在马斯洛和罗杰斯那里是自我实现，他们说"活出真实的自己，成为可以成为的人"；在积极心理学那里是真实的幸福，他们说"幸福是享受乐趣并实现意义"；在凯利那里是丰富和多元，他说"你可以透过建构之窗看向未来"；在德韦克那里是成长与改变，她说"请相信努力的力量"。

感谢这一众大师，是他们带领我们走过一段浓度极高的思想与智慧之旅。在拉丁文里，理论（theoria）是"图景"的意思，一个理论就是有关一个世界的图景，而这些人格理论则让我们看到了关于人和人性的丰饶图景。回望群星闪耀，我们注意到他们来处各异——弗洛伊德是一位精神科医生，罗杰斯曾经在神学院学习过，荣格的第一志向是考古，航天工程师才是凯利最初的梦想。作为一门学科，人格心理学因为这些人从其原初的兴趣所引入的视角而得到了极大的丰富。我们也注意到，这些大师绝大多数已离我们而去，但这并不意味着他们提出的人格理论已丧失生命力，事实上，这些理论中的多数仍在饶有生机地存在且发展良好，除了不断产生新信息之外，还持续起到激励、挑战、启发、影响人格心理学现代理论建构和研究的作用。

我们还注意到，这些理论在对人性的基本看法、所关注的核心问题以及所采用的研究方法上迥然不同。人格的内涵决定了人格心理学家的任务是解释完整的人，这项艰巨非凡的任务构成了人格心理学领域最大的难题。对此，一个更为现实的解决方案是去限定所要关注的内容，即不要试图马上解释所有，而是寻找特定的方法、收集特定的资料以解释特定的问题，这种系统的限定即为基本的理论"取向"（approach）。那些理论便采纳了不同的取向——其中一些关注潜意识及内部心理冲突，遵循的是精神分析取向；一些关注人们对世界的意识经验和自由意志，遵循的是人本主义取向；还有一些关注个体思维方式上的差异，遵循的是认知取向。

　　正因如此，每个取向的理论可能仅关注到了人格的某些方面。在生活中，人们常用"盲人摸象"来形容以自己的片面理解推论全体、以偏概全，然而，如果是一群智者在摸象，结果则可能有所不同。就好似此处有一个人格"黑箱"，有人从幽深的地底打来一束光，让我们看到了从未见过天日的箱子底部是什么样子；有人则从明亮的高空打来一束光，让我们看到了原来我们以为无比熟悉的箱子表面还有那么多未被察觉的细节；还有人从侧面……总之各亮一方，最后整合在一起，我们才得以一窥"黑箱"全貌。不同的人格理论即可被视为照射在同一个物体上不同角度的光线，它们各自提供了一个视角，共同帮助我们将人格理解得更清晰、更透彻。因此，虽然这些理论有时候看上去各说各话，其实只是各自探讨了人类心理不同层面的问题，它们之间相互补充，同时也尚没有任何一个具有一统天下的压倒性优势（Funder, 2010）。

　　当然，这种情况也可能带来困惑，即好像谁讲得都挺有道理但彼此又如此不同，到底该信哪一个？还记得凯利说"人人都是科学家"，这句话反过来同样成立——科学家也是人。任何一个理论都可能是不完整、主观甚至错误的，但它们建立在现有的知识基础之上，我们可以依托它们走向未知的领域。从这个意义上说，人格理论没有绝对的对或错，每个学说都有不可替代的贡献，也都有难以回避的弱点，任何一个理论均有其适用的边界，比简单的对或错更重要的或许是，它是否能够有效解释一部分现实并澄清人性的某些方面。于是，不必再纠结理论对错的问题，执着地只要一个答案反而可能永远也找不到那个答案，而不执着于根本不存在的标准答案，反而可能处处是答案。

心理学在本质上是一种思维方式，因此每个理论取向都是一个看世界的角度。世界那么大，人那么复杂，怎么可能只有一个角度？而如果我们很轻易地就笃定了自己的立场，或许就很难欣赏其他角度的世界了。当然，可以选择一个最具共鸣的取向进行更深入的了解，与此同时也对其他取向保持关注。最终，所有理论都是工具，我们掌握的工具种类越丰富，工具箱就越充实，如此，认知与解决人生问题的通达性与有效性也就越高。

不是答案的答案

如果要问作为作者，我希望这本书带给读者什么？总结一下，我期待你认识到人与人的不同，看到潜意识对行为的影响，了解到早年关系对人格成长的重要性，但也清楚自由意志、选择和责任对人生的改写力量；看到人格的稳定性与可变性，明白它有生物学基础，同时也可以被文化与环境建构；看到描述人格的各种工具和方法，也认识到有关人性的复杂与幽微。

我也可以相对简单地回应那三个问题：我们是谁？我们是独一

无二的我们自己。我们从哪里来？我们来自广袤神奇的物理世界、让人们彼此联结的社会世界以及我们内在的精神世界，人类就是这些力量的共同产物。我们要到哪里去？到意义追寻的深处去，去做可能成为的自己，去追求有滋有味的幸福人生。不过，这并不是全部，即便可以用人格特质对一个人的性格加以静态的勾勒，用人格动力对这个人的动机、目标和信念进行动态的预测，也可以从不同角度去挖掘这一切的来源，但这都还不是真正的这个人，不是那个完整而独特的你。因为除了特质、动力和成因，每一个活生生的生命体还在寻求对于自身生活的整合性理解，从中获得融合性的意义感（McAdams, 1996）。任何一个人都曾经度过、现在正在经历、未来还将迎来独一无二的人生历程，唯有自己才能真正理解这一历程的鲜活兴味所在。因此，请记住，你如何将关于自我的信息打磨并整合为一个连贯而有意义的人生叙事（life narratives），你对于"自己是谁""做过什么""在做什么""为什么这么做""还将怎么做"等问题的思考和感受，将比这本书中呈现出的所有知识都更加重要。

结语

最后，人格心理学到底是一门怎样的学科？如果将其类比于人，她具有怎样的人格？就用本书开篇介绍的"大五人格模型"来描述好了。在我看来，人格心理学是内向的，她将智慧与洞察力悉数投注给了广袤的人性自身；她是低神经质的，在这个慌乱、焦虑、急切投奔目标的年代，她和她的研究者都相对淡然舒缓；她是宜人、温暖、感性的，她关怀作为一个整体的人，她不凌厉甚至在某种程度上是柔软的；她是尽责的，她为心理学贡献了最为丰富的人文养料；最后，她是开放的，她最大限度地尊重差异、允许争议、包容批判、接纳创新，她欢迎来自各个相关领域的知识，也成为各相关领域的基础和接口。

"大自然在微笑，仍然没有供出她内心的秘密，她不可思议地保守着猜不透的斯芬克斯之谜。"（丹皮尔，2009）虽然时至今日，人格身上依然环绕着无数谜题，人类对于自身的未知也依然远多于已知，但正如星云的美丽来自它的多变与不可捉摸，人类追寻了千百万年的问题无法从一本书或一门学科里找到答案，它注定成为每个人终身的志业，值得用生而为人的全部体验去探寻与回应。在这仅此一次的宝贵旅程中，希望你可以用得上这点点滴滴温和柔软的心理学的力量，并祝不虚此行。

> 我们人类一直没有弄明白，宇宙是为什么而存在，人类又是为什么而存在。原来，我们每一个人，既是存在的谜题，也是这个谜题的答案。
>
> ——电影《宇宙探索编辑部》

参考文献

第 1 章

Digman, J. M. (1990). Personality structure: Emergence of the five-factor model. *Annual Review of Psychology, 41*, 417–440.

Lu, J. G., Liu, X. L., Liao, H., & Wang, L. (2020). Disentangling stereotypes from social reality: Astrological stereotypes and discrimination in China. *Journal of Personality and Social Psychology, 119*(6), 1359–1379.

McCrae, R.R., & John, O.P. (1992). An introduction to the five-factor model and its applications. *Journal of Personality, 60*, 175–215.

Nettle, D. (2006). The evolution of personality variation in humans and other animals. *American Psychologist, 61*(6), 622-631.

Seger, C. A., & Miller, E. K. (2010). Category learning in the brain. *Annual Review of Neuroscience, 33*, 203–219.

丹尼尔·内特尔. 人格：认识自己，做更好的你［M］. 舒琦，译. 北京：中信出版集团，2020.

第 2 章

Bossom, I. R., & Zelenski, J. M. (2022). The impact of trait introversion-extraversion and identity on state authenticity: Debating the benefits of extraversion. *Journal of Research in Personality, 97*, 104208.

Grant, A. M., Gino, F., & Hofmann, D. (2011). Reversing the extraverted leadership advantage: The role of employee proactivity. *Academy of Management Journal, 54*, 528–550.

Jung, C. G. (1921). Psychological types: The collected works of C. G. Jung (Vol. 6). Bollingen Series XX.

Lee, S-Y., Min, J., & Kim, J. (2020). Personality: Introversion. In S. Pritzker & M. Runco (Eds.). *Encyclopedia of creativity* (3rd ed.) (pp. 332–337). Academic Press.

Watson, D., & Clark, L. A. (1997). Extraversion and its positive emotional core. In R. Hogan, J. A. Johnson, & S. R. Briggs (Eds.), *Handbook of personality psychology* (pp. 767–793). Academic Press.

丹尼尔·内特尔. 人格：认识自己，做更好的你［M］. 舒琦，译. 北京：中信出版集团，2020.

第 3 章

Barrick, M. R., & Mount, M. K. (1991). The Big Five personality dimensions and job performance: A meta-analysis. *Personnel Psychology, 44*(1), 1–26.

Borghuis, J., Bleidorn, W., Sijtsma, K., Branje, S., Meeus, W. H. J., & Denissen, J. J. A. (2020). Longitudinal associations between trait neuroticism and negative daily experiences in adolescence. *Journal of Personality and Social Psychology, 118*(2), 348–363.

Drake, M. M., Morris, D. M., & Davis, T. J. (2017). Neuroticism's susceptibility to distress: Moderated with mindfulness. *Personality and Individual Differences, 106*, 248–252.

Ford, B. Q., Lam, P., John, O. P., & Mauss, I. B. (2018). The psychological health benefits of accepting negative emotions and thoughts: Laboratory, diary, and longitudinal evidence. *Journal of Personality and Social Psychology, 115*(6), 1075–1092.

Gortner, E. M., Rude, S. S., & Pennebaker, J. W. (2006). Benefits of expressive writing in lowering rumination and depressive symptoms. *Behavior Therapy, 37*, 292–303.

Gross, J. J., & John, O. P. (2003). Individual differences in two emotion regulation processes: Implications for affect, relationships, and well-being. *Journal of Personality and Social Psychology, 85*(2), 348–362.

Kelly, E. L., & Conley, J. J. (1987). Personality and compatibility: A prospective analysis of marital stability and marital satisfaction. *Journal of Personality and Social Psychology, 52*(1), 27–40.

Kross, E., & Ayduk, O. (2011). Making meaning out of negative experiences by self-distancing. *Current Directions in Psychological Science, 20*, 187–191.

Lahey, B. B. (2009). Public health significance of neuroticism. *The American Psychologist, 64*(4), 241–256.

Lepore, S. J., Greenberg, M. A., Bruno, M., & Smyth, J. M. (2002). Expressive writing and health: Self-regulation of emotion-related experience, physiology, and behavior. In S. J. Lepore & J. M. Smyth (Eds.). *The writing cure: How expressive writing promotes health and emotional well-being* (pp. 99–117). American Psychological Association.

McCrae, R. R., & Costa, P. T. (2003). *Personality in adulthood: A five-factor theory perspective.* The Guilford Press.

Nesse, R. M. (2005). Natural selection and the regulation of defenses: A signal detection analysis of the smoke detector principle. *Evolution and Human Behavior, 26*(1), 88–105.

Pennebaker, J. W., & King, L. A. (1999). Linguistic styles: Language use as an individual difference.

Journal of Personality and Social Psychology, 77(6), 1296–1312.

Ramirez, G., & Beilock, S. L. (2011). Writing about testing worries boosts exam performance in the classroom. *Science, 331*, 211–213.

Roberts, B. W., Luo, J., Briley, D. A., Chow, P. I., Su, R., & Hill, P. L. (2017). A systematic review of personality trait change through intervention. *Psychological Bulletin, 143*(2), 117–141.

Watson, D., Clark, L. A., & Harkness, A. R. (1994). Structures of personality and their relevance to psychopathology. *Journal of Abnormal Psychology, 103*, 18–31.

Widiger, T. A., & Oltmanns, J. R. (2017). Neuroticism is a fundamental domain of personality with enormous public health implications. *World Psychiatry, 16*(2), 144–145.

Williams, A., Craske, M., Mineka, S., & Zinbarg, R. (2021). Neuroticism and the longitudinal trajectories of anxiety and depressive symptoms in older adolescents. *Journal of Abnormal Psychology, 130*(2), 126–140.

Wong, Y. J., Owen, J., Gabana, N. T., Brown, J. W., McInnis, S., Toth, P., & Gilman, L. (2018). Does gratitude writing improve the mental health of psychotherapy clients? Evidence from a randomized controlled trial. *Psychotherapy Research, 28*(2), 192–202.

第 4 章

Ayduk, O., Mendoza-Denton, R., Mischel, W., Downey, G., Peake, P. K., & Rodriguez, M. (2000). Regulating the interpersonal self: Strategic self-regulation for coping with rejection sensitivity. *Journal of Personality and Social Psychology, 79*(5), 776–792.

Barrick, M. R., & Mount, M. K. (1991). The Big Five personality dimensions and job performance: A meta-analysis. *Personnel Psychology, 44*(1), 1–26.

Barrick, M. R., & Mount, M. K. (1993). Autonomy as a moderator of the relationships between the Big Five personality dimensions and job performance. *Journal of Applied Psychology, 78*, 111–118.

Barrick, M. R., Mount, M. K., & Strauss, J. P. (1993). Conscientiousness and performance of sales representatives: Test of the mediating effects of goal setting. *Journal of Applied Psychology, 78*(5), 715–722.

Bogg, T., & Roberts, B. W. (2004). Conscientiousness and health-related behaviors: A meta-analysis of the leading behavioral contributors to mortality. *Psychological Bulletin, 130*(6), 887–919.

Friedman, H. S., Tucker, J. S., Schwartz, J. E., Martin, L. R., Tomlinson-Keasey, C., Wingard, D. L., & Criqui, M. H. (1995). Childhood conscientiousness and longevity: Health behaviors and cause of death. *Journal of Personality and Social Psychology, 68*(4), 696–703.

Friedman, H. S., Tucker, J. S., Tomlinson-Keasey, C., Schwartz, J. E., Wingard, D. L., & Criqui, M. H. (1993). Does childhood personality predict longevity? *Journal of Personality and Social Psychology, 65*(1), 176–185.

Kern, M. L., & Friedman, H. S. (2008). Do conscientious individuals live longer? A quantitative review. *Health Psychology, 27*(5), 505–512.

Kidd, C., Palmeri, H., & Aslin, R. N. (2013). Rational snacking: Young children's decision-making on the marshmallow task is moderated by beliefs about environmental reliability. *Cognition,*

126(1), 109–114.

Mischel, W., & Ebbesen, E. B. (1970). Attention in delay of gratification. *Journal of Personality and Social Psychology, 16*(2), 329–337.

Mischel, W., Ebbesen, E. B., & Raskoff Zeiss, A. (1972). Cognitive and attentional mechanisms in delay of gratification. *Journal of Personality and Social Psychology, 21*(2), 204–218.

Mischel, W., Shoda, Y., & Rodriguez, M. I. (1989). Delay of gratification in children. *Science, 244*(4907), 933–938.

Ozer, D. J., & Benet-Martínez, V. (2006). Personality and the prediction of consequential outcomes. *Annual Review of Psychology, 57*, 401–421.

Richmond-Rakerd, L. S., Caspi, A., Ambler, A., d'Arbeloff, T., de Bruine, M., Elliott, M., Harrington, H., Hogan, S., Houts, R. M., Ireland, D., Keenan, R., Knodt, A. R., Melzer, T. R., Park, S., Poulton, R., Ramrakha, S., Rasmussen, L., Sack, E., Schmidt, A. T., Sison, M. L., ...Moffitt, T. E. (2021). Childhood self-control forecasts the pace of midlife aging and preparedness for old age. *Proceedings of the National Academy of Sciences of the United States of America, 118*(3), e2010211118.

Shoda, Y., Mischel, W., & Peake, P. K. (1990). Predicting adolescent cognitive and self-regulatory competencies from preschool delay of gratification: Identifying diagnostic conditions. *Developmental Psychology, 26*(6), 978–986.

Wilson, R. S., Schneider, J. A., Arnold, S. E., Bienias, J. L., & Bennett, D. A. (2007). Conscientiousness and the incidence of Alzheimer disease and mild cognitive impairment. *Archives of General Psychiatry, 64*(10), 1204–1212.

第 5 章

Bradley, B. H., Baur, J. E., Banford, C. G., & Postlethwaite, B. E. (2013). Team players and collective performance: How agreeableness affects team performance over time. *Small Group Research, 44*(6), 680–711.

Jensen-Campbell, L. A., Adams, R., Perry, D. G., Workman, K. A., Furdella, J. Q., & Egan, S. K. (2002). Agreeableness, extraversion, and peer relations in early adolescence: Winning friends and deflecting aggression. *Journal of Research in Personality, 363*, 224–251.

Judge, T. A., Livingston, B. A., & Hurst, C. (2012). Do nice guys–and gals–really finish last? The joint effects of sex and agreeableness on income. *Journal of Personality and Social Psychology, 102*(2), 390–407.

Matz, S. C., & Gladstone, J. J. (2020). Nice guys finish last: When and why agreeableness is associated with economic hardship. *Journal of Personality and Social Psychology, 118*(3), 545–561.

Mount, M. K., Barrick, M. R., & Stewart, G. L. (1998). Five-Factor Model of personality and performance in jobs involving interpersonal interactions. *Human Performance, 11*(2-3), 145–165.

Nettle, D. (2007). Empathizing and systemizing what are they, and what do they contribute to our understanding of psychological sex differences. *British Journal of Psychology, 98*, 237–255.

Nettle, D., & Liddle, B. (2008). Agreeableness is related to social-cognitive, but not social-perceptual, theory of mind. *European Journal of Personality, 22*, 323–335.

Ozer, D. J., & Benet-Martínez, V. (2006). Personality and the prediction of consequential outcomes. *Annual Review of Psychology, 57*, 401–421.

Wilmot, M. P., & Ones, D. S. (2022). Agreeableness and its consequences: A quantitative review of meta-analytic findings. *Personality and Social Psychology Review, 26*(3), 242–280.

Witt, L. A., Burke, L. A., Barrick, M. R., & Mount, M. K. (2002). The interactive effects of conscientiousness and agreeableness on job performance. *Journal of Applied Psychology, 87*(1), 164–169.

第 6 章

Ackerman, P. L. (1996). A theory of adult intellectual development: Process, personality, interests, and knowledge. *Intelligence, 22*, 227–257.

Burch, G. S. J., Hemsley, D. R., Pavelis, C., & Corr, P. J. (2006). Personality, creativity and latent inhibition. *European Journal of Personality, 20*(2), 107–122.

Connor-Smith, J.K., & Flachsbart, C. (2007). Relations between personality and coping: A meta-analysis. *Journal of Personality and Social Psychology, 93*(6), 1080–1107.

Flynn, F. J. (2005). Having an open mind: The impact of openness to experience on interracial attitudes and impression formation. *Journal of Personality and Social Psychology, 88*(5), 816–826.

Hotchin, V., & West, K. (2018). Openness and intellect differentially predict right-wing authoritarianism. *Personality and Individual Differences, 124*, 117–123.

Kaufman, S. B., Quilty, L. C., Grazioplene, R. G., Hirsh, J. B., Gray, J. R., Peterson, J. B., & DeYoung, C. G. (2016). Openness to experience and intellect differentially predict creative achievement in the arts and sciences. *Journal of Personality, 84*(2), 248–258.

Kraaykamp, G., & Eijck, K.V. (2005). Personality, media preferences, and cultural participation. *Personality and Individual Differences, 38*, 1675–1688.

Lall-Trail, S. F., Salter, N. P., & Xu, X. (2023). How personality relates to attitudes toward diversity and workplace diversity initiatives. *Personality and Social Psychology Bulletin, 49*(1), 66–80.

Oleynick, V., DeYoung, C., Hyde, E., Kaufman, S., Beaty, R., & Silvia, P. (2017). Openness/Intellect: The core of the creative personality. In G. Feist, R. Reiter-Palmon, & J. Kaufman (Eds.). *The Cambridge handbook of creativity and personality research* (pp. 9–27). Cambridge University Press.

Trapp, S., Blömeke, S., & Ziegler, M. (2019). The Openness-Fluid-Crystallized-Intelligence (OFCI) model and the environmental enrichment hypothesis. *Intelligence, 73*, 30–40.

van Hiel, A., Kossowska, M., & Mervielde, I. (2000). The relationship between openness to experience and political ideology. *Personality and Individual Differences, 28*(4), 741–751.

von Stumm, S. (2018). Better open than intellectual: The benefits of investment personality traits for learning. *Personality and Social Psychology Bulletin, 44*(4), 562–573.

von Stumm, S., Chamorro-Premuzic, T., & Ackerman, P. L. (2011). Re-visiting intelligence-personality associations: Vindicating intellectual investment. In T. Chamorro-Premuzic, S. von Stumm, & A. Furnham (Eds.), *The Wiley-Blackwell handbook of individual differences* (pp. 217–241). Wiley-Blackwell.

Ziegler, M., Cengia, A., Mussel, P., & Gerstorf, D. (2015). Openness as a buffer against cognitive decline: The Openness-Fluid-Crystallized-Intelligence (OFCI) model applied to late adulthood. *Psychology and Aging, 30*(3), 573–588.

第 7 章

Allport, G. W., & Odbert, H. S. (1936). Trait-names: A psycho-lexical study. *Psychological Monographs, 47*(1), 171–220.

Bainbridge, T. F., Ludeke, S. G., & Smillie, L. D. (2022). Evaluating the Big Five as an organizing framework for commonly used psychological trait scales. *Journal of Personality and Social Psychology, 122*(4), 749–777.

Bleidorn, W., & Hopwood, C. J. (2019). Using machine learning to advance personality assessment and theory. *Personality and Social Psychology Review, 23*(2), 190–203.

Circi, R., Gatti, D., Russo, V., & Vecchi, T. (2021). The foreign language effect on decision-making: A meta-analysis. *Psychonomic Bulletin & Review, 28*(4), 1131–1141.

Kosinski, M. (2021). Facial recognition technology can expose political orientation from naturalistic facial images. *Scientific Reports, 11*(1), 100.

Matz, S. C., Kosinski, M., Nave, G., & Stillwell, D. J. (2017). Psychological targeting as an effective approach to digital mass persuasion. *Proceedings of the National Academy of Sciences of the United States of America, 114*(48), 12714–12719.

McCrae, R. R., & John, O. P. (1992). An introduction to the five-factor model and its applications. *Journal of Personality, 60*(2), 175–215.

Oyserman, D., & Lee, S.W. (2008). Does culture influence what and how we think? Effects of priming individualism and collectivism. *Psychological Bulletin, 134*(2), 311–342.

Schwartz, H. A., Eichstaedt, J. C., Kern, M. L., Dziurzynski, L., Ramones, S. M., Agrawal, M., Shah, A., Kosinski, M., Stillwell, D., Seligman, M. E., & Ungar, L. H. (2013). Personality, gender, and age in the language of social media: The open-vocabulary approach. *PloS One, 8*(9), e73791.

Wang, Y., & Kosinski, M. (2018). Deep neural networks are more accurate than humans at detecting sexual orientation from facial images. *Journal of Personality and Social Psychology, 114*(2), 246–257.

Winston, J. (2016, November 18). *How the Trump campaign built an identity database and used Facebook ads to win the election*. Medium. https://medium.com/startup-grind/how-the-trump-campaign-built-an-identity-database-and-used-facebook-ads-to-win-the-election-4ff7d24269ac#.xpwe08w8b

Youyou, W., Kosinski, M., & Stillwell, D. (2015). Computer-based personality judgments are more accurate than those made by humans. *Proceedings of the National Academy of Sciences of the United States of America, 112*(4), 1036–1040.

田玮, 朱廷劭. 基于深度学习的微博用户自杀风险预测 [J]. 中国科学院大学学报, 2018, 35(1): 145-150.

第 8 章

Ashton, M. C., Lee, K., Perugini, M., Szarota, P., de Vries, R. E., Di Blas, L., et al. (2004). A six-factor structure of personality-descriptive adjectives: Solutions from psycholexical studies in seven languages. *Journal of Personality and Social Psychology, 86,* 356–366.

Cheung, F. M., Cheung, S. F., & Fan, W. Q. (2013). From Chinese to cross-cultural personality assessment: A combined emic-etic approach to the study of personality in culture. In M. J. Gelfand, Y. Y. Hong, & C. Y. Chiu (Eds.). *Advances in psychology and culture series* (Vol. 3)(pp. 117–178). Oxford University Press.

Jonason, P. K., Li, N. P., & Teicher, E. A. (2010). Who is James Bond? The dark triad as an agentic social style. *Individual Differences Research,* 8, 111 -120.

Jonason, P. K., Webster, G. D., Schmitt, D. P., Li, Norman P., & Crysel, L. (2012). The antihero in popular culture: A life history theory of the dark triad. *Review of General Psychology, 16*(2), 192–199.

Lee, K., & Ashton, M. C. (2004). Psychometric properties of the HEXACO personality inventory. *Multivariate Behavioral Research, 39,* 329–358.

McAdams, D. P. (1994). A psychology of the stranger. *Psychological Inquiry, 5,* 145–148.

McAdams, D. P. (2020). *The strange case of Donald J. Trump: A psychological reckoning.* Oxford University Press.

Nai, A., Coma, F. M., & Maier, J. (2019). Donald Trump, populism, and the age of extremes: Comparing the personality traits and campaigning styles of Trump and other leaders worldwide. *Presidential Studies Quarterly, 49*(3), 609–643.

Zettler, I., Thielmann, I., Hilbig, B. E., & Moshagen, M. (2020). The nomological net of the HEXACO model of personality: A large-scale meta-analytic investigation. *Perspectives on Psychological Science, 15*(3), 723–760.

焦丽颖, 许燕, 田一, 郭震, 赵锦哲. 善恶人格的特质差序 [J]. 心理学报, 2022, 54(7): 850-866.

王登峰, 崔红. 中国人人格量表 (QZPS) 的编制构想与初步结果 [J]. 心理学报, 2001(1): 129-138.

张建新, 周明洁. 中国人人格结构探索——人格特质六因素假说 [J]. 心理科学进展, 2006, 14(4): 574-585.

周明洁, 李府桂, 穆蔚琦, 范为桥, 张建新, 张妙清. 外圆内方：中国人人际关系性的潜在剖面结构及其适应性 [J]. 心理学报, 2023, 55(3): 390-405.

第 9 章

Christie, R., Geis, F. L., & Berger, D. (1970). *Studies in Machiavellianism.* Academic Press.

DeWall, C. N., Pond, R. S., Campbell, W. K., & Twenge, J. M. (2011). Turning in to psychological change: Linguistic markers of psychological traits and emotions over time in popular U.S. song lyrics. *Psychology of Aesthetics, Creativity, and the Arts, 5*, 200–207.

Djeriouat, H., & Trémolière, B. (2014). The Dark Triad of personality and utilitarian moral judgment: The mediating role of Honesty/Humility and Harm/Care. *Personality and Individual Differences, 67*, 11–16.

Furnham, A., Richards, S. C., & Paulhus, D. L. (2013). The dark triad of personality: A 10 year review. *Social and Personality Psychology Compass, 7*(3), 199–216.

Holtzman, N. S. (2011). Facing a psychopath: Detecting the dark triad from emotionally-neutral faces, using prototypes from the personality faceaurus. *Journal of Research in Personality, 45*(6), 648–654.

Jonason, P. K., & Krause, L. (2013). The emotional deficits associated with the dark triad traits: Cognitive empathy, affective empathy, and alexithymia. *Personality and Individual Differences, 55*(5), 532–537.

Jonason, P. K., Li, N. P., Webster, G. D., & Schmitt, D. P. (2009). The dark triad: Facilitating a short-term mating strategy in men. *European Journal of Personality, 23*(1), 5–18.

Jonason, P. K., Lyons, M., Bethell, E. J., & Ross, R. (2013). Different routes to limited empathy in the sexes: Examining the links between the dark triad and empathy. *Personality and Individual Differences, 54*(5), 572–576.

Jonason, P. K., Strosser, G. L., Kroll, C. H., Duineveld, J. J., & Baruffi, S. A. (2015). Valuing myself over others: The dark triad traits and moral and social values. *Personality and Individual Differences, 81*, 102–106.

Jones, D. N., & Paulhus, D. L. (2017). Duplicity among the dark triad: Three faces of deceit. *Journal of Personality & Social Psychology, 113*(2), 329–342.

Kajonius, P. J., Persson, B. N., & Jonason, P. K. (2015). Hedonism, achievement, and power: Universal values that characterize the dark triad. *Personality and Individual Differences, 77*, 173–178.

Konrath, S. H., O'Brien, E. H., & Hsing, C. (2011). Changes in dispositional empathy in American college students over time: A meta-analysis. *Personality and Social Psychology Review, 15*(2), 180–198.

Lopes, B., & Yu, H. (2017). Who do you troll and why: An investigation into the relationship between the dark triad personalities and online trolling behaviours towards popular and less popular Facebook profiles. *Computers in Human Behavior, 77*(12), 69–76.

McAdams, D. P. (2020). *The strange case of Donald J. Trump: A psychological reckoning*. Oxford University Press.

O'Boyle, E. H., Jr., Forsyth, D. R., Banks, G. C., & McDaniel, M. A. (2012). A meta-analysis of the dark triad and work behavior: A social exchange perspective. *Journal of Applied Psychology, 97*(3), 557–579.

Ojha, H. (2007). Parent–child interaction and Machiavellian orientation. *Journal of the Indian Academy of Applied Psychology, 33*, 285–289.

Paulhus, D. L., & Williams, K. M. (2002). The dark triad of personality: Narcissism, Machiavellianism, and psychopathy. *Journal of Research in Personality, 36*, 556–563.

Rose, P., & Campbell, W. K. (2004). Greatness feels good: A telic model of narcissism and subjective well-being. In S. P. Shohov (Ed.), *Advances in psychology research* (Vol. 31) (pp. 3–26). Nova Science Publishers.

Sedikides, C., Rudich, E. A., Gregg, A. P., Kumashiro, M., & Rusbult, C. (2004). Are normal narcissists psychologically healthy? Self-esteem matters. *Journal of Personality and Social Psychology, 87*(3), 400–416.

Twenge, J. M., Konrath, S., Foster, J. D., Campbell, W. K., & Bushman, B. J. (2008). Further evidence of an increase in narcissism among college students. *Journal of Personality, 76*(4), 919–928.

Wai, M., & Tiliopoulos, N. (2012). The affective and cognitive empathic nature of the dark triad of personality. *Personality and Individual Differences, 52*(7), 794–799.

Zuo, S., Wang, F., Xu, Y., Wang, F., & Zhao, X. (2016). The fragile but bright facet in the dark gem: Narcissism positively predicts personal morality when individual's self-esteem is at low level. *Personality and Individual Differences, 97*, 272–276.

汤舒俊 , 郭永玉 . 西方厚黑学——基于马基雅弗利主义及其相关的心理学研究 [J] . 南京师大学报 (社会科学版), 2010, 7(4):105-111.

汤舒俊 , 郭永玉 . 中国人厚黑人格的结构及其问卷编制 [J] . 心理学探新 , 2015, 35(1): 72-77.

第 10 章

Beck, E. D., & Jackson, J. J. (2022). A mega-analysis of personality prediction: Robustness and boundary conditions. *Journal of Personality and Social Psychology, 122*(3), 523–553.

Costa, P. T., Jr, McCrae, R. R., & Löckenhoff, C. E. (2019). Personality across the life span. *Annual Review of Psychology, 70*, 423–448.

Friedman, H. S., & Kern, M. L. (2014). Personality, well-being, and health. *Annual Review of Psychology, 65*, 719–742.

Li, S., Liu, M., Zhao, N., Xue, J., Wang, X., Jiao, D., & Zhu, T. (2021). The impact of family violence incidents on personality changes: An examination of social media users' messages in China. *PsyCh Journal, 10*(4), 598–613.

Mischel, W. (1968). *Personality and assessment.* Wiley.

Roberts, B. W., & DelVecchio, W. F. (2000). The rank-order consistency of personality traits from childhood to old age: A quantitative review of longitudinal studies. *Psychological Bulletin, 126*(1), 3–25.

Roberts, B. W., Luo, J., Briley, D. A., Chow, P. I., Su, R., & Hill, P. L. (2017). A systematic review of personality trait change through intervention. *Psychological Bulletin, 143*(2), 117–141.

Strickhouser, J. E., Zell, E., & Krizan, Z. (2017). Does personality predict health and well-being? A metasynthesis. *Health Psychology, 36*(8), 797–810.

第 11 章

Asahi, S., Okamoto, Y., Okada, G., Yamawaki, S., & Yokota, N. (2004). Negative correlation between right prefrontal activity during response inhibition and impulsiveness: A fMRI study. *European Archives of Psychiatry and Clinical Neuroscience, 254*(4), 245–251.

Cremers, H. R., Demenescu, L. R., Aleman, A., Renken, R., van Tol, M. J., van der Wee, N. J., Veltman, D. J., & Roelofs, K. (2010). Neuroticism modulates amygdala-prefrontal connectivity in response to negative emotional facial expressions. *NeuroImage, 49*(1), 963–970.

Damasio, H., Grabowski, T., Frank, R., Galaburda, A. M., & Damasio, A. R. (1994). The return of Phineas Gage: Clues about the brain from the skull of a famous patient. *Science, 264*(5162), 1102–1105.

Depue, R. A., & Collins, P. F. (1999). Neurobiology of the structure of personality: Dopamine, facilitation of incentive motivation, and extraversion. *The Behavioral and Brain Sciences, 22*(3), 491–569.

Depue, R. A., & Morrone-Strupinsky, J. V. (2005). A neurobehavioral model of affiliative bonding: Implications for conceptualizing a human trait of affiliation. *The Behavioral and Brain Sciences, 28*(3), 313–395.

DeYoung, C. G., Hirsh, J. B., Shane, M. S., Papademetris, X., Rajeevan, N., & Gray, J. R. (2010). Testing predictions from personality neuroscience: Brain structure and the big five. *Psychological Science, 21*(6), 820–828.

DeYoung, C. G., Peterson, J. B., & Higgins, D. M. (2005). Sources of openness/intellect: Cognitive and neuropsychological correlates of the fifth factor of personality. *Journal of Personality, 73*(4), 825–858.

Eysenck, H. J., & Eysenck, M. W. (1985). *Personality and individual differences: A natural science approach*. Plenum Press.

Eysenck, S. B., & Eysenck, H. J. (1967). Salivary response to lemon juice as a measure of introversion. *Perceptual and Motor Skills, 24*(3), 1047–1053.

Jamieson, J. P., Nock, M. K., & Mendes, W. B. (2012). Mind over matter: Reappraising arousal improves cardiovascular and cognitive responses to stress. *Journal of Experimental Psychology: General, 141*(3), 417–422.

Kral, T. R. A., Schuyler, B. S., Mumford, J. A., Rosenkranz, M. A., Lutz, A., & Davidson, R. J. (2018). Impact of short- and long-term mindfulness meditation training on amygdala reactivity to emotional stimuli. *NeuroImage, 181*, 301–313.

Leung, M. K., Lau, W. K. W., Chan, C. C. H., Wong, S. S. Y., Fung, A. L. C., & Lee, T. M. C. (2018). Meditation-induced neuroplastic changes in amygdala activity during negative affective processing. *Social Neuroscience*, 13(3), 277–288.

Nettle, D., & Liddle, B. (2008). Agreeableness is related to social-cognitive, but not social-perceptual, theory of mind. *European Journal of Personality, 22* (4), 323–335.

Servaas, M. N., van der Velde, J., Costafreda, S. G., Horton, P., Ormel, J., Riese, H., & Aleman, A. (2013). Neuroticism and the brain: A quantitative meta-analysis of neuroimaging studies investigating emotion processing. *Neuroscience and Biobehavioral Reviews, 37*(8), 1518–1529.

Wood, J. N., & Grafman, J. H. (2003). Human prefrontal cortex: Processing and representational perspectives. *Nature Reviews Neuroscience, 4*, 139–147.

Zuckerman, M. (1998). Psychobiological theories of personality. In D. F. Barone, M. Hersen, & V. B. van Hasselt (Eds.), *Advanced personality* (pp. 123–154). Plenum Press.

丹尼尔·内特尔. 人格：认识自己，做更好的你 [M] . 舒琦，译. 北京：中信出版集团，2020.

第 12 章

Buss, D. M., Larsen, R. J., Westen, D., & Semmelroth, J. (1992). Sex differences in jealousy: Evolution, physiology, and psychology. *Psychological Science, 3*(4), 251–256.

Egan, S., & Stelmack, R. M. (2003). A personality profile of Mount Everest climbers. *Personality and Individual Differences, 34*(8), 1491–1494.

Friedman, H.S., & Schustack, M. (2016). *Personality: Classic theories and modern research.* Pearson Education.

Kenrick, D. T., & Griskevicius, V. (2013). *The rational animal: How evolution made us smarter than we think.* Basic Books.

Kenrick, D. T., & Lundberg-Kenrick, D. E. (2022). *Solving modern problems with a stone-age brain: Human evolution and the seven fundamental motives.* American Psychological Association.

Wood, W., & Eagly, A. H. (2002). A cross-cultural analysis of the behavior of women and men : Implications for the origins of sex differences. *Psychological Bulletin, 128*, 699–727.

布赖恩·黑尔，瓦妮莎·伍兹. 友者生存：与人为善的进化力量 [M] . 俞柏雅，译. 北京：机械工业出版社，2022.

戴维·巴斯. 欲望的演化：人类的择偶策略 [M] . 王叶，谭黎，译. 北京：中国人民大学出版社，2020.

郭永玉，刘毅，尤瑾，等. 人格理论 [M] . 上海：上海教育出版社，2021.

第 13 章

Axelrod, R. M. (1984). *The evolution of cooperation.* Basic Books.

Maynard-Smith, J. (1982). *Evolution and the theory of games.* Cambridge University Press.

Trivers, R. L. (1971). The evolution of reciprocal altruism. *Quarterly Review of Biology, 46*, 35–57.

Trivers, R. L. (1985). *Social evolution.* Benjamin/Cummings.

威廉·冯·希伯. 当我们一起向狮子扔石头：人类如何在社会中进化 [M] . 颜雅琴，译. 上海：上海文化出版社，2021.

第 14 章

Bouchard, T. J., Jr, Lykken, D. T., McGue, M., Segal, N. L., & Tellegen, A. (1990). Sources of human psychological differences: The Minnesota study of twins reared apart. *Science, 250*(4978), 223–228.

Brunner, H. G., Nelen, M., Breakefield, X. O., Ropers, H. H., & van Oost, B. A. (1993). Abnormal behavior associated with a point mutation in the structural gene for monoamine oxidase A. *Science, 262*(5133), 578–580.

Friedman, H.S., & Schustack, M. (2016). *Personality: Classic theories and modern research.* Pearson Education.

Johnson, A. M., Vernon, P. A., & Feiler, A. R. (2008). Behavioral genetic studies of personality: An introduction and review of the results of 50 years of research. In G. J. Boyle, G. Matthews, & D. H. Saklofske (Eds.), *The Sage handbook of personality theory and assessment* (Vol.1): Personality theories and models (pp. 145–173). Sage Publications, Inc..

Polderman, T. J., Benyamin, B., de Leeuw, C. A., Sullivan, P. F., van Bochoven, A., Visscher, P. M., & Posthuma, D. (2015). Meta-analysis of the heritability of human traits based on fifty years of twin studies. *Nature Genetics, 47*(7), 702–709.

Turkheimer, E. (2000). Three laws of behavior genetics and what they mean. *Current Directions in Psychological Science, 9,* 160–164.

Vukasović, T., & Bratko, D. (2015). Heritability of personality: A meta-analysis of behavior genetic studies. *Psychological Bulletin, 141*(4), 769–785.

朱迪斯·哈里斯 . 独一无二：解开人格差异之谜 [M] . 倪懿，等，译 . 上海：上海译文出版社，2021.

朱迪斯·哈里斯 . 教养的迷思：父母的教养方式能否决定孩子的人格发展？[M] . 张庆宗，译 . 上海：上海译文出版社，2015.

第 15 章

Bernet, W., Vnencak-Jones, C. L., Farahany, N., & Montgomery, S. A. (2007). Bad nature, bad nurture, and testimony regarding MAO-A and SLC6A4 genotyping at murder trials. *Journal of Forensic Sciences, 52*(6), 1362–1371.

Bulbena-Cabre, A., Nia, A. B., & Perez-Rodriguez, M. M. (2018). Current knowledge on gene-environment interactions in personality disorders: An update. *Current Psychiatry Reports, 20*(9), 74.

Friedman, H.S., & Schustack, M. (2016). *Personality: Classic theories and modern research.* Pearson Education.

Gottlieb, G. (2000). Environmental and behavioral influences on gene activity. *Current Directions in Psychological Science, 9*(3), 93–97.

Gould, S. J. (1996). *The mismeasure of man.* W. W. Norton & Company.

Kandler, C., & Ostendorf, F. (2016). Additive and synergetic contributions of neuroticism and life events to depression and anxiety in women. *European Journal of Personality, 30*(4), 390–405.

Lynam, D. R., Caspi, A., Moffitt, T. E., Wikström, P. O., Loeber, R., & Novak, S. (2000). The interaction between impulsivity and neighborhood context on offending: The effects of impulsivity are stronger in poorer neighborhoods. *Journal of Abnormal Psychology, 109*(4), 563–574.

Plomin, R. (2018). *Blueprint: How DNA makes us who we are.* MIT Press.

Plomin, R., & Caspi, A. (1999). Behavioral genetics and personality. In L. A. Pervin, & O. P. John (Eds.), *Handbook of personality: Theory and research* (pp. 251–276). The Guilford Press.

Ridley, M. (2003). *Nature via nurture: Genes, experience, and what makes us human.* Harper Collins.

Scarr, S., & McCartney, K. (1983). How people make their own environments: A theory of genotype greater than environment effects. *Child Development, 54*(2), 424–435.

马特·里德利. 先天后天：基因、经验及什么使我们成为人 [M] . 黄菁菁，译. 北京：机械工业出版社，2015.

詹姆斯·法隆. 天生变态狂：TED 心理学家的脑犯罪之旅 [M] . 瞿名晏，译. 北京：群言出版社，2015.

朱迪斯·哈里斯. 教养的迷思：父母的教养方式能否决定孩子的人格发展？[M] . 张庆宗，译. 上海：上海译文出版社，2015.

第 16 章

Ainsworth, M. D. S., Blehar, M. C., Waters, E., & Wall, S. (1978). *Patterns of attachment: A psychological study of the strange situation.* Lawrence Erlbaum Associates, Inc..

Ainsworth, M. S. (1979). Infant-mother attachment. *American Psychologist, 34* (10), 932–937.

Bohlin, G., Hagekull, B., & Rydell, A.-M. (2000). Attachment and social functioning: A longitudinal study from infancy to middle childhood. *Social Development, 9*(1), 24–39.

Bowlby, J. (1969). *Attachment and loss (Vol. 1): Attachment.* Basic Books.

Brumariu L. E. (2015). Parent-child attachment and emotion regulation. *New Directions for Child and Adolescent Development, 2015*(148), 31–45.

de Wolff, M. S., & van Ijzendoorn, M. H. (1997). Sensitivity and attachment: A meta-analysis on parental antecedents of infant attachment. *Child Development, 68*(4), 571–591.

England, M. J., & Sim, L. J. (Eds.). (2009). *Depression in parents, parenting, and children: Opportunities to improve identification, treatment, and prevention.* National Academies Press.

Hazan, C., & Shaver, P. (1987). Romantic love conceptualized as an attachment process. *Journal of Personality and Social Psychology, 52*(3), 511–524.

Kagan, J. (1989). Temperamental contributions to social behavior. *American Psychologist, 44*(4), 668–674.

Kochanska, G. (1998). Mother-child relationship, child fearfulness, and emerging attachment: A short-term longitudinal study. *Developmental Psychology, 34*(3), 480–490.

Madigan, S., Bakermans-Kranenburg, M. J., van Ijzendoorn, M. H., Moran, G., Pederson, D. R., & Benoit, D. (2006). Unresolved states of mind, anomalous parental behavior, and disorganized attachment: A review and meta-analysis of a transmission gap. *Attachment & Human Development, 8*(2), 89–111.

Matějcek, Z., Dytrych, Z., & Schüller, V. (1978). Children from unwanted pregnancies. *Acta Psychiatrica Scandinavica, 57*(1), 67–90.

Moss, E., & St-Laurent, D. (2001). Attachment at school age and academic performance. *Developmental Psychology, 37*(6), 863–874.

Shaffer, D. R., & Kipp, K. (2013). *Developmental psychology: Childhood and adolescence*. Cengage Learning.

Sherry, A., Adelman, A., Farwell, L., & Linton, B. (2013). The impact of social class on parenting and attachment. In W. Ming Liu (Ed.), *The Oxford handbook of social class in counseling* (pp. 275–291). Oxford University Press.

True, M. M., Pisani, L., & Oumar, F. (2001). Infant-mother attachment among the Dogon of Mali. *Child Development, 72*(5), 1451–1466.

Waldinger, R. J., & Schulz, M. S. (2016). The long reach of nurturing family environments: Links with midlife emotion-regulatory styles and late-life security in intimate relationships. *Psychological Science, 27*(11), 1443–1450.

西蒙·巴伦—科恩. 恶的科学：论共情与残酷行为的起源 [M]. 高天羽，译. 桂林：广西师范大学出版社，2018.

第 17 章

Barber, B. K., & Harmon, E. L. (2002). Violating the self: Parental psychological control of children and adolescents. In B. K. Barber (Ed.), *Intrusive parenting: How psychological control affects children and adolescents* (pp. 15-52). American Psychological Association.

Berntsen, D., & Rubin, D. C. (2002). Emotionally charged autobiographical memories across the life span: The recall of happy, sad, traumatic and involuntary memories. *Psychology and Aging, 17*(4), 636–652.

Chopik, W. J., Edelstein, R. S., & Grimm, K. J. (2019). Longitudinal changes in attachment orientation over a 59-year period. *Journal of Personality and Social Psychology, 116*(4), 598–611.

Fraley, R. C. (2019). Attachment in adulthood: Recent developments, emerging debates, and future directions. *Annual Review of Psychology, 70*, 401–422.

Soenens, B., & Vansteenkiste, M. (2010). A theoretical upgrade of the concept of parental psychological control: Proposing new insights on the basis of self-determination theory. *Developmental Review, 30*(1), 74–99.

河合隼雄. 什么是最好的父母：日本国宝级心理学家开解父母的养育困惑 [M]. 张日昇，译. 北京：北京联合出版公司，2020.

朱迪斯·哈里斯. 教养的迷思：父母的教养方式能否决定孩子的人格发展？[M]. 张庆宗，译. 上海：上海译文出版社，2015.

第 18 章

Chiu, L. (1972). A cross-cultural comparison of cognitive styles in Chinese and American children. *International Journal of Psychology, 7*, 235–242.

Choi, I., Nisbett, R. E., & Norenzayan, A. (1999). Causal attribution across cultures: Variation and universality. *Psychological Bulletin, 125*, 47–63.

Hall, E. T., & Hall, M. R. (1990). *Understanding cultural differences: Germans, French and Americans*. Intercultural Press.

Hofstede, G. (1980). *Culture's Consequences* (Vol. 5). Sage Publications, Inc..

Hofstede, G. (1991). *Cultures and Organizations: Software of the mind*. McGraw-Hill.

Hofstede, G. (2011). Dimensionalizing cultures: The Hofstede model in context. *Online Readings in Psychology and Culture, 2*(1), 1–26.

Masuda, T., Ellsworth, P. C., Mesquita, B., Leu, J., Tanida, S., & van de Veerdonk, E. (2008). Placing the face in context: Cultural differences in the perception of facial emotion. *Journal of Personality and Social Psychology, 94*(3), 365–381.

Masuda, T., Gonzalez, R., Kwan, L., & Nisbett, R. E. (2008). Culture and aesthetic preference: Comparing the attention to context of East Asians and Americans. *Personality and Social Psychology Bulletin, 34*(9), 1260–1275.

Masuda, T., & Nisbett, R. E. (2001). Attending holistically versus analytically: Comparing the context sensitivity of Japanese and Americans. *Journal of Personality and Social Psychology, 81*(5), 922–934.

Morris, M. W., & Peng, K. (1994). Culture and cause American and Chinese attributions for social and physical events. *Journal of Personality and Social Psychology, 67*, 949–971.

Nisbett, R. E., & Masuda, T. (2003) Culture and point of view. *Proceedings of the National Academy of Sciences, 100*, 11163–11170.

Nisbett, R. E., Peng, K., Choi, I., & Norenzayan, A. (2001). Culture and systems of thought: Holistic versus analytic cognition. *Psychological Review, 108*(2), 291–310.

Oyserman, D. (2017). Culture three ways: Culture and subcultures within countries. *Annual Review of Psychology, 68*, 435–463.

吕坤维. 中国人的情感：文化心理学阐释［M］. 谢中垚，译. 北京：北京师范大学出版社，2019.

第 19 章

Aramaki, H. (2019). How the Japanese have changed over 45 years [Part I]: From the 10th Survey on Japanese Value Orientations. The NHK Monthly Report on Broadcast Research, *69*, 2–37.

Bao, H. W., Cai, H., & Huang, Z. (2022). Discerning cultural shifts in China? Commentary on Hamamura et al. (2021). *American Psychologist, 77*(6), 786–788.

Berry, J. W. (1967). Independence and conformity in subsistence-level societies. *Journal of Personality and Social Psychology, 7*(4, Pt.1), 415–418.

Bianchi E. C. (2016). American individualism rises and falls with the economy: Cross-temporal evidence that individualism declines when the economy falters. *Journal of Personality and Social Psychology, 111*(4), 567–584.

Bond, R., & Smith, P. B. (1996). Culture and conformity: A meta-analysis of studies using Asch's (1952b, 1956) line judgment task. *Psychological Bulletin, 119*, 111–137.

Chiu, C.-Y., & Hong, Y.-Y. (2006). *Social psychology of culture.* Psychology Press.

Hamamura, T., Chen, Z., Chan, C. S., Chen, S. X., & Kobayashi, T. (2021). Individualism with Chinese characteristics? Discerning cultural shifts in China using 50 years of printed texts. *The American Psychologist, 76*(6), 888–903.

Han, S., & Northoff, G. (2008). Culture-sensitive neural substrates of human cognition: A transcultural neuroimaging approach. *Nature Reviews Neuroscience, 9*, 646–654.

Kitayama, S., & Uskul, A. K. (2011). Culture, mind, and the brain: Current evidence and future directions. *Annual Review of Psychology, 62*, 419–449.

Markus, H. R., & Kitayama, S. (1991). Culture and the self: Implications for cognition, emotion, and motivation. *Psychological Review, 98*(2), 224–253.

Santos, H. C., Varnum, M. E. W., & Grossmann, I. (2017). Global increases in individualism. *Psychological Science, 28*(9), 1228–1239.

Talhelm, T., Zhang, X., Oishi, S., Shimin, C., Duan, D., Lan, X., & Kitayama, S. (2014). Large-scale psychological differences within China explained by rice versus wheat agriculture. *Science, 344*(6184), 603–608.

Trafimow, D., Triandis, H. C., & Goto, S. G. (1991). Some tests of the distinction between the private self and the collective self. *Journal of Personality and Social Psychology, 60,* 649–655.

Triandis, H. C. (1989). The self and social behavior in differing cultural contexts. *Psychological Review, 96*, 506–520.

Triandis, H. C. (1990). Cross-cultural studies of individualism and collectivism. In J. J. Berman (Ed.), *Nebraska symposium on motivation, 1989: Cross-cultural perspectives* (Vol. 37) (pp. 41-133). University of Nebraska Press.

Varnum, M., & Grossmann, I. (2017). Cultural change: The how and the why. *Perspectives on Psychological Science, 12*(6), 956–972.

Vignoles, V. L., Owe, E., Becker, M., Smith, P., Easterbrook, M. J., Brown, R., González, R., Didier, N., Carrasco, D., Cadena, M. P., Lay, S., Schwartz, S. J., Des Rosiers, S. E., Villamar, J. A., Gavreliuc, A., Zinkeng, M., Kreuzbauer, R., Baguma, P., Martin, M., . . . Bond, M. H. (2016). Beyond the 'east-west' dichotomy: Global variation in cultural models of selfhood. *Journal of Experimental Psychology: General, 145*, 966–1000.

Zhu, Y., Zhang, L., Fan, J., & Han, S. (2007). Neural basis of cultural influence on self-representation. *NeuroImage, 34*(3), 1310–1316.

马欣然，任孝鹏，徐江. 中国人集体主义的南北方差异及其文化动力 [J]. 心理科学进展，2016, 24(10): 1551-1555.

苏红，任孝鹏，陆柯雯，张慧. 人名演变与时代变迁 [J]. 青年研究，2016 (3):8.

许烺光. 美国人与中国人：两种生活方式比较 [M]. 彭凯平，刘文静，等，译. 北京：华夏出版社，

1989.

许倬云.中国文化的精神［M］.北京：九州出版社，2018.

第 20 章

Aiello, L. M., Quercia, D., Zhou, K., Constantinides, M., Šćepanović, S., & Joglekar, S. (2020). How epidemic psychology works on Twitter: Evolution of responses to the COVID-19 pandemic in the U.S. *Humanities and Social Sciences Communications, 8,* 1–15.

Bieber, F. (2022). Global nationalism in times of the COVID-19 pandemic. *Nationalities Papers, 50*(1), 13–25.

Faulkner, J., Schaller, M., Park, J. H., & Duncan, L. A. (2004). Evolved disease-avoidance mechanisms and contemporary xenophobic attitudes. *Group Processes & Intergroup Relations, 7,* 333–353.

Fincher, C. L., Thornhill, R., Murray, D. R., & Schaller, M. (2008). Pathogen prevalence predicts human cross-cultural variability in individualism/collectivism. *Proceedings of the Royal Society B-Biological Sciences, 275*(1640), 1279–1285.

Gelfand, M. J., Jackson, J. C., Pan, X., Nau, D., Pieper, D., Denison, E., Dagher, M., van Lange, P., Chiu, C. Y., & Wang, M. (2021). The relationship between cultural tightness-looseness and COVID-19 cases and deaths: A global analysis. *The Lancet. Planetary Health, 5*(3), e135–e144.

Gelfand, M. J., Raver, J. L., Nishii, L., Leslie, L. M., Lun, J., Lim, B. C., Duan, L., Almaliach, A., Ang, S., Arnadottir, J., Aycan, Z., Boehnke, K., Boski, P., Cabecinhas, R., Chan, D., Chhokar, J., D'Amato, A., Ferrer, M., Fischlmayr, I. C., Fischer, R., ... Yamaguchi, S. (2011). Differences between tight and loose cultures: A 33-nation study. *Science, 332*(6033), 1100–1104.

Han, N., Ren, X., Wu, P., Liu, X., & Zhu, T. (2021). Increase of collectivistic expression in China during the COVID-19 outbreak: An empirical study on online social networks. *Frontiers in Psychology, 12.*

Lu, J. G., Jin, P., & English, A. S. (2021). Collectivism predicts mask use during COVID-19. *Proceedings of the National Academy of Sciences of the United States of America, 118*(23), e2021793118.

Navarrete, C. D., Fessler, D. M., & Eng, S. J. (2007). Elevated ethnocentrism in the first trimester of pregnancy. *Evolution and Human Behavior, 28*(1). 60–65.

Rozin, P., Millman, L., & Nemeroff, C. (1986). Operation of the laws of sympathetic magic in disgust and other domains. *Journal of Personality and Social Psychology, 50*(4), 703–712.

Schaller M. (2011). The behavioural immune system and the psychology of human sociality. *Philosophical Transactions of The Royal Society B-Biological Sciences, 366*(1583), 3418–3426.

Strong, P. M. (1990). Epidemic psychology: A model. *Sociology of Health and Illness, 12,* 249-259.

Varnum, M., & Grossmann, I. (2017). Cultural change: The how and the why. *Perspectives on Psychological Science, 12*(6), 956–972.

Zuo, S., Wang, F., Hong, Y., Chan, H., Chiu, C. P., & Wang, X. (2023) . Ecological introspection resulting from the COVID-19 pandemic: The threat perception of the pandemic was positively related to pro-environmental behaviors. *Journal of Positive Psychology*. Advance online publication.

第 21 章

Alexiou, C., & Kartiyasa, A. (2020). Does greater income inequality cause increased work hours? New evidence from high income economies. *Bulletin of Economic Research, 72*(4), 380–392.

Bakhshi, S., Kanuparthy, P., & Gilbert, E. (2014). *Demographics, weather and online reviews: A study of restaurant recommendations.* Proceedings of the 23rd International Conference on World Wide Web.

Barber, N. (2003). The sex ratio and female marital opportunity as historical predictors of violent crime in England, Scotland, and the United States. *Cross-Cultural Research, 37*(4), 373–392.

Barone, G., & Mocetti, S. (2016). Inequality and trust: New evidence from panel data. *Economic Inquiry, 54*(2), 794–809.

Brancaleoni, G., Nikitenkova, E., Grassi, L., & Hansen, V. (2009). Seasonal affective disorder and latitude of living. *Epidemiology and Psychiatric Sciences, 18*(4), 336–343.

Buttrick, N. R., & Oishi, S. (2017). The psychological consequences of income inequality. *Social and Personality Psychology Compass, 11*(3), e12304.

Cheng, L., Hao, M., & Wang, F. (2021). Beware of the 'bad guys': Economic inequality, perceived competition, and social vigilance. *International Review of Social Psychology, 34*(1), 9.

Cheng, L., Hao, M., Wang, X., Li, Z., & Wang, F. (2023). "You are useful objects": Economic inequality leads people to approach instrumental others. *European Journal of Social Psychology*. Advance online publication.

Cheng, L., Zhou, X., Wang, F., & Hao, M. (2020). The greater the economic inequality, the later people have children: The association between economic inequality and reproductive timing. *Scandinavian Journal of Psychology, 3*(61), 450–459.

Choe, J. (2008). Income inequality and crime in the United States. *Economics Letters, 101*, 31–33.

Du, H., Götz, F. M., King, R. B., & Rentfrow, P. J. (2022). The psychological imprint of inequality: Economic inequality shapes achievement and power values in human life. *Journal of Personality*. Advance online publication.

Durante, K. M., Griskevicius, V., Simpson, J. A., Cantú, S. M., & Tybur, J. M. (2012). Sex ratio and women's career choice: Does a scarcity of men lead women to choose briefcase over baby? *Journal of Personality and Social Psychology, 103*(1), 121–134.

Elgar, F. J., Craig, W., Boyce, W., Morgan, A., & Vella-Zarb, R. (2009). Income inequality and school bullying: Multilevel study of adolescents in 37 countries. *Journal of Adolescent Health, 45*(4), 351–359.

Elgar, F. J., Pickett, K. E., Pickett, W., Craig, W., Molcho, M., Hurrelmann, K., & Lenzi, M. (2013). School bullying, homicide and income inequality: A cross-national pooled time series analysis. *International Journal of Public Health, 58*(2), 237–245.

Figueredo, A. J., Gladden, P., Vásquez, G., Wolf, P. S. A., & Jones, D. N. (2009). Evolutionary theories of personality. In P. J. Corr & G. Matthews (Eds.), *The Cambridge handbook of personality psychology* (pp. 265–274). Cambridge University Press.

Goetzmann, W. N., Kim, D., Kumar, A., & Wang, Q. (2015). Weather-induced mood, institutional investors, and stock returns. *Review of Financial Studies, 28*, 73–111.

Gu, D., Huang, N., Zhang, M., & Wang, F. (2015). Under the dome: Air pollution, wellbeing, and pro-environmental behaviour among Beijing residents. *Journal of Pacific Rim Psychology, 9*, 65–77.

Guéguen, N., & Lamy, L. (2013). Weather and helping: Additional evidence of the effect of the sunshine Samaritan. *The Journal of Social Psychology, 153*, 123–126.

Guttentag, M., & Secord, P. F. (1983). *Too many women? The sex ratio question*. Sage Publications, Inc..

Jonason, P. K., Icho, A., & Ireland, K. (2016). Resources, harshness, and unpredictability: The socioeconomic conditions associated with the dark triad traits. *Evolutionary Psychology, 14*(1), 1–11.

Kim, B., Seo, C., & Hong, Y-O. (2020). A systematic review and meta-analysis of income inequality and crime in Europe: Do places matter? *European Journal on Criminal Policy and Research*, 1–24.

Lambert, G.W., Reid, C., Kaye, D.M., Jennings, G.L., & Esler, M. (2003). Increased suicide rate in the middle-aged and its association with hours of sunlight. *The American Journal of Psychiatry, 160*(4), 793–795.

Layte, R., & Whelan, C. (2014). Who feels inferior? A test of the status anxiety hypothesis of social inequalities in health. *European Sociological Review, 30*(4), 525–535.

Lu, J. G., Lee, J. J., Gino, F., & Galinsky, A. D. (2018). Polluted morality: Air pollution predicts criminal activity and unethical behavior. *Psychological Science, 29*(3), 340–355.

McCrae, R. R., & Terracciano, A. (2005). Personality profiles of cultures: Aggregate personality traits. *Journal of Personality and Social Psychology, 89*(3), 407–425.

Mededović, J. (2019). Life history in a postconflict society: Violent intergroup conflict facilitates fast life-history strategy. *Human Nature, 30*(1), 59–70.

Ngamaba, K. H., Panagioti, M., & Armitage, C. J. (2018). Income inequality and subjective well-being: A systematic review and meta-analysis. *Quality of Life Research, 27*(3), 577–596.

Oishi, S. (2014). Socioecological psychology. *Annual Review of Psychology, 65*, 581–609.

Oishi, S., & Graham, J. (2010). Social ecology lost and found in psychological science. *Perspectives on Psychological Science, 5*(4), 356–377.

Oxfam (2018). *Annual Report 2018*. https://www.oxfamamerica.org/explore/research-publications/annual-report-2018/

Payne, B. K., Brown-Iannuzzi, J. L., & Hannay, J. W. (2017). Economic inequality increases risk taking. *Proceedings of the National Academy of Sciences of the United States of America, 114*(18), 4643–4648.

Pickett, K. E., & Wilkinson, R. G. (2015). Income inequality and health: A causal review. *Social Science and Medicine, 128*(1982), 316–326.

Ranson, M. H. (2014). Crime, weather, and climate change. *Journal of Environmental Economics and Management, 67*(3), 274–302.

Sng, O., Neuberg, S. L., Varnum, M. E. W., & Kenrick, D. T. (2018). The behavioral ecology of cultural psychological variation. *Psychological Review, 125*(5), 714–743.

Sommet, N., Weissman, D. L., & Elliot, A. J. (2023). Income inequality predicts competitiveness and cooperativeness at school. *Journal of Educational Psychology, 115*(1), 173–191.

South, S. J., & Trent, K. (1988). Sex ratios and women's roles: A cross-national analysis. *American Journal of Sociology, 93*, 1096–1115.

To, C., Wiwad, D., & Kouchaki, M. (2022). *Economic inequality increases the acceptability of others' unethical behavior.* Preprint manuscript. http://dylanwiwad.com/files/jpsp_ur.pdf

Vyssoki, B., Praschak-Rieder, N., Sonneck, G., Blüml, V., Willeit, M., Kasper, S., & Kapusta, N. D. (2012). Effects of sunshine on suicide rates. *Comprehensive Psychiatry, 53*(5), 535–539.

Walasek, L., Bhatia, S., & Brown, G. D. A. (2018). Positional goods and the social rank hypothesis: Income inequality affects online chatter about high-and low-status brands on Twitter. *Journal of Consumer Psychology, 28*(1), 138–148.

Wei, C., Dang, J., Liu, L., Li, C., Tan, X., & Gu, Z. (2022). Economic inequality breeds corrupt behaviour. *British Journal of Social Psychology*, Advance online publication.

Wei, W., Lu, J. G., Galinsky, A. D., Wu, H., Gosling, S. D., & Rentfrow, P. J., et al. (2017). Regional ambient temperature is associated with human personality. *Nature Human Behaviour, 1*(12), 890–895.

陈浩, 洪斌, 赖凯声. 宜人性之殇：收入不平等对国家宜人性人格与国民健康指标间关系的系列负性调节效应［J］. 中国社会心理学评论, 2021, 21(2): 192–221.

姜全保, 李波. 性别失衡对犯罪率的影响研究［J］. 公共管理学报, 2011, 8(1): 71–80.

赖凯声, 陈浩, 乐国安, 董颖红. 情绪能预测股市吗？［J］. 心理科学进展, 2014, 22(11): 1770–1781.

马赛厄斯·德普克, 法布里奇奥·齐利博蒂. 爱、金钱和孩子：育儿经济学［M］. 吴娴, 等, 译. 上海：格致出版社, 2019.

周璇, 成磊, 王芳. 社会经济不平等对个体生命史策略的影响——国家发展水平的调节作用［J］. 心理学探新, 2019, 39(6): 556–562.

第 22 章

Broverman, I. K., Vogel, S. R., Broverman, D. M., Clarkson, F. E., & Rosenkrantz, P. S. (1972). Sex-role stereotypes: A current appraisal. *Journal of Social Issues, 28*(2), 59–78.

Croft, A., Schmader, T., & Block, K. (2015). An underexamined inequality: Cultural and psychological barriers to men's engagement with communal roles. *Personality and Social Psychology Review, 19*(4), 343–370.

Diekman, A. B., & Eagly, A. H. (2000). Stereotypes as dynamic constructs: Women and men of the past, present, and future. *Personality and Social Psychology Bulletin, 26*(10), 1171–1188.

Eagly, A. H., Makhijani, M. G., & Klonsky, B. G. (1992). Gender and the evaluation of leaders: A meta-analysis. *Psychological Bulletin, 111*, 3–22.

Eagly, A. H., Nater, C., Miller, D. I., Kaufmann, M., & Sczesny, S. (2020). Gender stereotypes have changed: A cross-temporal meta-analysis of U.S. public opinion polls from 1946 to 2018. *American Psychologist, 75*(3), 301–315.

Eagly, A. H., & Wood, W. (2012). Social role theory. In P. van Lange, A. Kruglanski, & E. T. Higgins (Eds.), *Handbook of theories in social psychology* (pp. 458–476). Sage Publications, Inc.

Eagly, A. H., & Wood, W. (2013). The nature-nurture debates: 25 years of challenges in understanding the psychology of gender. *Perspectives on Psychological Science, 8*(3), 340–357.

Gilbert, D. T., & Malone, P. S. (1995). The correspondence bias. *Psychological Bulletin, 117*, 21–38.

Heilman, M. E., Wallen, A. S., Fuchs, D., & Tamkins, M. M. (2004). Penalties for success: Reactions to women who succeed at male gender-typed tasks. *Journal of Applied Psychology, 89*(3), 416–427.

Horwitz, A. V. (2010). How an age of anxiety became an age of depression. *The Milbank Quarterly, 88*(1), 112–138.

Hyde, J. (2014). Gender similarities and differences. *Annual Review of Psychology, 65*, 373–398.

Hyde, J. S., Bigler, R. S., Joel, D., Tate, C. C., & van Anders, S. M. (2019). The future of sex and gender in psychology: Five challenges to the gender binary. *American Psychologist, 74*(2), 171–193.

Leaper, C., Anderson, K. J., & Sanders, P. (1998). Moderators of gender effects on parents' talk to their children: A meta-analysis. *Developmental Psychology, 34*, 3–27.

Mead, M. (1935). *Sex and temperament in three primitive societies*. William Morrow.

Meyer, J. S., & Quenzer, L. F. (2005). *Psychopharmacology: Drugs, the brain, and behavior.* Sinauer Associates.

Seem, S., & Clark, M.D. (2006). Healthy women, healthy men, and healthy adults: An evaluation of gender role stereotypes in the twenty-first century. *Sex Roles, 55*, 247–258.

Serbin, L. A., Powlishta, K. K., & Gulko, J. (1993). The development of sex typing in middle childhood. *Monographs of the Society for Research in Child Development, 58*(2), 1–99.

Stossel, S. (2013). *My age of anxiety: Fear, hope, dread, and the search for peace of mind.* Vintage.

Twenge, J. M. (1997). Attitudes toward women, 1970–1995: A meta-analysis. *Psychology of Women Quarterly, 21*(1), 35–51.

Twenge J. M. (2001). Changes in women's assertiveness in response to status and roles: A cross-temporal meta-analysis, 1931-1993. *Journal of Personality and Social Psychology, 81*(1), 133–145.

WHO. (2016). *Investing in treatment for depression and anxiety leads to fourfold return.* https://www.who.int/news/item/13-04-2016-investing-in-treatment-for-depression-and-anxiety-leads-to-fourfold-return.

Wood, W., & Eagly, A. H. (2002). A cross-cultural analysis of the behavior of women and men: Implications for the origins of sex differences. *Psychological Bulletin, 128*, 699–727.

伊森·沃特斯. 像我们一样疯狂：美式心理疾病的全球化［M］. 黄晓楠，译. 北京：北京师范大学出版社，2016.

第 23 章

Menninger, K. A. (1938). *Man against himself*. Harcourt, Brace & Co..

第 24 章

Kahneman, D. (2003). A perspective on judgment and choice: Mapping bounded rationality. *American Psychologist, 58*(9), 697–720.

Horney, K. (1937). *The neurotic personality of our time*. W. W. Norton & Company.

郭永玉，刘毅，尤瑾，等. 人格理论［M］. 上海：上海教育出版社，2021.

斯科特·斯托塞尔. 好的焦虑［M］. 林琳，译. 北京：中信出版集团，2019.

第 25 章

Anderson, M. C., Ochsner, K. N., Kuhl, B., Cooper, J., Robertson, E., Gabrieli, S. W., Glover, G. H., & Gabrieli, J. D. (2004). Neural systems underlying the suppression of unwanted memories. *Science, 303*(5655), 232–235.

Little, L. (2009). Regulating funny: Humor and the law. *Cornell Law Review*, 1235–1292.

Mund, M., & Mitte, K. (2012). The costs of repression: A meta-analysis on the relation between repressive coping and somatic diseases. *Health Psychology, 31*(5), 640–649.

Weinberger, D. A., & Schwartz, G. E. (1990). Distress and restraint as superordinate dimensions of self-reported adjustment: A typological perspective. *Journal of Personality, 58*, 381–417.

Weinberger, D. A., Schwartz, G. E., & Davidson, R. J. (1979). Low-anxious, high-anxious, and repressive coping styles: Psychometric patterns and behavioral and physiological responses to stress. *Journal of Abnormal Psychology, 88*, 369–380.

第 26 章

American Psychological Association. (2020). *Hypnosis*. https://www.apa.org/topics/hypnosis

Braffman, W., & Kirsch, I. (1999). Imaginative suggestibility and hypnotizability: An empirical analysis. *Journal of Personality and Social Psychology, 77*, 578–587.

Ceci, S. J., & Bruck, M. (1993). Suggestibility of the child witness: A historical review and synthesis. *Psychological Bulletin, 113*, 403–439.

Funder, D. C. (2010). *The personality puzzle*. W. W. Norton & Company.

Gruzelier, J. H. (2006). Frontal functions, connectivity and neural efficiency underpinning hypnosis and hypnotic susceptibility. *Contemporary Hypnosis, 23*(1), 15–32.

Kallio, S., & Revonsuo, A. (2003). Hypnotic phenomena and altered states of consciousness: A multilevel framework of description and explanation. *Contemporary Hypnosis, 20*, 111–164.

Kendrick, C., Sliwinski, J., Yu, Y., Johnson, A., Fisher, W., Kekecs, Z., & Elkins, G. (2016). Hypnosis for acute procedural pain: A critical review. *The International Journal of Clinical and Experimental Hypnosis, 64*(1), 75–115.

Kirsch, I., & Lynn, S. J. (1998). Dissociation theories of hypnosis. *Psychological Bulletin, 123*(1), 100–115.

Laurence, J. R., & Perry, C. (1988). *Hypnosis, will and memory: A psycho-legal history*. Guilford.

Loftus, E. F. (2003). Make-believe memories. *American Psychologist, 58*(11), 867–873.

Loftus, E. F., & Palmer, J. C. (1974). Reconstruction of auto-mobile destruction: An example of the interaction between language and memory. *Journal of Verbal Learning and Verbal Behavior, 13*, 585–589.

Lynn, S. J., Green, J. P., Polizzi, C. P., Ellenberg, S., Gautam, A., & Aksen, D. (2019). Hypnosis, hypnotic phenomena, and hypnotic responsiveness: Clinical and research foundations–A 40-year perspective. *International Journal of Clinical and Experimental Hypnosis, 67*(4), 475–511.

Nash, M. R. (2001). The truth and the hype of hypnosis. *Scientific American, 285*(1), 46–55.

Nelson, K. (1993). The psychological and social origins of autobiographical memory. *Psychological Science, 4*(1), 7–14.

丹尼尔·夏克特. 探寻记忆的踪迹：大脑、心灵与往事[M]. 张梦洁，译. 北京：机械工业出版社，2021.

伊丽莎白·洛夫特斯. 目击者证词[M]. 李倩，译. 北京：中国人民大学出版社，2022.

第 27 章

Bargh, J. A., & Morsella, E. (2008). The unconscious mind. *Perspectives on Psychological Science, 3*(1), 73–79.

Baumeister, R. F. (2005). *The cultural animal: Human nature, meaning, and social life*. Oxford University Press.

Baumeister, R. F., Bratslavsky, E., Muraven, M., & Tice, D. M. (1998). Ego depletion: Is the active self a limited resource? *Journal of Personality and Social Psychology, 74*(5), 1252–1265.

Baumeister, R. F., Sparks, E. A., Stillman, T. F., & Vohs, K. D. (2008). Free will in consumer behavior: Self-control, ego depletion, and choice. *Journal of Consumer Psychology, 18*, 4–13.

Baumeister, R. F., Wright, B. R. E., & Carreon, D. (2019). Self-control "in the wild"：Experience sampling study of trait and state self-regulation. *Self and Identity, 18*(5), 494–528.

Cramer, P. (2000). Defense mechanisms in psychology today: Further processes for adaptation. *American Psychologist, 55*(6), 637–646.

Cramer P. (2015). Understanding defense mechanisms. *Psychodynamic Psychiatry, 43*(4), 523–552.

de Ridder, D. T., Lensvelt-Mulders, G., Finkenauer, C., Stok, F. M., & Baumeister, R. F. (2012). Taking stock of self-control: A meta-analysis of how trait self-control relates to a wide range of behaviors. *Personality and Social Psychology Review, 16*(1), 76–99.

Dell, G. S. (1986). A spreading-activation theory of retrieval in sentence production. *Psychological Review, 93*(3), 283–321.

Domhoff, G. W. (2007). Realistic simulation and bizarreness in dream content: Past findings and suggestions for future research. In D. Barrett & P. McNamara (Eds.), *The new science of dreaming (Vol. 2): Content, recall, and personality correlates* (pp. 1–27). Praeger Publishers/ Greenwood Publishing Group.

Erdelyi, M. H. (1985). *Psychoanalysis: Freud's cognitive psychology*. Freeman.

Geen, R. G., & Quanty, M. B. (1977). The catharsis of aggression: An evaluation of a hypothesis. *Advances in Experimental Social Psychology, 10*, 1–37.

Greenwald, A. G., McGhee, D. E., & Schwartz, J. L. K. (1998). Measuring individual differences in implicit cognition: The implicit association test. *Journal of Personality and Social Psychology, 74*(6), 1464–1480.

Hofmann, W., & Kotabe, H. (2012). A general model of preventive and interventive self-control. *Social and Personality Psychology Compass, 6*, 707–722.

Hofmann, W., Luhmann, M., Fisher, R. R., Vohs, K. D., & Baumeister, R. F. (2014). Yes, but are they happy? Effects of trait self-control on affective well-being and life satisfaction. *Journal of Personality, 82*(4), 265–277.

Kihlstrom, J. F. (1990). The psychological unconscious. In L. A. Pervin (Ed.), *Handbook of personality: Theory and research*. The Guilford Press, pp. 445–464.

Kouchaki, M., & Smith, I. H. (2014). The morning morality effect the influence of time of day on unethical behavior. *Psychological Science, 25*, 95–102.

Kouider, S., & Dehaene, S. (2007). Levels of processing during non-conscious perception: A critical review of visual masking. *Philosophical Transactions of the Royal B: Society Biological Sciences, 362*(1481), 857–875.

Krosnick, J. A., Betz, A. L., Jussim, L. J., & Lynn, A. R. (1992). Subliminal conditioning of attitudes. *Personality and Social Psychology Bulletin, 18*(2), 152–162.

Merikle, P. M., & Daneman, M. (2000). Conscious vs unconscious perception. In M. S. Gazzaniga (Ed.), *The new cognitive neurosciences* (2nd ed.)(pp. 1295–1303). MIT Press.

Niedenthal, P. M. (1990). Implicit perception of affective information. *Journal of Experimental Social Psychology, 26*, 505–527.

Wang, Y., Dong, D., Todd, J., Du, J., Yang, Z., Lu, H., & Chen, H. (2016). Neural correlates of restrained eaters' high susceptibility to food cues: An fMRI study. *Neuroscience Letters, 631*, 56–62.

Wegner, D. M. (2002). *The illusion of conscious will*. MIT Press.

Wegner, D. M., Wenzlaff, R. M., & Kozak, M. (2004). Dream rebound: The return of suppressed thoughts in dreams. *Psychological Science, 15*(4), 232–236.

Wegner, D. M., & Zanakos, S. (1994). Chronic thought suppression. *Journal of Personality, 62*(4), 616–640.

Weinberger, J., & Westen, D. (2008). RATS, we should have used Clinton: Subliminal priming in political campaigns. *Political Psychology, 29*, 631–651.

Westen, D. (1998). The scientific legacy of Sigmund Freud: Toward a psychodynamically informed psychological science. *Psychological Bulletin, 124*(3), 333–371.

Westen, D., Gabbard, G. O., & Ortigo, K. M. (2008). Psychoanalytic approaches to personality. In O. P. John, R. W. Robin, & L. A. Pervin (Eds.), *Handbook of personality: Theory and research* (pp. 61-113). The Guilford Press.

Worchel, P. (1957). Catharsis and the relief of hostility. *Journal of Abnormal Psychology, 55*(2), 238–243.

第 28 章

Adler, A. (1930). *The education of children*. Greenberg.

Barlow, P. J., Tobin, D. J., & Schmidt, M. M. (2009). Social interest and positive psychology: Positively aligned. *Journal of Individual Psychology, 65*(3), 191–202.

Carlson, J., Watts, R.E., & Maniacci, M. (2006). *Adlerian therapy: Theory and practice*. American Psychological Association.

Cervone, D., & Pervin, L. (2013). *Personality: Theory and research*. Wiley and Sons.

Dreikurs, R. (1973). *Psychodynamics, psychotherapy and counseling: Collected papers*. Alfred Adler Institute.

Funder, D. C. (2010). *The personality puzzle*. W. W. Norton & Company.

Griffith, J., & Powers, R. L. (1984). *An Adlerian lexicon: Fifty-nine terms associated with the individual psychology of Alfred Adler*. The Americas Institute of Adlerian Studies.

Lazarsfeld, S. (1966). The courage for imperfection. *Journal of Individual Psychology, 22*(2), 163–165.

Leak, G. K., & Leak, K. C. (2006). Adlerian social interest and positive psychology: A conceptual and empirical integration. *Journal of Individual Psychology, 62*(3), 207–223.

Manaster, G. J., & Corsini, R. J. (1982). *Individual psychology theory and practice*. F. E. Peacock.

McCluskey, M. C. (2021). Revitalizing Alfred Adler: An echo for equality. *Clinical Social Work Journal*, 1–13.

Mosak, H., & Maniacci, M. (1999). *A primer of Adlerian psychology*. Routledge.

Manaster, G. J., & Corsini, R. J. (1982). *Individual psychology theory and practice*. F. E. Peacock.

Oberst, U. E., & Stewart, A. E. (2003). *Adlerian psychotherapy: An advanced approach to individual psychology*. Brunner-Routledge.

Sicher, L. (1955). Education for freedom. *American Journal of Individual Psychology, 11*, 92–203.

Watts, R. E. (2003). Adlerian therapy as a relational constructivist approach. *The Family Journal, 11*(2), 139–147.

Watts, R. E., & Shulman, B, H. (2003). Adlerian and constructive therapies: An Adlerian perspective. In R. E. Watts (Ed.), *Adlerian, cognitive, and constructivist therapies: An integrative dialogue* (pp. 9–37). Springer Publishing.

Watts, R. E., Williamson, J., & Williamson, D. (2004). *Adlerian psychology: A relational constructivist approach*. In C. Shelley (Ed.) *Adlerian Yearbook: 2004* (pp.7-31). Adlerian Society (UK) and Institute for Individual Psychology.

第 29 章

Balthazart, J. (2018). Fraternal birth order effect on sexual orientation explained. *Proceedings of the National Academy of Sciences of the United States of America, 115*(2), 234–236.

Black, S. E., Grönqvist, E., & Öckert B. (2018). Born to lead? The effect of birth order on noncognitive abilities. *The Review of Economics and Statistics, 100*(2), 274–286.

Blake J. (1981). Family size and the quality of children. *Demography, 18*(4), 421–442.

Blanchard R. (2004). Quantitative and theoretical analyses of the relation between older brothers and homosexuality in men. *Journal of Theoretical Biology, 230*(2), 173–187.

Blanchard R. (2018). Fraternal birth order, family size, and male homosexuality: Meta-analysis of studies spanning 25 years. *Archives of Sexual Behavior, 47*(1), 1–15.

Blanchard, R., & Bogaert, A. F. (1996). Homosexuality in men and number of older brothers. *The American Journal of Psychiatry, 153*(1), 27–31.

Bogaert, A. F., Skorska, M. N., Wang, C., Gabrie, J., MacNeil, A. J., Hoffarth, M. R., VanderLaan, D. P., Zucker, K. J., & Blanchard, R. (2018). Male homosexuality and maternal immune responsivity to the Y-linked protein NLGN4Y. *Proceedings of the National Academy of Sciences of the United States of America, 115*(2), 302–306.

Boomsma, D. I., van Beijsterveld, T. C. E. M., Beem, A. L., Hoekstra, R. A., Polderman, T. J. C., & Bartels, M. (2008). Intelligence and birth order in boys and girls. *Intelligence, 36*(6), 630–634.

Chow, E. N., & Zhao, S. M. (1996). The one-child policy and parent-child relationships: A comparison of one-child with multiple-child families in China. *International Journal of Sociology and Social Policy, 16*, 35–62.

Chu, C., Xie, Y., & Yu, R. (2007). Effects of sibship structure revisited: Evidence from intrafamily resource transfer in Taiwan. *Sociology and Education, 80*, 91–113.

Damian, R. I., & Roberts, B. W. (2015). Settling the debate on birth order and personality. *Proceedings of the National Academy of Sciences of the United States of America, 112*(46), 14119–14120.

Damian, R. I., & Roberts, B. W. (2015). The associations of birth order with personality and intelligence in a representative sample of U.S. high school students. *Journal of Research in Personality, 58*, 96–105.

Kristensen, P., & Bjerkedal, T. (2007). Explaining the relation between birth order and intelligence. *Science, 316*(5832), 1717.

Lee, M. H. (2012). The one-child policy and gender equality in education in China: Evidence from household data. *Journal of Family and Economic Issues, 33*, 41–52.

Lejarraga, T., Frey, R., Schnitzlein, D. D., & Hertwig, R. (2019). No effect of birth order on adult risk taking. *Proceedings of the National Academy of Sciences of the United States of America, 116*(13), 6019–6024.

Leman, K. (2008). *The firstborn advantage: Making your birth order work for you.* Revell.

Liu, Y., & Jiang, Q. (2021). Who benefits from being an only child? A study of parent-child relationship among Chinese junior high school students. *Frontiers in Psychology, 11,* 608995.

Paulhus, D. L., Trapnell, P. D., & Chen, D. (1999). Birth order effects on personality and achievement within families. *Psychological Science, 10*(6), 482–488.

Raley, S., & Bianchi, S. (2006). Sons, daughters, and family processes: Does gender of children matter? *Annual Review of Sociology, 32,* 401–421.

Rohrer, J. M., Egloff, B., & Schmukle, S. C. (2015). Examining the effects of birth order on personality. *Proceedings of the National Academy of Sciences of the United States of America, 112*(46), 14224–14229.

Sulloway, F. (1996). *Born to rebel: Birth order, family dynamics, and creative lives.* Vintage.

Tsui, M. Y., & Rich, L. N. (2002). The only child and educational opportunity for girls in urban China. *Gender & Society, 16,* 74–92.

Yang, J., Hou, X., Wei, D., Wang, K., Li, Y., & Qiu, J. (2017). Only-child and non-only-child exhibit differences in creativity and agreeableness: Evidence from behavioral and anatomical structural studies. *Brain Imaging and Behavior, 11*(2), 493–502.

Zajonc, R. B., & Markus, G. B. (1975). Birth order and intellectual development. *Psychological Review, 82*(1), 74–88.

Zheng, L. (2015). Sibling sex composition, intrahousehold resource allocation, and educational attainment in China. *The Journal of Chinese Sociology, 2,* 1–22.

廖友国, 连榕. 独生与非独生子女心理健康变迁的差异——一项横断历史研究［J］. 西南大学学报（社会科学版）, 2020, 46(3): 117–126.

第 30 章

Bem, S. L. (1974). The measurement of psychological androgyny. *Journal of Consulting and Clinical Psychology, 42,* 155–162.

Friedman, H.S., & Schustack, M. (2016). *Personality: Classic theories and modern research.* Pearson Education.

Hyde, J. (2014). Gender similarities and differences. *Annual Review of Psychology, 65,* 373–398.

Luo, Q., & Sahakian, B. J. (2022). Brain sex differences: The androgynous brain is advantageous for mental health and well-being. *Neuropsychopharmacol, 47,* 407–408.

Martin, C. L., Cook, R. E., & Andrews, N. C. Z. (2017). Reviving androgyny: A modern day perspective on flexibility of gender identity and behavior. *Sex Roles, 76*(9-10), 592–603.

Tenenbaum, H. R., & Leaper, C. (2002). Are parents' gender schemas related to their children's gender-related cognitions? A meta-analysis. *Developmental Psychology, 38*(4), 615–630.

Zhang, Y., Luo, Q., Huang, C. C., Lo, C. Z., Langley, C., Desrivières, S., Quinlan, E. B., Banaschewski, T., Millenet, S., Bokde, A., Flor, H., Garavan, H., Gowland, P., Heinz, A., Ittermann, B., Martinot, J. L., Artiges, E., Paillère-Martinot, M. L., Nees, F., Orfanos, D. P., ... IMAGEN consortium (2021). The human brain is best described as being on a female/male continuum: Evidence from a neuroimaging connectivity study. *Cerebral Cortex, 31*(6), 3021–3033.

范红霞, 申荷永, 李北容. 荣格分析心理学中情结的结构、功能及意义 [J]. 中国心理卫生杂志, 2008, 22(4): 310-313.

申荷永. 心理分析：理解与体验 [M]. 北京：生活·读书·新知三联书店, 2004.

申荷永, 高岚. 荣格与中国文化 [M]. 北京：首都师范大学出版社, 2018.

第 31 章

Bly, B. (1988). *A little book on the human shadow.* Harper Collins.

Boyle, G. J. (1995). Myers-Briggs type indicator (MBTI): Some psychometric limitations. *Australian Psychologist, 30*(1), 71–74.

Forbes. (2018). The 'strange history' behind the Myers-Briggs Type Indicator—And what that can mean for you. https://www.forbes.com/sites/michaelbarthur/2018/09/16/the-strange-history-behind-the-mbti-and-what-that-can-mean-for-career-owners/

Gardner, W. L., & Martinko, M. J. (1996). Using the Myers-Briggs type indicator to study managers: A literature review and research agenda. *Journal of Management, 22*(1), 45–83.

Grant, A. M. (2013). Rethinking the extraverted sales ideal: The ambivert advantage. *Psychological Science, 24*(6), 1024–1030.

Harvey, R. J. (1996). Reliability and validity. In A. L. Hammer (Ed.), *MBTI applications: A decade of research on the Myers-Briggs Type Indicator* (pp. 5-29). Consulting Psychologists Press.

McCrae, R. R., & Costa, P. T. (1989). Reinterpreting the Myers-Briggs type indicator from the perspective of the five-factor model of personality. *Journal of Personality, 57*(1), 17–40.

Pittenger, D. J. (1993). Measuring the MBTI...and coming up short. *Journal of Career Planning and Placement, 54*, 48–53.

Pittenger, D. J. (2005). Cautionary comments regarding the Myers-Briggs Type Indicator. *Consulting Psychology Journal: Practice and Research, 57*(3), 210–221.

詹姆斯·霍利斯. 中年之路：人格的第二次成型 [M]. 郑世彦, 译. 杭州：浙江大学出版社, 2022.

第 32 章

Blank, T., & Schmidt, P. (2003). National identity in a united Germany: Nationalism or patriotism? An empirical test with representative data. *Political Psychology, 2*, 289–312.

Cichocka, A., Cislak, A., Gronfeldt, B., & Wójcik, A. D. (2021). Can ingroup love harm the ingroup? Collective narcissism and objectification of ingroup members. *Group Processes & Intergroup Relations, 25*, 1718–1738.

Federico, Ch. M., & Golec de Zavala, A. (2018). Collective narcissism and the 2016 United States presidential vote. *Public Opinion Quarterly, 82*, 110–121.

Fromm, E. (1941). *Escape from freedom*. Farrar & Rinehart.

Fromm, E. (1973). *The anatomy of human destructiveness*. Holt, Rinehart and Winston.

Fromm, E. (1990). *Man for himself: An inquiry into the psychology of ethics*. Henry Holt and Company.

Golec de Zavala, A., Cichocka, A., Eidelson, R., & Jayawickreme, N. (2009). Collective narcissism and its social consequences. *Journal of Personality and Social Psychology, 97*(6), 1074–1096.

Golec de Zavala, A., Federico, C. M., Sedikides, C., Guerra, R., Lantos, D., Mroziński, B., Cypryańska, M., & Baran, T. (2020). Low self-esteem predicts out-group derogation via collective narcissism, but this relationship is obscured by in-group satisfaction. *Journal of Personality and Social Psychology, 119*(3), 741–764.

Golec de Zavala, A., & Lantos, D. (2020). Collective narcissism and its social consequences: The bad and the ugly. *Current Directions in Psychological Science, 29*(3), 273–278.

Kosterman, R., & Feshbach, S. (1989). Toward a measure of patriotic and nationalistic attitudes. *Political Psychology, 10*(2), 257–274.

Marchlewska, M., Cichocka, A., Jaworska, M., Golec de Zavala, A., & Bilewicz, M. (2020). Superficial ingroup love? Collective narcissism predicts ingroup image defense, outgroup prejudice, and lower ingroup loyalty. *British Journal of Social Psychology, 59*(4), 857–875.

Pehrson, S., Brown, R., & Zagefka, H. (2009). When does national identification lead to the rejection of immigrants? Cross-sectional and longitudinal evidence for the role of essentialist in-group definitions. *British Journal of Social Psychology, 48*(Pt 1), 61–76.

Schatz, R. T., Staub, E., & Lavine, H. (1999). On the varieties of national attachment: Blind versus constructive patriotism. *Political Psychology, 20*, 151–174.

埃利希·弗洛姆. 人之心：爱欲的破坏性倾向［M］. 都本伟，赵桂琴，译. 沈阳：辽宁大学出版社, 1988.

郭永玉. 孤立无援的现代人：弗洛姆人本主义精神分析［M］. 北京：生活·读书·新知三联书店, 2023.

第 33 章

Belmi, P., & Schroeder, J. (2021). Human "resources"? Objectification at work. *Journal of Personality and Social Psychology, 120*(2), 384–417.

Cheng, L., Li, Z., Hao, M., Zhu, X., & Wang, F. (2022). Objectification limits authenticity: Exploring the relations between objectification, perceived authenticity, and subjective well-being. *British Journal of Social Psychology, 61*(2), 622–643.

Dietch, J. (1978). Love, sex roles, and psychological health. *Journal of Personality Assessment, 42*(6), 626–634.

Funder, D. C. (2010). *The personality puzzle*. W. W. Norton & Company.

Hagerty, S. F., & Barasz, K. (2020). Inequality in socially permissible consumption. *Proceedings of the National Academy of Sciences of the United States of America, 117*(25), 14084–14093.

Haslam, N. (2006). Dehumanization: An integrative review. *Personality and Social Psychology*

Review, 10(3), 252–264.

Maslow, A. H. (1954). *Motivation and personality*. Harper and Row.

Maslow, A. H. (1968). Some educational implications of the humanistic psychologies. *Harvard Educational Review, 38*, 685–696.

Schroeder, J., & Epley, N. (2020). Demeaning: Dehumanizing others by minimizing the importance of their psychological needs. *Journal of Personality and Social Psychology, 119*(4), 765–791.

Tay, L., & Diener, E. (2011). Needs and subjective well-being around the world. *Journal of Personality and Social Psychology, 101*(2), 354–356.

Wahba, M. A., & Bridwell, L. G. (1976). Maslow reconsidered: A review of research on the need hierarchy theory. *Organizational Behavior & Human Performance, 15*(2), 212–240.

李紫菲，成磊，朱雪丽，王芳 . 我们都是"打工人"：工作中的客体化[J]. 心理科学 , 2023, 46 (1)：162–169.

饶婷婷，朱晓文，杨沈龙，白洁 . 突发公共事件中公众的补偿性控制［J］. 心理科学进展 , 2022, 30(5): 1119–1130.

第 34 章

Csikszentmihalyi, M. (1990). *Flow: The psychology of optimal experience*. Harper and Row.

Hoffman, E. (1988). *The right to be human: A biography of Abraham Maslow*. Jeremy P. Tarcher.

Maslow, A. H. (1962). *Towards a psychology of being*. D. Van Nostrand Company.

Maslow, A. H. (1971). *The farther reaches of human nature*. Viking.

Maslow, A. H. (1987). *Motivation and personality* (3rd ed.). Pearson Education.

第 35 章

Cook, J. M., Biyanova, T., & Coyne, J. (2009). Influential psychotherapy figures, authors, and books: An Internet survey of over 2,000 psychotherapists. *Psychotherapy, 46*(1), 42–51.

Friedman, H.S., & Schustack, M. (2016). *Personality: Classic theories and modern research*. Pearson Education.

Heimpel, S. A., Wood, J. V., Marshall, M. A., & Brown, J. D. (2002). Do people with low self-esteem really want to feel better? Self-esteem differences in motivation to repair negative moods. *Journal of Personality and Social Psychology, 82*(1), 128–147.

Hergenhahn, B. R. (2009). *An introduction to the history of psychology* (6th ed.). Wadsworth / Cengage Learning.

Higgins, E. T. (1987). Self-discrepancy: A theory relating self and affect. *Psychological Review, 94*(3), 319–340.

Higgins, E. T., & Cornwell, J. F. M. (2016). Securing foundations and advancing frontiers: Prevention and promotion effects on judgment & decision making. *Organizational Behavior and Human Decision Processes, 136*, 56–67.

Horney, K. (1950). *Neurosis and human growth: The struggle toward self-realization*. W. W.

Norton & Company.

Rogers, C. R. (1961). *On becoming a person: A therapist's view of psychotherapy*. Houghton Mifflin.

卡伦·霍尼. 我们时代的神经症人格 [M]. 冯川, 译. 贵阳: 贵州人民出版社, 1988.

第 36 章

Coopersmith, S. (1967). *The antecedents of self-esteem*. W. H. Freeman and Company.

Levy, A., DeLeon, I. G., Martinez, C. K., Fernandez, N., Gage, N. A., Sigurdsson, S. Ó., & Frank-Crawford, M. A. (2017). A quantitative review of overjustification effects in persons with intellectual and developmental disabilities. *Journal of Applied Behavior Analysis, 50*(2), 206–221.

Rogers, C. R. (1959). A Theory of therapy, personality, and interpersonal relationships: As developed in the client-centered framework. In S. Koch (Ed.), *Psychology: A study of a science. Formulations of the person and the social context* (Vol. 3) (pp. 184-256). McGraw Hill.

罗兰·米勒. 亲密关系 [M]. 第 6 版. 王伟平, 译. 北京: 人民邮电出版社, 2015.

第 37 章

Aknin, L. B., Barrington-Leigh, C. P., Dunn, E. W., Helliwell, J. F., Burns, J., Biswas-Diener, R., Kemeza, I., Nyende, P., Ashton-James, C. E., & Norton, M. I. (2013). Prosocial spending and well-being: Cross-cultural evidence for a psychological universal. *Journal of Personality and Social Psychology, 104*(4), 635–652.

Boyce, C. J., Brown, G. D. A., & Moore, S. C. (2010). Money and happiness: Rank of income, not income, affects life satisfaction. *Psychological Science, 21*(4), 471–475.

Brickman, P., Coates, D., & Janoff-Bulman, R. (1978). Lottery winners and accident victims: Is happiness relative?. *Janof of Personality and Social Psychology, 36*(8), 917–927.

Cai, H., Yuan, J., Su, Z., Wang, X., Huang, Z., Jing, Y., & Yang, Z. (2023). Does economic growth raise happiness in China? A comprehensive reexamination. *Social Psychological and Personality Science, 14*(2), 238–248.

Csikszentmihalyi, M., & Hunter, J. (2003). Happiness in everyday life: The uses of experience sampling. *Journal of Happiness Studies, 4*, 185–199.

Deaton, A., & Stone, A. A. (2013). Two happiness puzzles. *The American Economic Review, 103*(3), 591–597.

Diener, E. (2000). Subjective well-being: The science of happiness and a proposal for a national index. *American Psychologist, 55*(1), 34–43.

Diener, E. (2009). Subjective well-being. In E. Diener (Ed.), *The science of well-being* (Vol. 37) (pp. 11-58). Springer.

Diener, E., Emmons, R. A., Larsen, R. J., & Griffin, S. (1985). The satisfaction with life scale. *Journal of Personality Assessment, 49*(1), 71–75.

Diener, E., Horwitz, J., & Emmons, R. A. (1985). Happiness of the very wealthy. *Social Indicators Research, 16*, 263–274.

Diener, E., Sandvik, E., & Pavot, W. (1991). Happiness is the frequency, not the intensity, of positive versus negative affect. In F. Strack, M. Argyle, & N. Schwarz (Eds.), *Subjective well-being: An interdisciplinary perspective* (pp. 119-140). Pergamon.

Donnelly, G. E., Zheng, T., Haisley, E., & Norton, M. I. (2018). The amount and source of millionaires' wealth (moderately) predict their happiness. *Personality and Social Psychology Bulletin, 44*(5), 684–699.

Dunn, E. W., Gilbert, D. T., & Wilson, T. D. (2011). If money doesn't make you happy, then you probably aren't spending it right. *Journal of Consumer Psychology*, 21, 115–125.

Easterlin, R. A. (1974). Does economic growth improve the human lot? Some empirical evidence. In David, R. & Reder, R. (Eds.), *Nations and households in economic growth: Essays in honor of Moses Abramovitz*. Academic Press.

Easterlin, R. A. (1995). Will raising the incomes of all increase the happiness of all?. *Journal of Economic Behavior and Organization, 27*, 35–47.

Easterlin R. A. (2003). Explaining happiness. *Proceedings of the National Academy of Sciences, 100*(19), 11176–11183.

Easterlin, R. A., McVey, L. A., Switek, M., Sawangfa, O., & Zweig, J. S. (2010). The happiness–income paradox revisited. *Proceedings of the National Academy of Sciences, 107*(52), 22463–22468.

Easterlin, R. A., Morgan, R., Switek, M., & Wang, F. (2012). China's life satisfaction, 1990-2010. *Proceedings of the National Academy of Sciences of the United States of America, 109*(25), 9775–9780.

Easterlin, R. A., Wang, F., & Wang, S. (2017). Growth and happiness in China, 1990–2015. In J. F. Helliwell, R. Layard, & J. D. Sachs (Eds.), *A modern guide to the economics of happiness* (pp. 48–83). Edward Elgar.

Eaton, B., & Eswaran, M. (2009). Well-being and affluence in the presence of a Veblen good. *Economic Journal, 119*(539), 1088–1104.

Friedman, H.S., & Schustack, M. (2016). *Personality: Classic theories and modern research*. Pearson Education.

Gardner, J., & Oswald, A. J. (2007). Money and mental wellbeing: A longitudinal study of medium-sized lottery wins. *Journal of Health Economics, 26*, 49–60.

Jebb, A. T., Tay, L., Diener, E., & Oishi, S. (2018). Happiness, income satiation and turning points around the world. *Nature Human Behaviour, 2*(1), 33–38.

Kahneman, D., & Deaton, A. (2010). High income improves evaluation of life but not emotional well-being. *Proceedings of the National Academy of Sciences of the United States of America, 107*(38), 16489–16493.

Kenrick, D. T., & Krems, J. A. (2018). Well-being, self-actualization, and fundamental motives: An evolutionary perspective. In E. Diener, S. Oishi, & L. Tay (Eds.), *Handbook of well-being*. DEF Publishers.

Keyes, C. L. M., & Haidt, J. (Eds.). (2003). *Flourishing: Positive psychology and the life well-lived.* American Psychological Association.

Killingsworth, M. A. (2021). Experienced well-being rises with income, even above $75,000 per year. *Proceedings of the National Academy of Sciences of the United States of America, 118*(4), e2016976118.

Kumar, A. (2022). The unmatchable brightness of doing: Experiential consumption facilitates greater satisfaction than spending on material possessions. *Current Opinion in Psychology, 46,* 101343.

Lee, C.-S., Talhelm, T., & Dong, X. (2022). People in historically rice-farming areas are less happy and socially compare more than people in wheat-farming areas. *Journal of Personality and Social Psychology.* Advance online publication.

Matz, S. C., Gladstone, J. J., & Stillwell, D. (2016). Money buys happiness when spending fits our personality. *Psychological Science, 27*(5), 715–725.

Medvec, V. H., Madey, S. F., & Gilovich, T. (1995). When less is more: Counterfactual thinking and satisfaction among Olympic medalists. *Journal of Personality and Social Psychology, 69*(4), 603–610.

Mogilner C. (2010). The pursuit of happiness: Time, money, and social connection. *Psychological Science, 21*(9), 1348–1354.

Myers, D. G. (2000). *American paradox: Spiritual hunger in an age of plenty.* Yale University Press.

Myers, D. G. (2021). Happiness. In Myers, D. G. (Ed.), *Psychology* (13th ed.) (pp. 434-440). Worth Publishers.

Ngamaba, K. H., Panagioti, M., & Armitage, C. J. (2018). Income inequality and subjective well-being: A systematic review and meta-analysis. *Quality of Life Research, 27*(3), 577–596.

Quispe-Torreblanca, E. G., Brown, G. D. A., Boyce, C. J., Wood, A. M., & De Neve, J. E. (2021). Inequality and social rank: Income increases buy more life satisfaction in more equal countries. *Personality and Social Psychology Bulletin, 47*(4), 519–539.

Regan, A., Radošić, N., & Lyubomirsky, S. (2022). Experimental effects of social behavior on well-being. *Trends in Cognitive Sciences, 26*(11), 987–998.

Ruttan, R. L., & Lucas, B.J. (2018). Cogs in the machine: The prioritization of money and self-dehumanization. *Organizational Behavior and Human Decision Processes, 149,* 47–58.

Sharif, M. A., Mogilner, C., & Hershfield, H. E. (2021). Having too little or too much time is linked to lower subjective well-being. *Journal of Personality and Social Psychology, 121*(4), 933–947.

Veblen, T. (1899). *The theory of the leisure class: An economic study of institutions.* Oxford University Press.

Whillans, A. V., Dunn, E. W., Smeets, P., Bekkers, R., & Norton, M. I. (2017). Buying time promotes happiness. *Proceedings of the National Academy of Sciences, 114,* 8523–8527.

Wortman, C. B., & Silver, R. C. (1989). The myths of coping with loss. *Journal of Consulting and Clinical Psychology, 57,* 349–357.

Zhang, H., & Zhang, W. (2016). Materialistic cues boost personal relative deprivation. *Frontiers in Psychology, 7,* 1236.

Zhou, X., Vohs, K. D., & Baumeister, R. F. (2009). The symbolic power of money: Reminders of money alter social distress and physical pain. *Psychological Science, 20*(6), 700–706.

王俊秀，刘洋洋．"均"与"寡"阶段性变动下中国居民公平感的变迁［J］．心理学报，2023，55(3): 406–420.

第 38 章

Boyle, C. C., Cole, S. W., Dutcher, J. M., Eisenberger, N. I., & Bower, J. E. (2019). Changes in eudaimonic well-being and the conserved transcriptional response to adversity in younger breast cancer survivors. *Psychoneuroendocrinology, 103*, 173–179.

Dahlsgaard, K., Peterson, C., & Seligman, M. E. (2005). Shared virtue: The convergence of valued human strengths across culture and history. *Review of General Psychology, 9*, 203–213.

Fredrickson, B. L., Grewen, K. M., Algoe, S. B., Firestine, A. M., Arevalo, J. M., Ma, J., & Cole, S. W. (2015). Psychological well-being and the human conserved transcriptional response to adversity. *PloS One, 10*(3), e0121839.

Fredrickson, B. L., Grewen, K. M., Coffey, K. A., Algoe, S. B., Firestine, A. M., Arevalo, J. M., Ma, J., & Cole, S. W. (2013). A functional genomic perspective on human well-being. *Proceedings of the National Academy of Sciences of the United States of America, 110*(33), 13684–13689.

Huta, V. (2017). An overview of hedonic and eudaimonic well-being concepts. In L. Reinecke & M. B. Oliver (Eds.), *The Routledge handbook of media use and well-being: International perspectives on theory and research on positive media effects* (pp. 14–33). Routledge.

Kosfeld, M., Neckermann, S., & Yang, X. (2016). The effects of financial and recognition incentives across work contexts: The role of meaning. *Economic Inquiry, 55*(1), 237–247.

Nes, R. B., & Røysamb, E. (2015). The heritability of subjective well-being: Review and meta-analysis. In M. Pluess (Ed). *Genetics of psychological well-being: The role of heritability and genetics in positive psychology* (pp. 75–96). Oxford University Press.

Peterson, C., Park, N., & Seligman, M. E. P. (2005). Assessment of character strengths. In G. P. Koocher, J. C. Norcross, & S. S. Hill III (Eds.), *Psychologists' desk reference* (2nd ed.) (pp. 93–98). Oxford University Press.

Røysamb, E., Nes, R. B., Czajkowski, N. O., & Vassend, O. (2018). Genetics, personality and wellbeing. A twin study of traits, facets and life satisfaction. *Scientific Reports, 8*(1), 12298.

Ryff, C. D. (2017). Eudaimonic well-being, inequality, and health: Recent findings and future directions. *International Review of Economics, 64*(2), 159–178.

Ryff, C. D., & Singer, B. (2003). Flourishing under fire: Resilience as a prototype of challenged thriving. In C. L. M. Keyes & J. Haidt (Eds.), *Positive psychology and the life well-lived* (pp. 15-36). American Psychological Association.

Ryff, C. D., Singer, B. H., & Dienberg Love, G. (2004). Positive health: Connecting well-being with biology. *Philosophical Transactions of The Royal Society B-Biological Sciences, 359*(1449), 1383–1394.

Seligman, M. E. P. (2002). *Authentic happiness: Using the new positive psychology to realize your potential for lasting fulfillment.* The Free Press.

Seligman, M. E. P. (2012). *Flourish: A visionary new understanding of happiness and well-being.* Atria Paperback.

Trope, Y., & Liberman, N. (2010). Construal-level theory of psychological distance. *Psychological Review, 117*(2), 440–463.

Zuo, S., Wang, S., Wang, F., & Shi, X. (2017). The behavioural paths to wellbeing: An exploratory study to distinguish between hedonic and eudaimonic wellbeing from an activity perspective. *Journal of Pacific Rim Psychology, 11.*

丹尼尔·卡尼曼. 思考, 快与慢 [M]. 胡晓姣, 李爱民, 何梦莹, 译. 北京：中信出版社, 2012.

维克多·弗兰克尔. 活出生命的意义 [M]. 吕娜, 译. 北京：华夏出版社, 2010.

第 39 章

Kelly, G. A. (1955). *The psychology of personal constructs: A theory of personality.* Routledge.

Kelly, G. A. (1957). *Hostility.* Presidential address, Clinical Division of American Psychology Association.

Pervin, L. A. (1989). *Personality: Theory and research.* John Wiley & Sons.

第 40 章

Carian, E. K., & Johnson, A. L. (2022). The agency myth: Persistence in individual explanations for gender inequality. *Social Problems, 69*(1), 123–142.

Celniker, J. B., Gregory, A., Koo, H. J., Piff, P. K., Ditto, P. H., & Shariff, A. F. (2023). The moralization of effort. *Journal of Experimental Psychology: General, 152*(1), 60–79.

Cramer, J. D., & Oshima, T. C. (1992). Do gifted females attribute their math performance differently than other students? *Journal for the Education of the Gifted, 16*, 18–35.

Dweck, C. S. (1999). *Self-theories: Their role in motivation, personality and development.* Taylor and Francis/Psychology Press.

Dweck, C. S. (2006). *Mindset: The new psychology of success.* Random House.

Dweck, C. S. (2008). Can personality be changed? The role of beliefs in personality and change. *Current Directions in Psychological Science, 17*(6), 391–394.

Dweck, C. S., & Bempechat, J. (1983). Children's theories of intelligence: Implications for learning. In S. Paris, G. Olson, & H. Stevenson (Eds.). *Learning and motivation in children.* Erlbaum.

Dweck, C. S., Chiu, C., & Hong, Y. (1995). Implicit theories and their role in judgments and reactions: A world from two perspectives. *Psychological Inquiry, 6*, 267–285.

Elliott, E. S., & Dweck, C. S. (1988). Goals: An approach to motivation and achievement. *Journal of Personality and Social Psychology, 54*(1), 5–12.

Henderson, V., & Dweck, C. S. (1990). Achievement and motivation in adolescence: A new model and data. In S. Fieldman & G. Elliot (Eds.). *At the threshold: The developing adolescent.*

Harvard University Press.

Kim, J. Y., Fitzsimons, G. M., & Kay, A. C. (2018). Lean in messages increase attributions of women's responsibility for gender inequality. *Journal of Personality and Social Psychology, 115*(6), 974–1001.

Knee, C. R. (1998). Implicit theories of relationships: Assessment and prediction of romantic relationship initiation, coping, and longevity. *Journal of Personality and Social Psychology, 74,* 360–370.

Knee, C. R., & Petty, K. N. (2013). Implicit theories of relationships: Destiny and growth beliefs. In J. A. Simpson & L. Campbell (Eds.), *The Oxford handbook of close relationships* (pp. 183–198). Oxford University Press.

Mueller, C. M., & Dweck, C. S. (1998). Praise for intelligence can undermine children's motivation and performance. *Journal of Personality and Social Psychology, 75*(1), 33–52.

Muenks, K., Canning, E. A., LaCosse, J., Green, D. J., Zirkel, S., Garcia, J. A., & Murphy, M. C. (2020). Does my professor think my ability can change? Students' perceptions of their STEM professors' mindset beliefs predict their psychological vulnerability, engagement, and performance in class. *Journal of Experimental Psychology: General, 149*(11), 2119–2144.

Rhodewalt, F. (1994). Conceptions of ability, achievement goals, and individual differences in self-handicapping behavior: On the application of implicit theories. *Journal of Personality, 62*(1), 67–85.

Sonenshein, S. (2007). The role of construction, intuition, and justification in responding to ethical issues at work: The sensemaking-intuition model. *Academy of Management Review, 32,* 1022–1040.

Yin, Y., Savani, K., & Smith, P. K. (2022). Power increases perceptions of others' choices, leading people to blame others more. *Social Psychological and Personality Science, 13*(1), 170–177.

卡罗尔·德韦克. 努力的意义：积极的自我理论 [M]. 王芳，左世江，等，译. 北京：中国人民大学出版社，2021.

卡罗尔·德韦克. 终身成长：重新定义成功的思维模式 [M]. 楚祎楠，译. 南昌：江西人民出版社，2017.

结语

Funder, D. C. (2010). *The personality puzzle.* W. W. Norton & Company.

McAdams, D. P. (1996). Personality, modernity, and the storied self: A contemporary framework for studying persons. *Psychological Inquiry, 7*(4), 295–321.

W. C. 丹皮尔. 科学史及其与哲学和宗教的关系 [M]. 李珩，译. 桂林：广西师范大学出版社，2009.

附录　大五人格测验

　　下面有一些有关日常情感、态度和行为的陈述，请你根据自己在无压力情境下多数和惯常做出的反应，在1~5中选择最符合的选项（1= 非常不符合，2= 不符合，3= 中立或难以确定，4= 符合，5= 非常符合）。

　　（1）我是聚会中的灵魂人物。

　　（2）我能对他人的情感产生共鸣。

　　（3）我能迅速处理好日常琐事。

　　（4）我的情绪容易波动。

　　（5）我有着生动的想象力。

　　（6）我话不多。

　　（7）我对他人的困难不感兴趣。

　　（8）我经常忘记把东西放回原处。

　　（9）我很多时候感到放松。

　　（10）我对抽象的观念不感兴趣。

　　（11）我在聚会中和许多不同的人交谈。

　　（12）我能体会他人的内心感受。

　　（13）我喜欢秩序。

　　（14）我很容易感到失落。

　　（15）我对抽象观念的理解感到困难。

（16）我喜欢待在"幕后"而不是"台前"。

（17）我对其他人的想法和情绪不感兴趣。

（18）我做事情总是混乱且没有头绪。

（19）我很少感到忧虑。

（20）我想象力不好。

将你在各特质题目上所得的分数相加，即得到你在该特质上的得分，R 代表该题要先进行反向计分（即将 1 变为 5，2 变为 4，3 不变，4 变为 2，5 变为 1），之后再加总。

特质	计分	你的得分
外向性	1+6R+11+16R	
神经质	4+9R+14+19R	
尽责性	3+8R+13+18R	
宜人性	2+7R+12+17R	
开放性	5+10R+15R+20R	

如果你的得分在 4~8 分范围内代表着你所具有的这一特质水平极低，9~12 分为较低，13~16 分为较高，17~20 分为极高。

测验来源：

Donnellan, M. B., Oswald, F. L., Baird, B. M., & Lucas, R. E. (2006). The Mini-IPIP scales: Tiny-yet-effective measures of the Big Five factors of personality. *Psychological Assessment, 18*, 192-203.